普通高等院校电子信息类专业系列教材

Altium Designer 16 原理图与 PCB 设计实用教程

主　编　徐　音　张盼盼
副主编　梁　妍　靳双燕　李英华

北京理工大学出版社
BEIJING INSTITUTE OF TECHNOLOGY PRESS

内 容 简 介

Altium Designer 是原 Protel 软件的开发商 Altium 公司推出的一体化的电子产品开发软件，主要运行在 Windows 操作系统中，Altium Designer 16 由该公司于 2016 年推出。Altium Designer 16 把电路原理图设计、电路仿真、PCB 绘制编辑、拓扑逻辑自动布线、信号完整性分析和设计输出等技术完美融合，为设计者提供了全新的电路设计解决方案，大大提高了电路设计的质量和效率。本书共 9 章，从项目实践角度出发，详细地介绍了利用 Altium Designer 16 软件进行电路原理图以及 PCB 设计的方法和操作步骤，同时分享了作者在实际教学过程中积累的经验以及 Altium Designer 16 的操作技巧等。本书语言易读易懂，内容循序渐进，并以实例贯穿全书，使读者能够轻松掌握 Altium Designer 16 软件的使用方法。

本书可作为普通高等教育院校电子信息类、计算机类和电气类等专业的教材，也可作为从事电子产品开发设计的技术人员的参考书。

图书在版编目(CIP)数据

Altium Designer 16 原理图与 PCB 设计实用教程 / 徐音，张盼盼主编. --北京：北京理工大学出版社，2021. 8(2024.1重印)

ISBN 978-7-5763-0200-4

Ⅰ. ①A… Ⅱ. ①徐… ②张… Ⅲ. ①印刷电路-计算机辅助设计-应用软件-教材 Ⅳ. ①TN410. 2

中国版本图书馆 CIP 数据核字(2021)第 166160 号

出版发行 / 北京理工大学出版社有限责任公司
社　　址 / 北京市海淀区中关村南大街 5 号
邮　　编 / 100081
电　　话 / (010)68914775(总编室)
(010)82562903(教材售后服务热线)
(010)68944723(其他图书服务热线)
网　　址 / http://www. bitpress. com. cn
经　　销 / 全国各地新华书店
印　　刷 / 三河市天利华印刷装订有限公司
开　　本 / 787 毫米×1092 毫米　1/16
印　　张 / 17. 5
字　　数 / 409 千字
版　　次 / 2021 年 8 月第 1 版　2024 年 1 月第 2 次印刷
定　　价 / 46. 00 元

责任编辑 / 张鑫星
文案编辑 / 张鑫星
责任校对 / 刘亚男
责任印制 / 李志强

前　言

随着电子科技产业的蓬勃发展，新型元件层出不穷，大规模、超大规模集成电路的应用使 PCB(印制电路板)的布线更加精密和复杂，从而导致电路的设计工作已经无法单纯依靠手工来完成。目前，电子设计自动化(Electronic Design Automation，EDA)软件已经成为人们进行电子产品设计不可缺少的工具。其中，Altium Designer 因其功能强大、界面友好、操作简便和实用性强等优点，已成为电子产品设计行业尤其是 PCB 设计领域中发展最快、应用时间最长、应用范围最广的 EDA 软件。

Altium Designer 16 是由 Altium 公司于 2016 年推出的，它对该系列软件之前的版本进行了完善，运行更加稳定。由于之后的版本是在 Altium Designer 16 的基础上增加部分功能，因此编者结合教学的具体情况编写了本书。

本书共 9 章，每章的主要内容如下。

第 1 章为 Altium Designer 概述，介绍了 Altium Designer 系列软件的发展历史，Altium Designer 16 的组成及功能，软件启动方法、主界面，以及文件管理。

第 2 章为电路原理图设计，介绍了 Altium Designer 的原理图编辑环境，原理图图纸和优先选项的相关设置，元件的放置、编辑，电气规则检查、输出报表。

第 3 章为电路原理图进阶设计，介绍了原理图设计中的一些高级技巧。

第 4 章为层次原理图设计，介绍了层次原理图的基本知识和设计方法。

第 5 章为 PCB 设计基础，介绍了 PCB 的种类，与 PCB 设计相关的基本概念和常用的元件封装。

第 6 章为 PCB 设计基础操作，介绍了 PCB 编辑器，电路板的规划设置，PCB 工作参数的设置，PCB 的放置工具，PCB 的布线。

第 7 章为 PCB 设计的高级操作，介绍了 PCB 设计规则和 PCB 编辑中常用的高级技巧。

第 8 章为元件库的设计，介绍了原理图元件库、PCB 元件封装库的基本操作和高级技巧，以及集成元件库实例。

第 9 章为 PCB 设计综合实例，介绍了一个 PCB 设计的过程。

本书由徐音副教授总览全局指导，由张盼盼审核和校对。具体编写分工如下：第 1、2、3 章由张盼盼编写；第 5、6、7 章由靳双燕编写；第 8 章由梁妍编写；第 4、9 章由李英华编写。

本书在编写过程中，得到了郑州工商学院教务处处长葛聪、郑州工商学院工学院院长马纪岗的帮助和支持，在此深表谢意。

本书在内容上具有很强的通用性和选择性，可供电子信息类、计算机类和电气类等专业的学生使用；同时，也可供从事电子产品设计的技术人员参考。

由于编者水平有限，书中难免存在不足之处，恳请读者批评指正。

编　者

目录

第 1 章　Altium Designer 概述 …… (1)

1.1　Altium Designer 的发展历史 …… (1)

1.2　Altium Designer 16 的组成及功能 …… (2)

1.3　Altium Designer 16 的启动 …… (2)

1.4　Altium Designer 16 的主界面 …… (4)

1.5　Altium Designer 16 的文件管理 …… (5)

本章小结 …… (9)

课后练习 …… (9)

第 2 章　电路原理图设计 …… (10)

2.1　原理图设计流程 …… (10)

2.2　新建项目和原理图 …… (11)

2.3　原理图编辑环境 …… (12)

2.4　图纸参数和优先选项的设置 …… (20)

2.5　放置元件 …… (27)

2.6　放置其他电气对象 …… (35)

2.7　电气规则检查 …… (37)

2.8　报表生成 …… (39)

2.9　电路原理图设计实例 …… (41)

本章小结 …… (45)

课后练习 …… (46)

第 3 章　电路原理图进阶设计 …… (48)

3.1　总线 …… (49)

3.2　总线分支 …… (50)

3.3　网络标签 …… (51)

3.4　I/O 端口 …… (52)

3.5　No ERC …… (54)

3.6 原理图编辑的高级技巧 …… (54)
3.7 电路原理图进阶设计实例 …… (61)
本章小结 …… (71)
课后练习 …… (71)
第4章 层次原理图设计 …… (74)
4.1 层次原理图简介 …… (74)
4.2 层次原理图设计 …… (76)
4.3 多通道层次原理图设计 …… (84)
4.4 层次原理图的报表 …… (87)
本章小结 …… (89)
课后练习 …… (89)
第5章 PCB设计基础 …… (91)
5.1 PCB的种类 …… (91)
5.2 PCB设计的基本概念 …… (92)
5.3 PCB的基本组成 …… (99)
5.4 利用热转印技术制作PCB …… (100)
本章小结 …… (102)
课后练习 …… (103)
第6章 PCB设计基础操作 …… (104)
6.1 PCB编辑器 …… (104)
6.2 创建PCB …… (109)
6.3 PCB的规划 …… (114)
6.4 导入元件和网络报表 …… (123)
6.5 PCB的元件布局 …… (126)
6.6 PCB的布线 …… (129)
6.7 PCB的放置工具 …… (133)
6.8 PCB设计中的常用快捷键 …… (139)
6.9 PCB设计实例——双面板手动布线 …… (139)
本章小结 …… (144)
课后练习 …… (144)
第7章 PCB设计的高级操作 …… (147)
7.1 PCB设计规则 …… (147)
7.2 PCB设计中常用的高级技巧 …… (161)
7.3 PCB设计实例——双面板自动布线 …… (173)
本章小结 …… (179)

课后练习 …………………………………………………………………………………… (180)
第 8 章　元件库的设计 …………………………………………………………………… (182)
8.1　原理图元件库 ……………………………………………………………………… (182)
8.2　原理图元件库的绘制 ……………………………………………………………… (191)
8.3　原理图元件库操作的高级技巧 …………………………………………………… (208)
8.4　PCB 元件封装库 …………………………………………………………………… (218)
8.5　绘制元件封装 ……………………………………………………………………… (220)
8.6　PCB 元件封装库操作的高级技巧 ………………………………………………… (228)
8.7　创建集成元件库 …………………………………………………………………… (229)
8.8　集成元件库实例 …………………………………………………………………… (231)
本章小结 …………………………………………………………………………………… (247)
课后练习 …………………………………………………………………………………… (247)
第 9 章　PCB 设计综合实例 ………………………………………………………………… (250)
9.1　单片机基础综合实验板简介 ……………………………………………………… (250)
9.2　设计过程 …………………………………………………………………………… (251)
本章小结 …………………………………………………………………………………… (269)
课后练习 …………………………………………………………………………………… (269)
参考文献 …………………………………………………………………………………… (270)

第1章 Altium Designer 概述

随着电子科技产业的蓬勃发展，新型元器件层出不穷，大规模、超大规模集成电路的应用使 PCB 的布线更加精密和复杂，电路的设计工作已经无法单纯依靠手工来完成。目前，电子设计自动化（Electronic Design Automation，EDA）软件已经成为人们进行电子产品设计不可缺少的工具。其中，Altium Designer 系列电子产品设计软件因为其功能强大、界面友好、操作简便和实用性强等优点，已成为电子产品设计行业尤其是 PCB 设计领域中发展最快、应用时间最长、应用范围最广的 EDA 软件。它是电子设计工程师的首选软件，几乎所有的电子公司都会用到。

本章将介绍 Altium Designer 的基础知识，包括 Altium Designer 的发展历史、Altium Designer 16 的组成及功能、Altium Designer 16 的启动、Altium Designer 16 的主界面和 Altium Designer 16 的文件管理。

1.1 Altium Designer 的发展历史

Altium 公司（前身为 Protel 国际有限公司，由 Nick Martin 于 1985 年始创于澳大利亚塔斯马尼亚州霍巴特）致力于开发基于 PC 的软件，为 PCB 提供辅助设计，总部位于澳大利亚悉尼。

1991 年，Protel 国际有限公司推出 Protel for Windows。

1998 年，Protel 国际有限公司推出 Protel 98，它是第一个包含 5 个核心模块的 EDA 软件，5 个核心模块分别为原理图输入、PLD（可编程逻辑器件）设计、仿真、板卡设计和自动布线。

1999 年，Protel 国际有限公司推出 Protel 99。至此，Protel 软件既有原理图逻辑功能验证的混合仿真，又有 PCB 信号完整性分析的板级仿真，从而构成从电路设计到板级分析的完整体系。

2000 年，Protel 国际有限公司推出 Protel 99 SE，该软件的性能进一步提高，对设计过程有了更大的控制力。

2001 年，Protel 国际有限公司更名为 Altium 公司，并于 2002 年推出 Protel DXP，引进“设计浏览器（DXP）”平台，允许对电子设计的设计工具、文档管理、器件库等进行无缝集成。Protel DXP 是 Altium 公司建立涵盖所有电子设计技术的完全集成化设计软件理念的起点。

2004 年，Altium 公司推出 Protel 2004，对 Protel DXP 的功能进一步完善。

2006 年，Altium 公司推出 Altium Designer 6.0。

2008 年 3 月，Altium 公司推出 Altium Designer 6.9。

2008 年 6 月，Altium 公司推出 Altium Designer Summer 08（7.0）。

2008 年 12 月，Altium 公司推出 Altium Designer Winter 09（8.0）。

2009 年 7 月，Altium 公司推出 Altium Designer 16（9.0）。

2011 年 1 月，Altium 公司推出 Altium Designer 10。

Altium Designer 的早期版本 Protel 进入我国较早，其中，Protel 99 SE 作为一个经典版本被广泛使用，但 Protel DXP 2004 出现后，已被 Protel DXP 逐步取代。而 Altium Designer 在电子电路设计自动化方面功能更强大，近年来已成为电子设计工程师的首选。Altium Designer 除了全面继承包括 Protel 99 SE、Protel DXP 在内的先前一系列版本的功能外，还增加了很多高端功能，并拓宽了板级设计的传统界面，全面集成了 FPGA 设计功能和 SOPC 设计实现功能，从而允许工程设计人员能将系统设计中的 FPGA 与 PCB 设计及嵌入式设计集成在一起。Altium Designer 已成为国内电子产品设计人员必须掌握的基础工具之一。

1.2 Altium Designer 16 的组成及功能

Altium Designer 16 由 SCH（电路原理图）设计系统、PCB 设计系统、FPGA 设计系统和 VHDL 设计系统组成，各系统的组成和功能分别如下。

1. SCH 设计系统

SCH 设计系统包括原理图编辑器和原理图模型库编辑器两部分，主要功能是绘制 SCH，并为后续的 PCB 设计做准备。

2. PCB 设计系统

PCB 设计系统包括 PCB 图编辑器和封装模型库编辑器两部分，功能主要是绘制 PCB 以及生产 PCB 的各种文件。

3. FPGA 设计系统

FPGA 设计系统的功能主要是进行 PLD 的设计，并将设计完成后生成的熔丝文件下载到 PLD 中，以制作具备特定功能的元器件。

4. VHDL 设计系统

VHDL 设计系统的功能主要是利用硬件编程语言 VHDL 设计 IC 集成电路。

本书主要讲解 Altium Designer 16 的原理图与 PCB 设计。

1.3 Altium Designer 16 的启动

Altium Designer 16 的启动画面如图 1-1 所示，初次启动后的主界面为英文界面，如图 1-2 所示。该软件也支持包括中文在内的其他多国语言，如德文、法文和日文等，通过适当的设置可以进入 Altium Designer 16 的中文界面。

图 1-1　Altium Designer 16 的启动画面

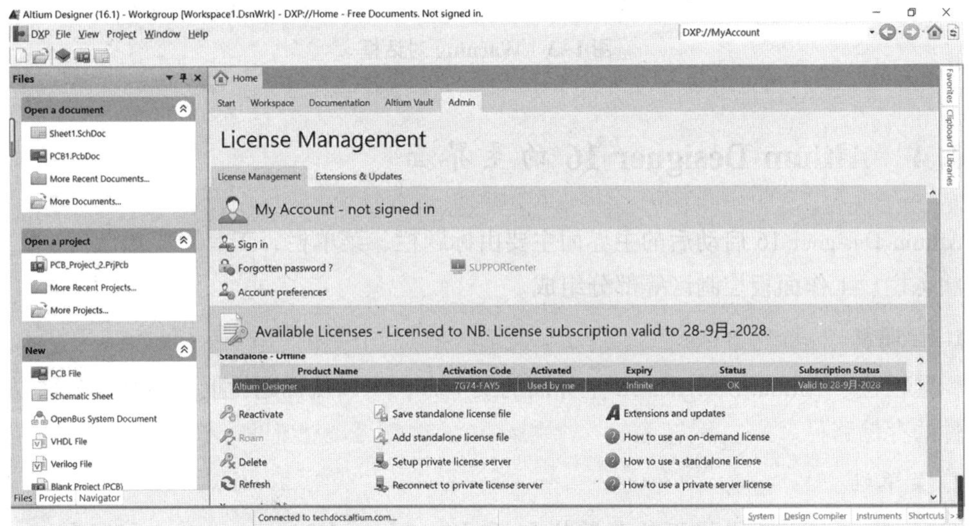

图 1-2　Altium Designer 16 启动后的主界面

在主界面中，单击主菜单栏中的【DXP】选项，在弹出的菜单中单击【Preferences】选项，弹出【Preferences】对话框，在右下方的【Localization】选项组中，勾选【Use localized resources】复选按钮，弹出【Warning】对话框，如图 1-3 所示，单击【OK】按钮返回主界面。关闭 Altium Designer 16 后再重新启动该软件，重新启动后软件的界面即为中文界面。

一般来说，设计人员应尽量使用英文界面。一方面，虽然 Altium Designer 16 支持中文界面，但是对于某些词汇的中文翻译还是存在晦涩、不合理的现象，容易引起误解；另一方面，即使 Altium Designer 支持中文操作，但对于编译时产生的警告、错误等信息以及系统的帮助文件内容仍然为英文。所以，设计人员在使用 Altium Designer 16 的过程中，应该尽量使用英文界面来熟悉该软件的英文常用词汇。

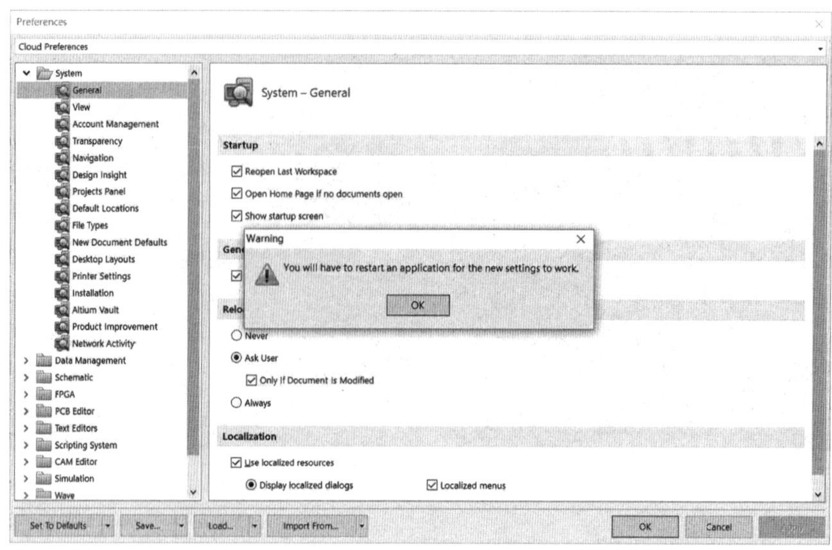

图 1-3　Warning 对话框

1.4　Altium Designer 16 的主界面

Altium Designer 16 启动后的主界面主要由标题栏、菜单栏、工具栏、绘图区、工作面板、状态栏、工作面板控制区等部分组成。

1. 标题栏

标题栏位于 Altium Designer 16 主界面的最上方，可以从标题栏上看出软件名称以及当前文件的存储路径。

2. 菜单栏

Altium Designer 16 主界面的菜单栏包括【DXP】、【File】、【View】、【Project】、【Window】和【Help】等基本操作菜单，其主要功能是进行各种命令操作、设置各种参数以及打开帮助文件等。

当设计人员对不同类型的文件进行操作时，主菜单的内容会自动变化，以适应操作的需要。例如，启动原理图编辑器后的菜单栏如图 1-4 所示，启动 PCB 编辑器后的菜单栏如图 1-5 所示。

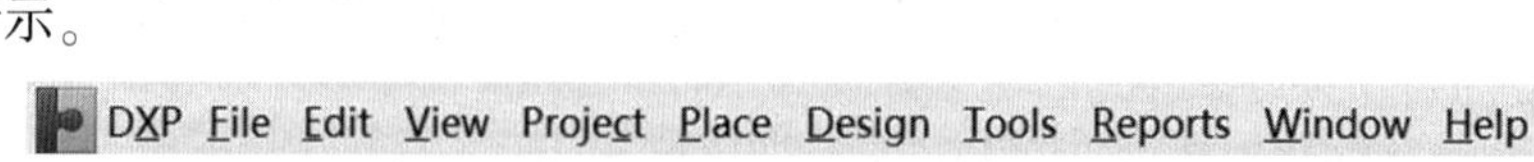

DXP File Edit View Project Place Design Tools Reports Window Help

图 1-4　启动原理图编辑器后的菜单栏

DXP File Edit View Project Place Design Tools Auto Route Reports Window Help

图 1-5　启动 PCB 编辑器后的菜单栏

3. 工具栏

工具栏用于新建或者打开原理图文件和项目等，随着其他编辑器的打开，主界面中还会出现其他工具栏。工具栏主要是为方便设计人员的操作而设计的，一些命令的运行可以通过工具栏中的按钮来实现。Altium Designer 16 中的主要操作环境是原理图设计环境和 PCB 设计环境，这两个操作环境对应工具栏的名称虽然不同，但对应工具栏的类型却有相似之处。

4. 绘图区

绘图区位于 Altium Designer 16 主界面的中间，是设计人员编辑各种文件的区域。在无编辑对象打开的情况下，绘图区将自动显示为系统默认主页，主页内列出了常用的任务命令，单击某个命令即可快速启动相应的工具模块。

5. 工作面板

Altium Designer 16 为设计人员提供了大量的工作面板，这些工作面板一般位于主界面工作区的左右两边，可以隐藏或显示，也可以移动到主界面的任意位置。设计过程中经常使用的工作面板为【Projects】工作面板、【Libraries】工作面板、【Files】工作面板等。这些工作面板几乎包括了所有的编辑和选择功能，灵活运用它们，会给用户带来极大的方便。所以，在具体的设计之前，应该熟悉各种面板的使用方法。

6. 工作面板控制区

工作面板控制区位于 Altium Designer 16 主界面的右下角，它的作用是为设计人员提供常用的工作面板并且将工作面板以标签的形式表现出来，如图 1-6 所示。

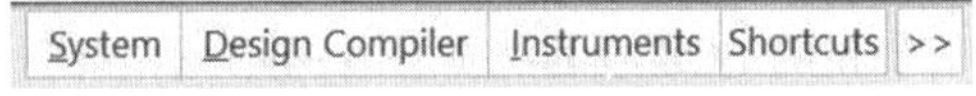

图 1-6 工作面板控制区

1.5 Altium Designer 16 的文件管理

1.5.1 常用的项目和文件类型

Altium Designer 16 具有不同的功能，每个功能都由不同的文件完成，本节只介绍 Altium Designer 16 在 PCB 设计过程中常用的项目，它们分别为 PCB 项目和集成元件库项目，两个项目的文件扩展名和图标如表 1-1 所示。

表 1-1 常用项目的文件扩展名和图标

项目类型	文件扩展名	图标
PCB 项目	. PrjPcb	
集成元件库项目	. LibPkg	

在 Altium Designer 16 的 PCB 项目设计过程中常用的文件有 5 种，分别是原理图文件、元件原理图库文件、PCB 文件、元件封装库文件和集成元件库文件。PCB 项目常用文件的文件扩展名和图标如表 1-2 所示。

表 1-2　PCB 项目设计常用文件的文件扩展名和图标

文件类型	文件扩展名	图标
原理图文件	. SchDoc	
元件原理图库文件	. SchLib	
PCB 文件	. PcbDoc	
元件封装库文件	. PcbLib	
集成元件库文件	. IntLib	

1.5.2　项目和文件的操作

1. 新建项目

运行 Altium Designer 16，执行菜单命令【File】/【New】/【Project】/【PCB Project】，弹出新建项目窗口，创建一个新的 PCB 项目，如图 1-7 所示。在“Name”文本框中可以修改项目的名称，在“Location”文本框中可以修改项目保存路径。

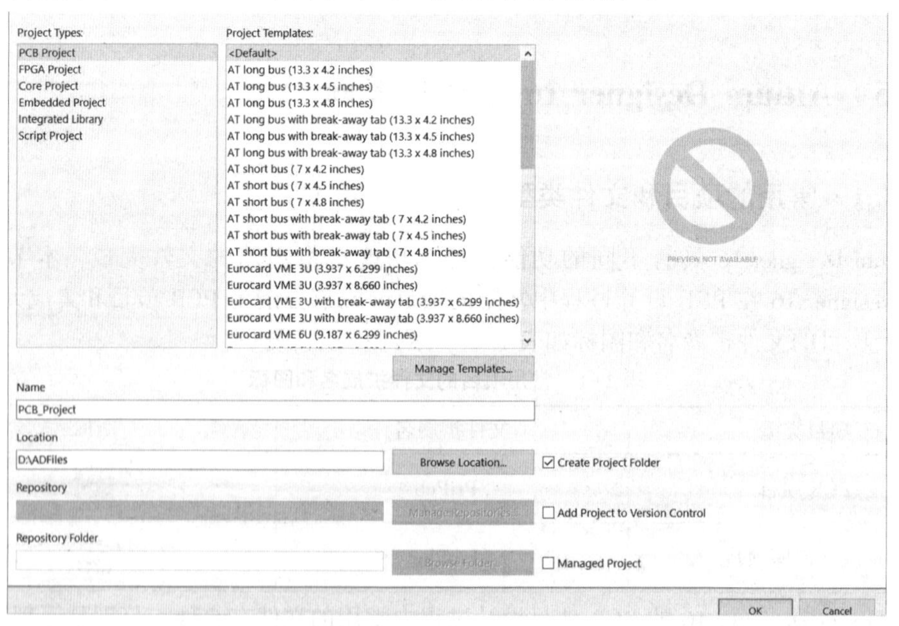

图 1-7　新建项目窗口

在创建一个新的 PCB 项目时，系统会自动弹出【Projects】工作面板，并且会有一个默认名为“PCB_Project. PrjPcb”的项目出现在【Projects】工作面板中，如图 1-8 所示。

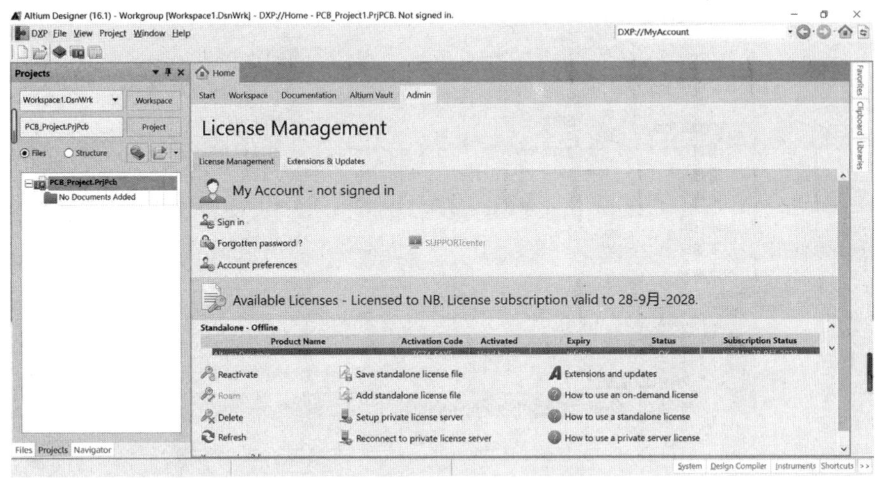

图 1-8 弹出 Projects 工作面板

2. 在项目中添加文件

新建立的项目工程是一个空的工程，需要向这个工程中添加相应的文件。添加时既可以追加一个空白原理图文件，也可以选择已有的文件。可添加的文件的类型有很多，下面以追加一个空白原理图文件为例来演示如何在项目工程中添加文件。

方法 1：在建立项目工程后，执行菜单命令【File】/【New】/【Schematic】，在项目文件下新建一个名为“Sheet1. SchDoc”的原理图文件，如图 1-9 所示。

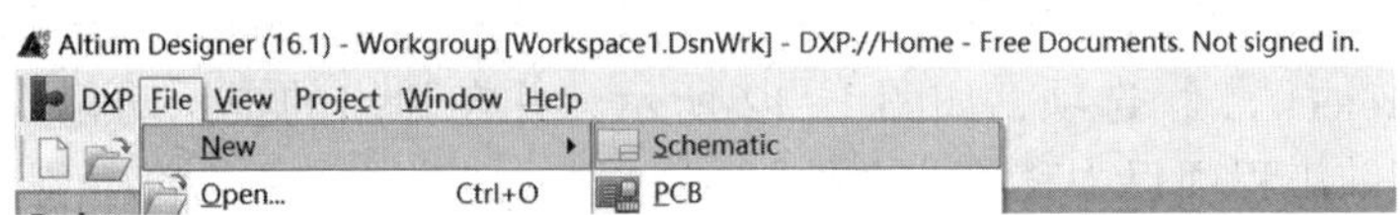

图 1-9 用菜单命令新建原理图文件

方法 2：在已经新建的项目工程面板中，右击项目工程，在弹出来的菜单中选择【Add New to Project】/【Schematic】，就完成了一个新的原理图文件的添加，如图 1-10 所示。

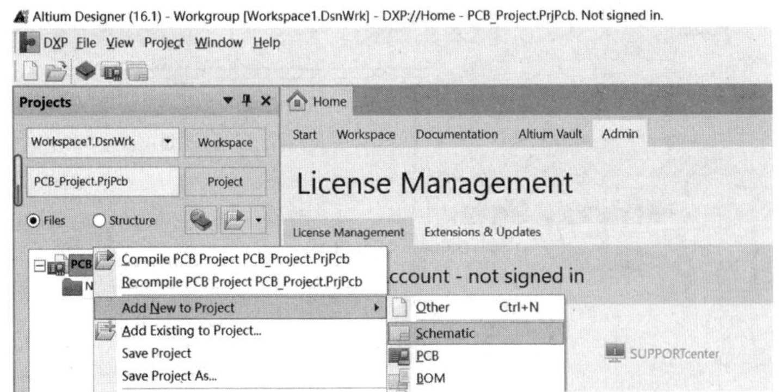

图 1-10 在项目工程中追加一个新的原理图文件

3. 保存项目和文件

右击新建的“PCB_Project. PrjPcb”项目，从弹出的菜单中选择【Save Project】命令，可以根据自己的需要来更改文件名称，如图 1-11 所示。

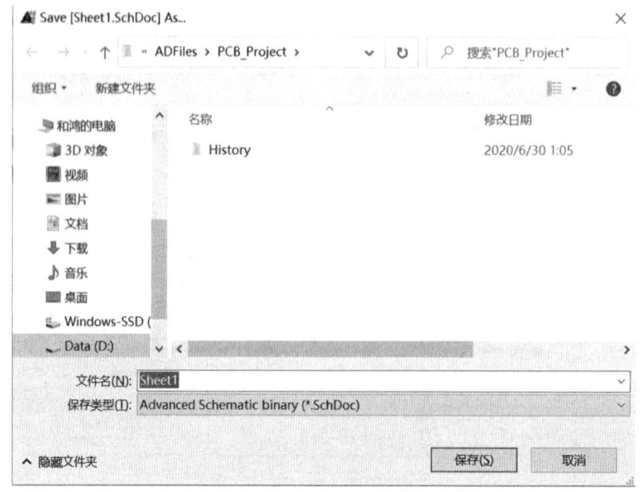

图 1-11　保存文件

注意：新建的项目是一个空项目，即该项目下没有添加任何文件。当一个项目添加文件后，项目名称后会出现"＊"号以及红色符号，表示该项目已经被修改且尚未保存。同样，当一个文件被修改后，在工作面板中该文件名称的后面，也会出现相同的提示，表示该文件已经被修改且尚未保存。

4. 在项目中移除文件

如果要从当前工程项目中移除某个文件，只需要右击该文件，在弹出的菜单中选择【Remove from Project...】选项，如图 1-12 所示，并在弹出的提示对话框中单击【Yes】按钮，即可从当前工程项目中移除此文件。

使用同样的方法也可以移除项目工程中的其他类型文件。

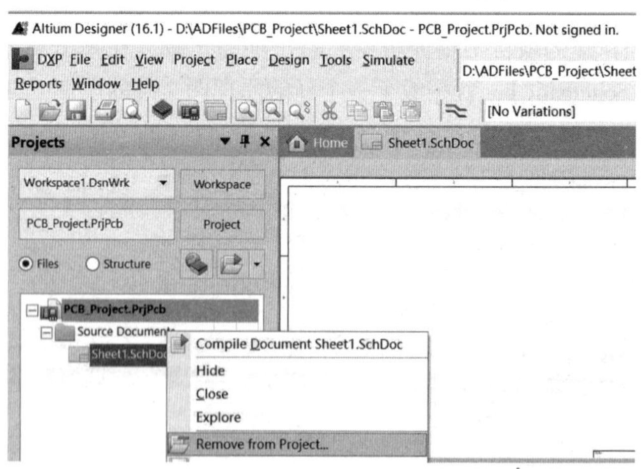

图 1-12　从项目中移除原理图文件

5. 打开已有项目

执行菜单命令【File】/【Open】或单击主工具栏中的按钮，即可打开存储在硬盘中的已有项目。

本章小结

本章介绍了有关 Altium Designer 的基础知识。Altium 公司的前身为 Protel 国际有限公司，1991 年，Protel 国际有限公司推出 Protel for Windows；2001 年，Protel 国际有限公司更名为 Altium 公司，并于 2002 年推出 Protel DXP；2004 年，Altium 公司推出 Protel 2004，对 Protel DXP 的功能进一步完善。从 2006 年开始，Altium 公司陆续推出 Altium Designer 系列产品。

Altium Designer 16 主要由四部分组成：SCH 设计系统、PCB 设计系统、FPGA 设计系统、VHDL 设计系统。

Altium Designer 的主窗口主要由标题栏、菜单栏、工具栏、绘图区、工作面板、状态栏、工作面板控制区等部分组成。

Altium Designer 16 的 PCB 项目设计过程中常用的文件有原理图文件、PCB 文件、元件原理图库文件、元件封装库文件和集成元件库文件，对项目和文件的操作有：新建项目、在项目中添加文件、保存项目和文件、在项目中移除文件、打开已有项目等。

课后练习

一、填空题

1. Altium 公司的前身为______________国际有限公司。

2. 2001 年，Protel 国际有限公司更名为 Altium 公司，并于 2002 年推出__________。

3. Altium Designer 16 主要由四部分组成：______________、______________、______________、______________。

4. Altium Designer 的主窗口主要由________、________、________、________、________、________、________等部分组成。

二、操作题

1. 启动 Altium Designer 16，并进行中英文界面切换。

2. 新建一个 PCB 项目，将新建的 PCB 项目更名为"MyProject_1. PrjPcb"，并保存到目录"D：\ Chapter1 \ MyProject"中。

3. 练习使用右键菜单命令为第 2 题中的"MyProject_1. PrjPcb"项目添加一个原理图文件和 PCB 文件，分别更名为"MySheet_1. SchDoc"和"MyPcb_1. PcbDoc"，并保存到目录"D：\ Chapter1 \ MyProject"下。在操作过程中注意观察 PCB 项目下添加新的文件后，【Projects】工作面板的变化情况。

4. 在第 3 题的基础上，练习将原理图文件"MySheet_1. SchDoc"从项目"MyProject_1. PrjPcb"中移除，保存修改过的项目后关闭该项目，然后观察计算机硬盘"D：\ Chapter1 \ MyProject"目录下的原理图文件"MySheet_1. SchDoc"是否还存在。

5. 练习打开目录"D：\ Chapter1 \ MyProject"中的 PCB 项目"MyProject_1. PrjPcb"，观察此时项目的组成。

6. 练习使用菜单命令为 PCB 项目"MyProject_1. PrjPcb"中添加一个名为"MySheet_2. SchDoc"的原理图文件和一个名为"MyPcb_2. PcbDoc"的 PCB 文件，然后将两个文件保存到目录"D：\ Chapter1 \ MyProject"下，观察此时项目的组成。

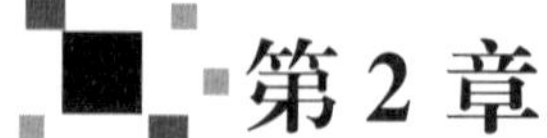

第 2 章 电路原理图设计

一个完整的电路板设计包括电路原理图设计和 PCB 设计两个阶段。电路原理图设计是电路板设计的第一个阶段，它是在 Altium Designer 16 原理图编辑器中完成的。本章以图 2-1 所示的非稳态多谐振荡器电路原理图的绘制为例，来讲解电路原理图设计的有关知识。

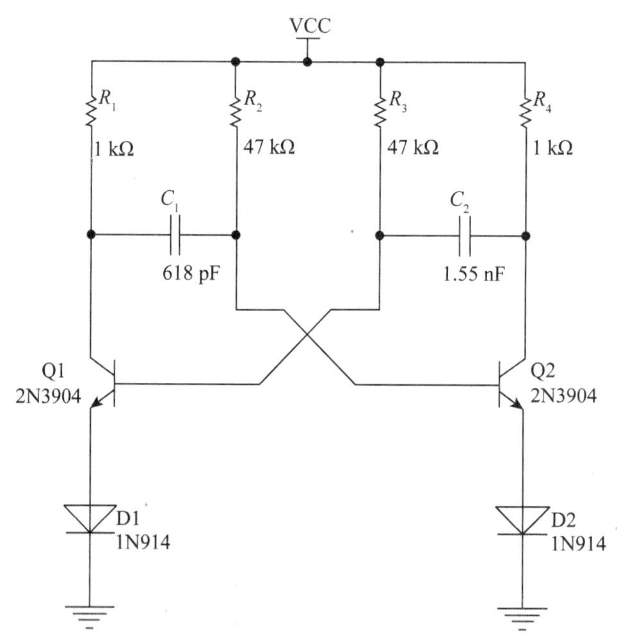

图 2-1 非稳态多谐振荡器电路原理图

2.1 原理图设计流程

电路原理图的设计主要是利用 Altium Designer 16 的原理图设计系统来绘制一张电路原理图，它是 PCB 设计的前提。原理图设计的一般流程如图 2-2 所示。

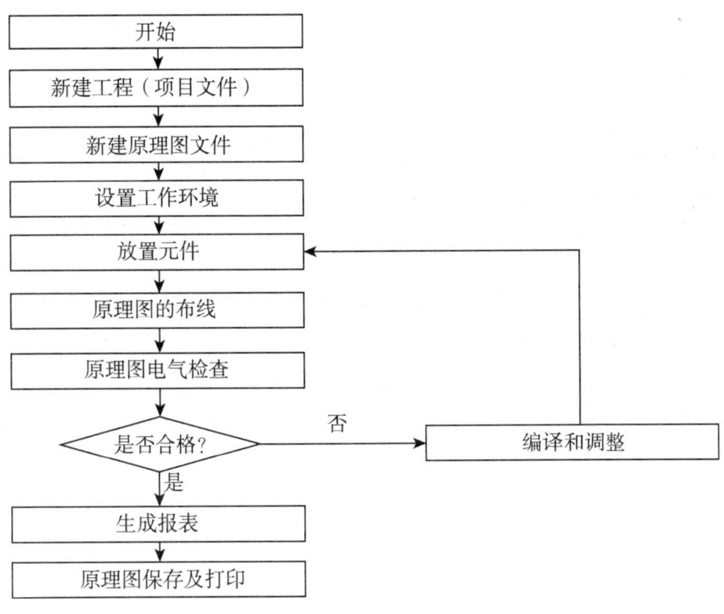

图 2-2　原理图设计的一般流程

2.2　新建项目和原理图

1. 新建和保存项目

按照 1.5.2 节新建项目的方法，运行 Altium Designer 16，执行菜单命令【File】/【New】/【Project】/【PCB Project】，或者在【Files】工作面板上直接单击【New】工作条中的【Blank Project】，新建一个项目，并命名为“非稳态多谐振荡器电路.PrjPcb”，如图 2-3 所示。

2. 在项目中添加原理图

按照 1.5.2 节添加原理图的方法，右击“非稳态多谐振荡器电路.PrjPcb”，在弹出的快捷菜单中选择【Add New to Project】/【Schematic】，完成在项目中添加原理图，并进行保存，如图 2-4 所示。

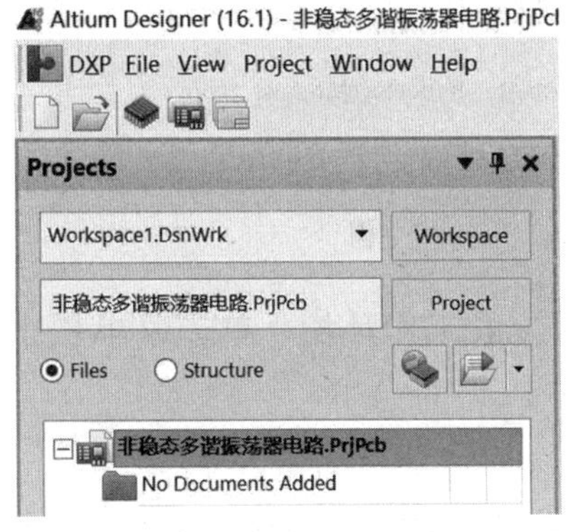

图 2-3　新建一个项目

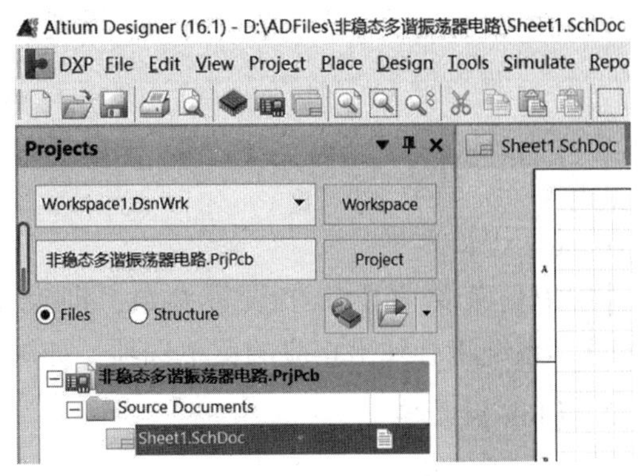

图 2-4　在项目工程中追加一个新的原理图文件

2.3 原理图编辑环境

启动 Altium Designer16 后，软件并不会直接进入原理图编辑器窗口，需要新建或打开一个原理图文件后，软件才会进入原理图编辑器。原理图编辑器窗口如图 2-5 所示。

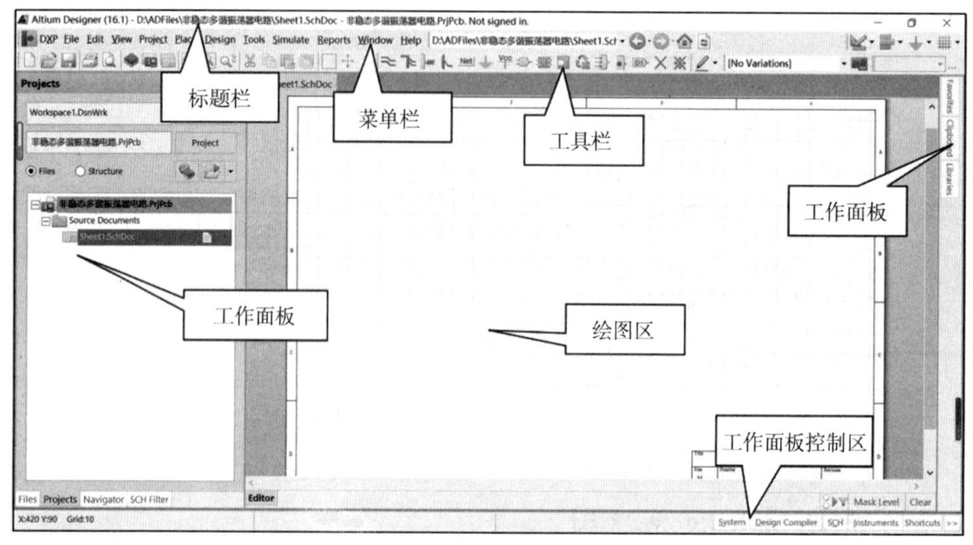

图 2-5 原理图编辑器窗口

原理图编辑器窗口由标题栏、菜单栏、工具栏、绘图区、工作面板、工作面板控制区等部分组成。

2.3.1 标题栏

标题栏位于原理图编辑窗口的最上方，可以从标题栏上看到软件名称和当前文件的存储路径。

2.3.2 菜单栏

原理图编辑器窗口的菜单栏如图 2-6 所示，其主要功能是进行各种文件操作、命令操作、设置视图的显示方式、放置对象、设置各种参数和打开帮助文件等。

DXP File Edit View Project Place Design Tools Simulate Reports Window Help

图 2-6 原理图编辑器窗口的菜单栏

1. 【DXP】菜单

【DXP】菜单主要用来设置参数，即设置软件的一般工作环境。单击菜单栏中的【DXP】，系统将会弹出相应的菜单选项，如图 2-7 所示。

2. 【File】菜单

【File】菜单主要用于进行文件的管理，如文件的新建、打开、保存、导入、打印和显示最近访问的文件信息等，其中最常操作的是【New】子菜单，如图 2-8 所示。

图 2-7 【DXP】菜单

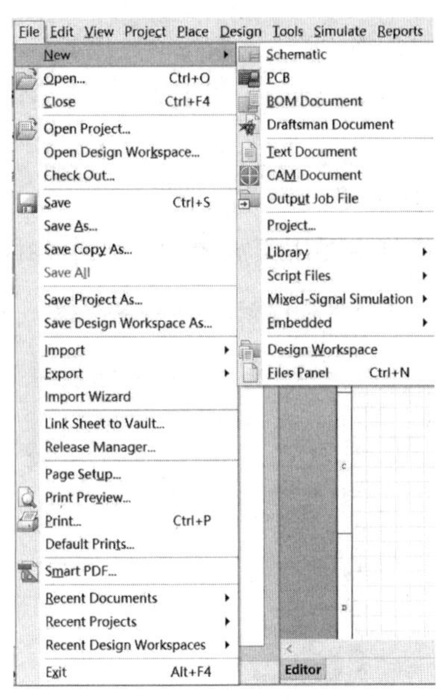

图 2-8 【File】菜单

3. 【Edit】菜单

【Edit】菜单主要用于元件的编辑，如选择和取消、复制、剪切和粘贴、排列和对齐、旋转和翻转等，以及命令的撤销、恢复等，如图 2-9 所示。

4. 【View】菜单

【View】菜单主要用于对图纸的缩放和显示比例进行调整，以及对工具栏、工作面板、状态栏和命令行等进行管理，如图 2-10 所示。

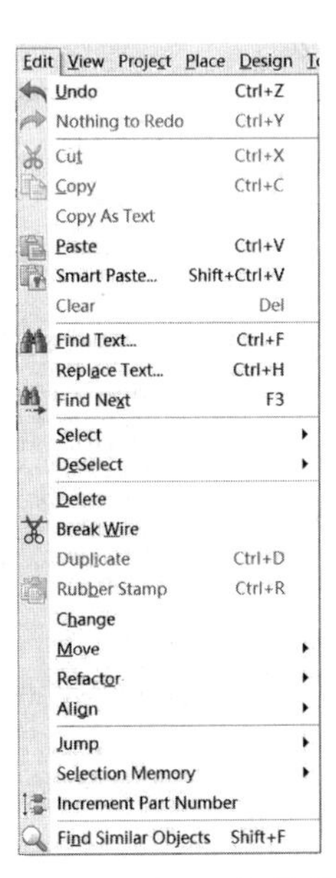

图 2-9 【Edit】菜单

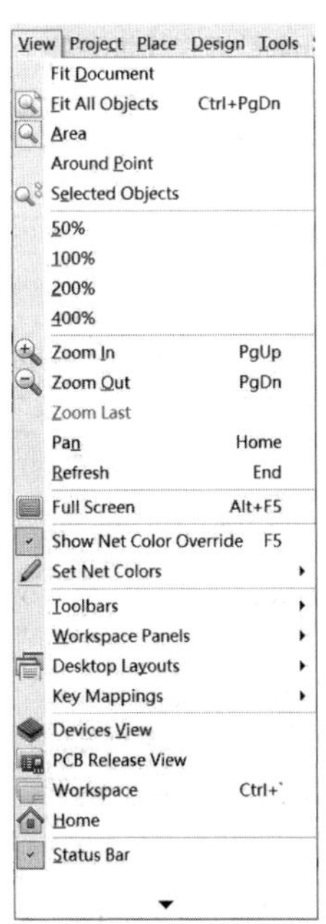

图 2-10 【View】菜单

5. 【Project】菜单

【Project】菜单主要用于设计项目的编译、建立、显示、添加、分析和版本控制等，如图 2-11 所示。

6. 【Place】菜单

【Place】菜单主要用于放置原理图中各种对象，如图 2-12 所示。

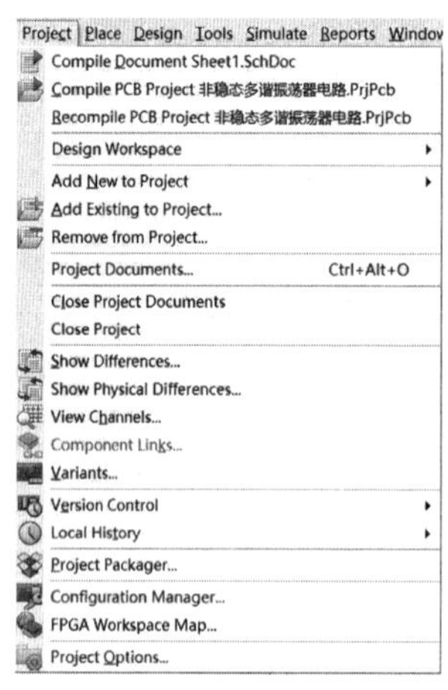

图 2-11 【Project】菜单

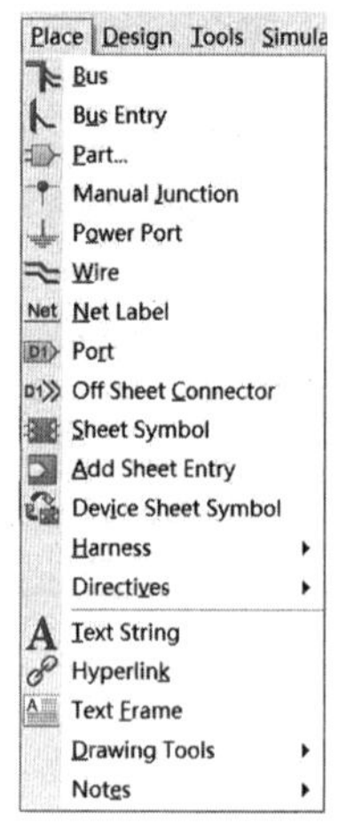

图 2-12 【Place】菜单

7. 【Design】菜单

【Design】菜单主要用于原理图中库的操作、各种网络报表的生成和层次原理图的绘制，如图 2-13 所示。

8. 【Tools】菜单

【Tools】菜单主要用于元件的查找、层次原理图中子图和母图之间的切换、原理图自动更新、原理图中元器件的标注等，如图 2-14 所示。

图 2-13 【Design】菜单

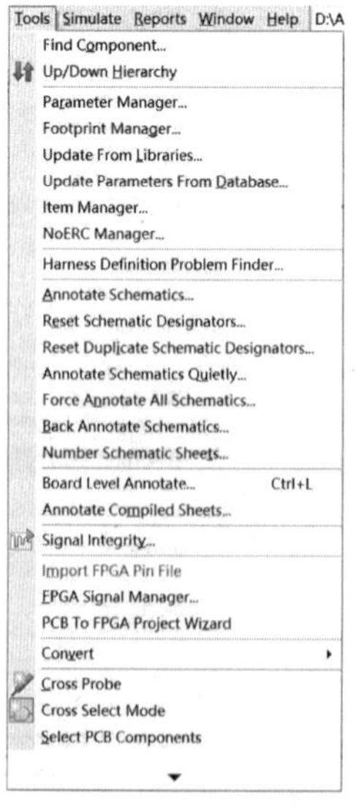

图 2-14 【Tools】菜单

9. 【Reports】菜单和【Window】菜单

【Reports】菜单主要用来生成原理图文件的各种报表，【Window】菜单主要用于对原理图编辑器窗口进行管理。

2.3.3 工具栏

原理图编辑器窗口的菜单栏下面是经常用到的工具栏，它将一些最常用的命令以按钮的形式表示出来，为设计人员提供了很大的方便。这些命令在菜单栏也可以实现，所以工具栏是命令的一种快捷方式。设计人员可以自行设置工具栏的显示或隐藏状态，使原理图编辑器窗口更适合设计人员的操作习惯，提高工作效率。

执行菜单命令【View】/【Toolbars】，再分别选择其中的【Schematic Standard】命令、【Mixd Sim】命令、【Formatting】命令、【Utilities】命令、【Wiring】命令、【Navigation】命令便可以打开这些工具栏，或者在原理图编辑器窗口中工具栏的某个位置右击，然后在弹出的快捷菜单中勾选工具栏的复选框也可以显示或隐藏这些工具栏。在这6个工具栏中经常使用的是【Schematic Standard】工具栏、【Wiring】工具栏和【Utilities】工具栏。

1. 【Schematic Standard】工具栏

【Schematic Standard】工具栏主要包括新建、打开、保存、打印、窗口的放大与缩小、复制、粘贴、撤销、选择、帮助等常用工具按钮，如图2-15所示。

图2-15 【Schematic Standard】工具栏

2. 【Wiring】工具栏

【Wiring】工具栏的主要功能是放置具有电气特性的元件、导线、网络标号等，如图2-16所示。

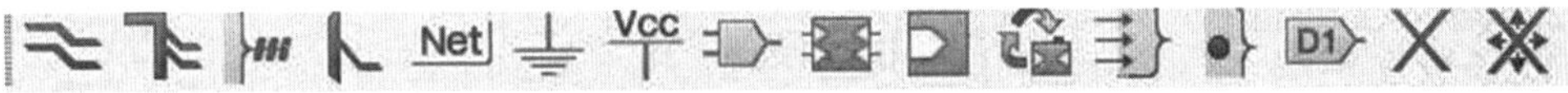

图2-16 【Wiring】工具栏

3. 【Utilities】工具栏

【Utilities】工具栏包含多个子菜单选项，单击任一功能按钮均会弹出相应的工具栏，如图2-17所示。

图2-17 【Utilities】工具栏

（1）绘图工具：如图2-18（a）所示，利用该工具栏可以绘制直线、多边形、椭圆弧、贝塞尔曲线、矩形、圆角矩形、椭圆等，还可以放置文本框、图片，并设定粘贴队列。

（2）排列对齐工具：如图2-18（b）所示，该工具栏可以对元件位置的排列进行设置。

（3）电源工具：如图2-18（c）所示，该工具栏提供了各种常用电源的端口。

（4）网格工具：如图2-18（d）所示，该工具栏提供了各种网格工具。

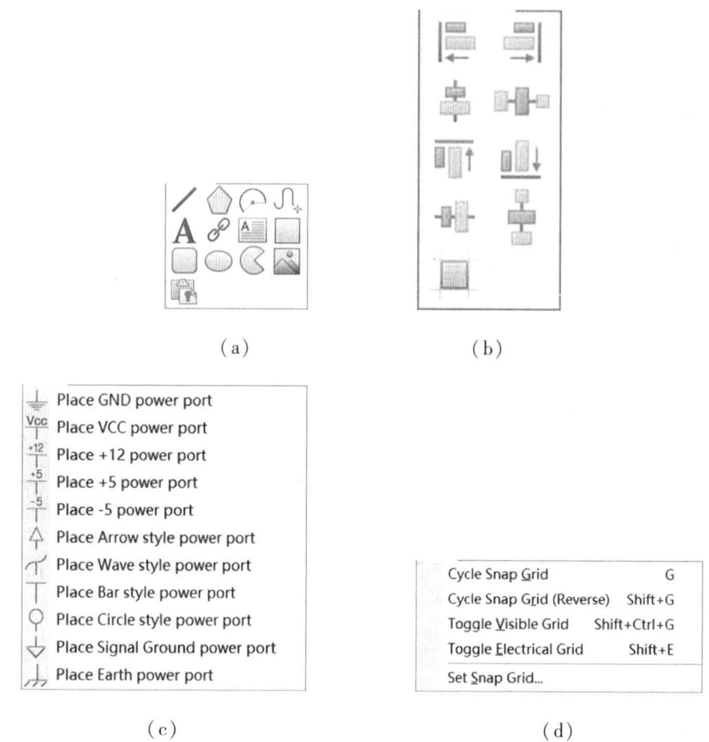

(a) (b) (c) (d)

图 2-18 【Utilities】工具栏子菜单选项

(a) 绘图工具；(b) 排列对齐工具；(c) 电源工具 ；(d) 网格工具

2.3.4 绘图区

绘图区是原理图编辑器窗口的主要工作区域，用户在绘图区进行原理图绘制。

2.3.5 工作面板

在原理图编辑环境下经常使用的工作面板有【Projects】工作面板、【Files】工作面板和【Libraries】工作面板；在 PCB 编辑器环境下经常使用的工作面板有【Projects】工作面板和【PCB】工作面板；在元件原理图库编辑环境下经常使用【SCH Library】工作面板；在 PCB 元件封装库中经常使用【PCB Library】工作面板。设计人员可以根据自己的设计需要，通过单击面板底部的标签很方便地进行工作面板的切换。此外，通过拖曳面板标题栏到新的位置可以修改或修剪面板。本节主要讲解在原理图编辑环境下经常使用的工作面板。

1. 常用工作面板

1）【Projects】工作面板

【Projects】工作面板如图 2-19 所示，它用来管理整个设计项目及文件，也可以进行打开项目和文件、保存项目和文件以及关闭项目和文件等操作。

图 2-19 【Projects】工作面板

2）【Files】工作面板

除了【Projects】工作面板以外，Altium Designer 16 也提供了另外一种功能强大的文件管理面板——【Files】工作面板，如图 2-20 所示。利用【Files】工作面板也可以方便地管理项目和文件，即打开一个项目和文件，新建常用的文件以及从模板中新建文件等操作。

3）【Libraries】工作面板

【Libraries】工作面板如图 2-21 所示，它是电路原理图设计过程中使用频率最高的工作面板。【Libraries】工作面板可以加载软件自带的集成元件库以及自定义的集成元件库，设计人员可以通过【Libraries】工作面板放置所需元器件。

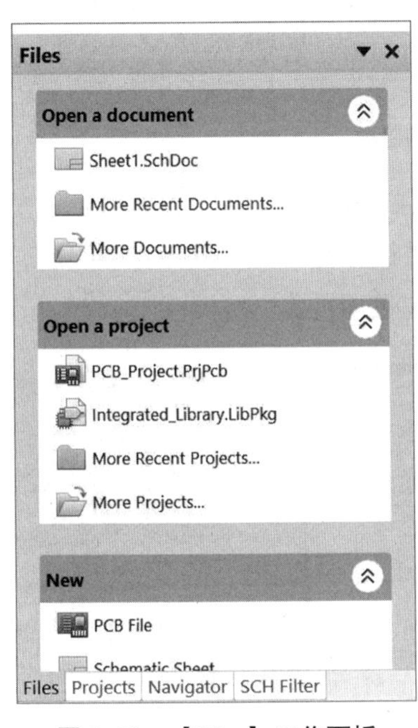

图 2-20 【Files】工作面板

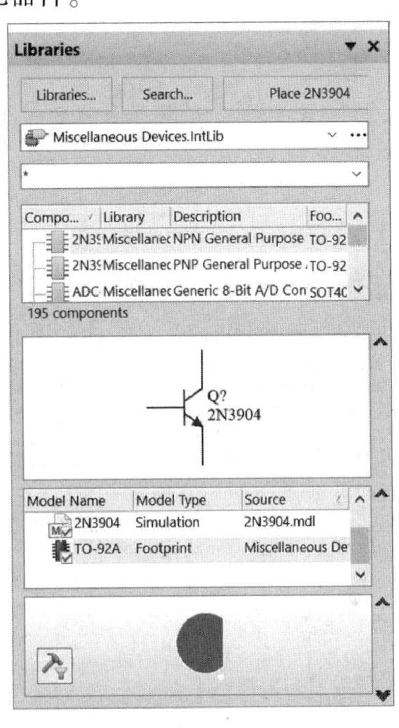

图 2-21 【Libraries】工作面板

2. 工作面板的操作

1）工作面板的打开和关闭

用户通过单击面板控制区中所需要的工作面板标签来打开相应工作面板，单击工作面板上的 ✕ 按钮可以关闭工作面板。

2）工作面板的 3 种显示方式

（1）锁定。初次打开原理图编辑器，工作面板处在锁定状态，紧贴在系统界面的周围，并且在面板的右上角出现 ▼ 📌 ✕ 按钮。

（2）隐藏。工作面板的隐藏是指工作面板以面板标签的形式出现在系统界面的左侧或者右侧。当工作面板处于锁定状态时，单击 📌 按钮，使其图标切换到 📌 按钮，将光标移开工作面板，工作面板会自动隐藏，如图 2-22 所示。在这种方式下，只有当光标指向窗口中的工作面板标签时，工作面板才会自动弹出。

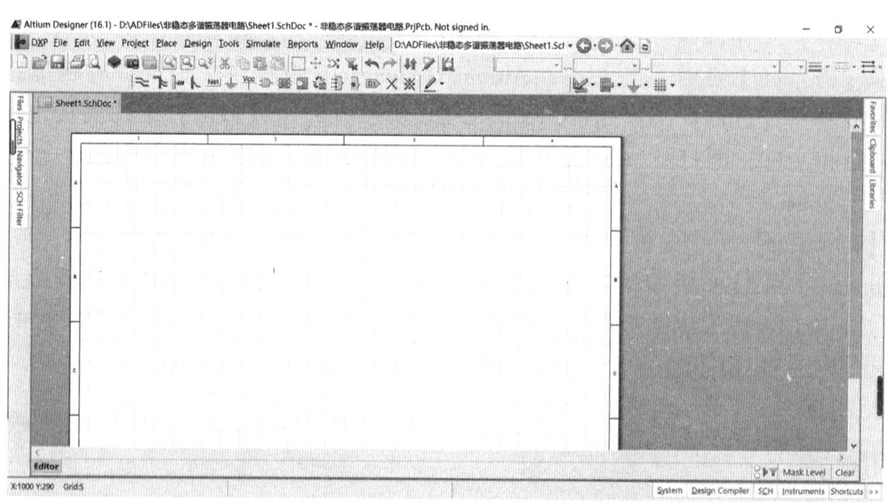

图 2-22　工作面板的隐藏

（3）悬浮。工作面板的悬浮是指工作面板出现在绘图区的中间，并且在面板的右上角只有 ▼ ✕ 按钮，如图 2-23 所示。单击工作面板的状态栏并按住鼠标左键不放，拖动工作面板向绘图区中间移动，在合适的位置松开鼠标左键即可。

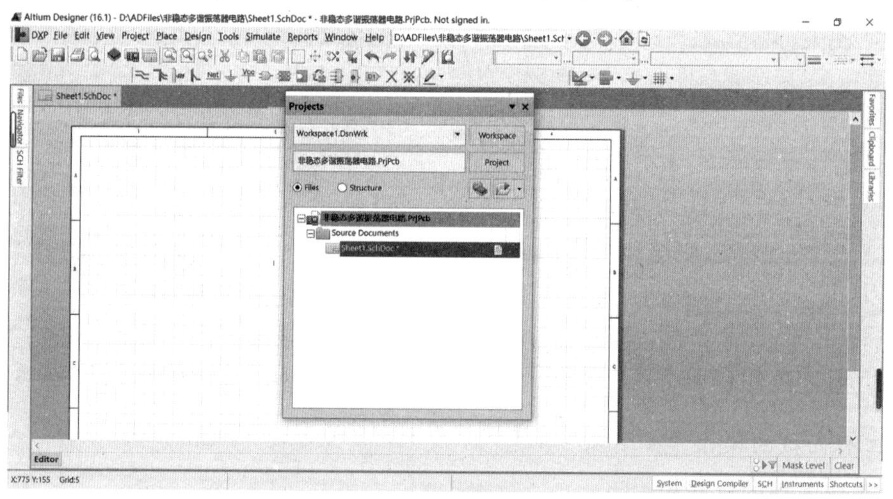

图 2-23　工作面板的悬浮显示方式

3）工作面板的拆分

工作面板有时会重叠在一起，使用起来很不方便，如图 2-24 所示。拆分的具体方法是右击重叠工作面板下方的工作面板状态栏，从弹出的快捷菜单中取消勾选的【Allow Dock】中的【Vertically】复选框，这表示不允许【Libraries】工作面板隐藏在界面的左右两侧。此时，若将工作面板的状态栏再向系统界面的右侧拖动，当重叠的工作面板到达界面右侧时，【Projects】工作面板会被锁定在界面的右侧，而【Libraries】工作面板会被弹到绘图区中间，如图 2-25 所示。

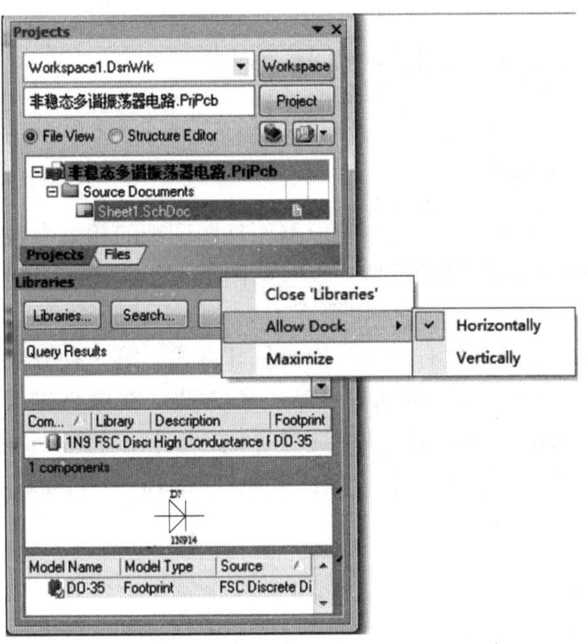

图 2-24　需要拆分的工作面板

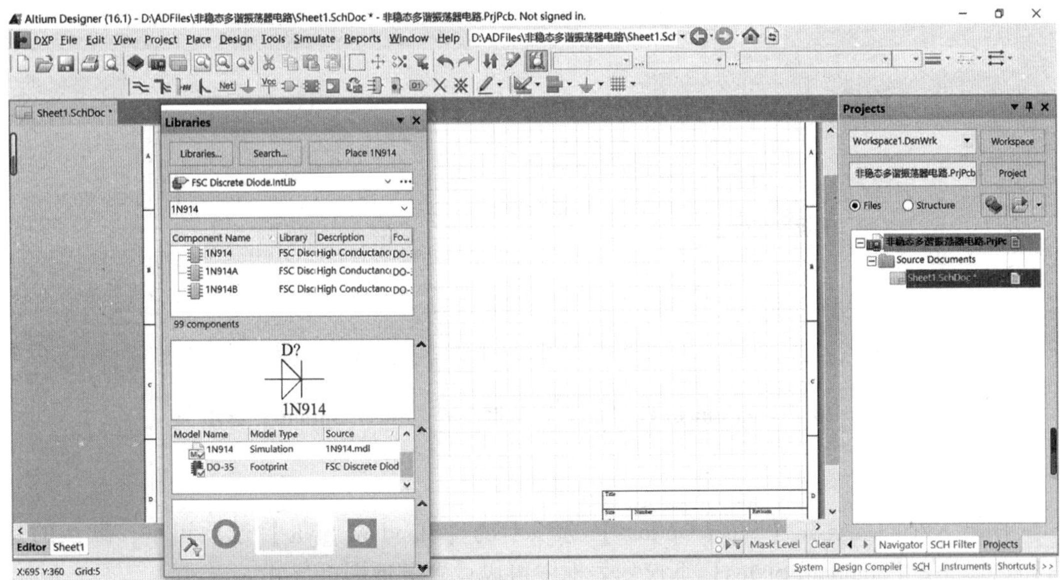

图 2-25　【Libraries】工作面板被弹出

2.3.6　工作面板控制区

设计人员在绘制原理图的过程中，有时会不小心将工作面板关闭，此时可以通过单击工作面板控制区的【System】标签来重新打开所需要的各工作面板。

2.4 图纸参数和优先选项的设置

2.4.1 设置图纸参数

一般在设计电路原理图之前，先要对电路原理图图纸的相关参数进行设置，以满足设计人员的需要。电路原理图图纸的设置主要包括图纸大小、图纸方向、图纸颜色、图纸栅格、标题栏等。

原理图图纸参数设置对话框有两种常用的打开方式，第一种方法：双击原理图图纸的边框，弹出【Document Options】对话框；第二种方法：在原理图绘图区的空白处右击，弹出右键快捷菜单，从弹出的右键菜单中选择【Options】/【Document Options】选项，弹出【Document Options】对话框。下面介绍图纸属性对话框中【Sheet Options】选项卡中的一些常用的选项，如图 2-26 所示。

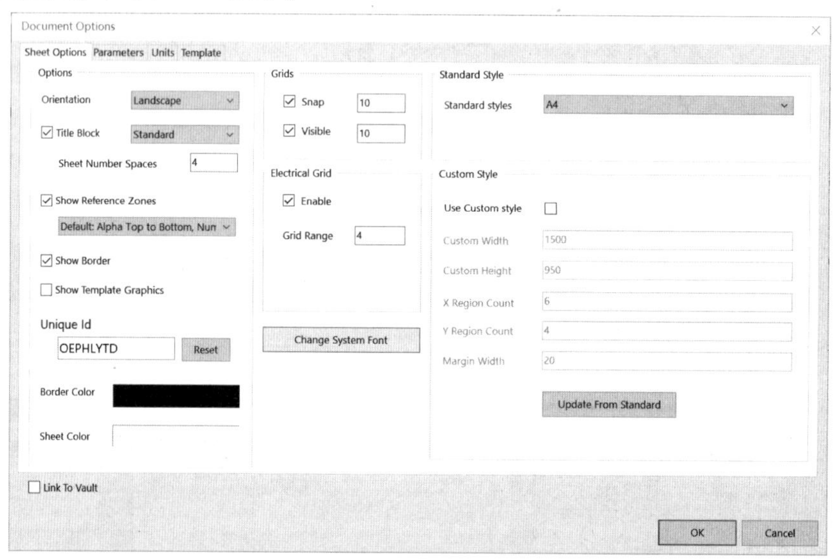

图 2-26 【Document Options】对话框中的【Sheet Options】选项卡

1. 图纸大小的设置

图纸大小的设置在【Sheet Options】选项卡的【Standard Style】选项组中，默认的是 A4 尺寸。在【Standard Styles】下拉列表框中可以设置其他图纸尺寸。

Altium Designer 16 所提供的图纸样式有以下几种。

美制：A0、A1、A2、A3、A4，其中 A4 最小；英制：A、B、C、D、E，其中 A 最小；其他：Altium Designer 16 还支持其他类型的图纸，如 Letter、Legal、Tabloid、Orcad A、Orcad B、Orcad C、Orcad D、Orcad E 等。

2. 图纸选项的设置

在【Options】选项组中可以进行图纸选项的设置。

（1）【Orientation】：原理图图纸方向，在【Orientation】下拉列表框中可以设置图纸方向。

Altium Designer 16 提供了两种图纸方向选项：【Landscape】选项表示图纸为水平放置，【Portrait】选项表示图纸为垂直放置。

（2）【Title Block】：原理图图纸标题栏显示开关和标题栏式样选择。当【Title Block】左边的复选按钮被选中时，标题栏将显示；如果取消，则不显示标题栏。

Altium Designer 16 提供了两种类型的标题栏：【Standard】选项表示标准型标题栏，如图 2-27 所示；【ANSI】表示美国国家标准协会标题栏，如图 2-28 所示。

Title			
Size A4	Number		Revision
Date:	2020/6/30	Sheet of	
File:	D:\ADFiles\非稳态多谐振荡器电路\Sheet1.SchDoc		

图 2-27 【Standard】标题栏

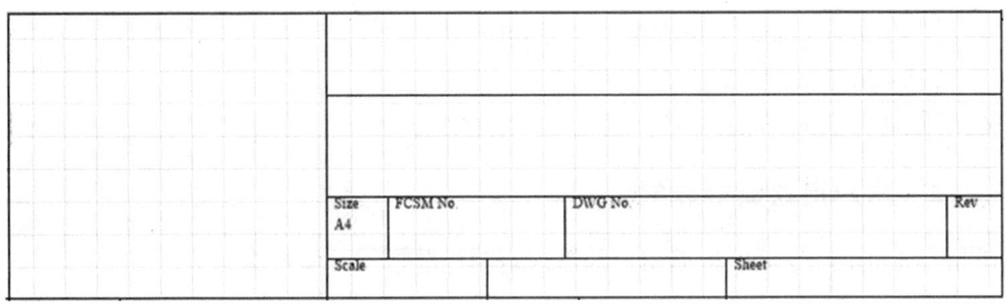

图 2-28 【ANSI】标题栏

（3）【Show Reference Zones】：提供图纸参考边框显示与否的选项。

（4）【Show Border】：图纸边界的显示开关，当选中该复选按钮时，将显示图纸边界。

（5）【Show Template Graphics】：图纸模板图形显示开关，当选中该复选按钮时，将显示模板文件中的图形部分。

（6）【Border Color】：图纸边框颜色的选择，当单击【Border Color】右侧的按钮时，可以设置图纸边框颜色。

（7）【Sheet Color】：图纸背景颜色的选择，当单击【Sheet Color】右侧的按钮时，可以设置图纸背景颜色，默认值为淡黄色。

3. 网格的设置

在【Sheet Options】选项卡的【Grids】选项组中合理设置原理图栅格，可以有效提高绘制原理图的质量，原理图栅格包括 Snap（移动）和 Visible（可视）栅格。

（1）【Snap】：当该项复选按钮被选中时，用户在操作时光标移动的最小步长以 Snap 文本框中的值为单位。默认值是 10 mil（1 mil=0.025 4 mm），表示光标将以 10 mil 为基本单位来移动。

（2）【Visible】：当该项复选按钮被选中时，将显示网形栅格；图纸上显示栅格的间距可以由右边文本框输入的值来确定，它不会影响到“十”字形光标的位移量，只会影响视觉效果。

4. 电气网格的设置

在【Electrical Grid】选项组中可进行电气网格的设置。电气网格是指在绘制导线时，以光标箭头为圆心，以电气栅格的设定值为半径搜索电气节点，如果找到了最近的节点，就会把光标移至该节点。如果取消该功能，则无自动搜寻电气节点的功能。

5. 自定义风格

如果需要自己定义图纸尺寸，则需要在【Custom Style】选项组中设定各个选项参数。单击【Use Custom Style】复选按钮，即可激活自定义图纸的功能。自定义风格中的各选项设置含义如下。

（1）【Custom Width】：自定义图纸的宽度。

（2）【Custom Height】：自定义图纸的高度。

（3）【X Region Count】：*X* 轴参考坐标分格。

（4）【Y Region Count】：*Y* 轴参考坐标分格。

（5）【Margin Width】：边框的宽度。

（6）【Update From Standard】：更新用户设置。

2.4.2 用户自绘制标题栏

Altium Designer 16 可以根据用户的需求定制标题栏，具体步骤如下：

（1）单击绘图工具栏中 ／ 按钮，如图 2-29 所示，或者执行菜单命令【Place】/【Drawing Tools】/【Line】，在原理图绘图区将出现一个“十”字形光标。

图 2-29　绘图工具

（2）在画线前，按<Tab>键，弹出【PolyLine】对话框，如图 2-30 所示，可进行线的属性设置。单击【Line Width】复选按钮可设置线的粗细，Medium 为粗线，Small 为细线；单击【Line Style】复选按钮可设置线的样式，Solid 为实线，单击【Color】复选按钮可以对颜色进行选择。单击【OK】按钮保存设置。

（3）确定放置折线位置起始点，将“十”字形光标移至该点并单击，开始放置第一条线段，至终点时再次单击。反复执行放线操作，直至标题框绘制完毕，右击绘图区任意位置即可退出放置直线状态。

（4）单击绘图工具栏中 A 按钮或者执行【Place】/【Text String】命令，出现“十”字形光标，单击绘图区任意位置即可放置文本框。

（5）在放置文本之前，按<Tab>键可修改文本属性。因为标题栏中的很多信息都是可变的，如设计者、文档的设计日期等，所以在输入文本时可以输入一个变量，如图 2-31 所示。然后进入【Document Options】对话框中的【Parameters】选项卡，在【Name】选项组里填写具体的参数，如图 2-32 所示。

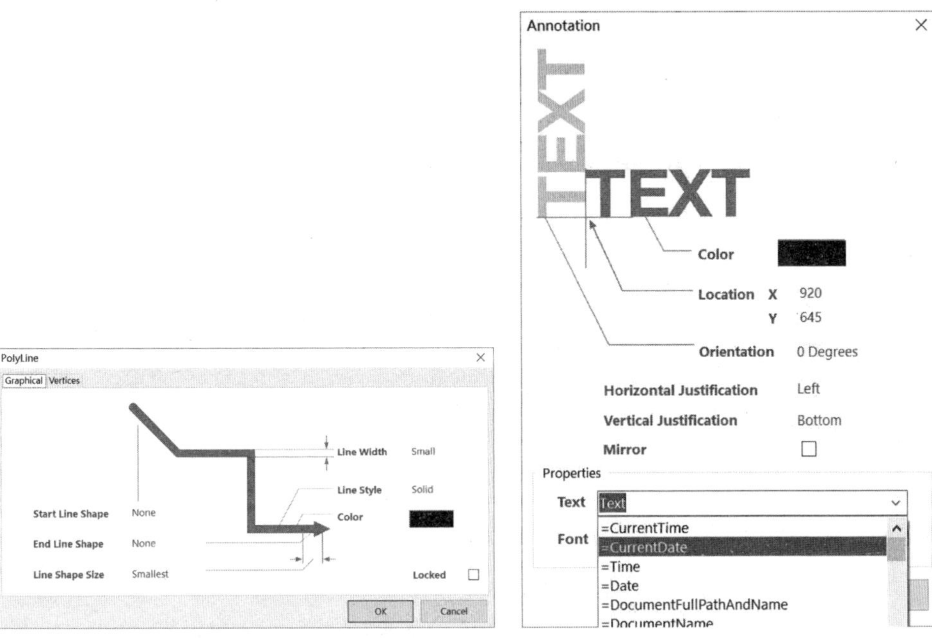

图 2-30　【PolyLine】对话框　　　　图 2-31　文本属性对话框

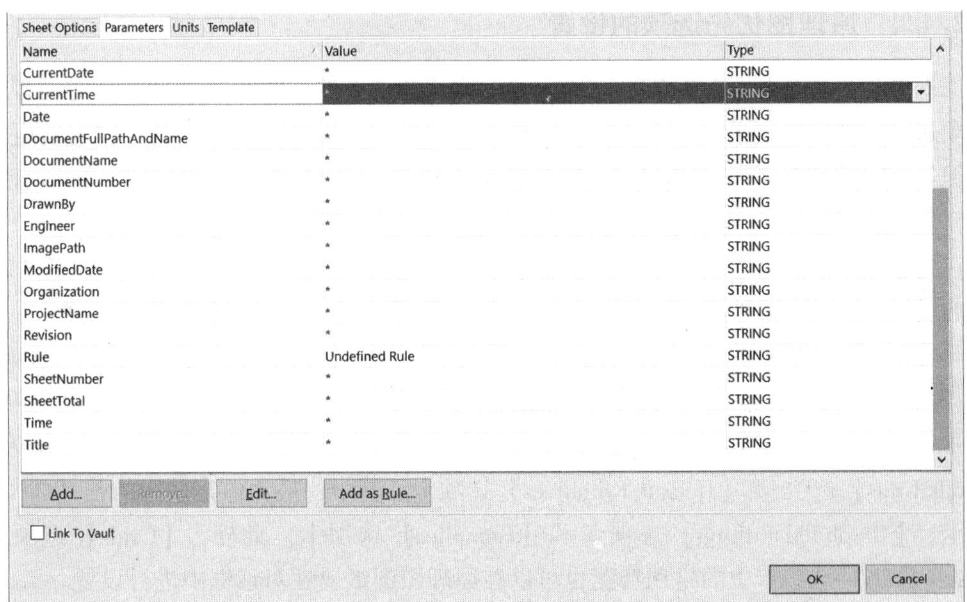

图 2-32　【Document Options】对话框中的【Parameters】选项卡

2.4.3　单位系统设置

Altium Designer 16 为不同的用户需求提供了完善的单位系统设置。用户可以在【Document Options】对话框的【Units】选项卡中选择自己需要的单位系统，如图 2-33 所示。Altium Designer 16 默认的单位系统是“Imperial Unit System”。

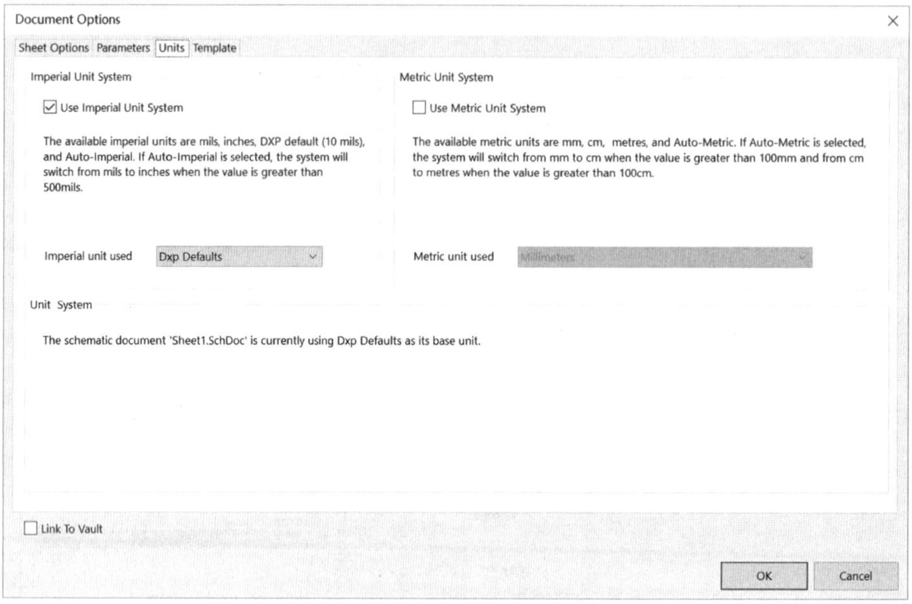

图 2-33 【Document Options】对话框中的【Units】选项卡

2.4.4 原理图优先选项的设置

原理图优先选项的设置对于原理图的绘制来说是必要的，因为只有恰当地对原理图优先选项进行设置才能更准确地表达设计人员的设计思想，也能使整个设计过程变得更加简便。但是，对于初学 Altium Designer 的设计人员来说，还是建议采用系统默认的设置，等到对该软件有了一定的了解和掌握之后，再学习设置原理图的优先选项。

在原理图编辑器窗口中执行菜单命令【DXP】/【Preferences...】，就会弹出如图 2-34 所示的【Preferences】对话框。【Preferences】对话框中【Schematic】选项中共有 10 个选项卡，分别用于设置原理图绘制过程中的各类功能，具体包括【General】选项卡、【Graphical Editing】选项卡、【Mouse Wheel Configuration】选项卡、【Compiler】选项卡、【AutoFocus】选项卡、【Library AutoZoom】选项卡、【Grids】选项卡、【Break Wire】选项卡、【Default Units】选项卡、【Default Primitives】选项卡。其中，最为经常使用的是【General】选项卡、【Graphical Editing】选项卡和【Compiler】选项卡。此外，【Grids】选项卡和【Default Units】选项卡中的常用功能也可以在原理图图纸属性对话框中进行设置。

由于原理图优先选项中 12 个选项卡涉及的功能过多，因此本节不一一详细介绍，设计人员可以在进行原理图设计时尝试修改每个选项卡中的功能设置来了解它们的具体作用。本节只针对【General】选项卡、【Graphical Editing】选项卡和【Compiler】选项卡中最常用的功能设置加以说明。

1. 【General】选项卡

【General】选项卡主要用于原理图编辑过程中的通用设置，如图 2-34 所示。

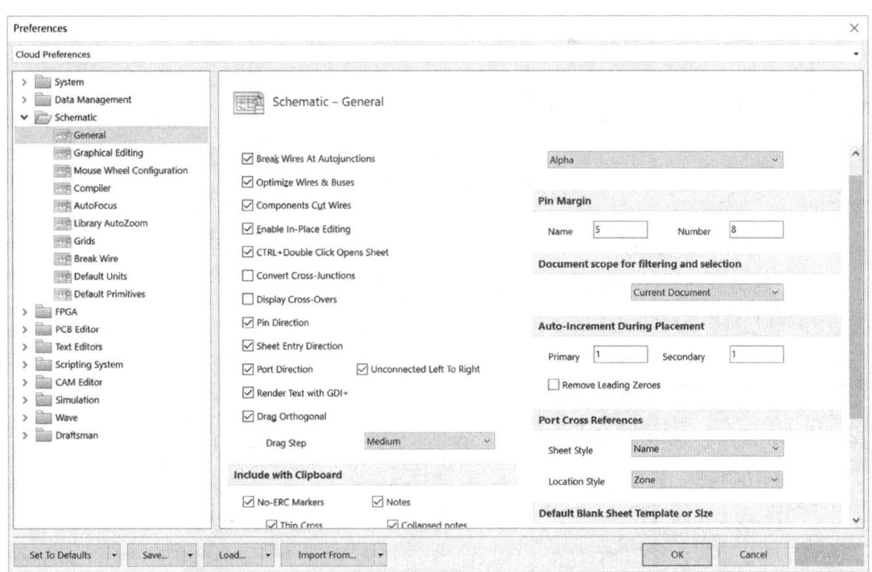

图 2-34　【General】选项卡

在进行原理图设计时，若勾选【Convert Cross-Junctions】复选按钮，那么当用户在丁字连接处，如图 2-35（a）所示，增加一段导线形成 4 个方向的连接时，会自动产生 2 个相邻的三向连接点，如图 2-35（b）所示；若没有选中该复选按钮，则会形成两条交叉的导线，并且没有电气连接，如图 2-35（c）所示。

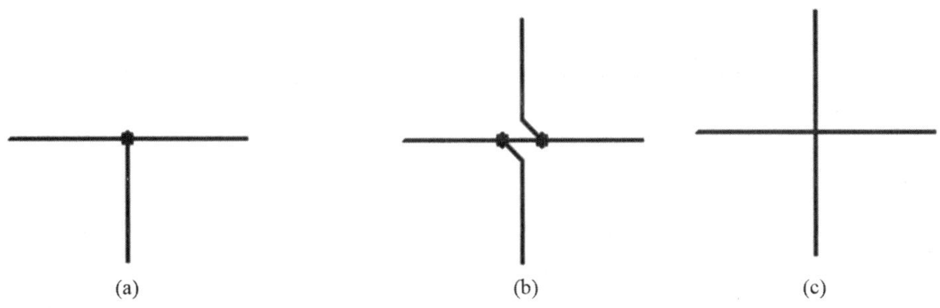

图 2-35　选择【Convert Cross-Junctions】复选按钮前后绘图效果

（a）丁字连接的导线；（b）选中后；（b）未选中

在进行原理图设计时，若勾选【Display Cross-Overs】复选按钮，此时系统会采用横跨符号表示交叉而不导通的连线。未选择和选择该选项的示意图如图 2-36 所示。

【Auto-Increment During Placement】选项组用来设置元件及引脚号在自动标注过程中的序号递增量。在原理图中连续放置元件时，【Primary】文本框用于设置元件自动编号的递增量。例如，修改【Primary】文本框的递增量为“2”，画原理图时设置第一个电阻元件的标号为“R1”并完成放置，那么接下来放置的电阻标号为“R3”“R5”。【Primary】设置框的递增量也可以设置为“a”，然后按照英文字母的顺序递增。

在原理图库中绘制原理图符号时，【Primary】文本框用于设置元件引脚编号的自动递增量；【Secondary】文本框用于设置元件引脚名称的自动递增量。例如，连续放置元件引脚时，【Primary】文本框设置为“1”，【Secondary】文本框设置为“a”，则连续放置元件引脚的效果如图 2-37 所示。

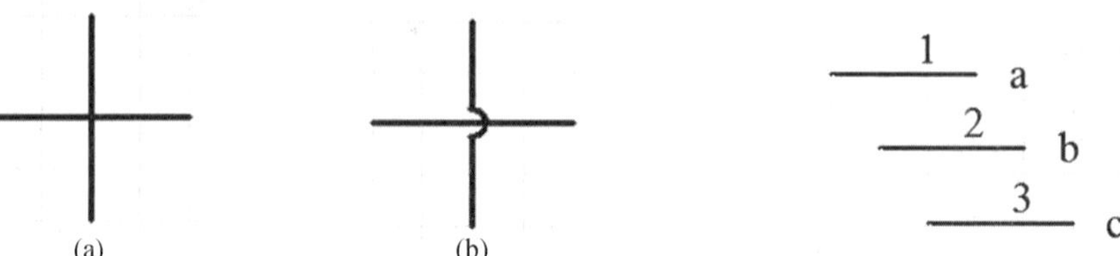

图 2-36　选择【Display Cross-Overs】复选项前后绘图效果

（a）选择前；（b）选择后

图 2-37　连续放置元件引脚的效果

2. 【Graphical Editing】选项卡

如图 2-38 所示，【Graphical Editing】选项卡主要用于对原理图编辑中的图像编辑属性进行设置，如鼠标指针类型、后退或重复操作次数等。

在进行原理图设计时，若勾选【Options】选项组中的【Click Clears Selection】复选按钮，那么单击原理图的任意位置就可以取消当前选择对象的选中状态。

【Cursor】选项组用于定义光标的显示类型。【Cursor Type】下拉列表中有 4 个选项：【Large Cursor 90】项为光标呈 90°大“十”字形；【Small Cursor 90】项为光标呈 90°小“十”字形；【Small Cursor 45】项为光标呈 45°大“十”字形；【Tiny Cursor 45】项为光标呈 45°小“十”字形。这 4 种光标效果如图 2-39 所示。

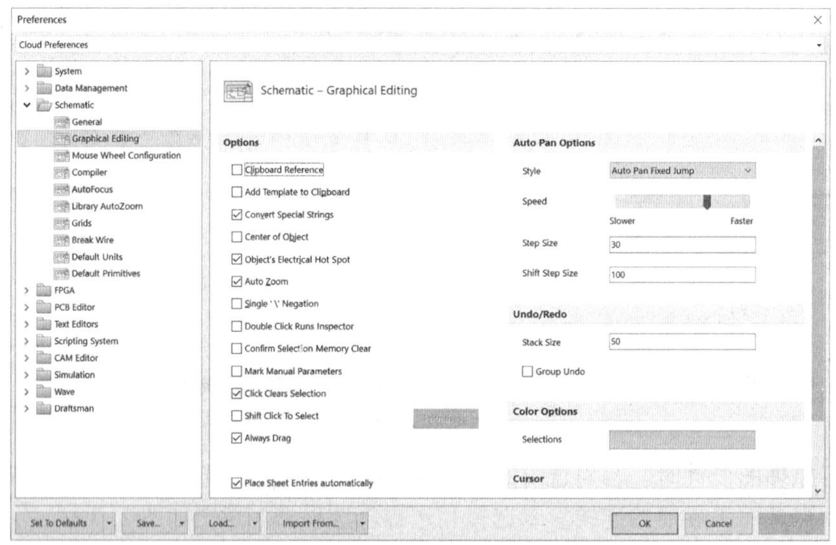

图 2-38　【Graphical Editing】选项卡

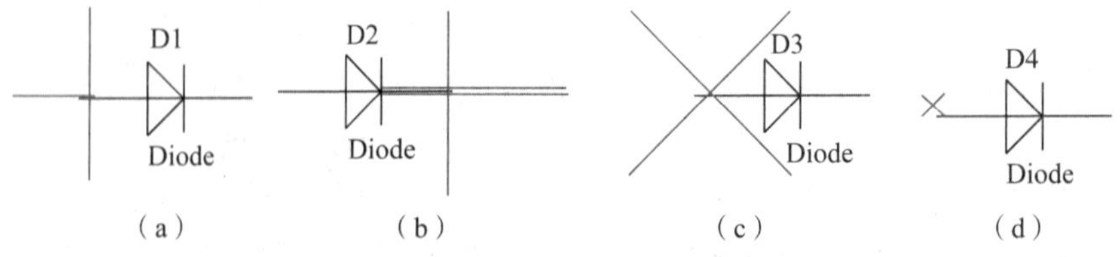

图 2-39　4 种不同的光标效果

（a）90°大“十”字形；（b）90°小“十”字形；（c）45°大“十”字形；（d）45°小“十”字形

3. 【Compiler】选项卡

【Compiler】选项卡主要用于原理图编译时的一些属性设置，一般不建议修改，如图2-40所示。

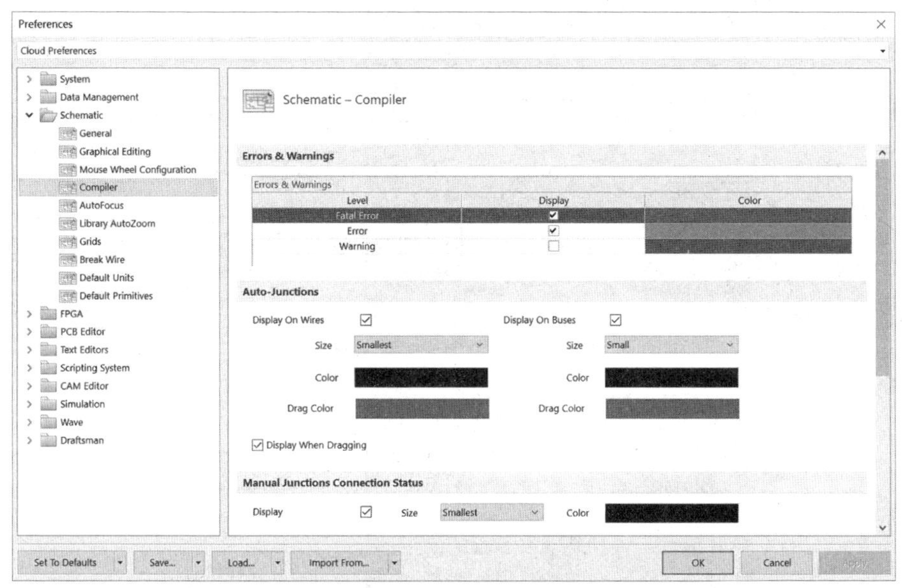

图2-40 【Compiler】选项卡

【Errors & Warnings】选项组用于设置是否显示编译过程中出现的错误或警告信息，并选择一定的颜色加以标记。系统错误有3种等级，分别是Fatal Error、Error和Warning。此选项组采用系统默认即可，即分别用红色、橙色、蓝色波浪线提示设计人员相应的错误级别。

【Auto-Junctions】选项组用于设置在电路原理图中导线和总线上自动生成的电气连接点的属性，包括是否显示导线上自动生成的电气连接点，以及电气连接点的尺寸和颜色。例如，勾选【Display On Wires】选项，则在原理图设计过程中，当两条导线呈“丁”字形连接时，系统会自动添加电气节点，说明这两条导线是连通的；当两条导线呈“十”字形连接时，在两条导线的连接处是没有电气节点的，表示两条导线不具有连接关系。

【Manual Junctions Connection Status】选项组用于设置手工添加的电气节点的显示。若勾选【Display】复选按钮，则在电路原理图上会显示手工添加的电气节点；电气节点的尺寸和颜色与上面的设置相同。

2.5 放置元件

绘制原理图首先要根据电路图上使用的元器件将对应的元件符号放置到原理图编辑环境中，在电路原理图中经常放置的电子元器件有电阻、电容、二极管、晶体管和各种集成电路等，这些元件都存在于各自的集成元件库中。Altium Designer 16在安装完成后，原理图元件库中默认已经加载了两个库文件：一是Miscellaneous Devices. IntLib，这个元件库包含的是常用基本分立元件，如电阻、电感、电容等；二是Miscellaneous Connectors. IntLib，这个元件库包含了常用的接口和插装的连接器件，如排针、DB9串口接头等。

2.5.1 搜索元件

【Libraries】工作面板如图 2-41 所示。

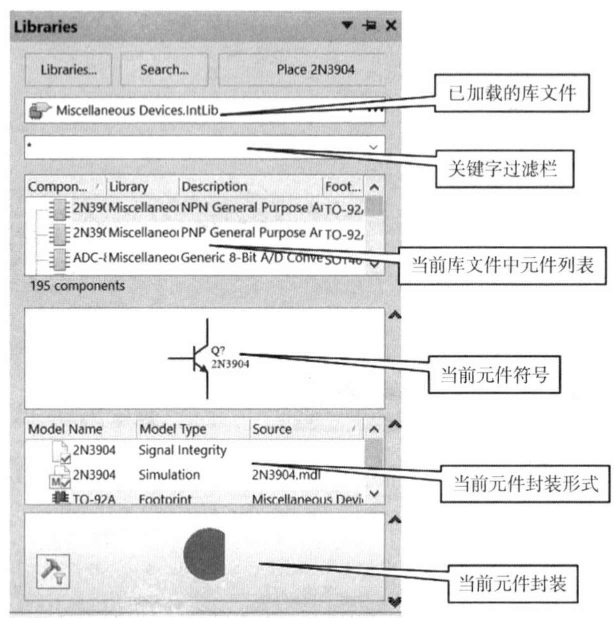

图 2-41 【Libraries】工作面板

非稳态多谐振荡器电路原理图中需要放置的元件有 Res1、Cap、2N3904、1N914，在已加载的库文件中选择【Miscellaneous Devices. IntLib】，在关键字过滤栏分别输入“Res1”“Cap”“2N3904”等元件名称，如果在当前已加载的库文件中包含了关键字过滤栏中输入的文件名，则直接能在库中搜索到所需要的元件，如图 2-42 所示。

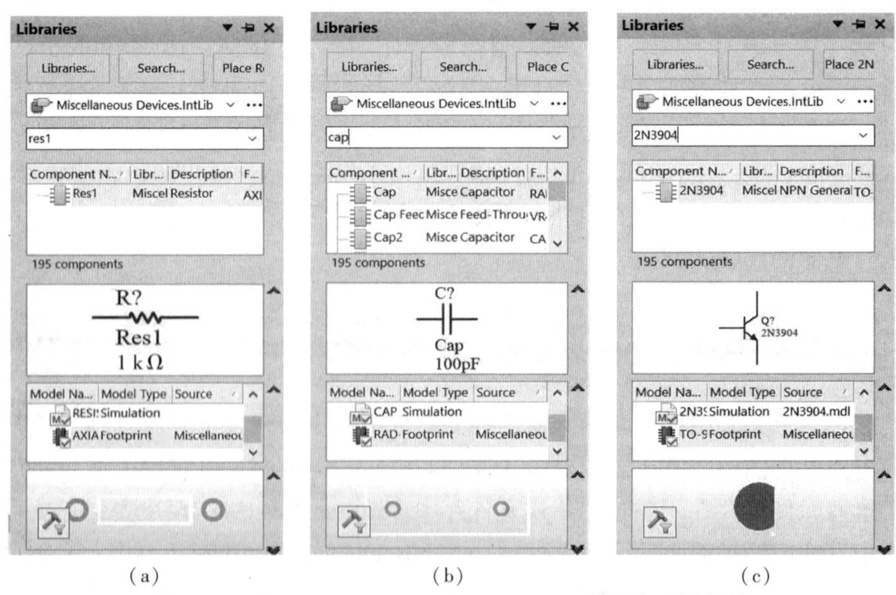

(a) (b) (c)

图 2-42 在 Miscellaneous Devices. IntLib 中搜索到的元件

(a) Res1 元件搜索；(b) Cap 元件搜索；(c) 2N3904 元件搜索

而在关键字过滤栏中输入“1N914”，则出现了如图 2-43 所示的情况，这说明 Miscellaneous Devices. IntLib 中不包含 1N914 元件。此时，我们需要在 Altium Designer 16 的原理图元件库中搜索该元件，具体方法：清空关键字过滤栏，在【Libraries】工作面板单击【Search...】按钮，出现如图 2-44 所示的【Libraries Search】窗口，在【Value】栏输入“1N914”，选中【Libraries on path】单选按钮，之后单击【Search】按钮，经过一段时间的搜索，在【Libraries】工作面板上显示出搜索到的 1N914 元件，如图 2-45 所示。

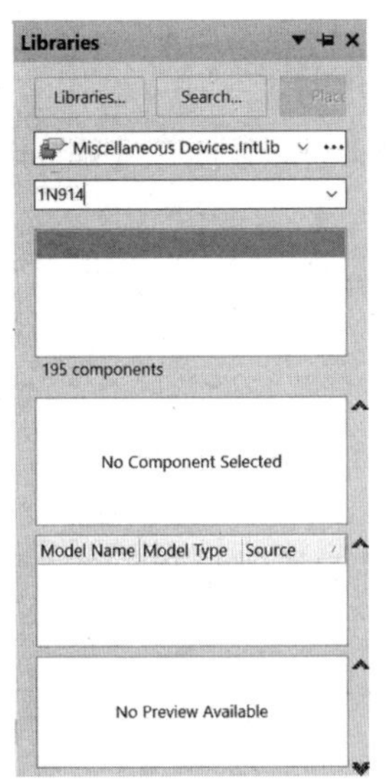

图 2-43 在 Miscellaneous Devices. IntLib 中搜索不到 1N914

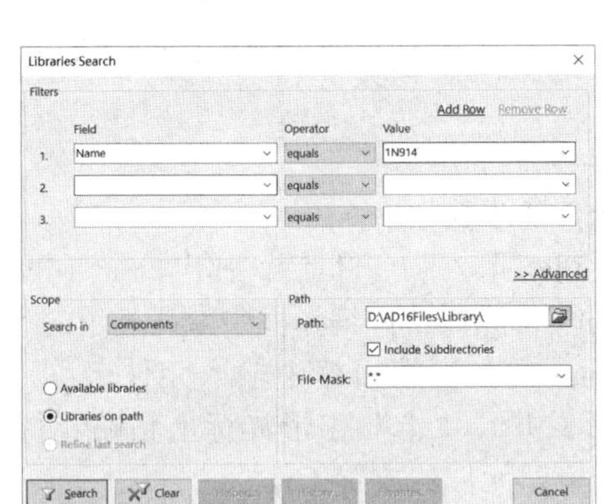

图 2-44 【Libraries Search】界面

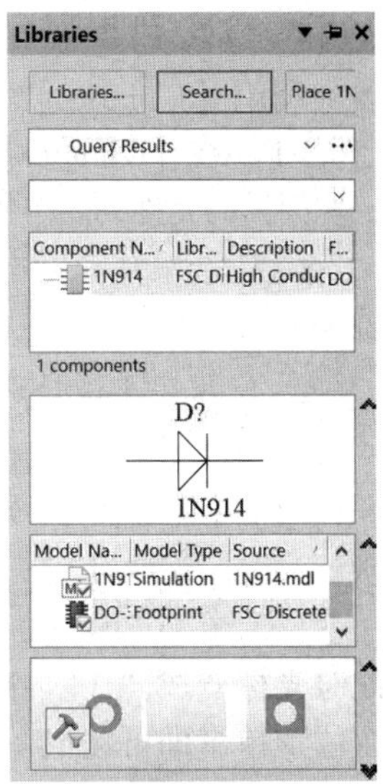

图 2-45 搜索到的 1N914

2.5.2 加载元件库

1N914 元件并未包含在【Miscellaneous Devices. IntLib】中，而是经过在元件原理图库中搜索得到的，当搜索到 1N914 元件之后，我们需要加载 1N914 元件所在的库，具体方法：双击图 2-45 中的元件列表，此时会弹出一个如图 2-46 所示的【Confirm】对话框，询问是否要加载 1N914 元件所在的库，单击 Yes 按钮即可将 1N914 元件所在的集成库【FSC Discrete Diode. IntLib】加载到【Libraries】工作面板中，如图 2-47 所示。这样做的好处是，只要不重新安装该软件，那么在【Libraries】工作面板中可以很方便地找到该元件。

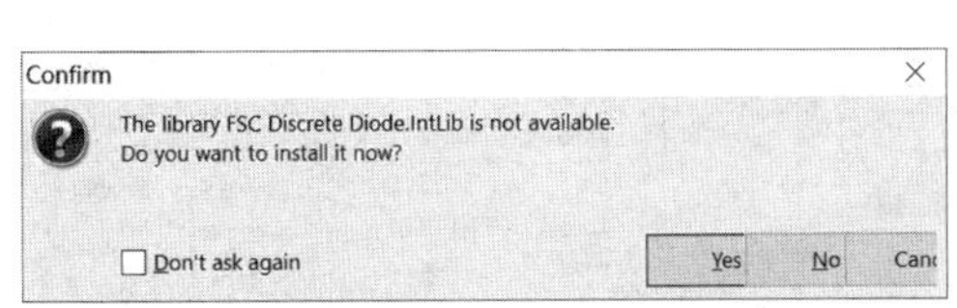

图 2-46 【Confirm】对话框

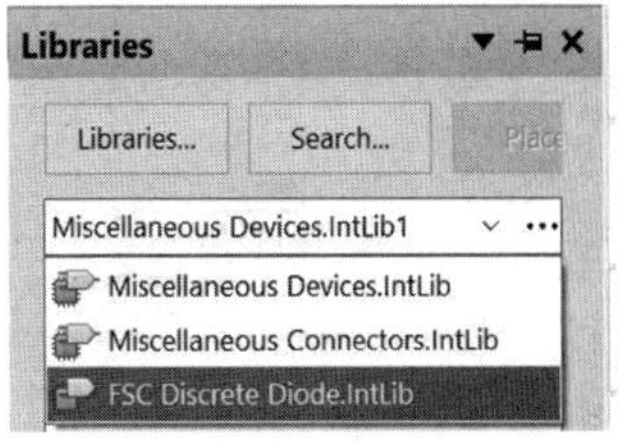

图 2-47 加载集成库后的【Libraries】工作面板

2.5.3 放置元件

在【Libraries】工作面板搜索到所需要的电子元器件后，开始放置元件。元件的放置包括利用【Libraries】工作面板、使用菜单命令、使用工具栏、使用快捷键以及使用右键快捷菜单5种。其中，最便捷的方法是利用【Libraries】工作面板放置元件。本节以放置电阻为例介绍元件的放置方法。

1. 利用【Libraries】工作面板放置元件

利用【Libraries】工作面板放置元件的步骤如下：

（1）在【Libraries】工作面板的过滤栏中输入“Res1”作为过滤条件，此时在【Libraries】工作面板的元件列表中将显示出当前库中“Res1”的元件，如图2-42（a）所示。

（2）选中并拖动电阻元件“Res1”至原理图编辑器的绘图区，至此电阻“Res1”放置完成。

2. 使用菜单命令放置元件

使用菜单命令放置元件的步骤如下：

（1）执行菜单命令【Place】/【Part】后，弹出一个【Place Part】对话框，如图2-48所示，对话框的【Physical Component】编辑框中默认显示的是上次放置的元件名称。

（2）在【Physical Component】编辑框中输入元件名称“Res1”，单击【OK】按钮，此时光标变成“十”字形，并且“十”字形光标上粘贴着待放置的元件，在工作区中适当位置单击即可完成一个电阻元件的放置工作。

3. 使用工具栏放置元件

单击【Wiring】工具栏中的按钮，同样会弹出图2-48所示的【Place Part】对话框，采用同样的方法即可放置一个元件。

4. 使用快捷键放置元件

按<P+P>组合键可快速放置元件，操作方法同上。

5. 使用右键菜单放置元件

右击原理图编辑器窗口中工作区的空白位置，从弹出的菜单中选择命令【Place】/【Part...】，如图2-49所示，可采用与上述同样的方法放置元件。

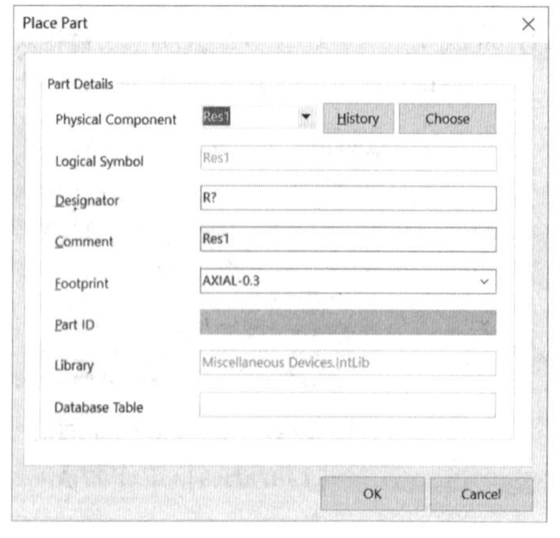

图2-48 【Place Part】对话框

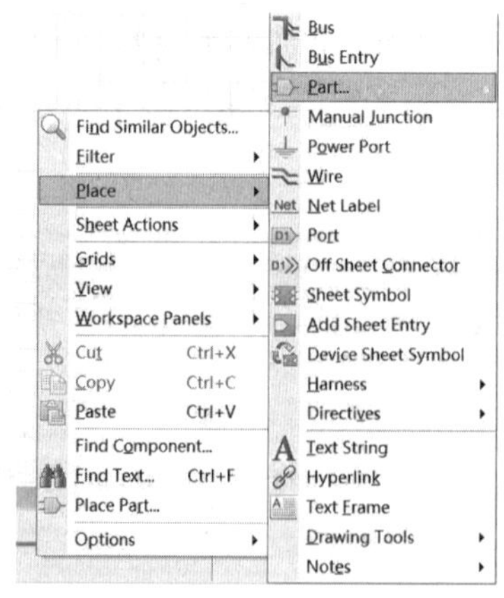

图2-49 使用右键菜单放置元件

2.5.4　元件属性

1. 打开【Component Properties】对话框

在放置完元件后可以对元件属性进行修改，在放置元件的过程中也可以直接修改元件的属性（推荐此方法）。修改元件属性的方法有以下3种。

（1）放置元件后，双击元件可以弹出【Component Properties】对话框，在【Component Properties】对话框中修改元件的属性。

（2）右击放置的元件，在弹出的快捷菜单中选择命令【Properties】修改元件的属性。

（3）在放置元件的过程中，即当元件处于悬浮状态时，按住键盘上的<Tab>键来修改元件的属性。

上述3种操作都会弹出【Component Properties】对话框，如图2-50所示。

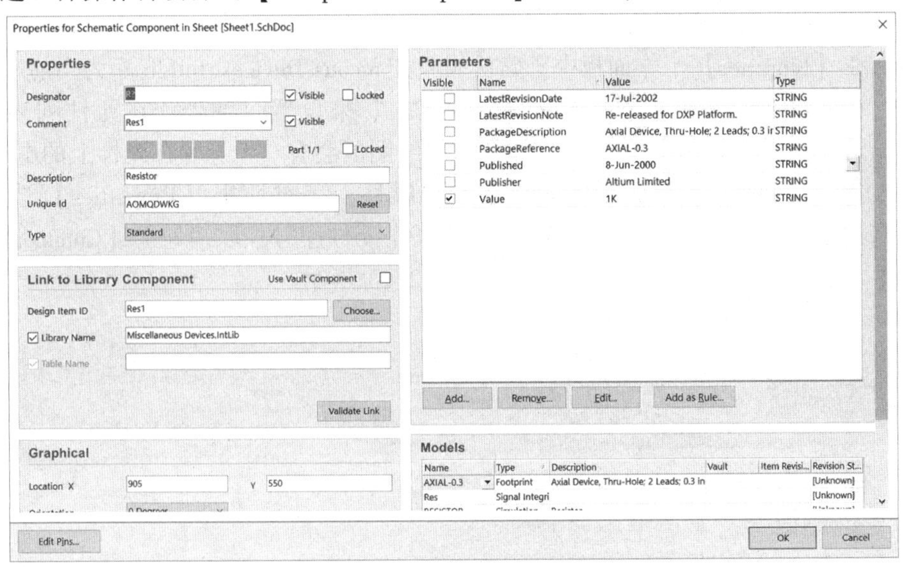

图2-50　【Component Properties】对话框

2. 编辑元件属性

如图2-50所示，元件属性对话框有这样几个选项组。

1）【Properties】选项组

（1）【Designator】：用于设置元件在原理图中的标号。后面的【Visible】复选按钮用来决定元件的标号是否在原理图上显示，【Locked】复选按钮用来决定元件的标号是否可在原理图上移动。

（2）【Comment】：用于填写元件的注释，通常是对元件名称进行简化。后面的【Visible】复选按钮用来决定元件的注释是否在原理图上显示。

（3）【Description】：用于填写对元件的描述信息。

（4）【Unique Id】：系统指定的元件唯一编号，不允许更改。

（5）【Type】：用于选择元件类型，从下拉列表中选择。

2）【Link to Library Component】选项组

（1）【Design Item ID】：用于显示元件在元件库中的名称。根据放置元件的名称系统自动提供，不允许更改。

（2）【Library Name】：用于显示元件所属的元件库。

3）【Graphical】选项组

【Graphical】选项组显示了当前元件的图形信息，包括图形位置、旋转角度、填充颜色、线条颜色、引脚颜色以及是否镜像处理等。

4）【Parameters】选项组

【Parameters】选项组中包括一些与元件特性相关的参数，用户也可以添加新的参数和规则。

5）【Models】选项组

【Models】选项组包括一些与元件相关的封装类型、三维模块和仿真模块，用户也可以添加新的模型。

下面以电容为例，说明元件属性的编辑。

（1）在【Libraries】工作面板中，确认 Miscellaneous Devices. IntLib 库为当前库。

（2）在库名下的关键字过滤栏里输入“Cap”来设置过滤器。在元件列表中单击【Cap】以选择它，然后单击“Place”按钮，在绘图区会有一个悬浮在光标上的电容符号，按<Tab>键可在弹出的对话框中编辑电容的属性。在对话框【Properties】选项组的【Designator】栏中输入“C1”以将其值作为第一个元件序号；取消勾选【Comment】栏后【Visible】复选按钮，不显示电容的注释，如图 2-51 所示。

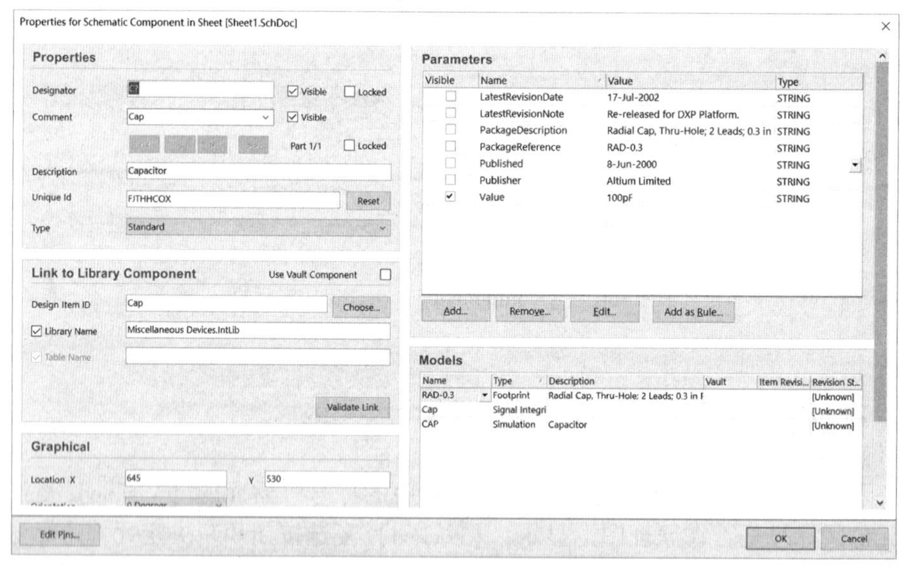

图 2-51　C_1 电容属性设置

（3）在【Parameters】选项组中给【Name】为“Value”的【Value】赋值“100pF”，确认【STRING】作为【Type】被选择，且【Value】的【Visible】框被勾选，再单击【OK】按钮。此时，电容属性的编辑就完成了。

2.5.5　元件的编辑操作

原理图工作环境中元件的编辑操作，包括元件的选择和删除、移动和拖动、旋转和翻转、排列和对齐，以及复制、剪切和粘贴等。

1. 选择元件

对于单个元件，只需要将光标移动到需要选取的元件上，然后单击即可。如果元件处于选中的状态，则元件周围有绿色或蓝色的方框，从而可以判断该元件是否被选中，如图2-52所示。

如果要选择多个元件，首先应按下<Shift>键，然后用鼠标逐一选中将要选择的元件，如图2-53所示。另一种最常用的选取方法是在原理图编辑器的绘图区中，单击某一点，并按住鼠标左键不放，通过移动选取一个区域，区域中包含要选中的所有元件。

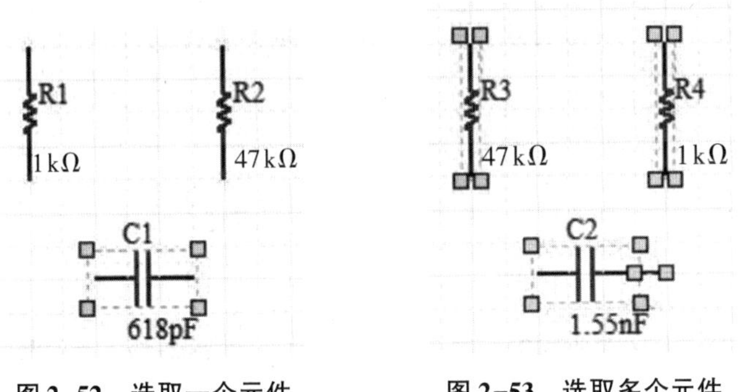

图2-52　选取一个元件　　　图2-53　选取多个元件

2. 删除元件

选中要删除的元件，按下<Delete>键就可以删除。

3. 移动和拖动

在原理图上选中元件，按住鼠标左键不放，移动光标到合适的位置再松开即可实现元件的移动。元件移动时无法保持该元件与其他电气对象的电气连接状态。拖动元件是指在改变元件位置的时候，始终保持该元件与其他电气对象的电气连接状态，在移动的同时按下<Ctrl>键即可实现拖动。下面以两个连接的元件为例，说明移动和拖动这两种操作的不同，如图2-54所示。

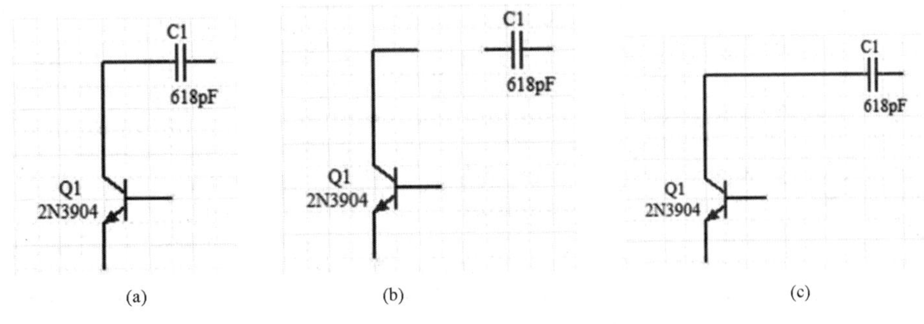

图2-54　元件的移动和拖动

(a) 两个连接的元件；(b) 移动元件；(c) 拖动元件

4. 旋转和翻转

按<Space>键或<Shift+Space>组合键可实现旋转。在元件处于选中状态下时，利用<Space>键可使元件逆时针旋转90°，利用<Shift+Space>组合键可使元件顺时针旋转90°，即以“十”字形光标为中心进行旋转，如图 2-55 所示。

按<X>键或<Y>键可实现镜像翻转。在元件处于选中状态下时，按下<X>键或<Y>键可以使元件水平或垂直翻转，即以“十”字形光标为轴做水平或垂直翻转，如图 2-56 和图 2-57 所示。

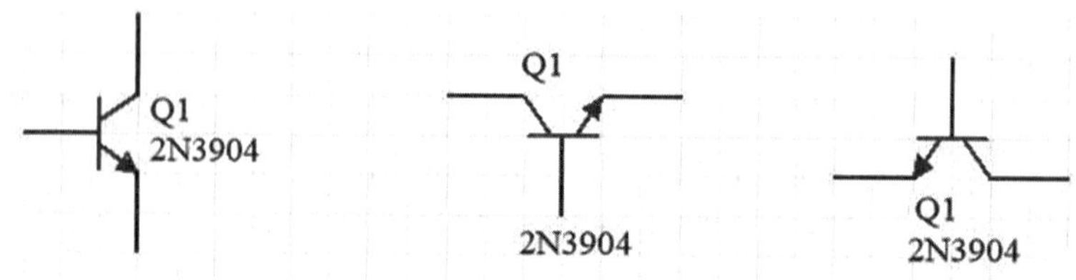

图 2-55　元件逆时针、顺时针旋转 90°

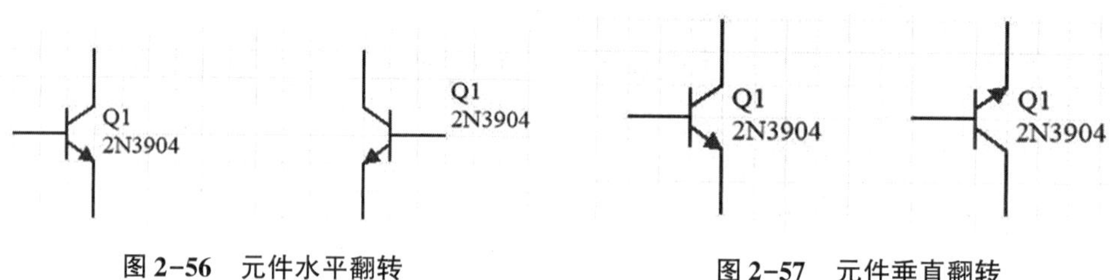

图 2-56　元件水平翻转　　　　图 2-57　元件垂直翻转

5. 排列和对齐

为了便于调整原理图的布局，使原理图视觉效果整齐美观，Altium Designer 16 提供了一组排列对齐功能。用户首先选中需要排列对齐的多个对象，然后执行【Edit】/【Align】命令，子菜单中的命令如图 2-58 所示。下面以图 2-59 所示的 3 个元件为例，说明元件的排列和对齐。

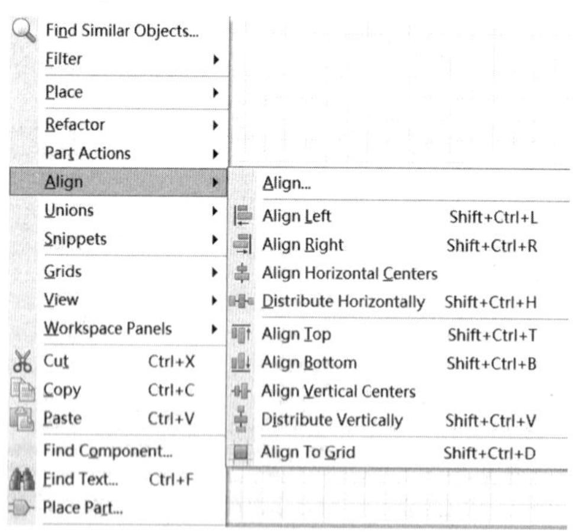

图 2-58　执行排列菜单命令

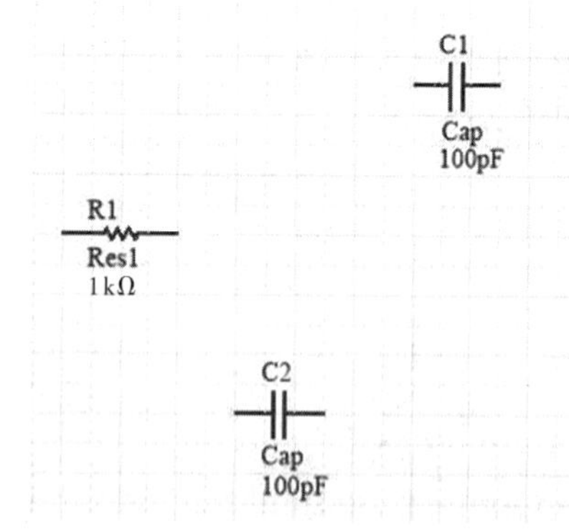

图 2-59　未排列之前的元件分布图

1）纵向对齐命令

纵向对齐分为左对齐和右对齐，以左对齐为例，先利用区域选择法选中 3 个元件，然后执行菜单命令【Edit】/【Align】/【Align Left】，3 个元件将以最左边的元件为基准进行左对齐。纵向左对齐排列如图 2-60 所示。

2）水平对齐命令

水平对齐分为上对齐和下对齐，以上对齐为例，先利用区域选择法选中 3 个元件，然后执行菜单命令【Edit】/【Align】/【Align Top】，3 个元件将以最上边元件为基准对齐。水平上对齐排列如图 2-61 所示。

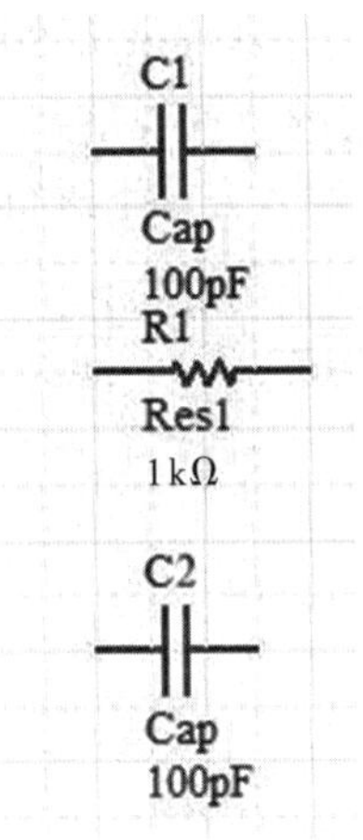

图 2-60　纵向左对齐排列

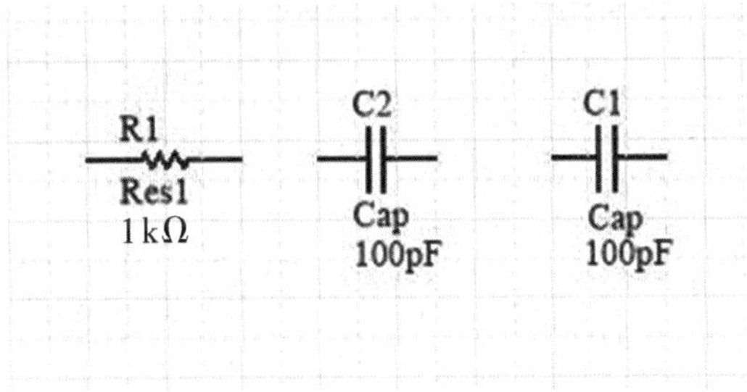

图 2-61　水平上对齐排列

6. 复制、剪切和粘贴

对于选中的元件，可以通过<Ctrl+C>组合键进行复制或通过<Ctrl+X>组合键则将其移入剪切板中。对原来已经复制或者剪切的元件，执行<Ctrl+V>组合键，光标会变成“十”字形，单击或者按<Enter>键放置元件，即可完成元件的粘贴。

2.6　放置其他电气对象

2.6.1　绘制导线

导线在原理图设计中起着建立各种元件之间的电气连接的作用。原理图设计中的导线指的是能通过电流的连接线，是具有电气意义的物理对象。当电路中所需的所有电路对象和元件都放置完毕后，就可以进行各对象间的连线。

1. 绘制导线的方法

绘制导线和放置元件一样，有多种方法，其中经常使用的方式是利用工具栏绘制导线，具体的步骤如下。

（1）单击【Wiring】工具栏中的按钮启动放置导线命令。

（2）当光标由箭头变成“十”字形时，将光标移动到需要连接导线的元件引脚处，单击或按<Enter>键确定导线的起点，此时在元件的引脚处出现红色连接标志“×”，如图 2-62 所示，说明导线是连接到元件引脚的电气节点上的，移动光标，就会有一条导线随着光标移动。

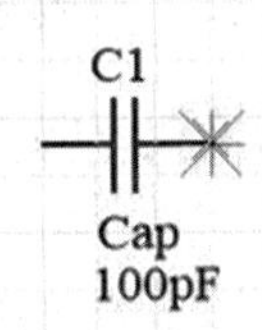

图 2-62　导线的绘制

（3）移动光标到导线的下一个端点处单击即可确定该段导线的终点。这时有两种情况，第一种是完成当前导线绘制，右击绘图区任意位置退出当前导线绘制，再重新确定新的起点，绘制新的导线；第二种是未完成当前导线绘制，则该段导线的终点也是下一段导线的起点，再移动光标到下一个合适位置，单击确定新的导线段，直至绘制完整个导线。

（4）右击绘图区任意位置或者按<Esc>键退出导线绘制操作。

（5）如果要绘制倾斜的导线，可以在绘制状态下先按住<Shift>键不放松，然后按<Space>键，每按一次，使导线在45°模式、任意角度模式、自动布线模式和90°模式之间进行切换，具体的导线模式可以从原理图编辑器的状态栏正中间的位置观察到。绘制任意角度导线如图2-63所示（注意：绘制任意角度的导线需要在无输入方式下进行）。

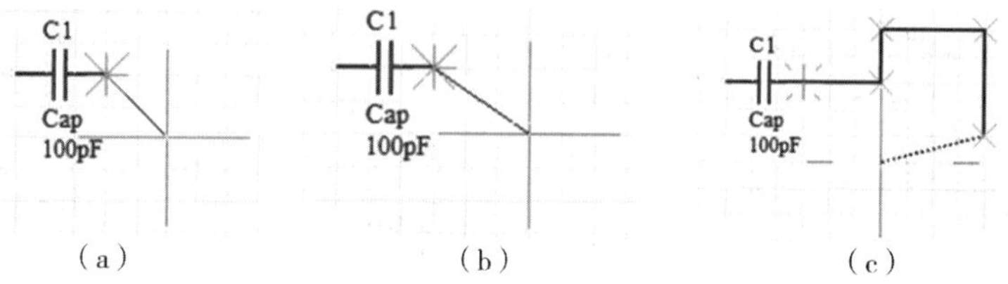

图2-63 绘制任意角度导线

（a）45°导线；（b）任意角度导线；（c）自动布线模式

2. 导线属性

在布线状态下按<Tab>键，或者双击已经放置的导线，系统会弹出【Wire】对话框，如图2-64所示。设计人员可以在此对话框中设置导线颜色及导线线宽等参数，完成设置后单击【OK】按钮即可。一般用户可采用默认设置。

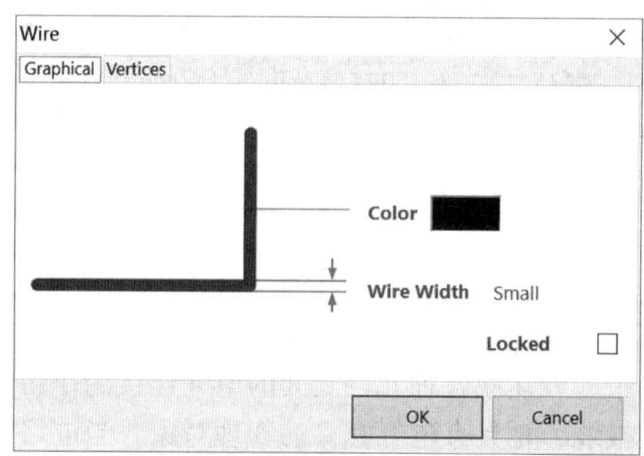

图2-64 【Wire】对话框

2.6.2 放置电源和电源地

在原理图设计过程中，放置完元件和其他电气对象后，还要为原理图放置电源与电源地。

1. 放置电源

单击【Wring】工具栏中的VCC按钮，启动放置电源的命令。光标在原理图上变成“十”字形，同时黏附有一个电源端子，单击绘图区任意位置即可放置一个电源。放置电源地和放置电源类似，单击【Wring】工具栏中的按钮，移动光标在绘图区任意位置单击即可完成电源地的放置。

2. 电源与电源地的属性

在电源和电源地处于悬浮时，按下<Tab>键即可弹出【Power Port】对话框，在此对话框中可以设置电源或电源地的属性，如图 2-65 所示。

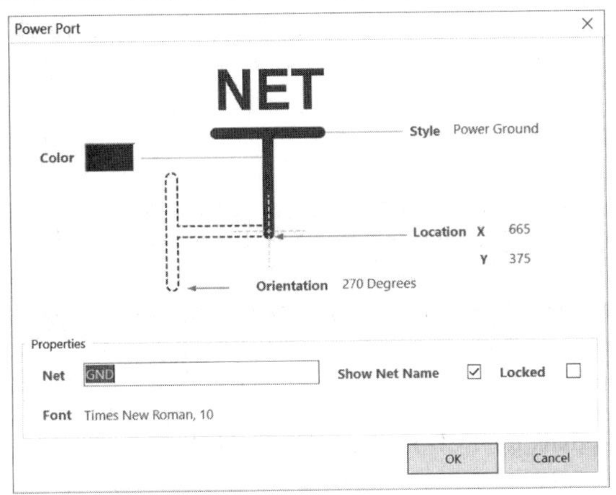

图 2-65 【Power Port】对话框

【Power Port】对话框中主要包括两个区域，对话框上方为图形设置区域，主要功能是设置电源与电源地的颜色、方向、类型等参数，具体设置如下。

（1）【Color】：设置电源或电源地的颜色。

（2）【Orientation】：选择电源或电源地的方向。

（3）【Location】：定位电源或电源地的坐标。

（4）【Style】：从下拉栏中选择电源类型，共有 7 种不同的电源类型。

对话框下方为【Properties】选项组，其中的【Net】文本框用于设置电源或电源地的名称。

2.7 电气规则检查

绘制原理图最终的目的是获得 PCB，所以在绘制原理图之后，为了确保电路原理图设计的正确性，就必须对电路原理图中具有电气特性的各个电路进行电气规则检查（Electrical Rules Check，ERC），以及时发现并找出电路设计中存在的错误，从而有效地提高设计质量和效率。

电气规则检查是通过对项目或原理图文件进行编译操作来实现查错的目的，可以按照用户指定的逻辑特性进行检查。在编译项目时，Altium Designer 16 将根据在 Error Reporting 和 Connection Matrix 标签中的设置来检查错误，如果有错误发生则会显示在【Messages】工作面板上。

1. 设置工程选项

所有与工程相关的操作，都可在【Project Options】对话框里设置。打开一个工程文件，执行菜单命令【Project】/【Project Options】，打开【Options for PCB Project 非稳态多谐振荡器电路.PrjPcb】对话框，如图 2-66 所示。

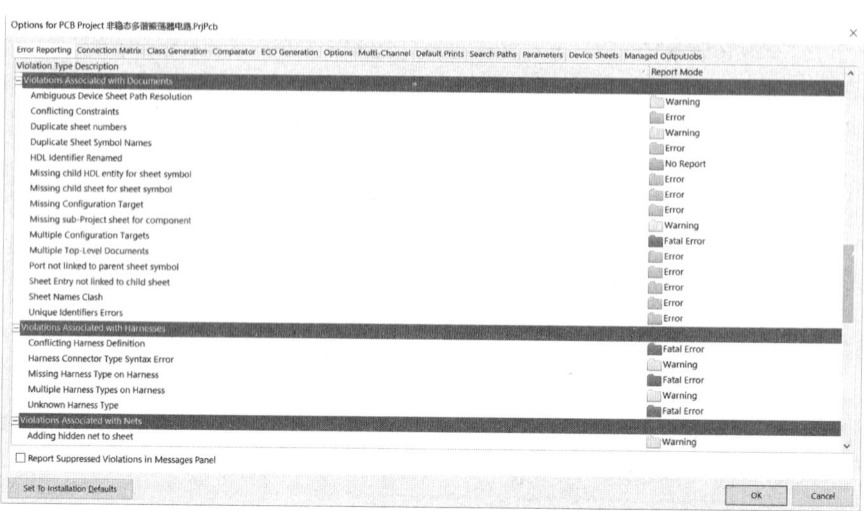

图 2-66 【Options for PCB Project 非稳态多谐振荡器电路.PrjPcb】对话框

1）设置错误报告

【Project Options】对话框中的【Error Reporting】选项卡用于设置设计草图检查。【Report Mode】表明违反规则的严格程度。如果用户要修改【Report Mode】，则单击要修改的【Violation Type Description】旁的【Report Mode】，从下拉列表中选择严格程度。本书使用默认设置。

2）设置连接矩阵

【Connection Matrix】选项卡显示的是错误类型的严格性，如图 2-67 所示，这个矩阵给出了一个在原理图中不同类型的连接点以及是否被允许的图表描述。可在设计中运行【Error Reporting】以检查电气连接的正确性，如引脚间的连接、元件和图纸输入。

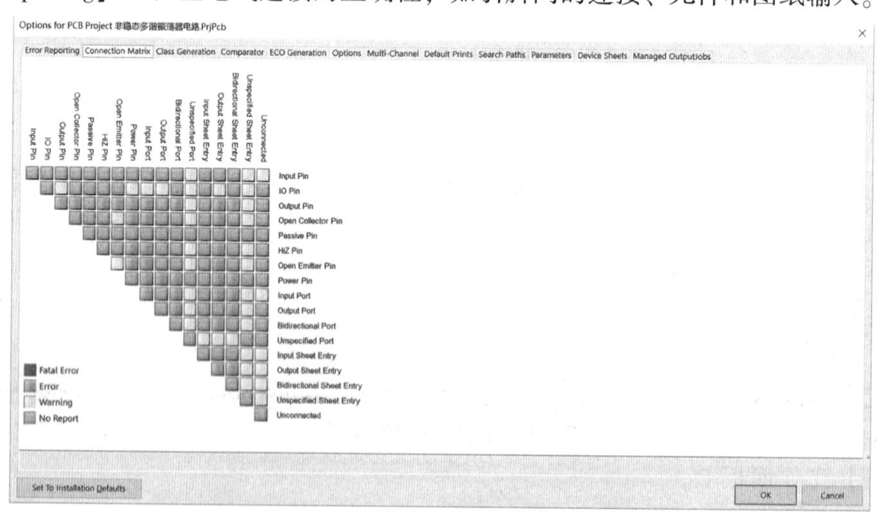

图 2-67 【Connection Matrix】选项卡

例如，在矩阵图的右边找到 Output Pin，从这一行找到 Open Collector Pin 列，它们的相交处是一个橙色的方块，这个表示在原理图中从一个 Output Pin 连接到一个 Open Collector Pin 将在项目被编译时启动一个错误条件。可以用不同的颜色来设置不同的错误程度，如红色表示 Fatal Error，绿色表示不出现错误或警告信息。

2. 编译与查错

当在【Project Options】对话框中对【Error Reporting】和【Connection Matrix】选项卡中的规则进行设置之后，就可以对原理图进行电气规则检查了，电气规则检查是通过编译项目实现的。

（1）若要对项目进行编译，则需要在原理图编辑器的主界面上执行菜单命令【Project】/【Compile PCB Project PCB_Project1. PrjPcb】。

（2）若要对项目下的某一个原理图文件进行编译，则需要在原理图编辑器的主界面上执行菜单命令【Project】/【Compile Document Sheet1. SchDoc】，或者直接右击【Projects】工作面板中要编译的项目或文件，在弹出的右键菜单中选择命令【Compile PCB Project PCB_Project1. PrjPcb】/【Compile Document Sheet1. SchDoc】，即可对项目或文件进行编译。

编译后系统的自动检测结果将出现在【Messages】工作面板中，用户可根据出现的错误或警告的提示信息对原理图进行修改。

3. 电气规则检查实例

下面以图 2-1 所示的原理图为例，将两个电阻的标号全部设置成“R1”，进行电气规则检查。

（1）执行菜单命令【Projects】/【Compile Document Sheet1. SchDoc】，或者单击【Projects】工作面板中要编译的文件并选择命令【Compile Document Sheet1. SchDoc】。

（2）系统自动弹出【Messages】工作面板，并在【Messages】工作面板中显示出项目编译的结果，共有一个错误和一个警告，如图 2-68 所示。

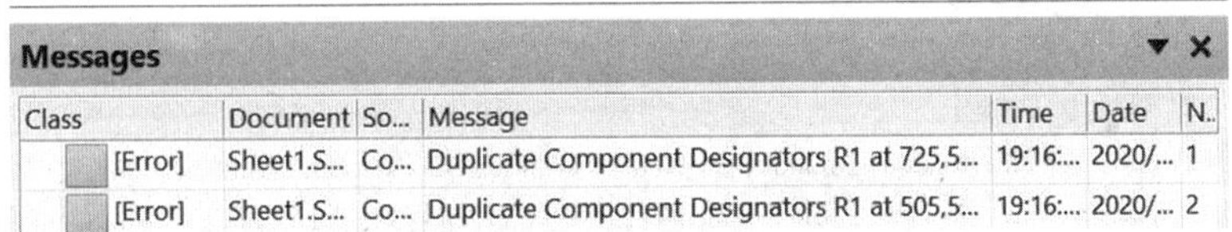

图 2-68　【Messages】工作面板

（3）在【Messages】工作面板的【Details】中双击这个错误信息，如图 2-69 所示。错误的对象被放大且呈高亮状态，其他对象则被屏蔽，此时可对出错的对象进行修改并保存。

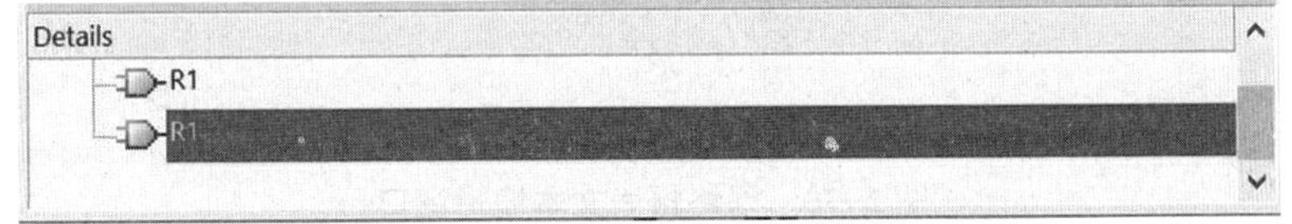

图 2-69　Compile Error 窗口

（4）对文件再次进行编译，直至全部的错误被消除。

注意：如果原理图中不存在错误，则【Messages】工作面板在原理图编译时不会自动弹出，此时可以手动打开【Messages】工作面板，查看是否有警告信息。

2.8　报表生成

Altium Designer 16 提供了生成各种电路原理图报表的功能，这些报表存放了原理图的各种信息，方便设计人员对电路进行校对、修改以及元器件的采买等。

2.8.1 网络报表

网络报表文件是原理图设计和PCB设计之间的接口。Altium Designer 16 提供了双向同步功能，即在原理图设计向 PCB 设计转换的过程中不需要人工生成网络报表，而是自动创建网络报表实现元器件和网络报表的装载以及原理图设计的同步更新。

本节以图 2-1 所示的非稳态多谐振荡器电路原理图为例，介绍如何生成网络报表，具体操作步骤如下。

（1）打开原理图，执行菜单命令【Design】/【Netlist For Document】/【Protel】，系统会生成当前原理图的网络报表文件，文件名为“Sheet1. NET”。生成的网络报表文件以 . NET 作为扩展名，与原理图文件同名，单击【Projects】工作面板标签，可以看到所创建的网络报表文档图标。将鼠标移至该文档图标上稍作停留，即可显示当前文档的保存路径。

（2）双击该网络报表图标，系统会弹出一个网络报表文本编辑窗口，如图 2-70 所示。

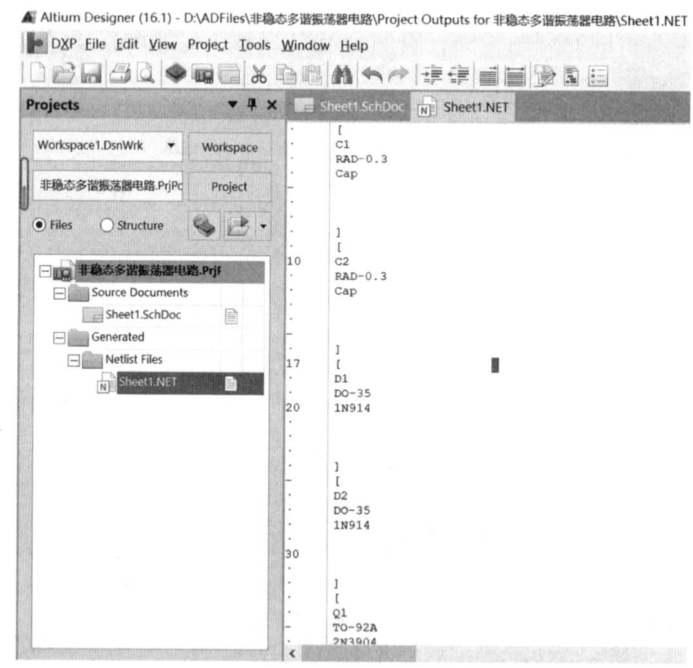

图 2-70 网络报表文本编辑窗口

网络报表文件由两种格式的单元构成。

前面为元器件声明部分（方括号“［”和“］”中的内容），包含了原理图中每个元件的基本信息，包括元件的序号、封装形式、元件类型或大小、元件的注释文本以及系统保留的 3 个空行，每一对方括号包含了一个元件的信息，其数目与元件个数相等。后面是网络定义部分，即圆括号“（”和“）”中的内容，描述了原理图中各个元件的连接关系，每一对圆括号中包含了彼此之间相连的各个电气节点的名称，并会根据元件引脚的信息自动赋予这一组电气节点一个名称，作为一个电气网络。所有与该网络具有电气连接关系的电气节点都会包含在该网络中。

2.8.2　元件清单报表

执行菜单命令【Reports】/【Bill of Material】，系统会弹出如图 2-71 所示的【Bill of Materials For Project】对话框，在对话框中可以看到原理图的元件列表。在左边列表中可以选择需要输出的对象，Description（元件描述）、Designator（元件编号）、Footprint（元件封装信息）、LibRef 和 Quantity 五个文本框，默认为相对应的标签内容。单击【Export】按钮就能输出 Microsoft Excel 格式（＊.xls）报表，如图 2-72 所示。

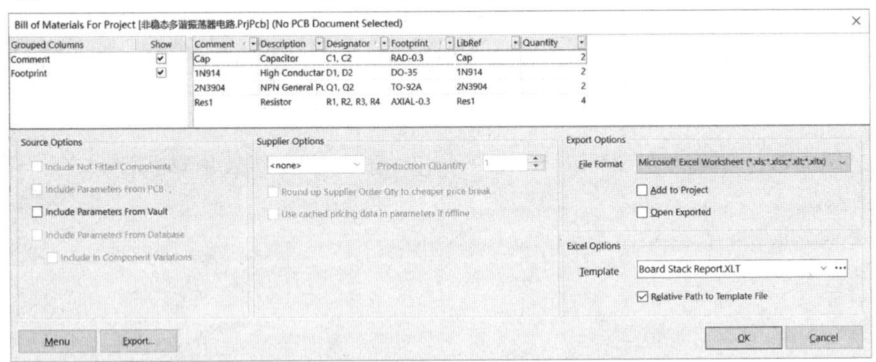

图 2-71　【Bill of Materials For Project】对话框

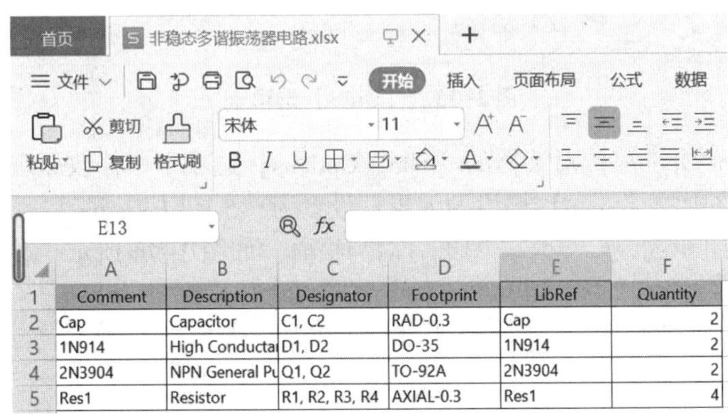

	A	B	C	D	E	F
1	Comment	Description	Designator	Footprint	LibRef	Quantity
2	Cap	Capacitor	C1, C2	RAD-0.3	Cap	2
3	1N914	High Conducta	D1, D2	DO-35	1N914	2
4	2N3904	NPN General Pu	Q1, Q2	TO-92A	2N3904	2
5	Res1	Resistor	R1, R2, R3, R4	AXIAL-0.3	Res1	4

图 2-72　元件清单报表

2.9　电路原理图设计实例

本节将通过对非稳态多谐振荡器电路设计实例的讲解，使设计人员掌握电路原理图设计的整个过程。

2.9.1　新建项目和原理图

按照 2.2 节方法新建非稳态多谐振荡器电路项目和原理图，建成之后如图 2-4 所示。

2.9.2　设置原理图图纸参数

新建原理图文件后，接下来的工作是设置原理图图纸参数。右击当前原理图绘图区的空白处，弹出右键快捷菜单，选择【Options】/【Document Options】命令，即可打开【Document Options】对话框。

在【Document Options】对话框的【Units】选项卡中选择单位类型为“Imperial Unit System”（英制单位），英制单位的基本单位选择为“1”，如图 2-73 所示的 1 Dxp Defaults = 10 mils。

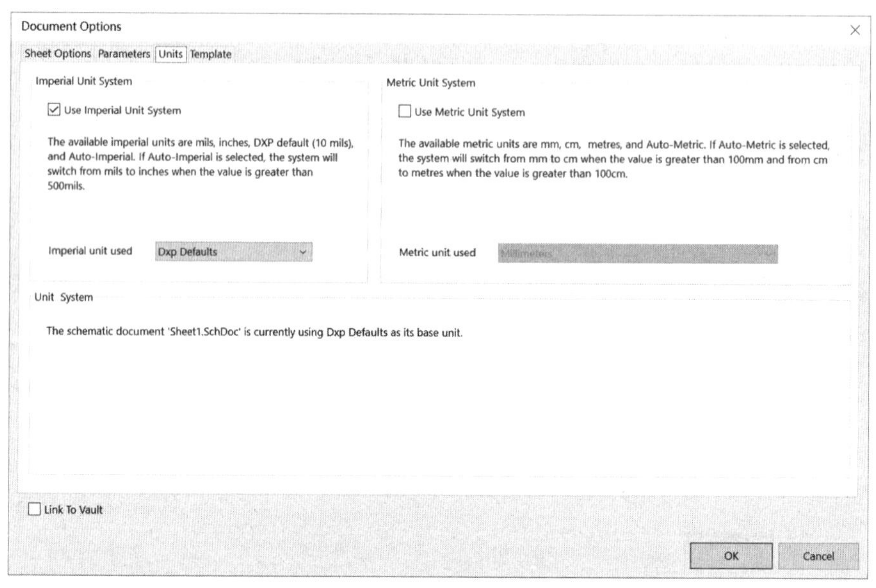

图 2-73 【Units】选项卡

在【Document Options】对话框的【Sheet Options】选项卡中修改原理图图纸参数，本例中，原理图栅格中的【Snap】栅格的编辑框设置为“5”，【Visible】栅格的编辑框设置为“10”，设置图纸尺寸为“A4”，图纸方向为横向，如图 2-74 所示。

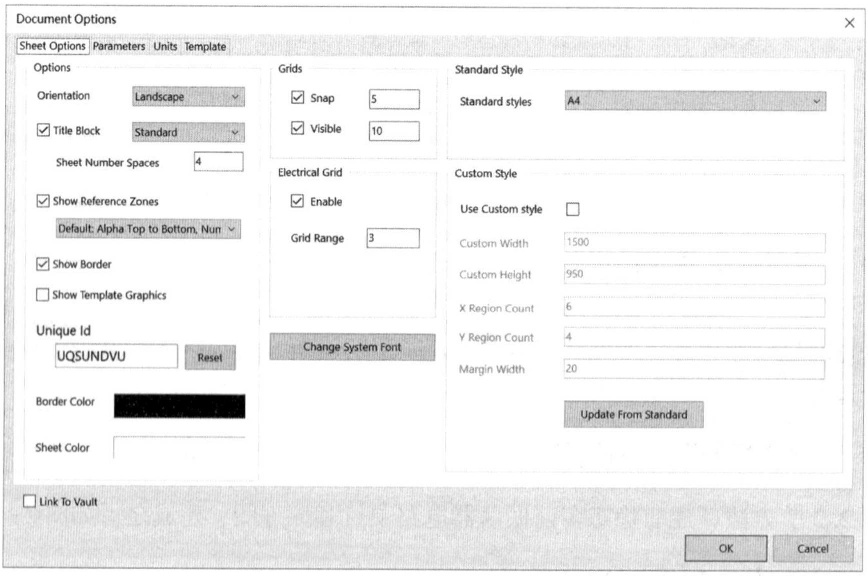

图 2-74 【Sheet Options】选项卡

2.9.3 放置元件

在原理图图纸参数设置完成后，接下来就进入电路原理图设计过程，即需要向图纸中放置各种电气对象，具体操作步骤如下。

（1）单击工作区右侧的【Libraries】标签，打开【Libraries】工作面板。

（2）本例中的电阻、电容、晶体管等元件都可以在软件自带的 Miscellaneous Devices. IntLib 库中找到。找到相应的元件后，根据给出的原理图将它们放在原理图编辑器绘图区中合适的位置，并在放置的过程中修改元件的属性。

（3）由于在默认加载的元件库中没有本例中的二极管元件，因此需要查找并加载这个元件所在的集成元件库，具体方法详见 2. 5. 2 和 2. 5. 3 节，之后放置该元件。元件全部放置后的效果如图 2–75 所示。

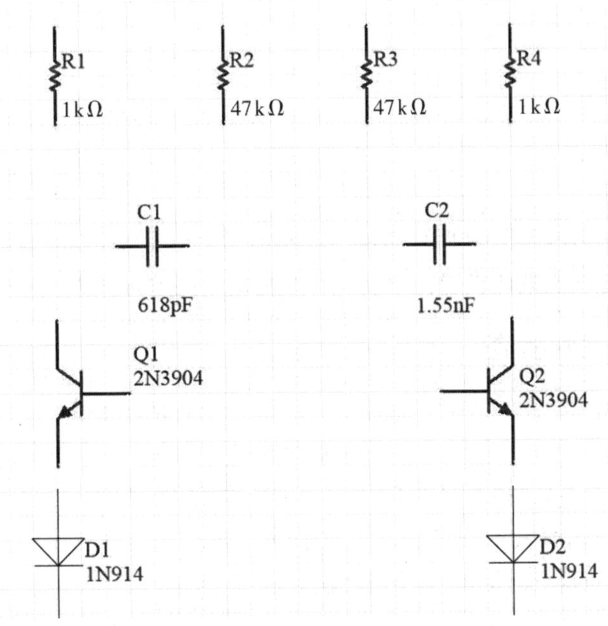

图 2–75 元件全部放置后的效果

2.9.4 放置其他电气对象

在电路原理图中所有的元件全部放置完成后，需要为原理图放置其他的电气对象，包括电源及电源地、绘制导线等。

1. 放置电源及电源地

适当调整元件位置，再分别单击【Wiring】工具栏中的 VCC 和 ⏚ 按钮，在电路原理图上放置电源和电源地，放置后的效果如图 2–76 所示。

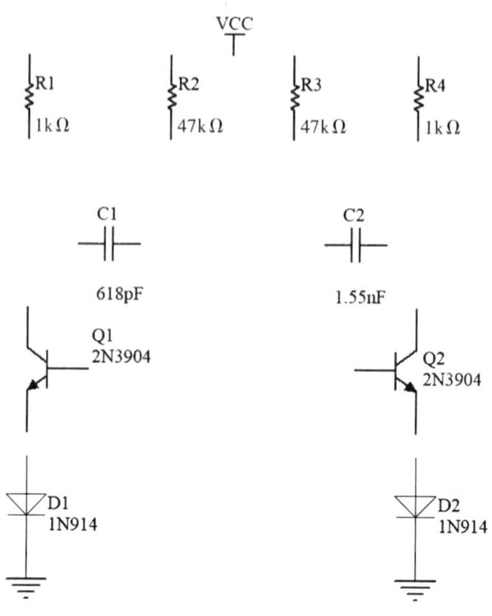

图 2-76　放置电源和电源地后的效果

2. 绘制导线

单击【Wiring】工具栏中的按钮，进入绘制导线状态，此时按下<Tab>键，修改导线属性，本例中保持系统默认设置，绘制完导线后的电路原理图如图 2-1 所示。

2.9.5　电气规则检查

在上述电路原理图绘制完成后，就需要对原理图所在的项目进行编译和查错。在 Altium Designer 16 原理图编辑器的主界面上执行菜单命令【Project】/【Compile PCB Project 非稳态多谐振荡器电路. PrjPcb】，执行项目的编译操作。编译项目后，在【Messages】工作面板上可以看到是否有错误或警告的信息，然后根据这些提示信息对原理图进行修改。编译后的【Messages】工作面板如图 2-77 所示。

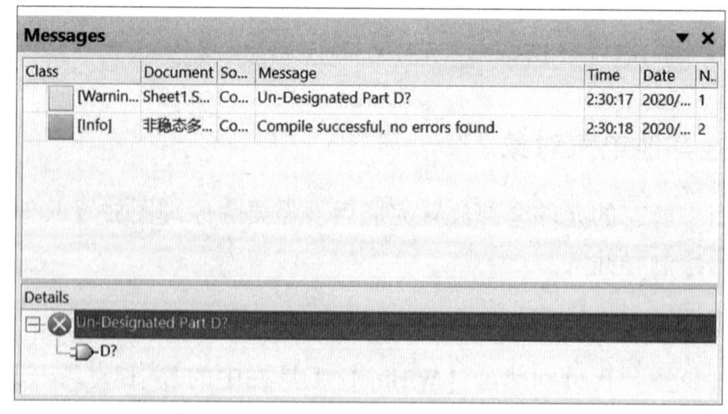

图 2-77　编译后的【Messages】工作面板

本例中只有警告信息出现，通过检查发现，在原理图编辑器中，还放置了一个未命名的二极管，如图 2-78 所示。根据警告提示，将多余的元件删除。在绘图中可能出现各种情况的警告和错误，对于出现的错误必须进行修改，对于出现的警告，要保证设计的正确性。

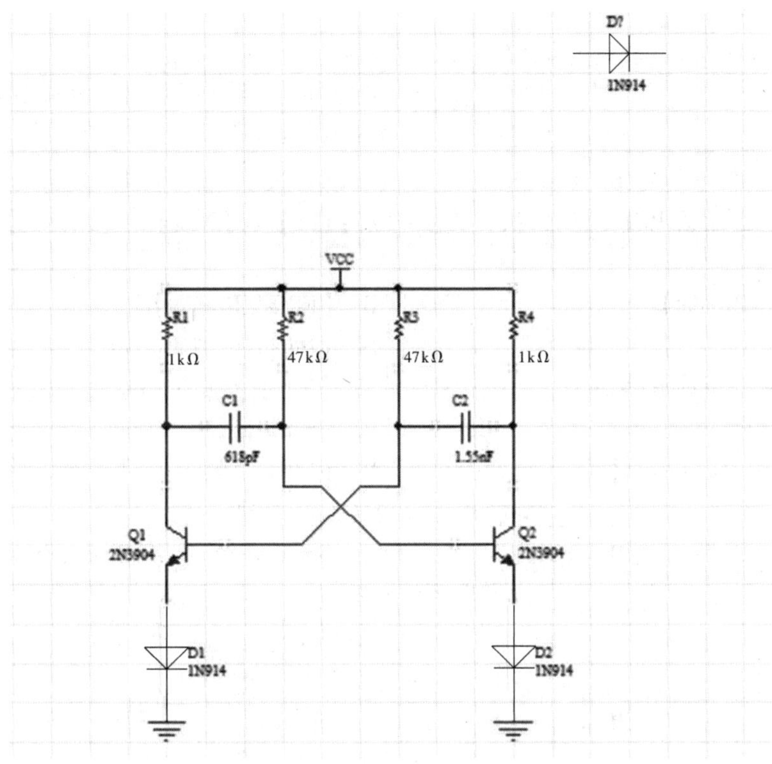

图 2-78　警告信息出现的原因

2.9.6　原理图报表

在原理图设计、编译完成后，可以根据设计的要求创建各种报表，如网络报表和元件清单报表等。具体过程详见 2.8 节。

本章小结

本章主要介绍了原理图编辑器的使用以及原理图的绘制和编辑方法。通过完成一个“非稳态多谐振荡器电路原理图”项目，来学习原理图设计基础。一个简单的电路原理图的一般设计方法及步骤如下。

（1）新建项目文件、原理图文件。

（2）原理图图纸参数设置。

（3）搜索元件、加载元件库、放置元件。

（4）放置其他电气对象。

（5）对项目进行编译。

（6）生成各类报表。

课后练习

一、选择题

1. 创建一个________是开始 PCB 设计的首要工作。(　　)

A. PCB 项目　　B. 原理图文件　　C. PCB 文件　　D. 原理图库

2. 新建一个________是原理图设计的最基本操作。(　　)

A. PCB 项目　　B. 原理图文件　　C. PCB 文件　　D. 原理图库

3. 创建一个新的 PCB 项目，执行菜单命令【File】/【New】/【Project】/________。(　　)

A. 【PCB Project】　　B. 【FPGA Project】

C. 【Core Project】　　D. 【Integrated Library】

4. 创建一个新的原理图文件，执行菜单命令【File】/【New】/________。(　　)

A. 【PCB】　　B. 【Schmatic】

C. 【VHDL Document】　　D. 【FPGA Document】

5. 选中元件，利用________键实现元件旋转。(　　)

A. <X>　　B. <Y>　　C. <Space>　　D. <Ctrl>

6. 选中元件，利用________键实现元件水平翻转。(　　)

A. <X>　　B. <Y>　　C. <Space>　　D. <Ctrl>

7. 选中元件，利用________键实现元件垂直翻转。(　　)

A. <X>　　B. <Y>　　C. <Space>　　D. <Ctrl>

8. 在放置元件之前按下________键，对元件的属性进行设置。(　　)

A. <X>　　B. <Y>　　C. <Space>　　D. <Tab>

二、填空题

1. Altium Designer 16 为用户提供了两种单位系统：________和________。

2. 原理图图纸设置时，图纸方向分别有________和________可供选择。

3. 电阻、电容、电感、晶体管这些元件在集成库________中可以找到。

4. 在绘制导线的过程中，按下________组合键，可以改变导线布线的方向。

三、操作题

1. 创建一个原理图文档，图纸设置为宽 800 mil、高 500 mil，水平放置，图纸的标题栏选择标准形式。

2. 练习新建一个名为“MyProject_2. PrjPcb”的 PCB 项目，并在该项目下新建一个名为“MySheet_1. SchDoc”的原理图文件，要求对原理图图纸的属性进行设置，其中图纸大小设置为 A3，图纸方向设置为纵向，图纸颜色设置为蓝色，设置后观察图纸的变化并将项目及文件保存到目录“D：\ Chapter2 \ MyProject”中。

3. 练习对原理图文件“MySheet_1. SchDoc”图纸属性的栅格进行设置，其中设置【Snap】栅格和【Visible】栅格都为“20”，观察图纸背景栅格的变化，并用键盘上的按键移动光标，观察光标每次的步长变化情况。

4. 练习在项目“MyProject_2. PrjPcb”下再添加一个新的原理图文件“MySheet_2. SchDoc”，要求对该原理图的电气栅格进行设置，将电气栅格分别设置为“10”和

“50”。然后在原理图中放置一个电阻，绘制一条导线与电阻相连接，通过这个过程来观察电气栅格设置前后的变化。

5. 练习使用不同的方法在原理图编辑器下打开和关闭【Projects】工作面板、【Files】工作面板和【Libraries】工作面板。

6. 练习在原理图编辑器下打开【List】工作面板，并将【List】工作面板隐藏在界面的左侧。

7. 练习在原理图编辑器下打开【Sheet】工作面板，并将【Sheet】工作面板锁定在界面的右侧。

8. 按照图 2-79 所示内容绘制电路图。

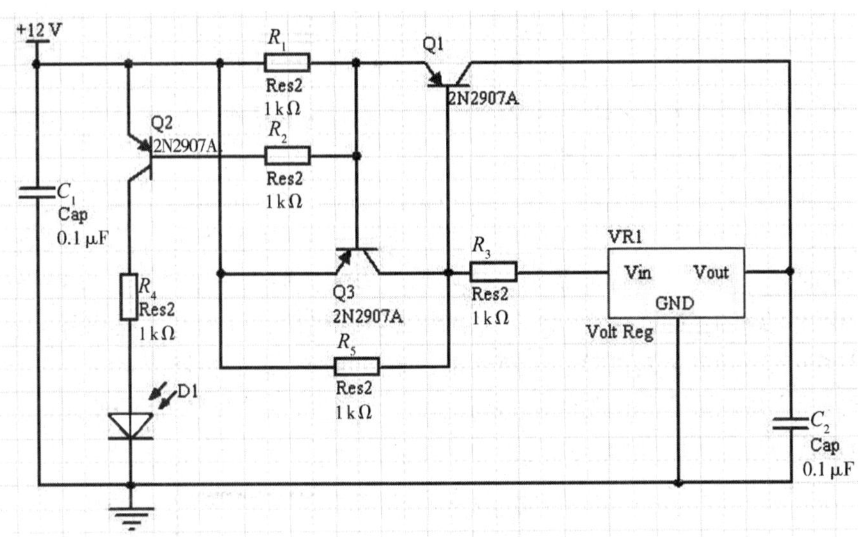

图 2-79　电路原理图

第3章

电路原理图进阶设计

原理图的设计过程有时会比较复杂，如果仅采用基本操作，工作量会变得很大，不仅影响设计的效率，也难以保证电路设计的质量。

为了方便用户进行原理图的设计，Altium Designer 16 还提供了许多强大的设计功能，如简化电路连接的总线连接方式和网络标签的使用、对所有元件进行一次性标识、对多个元件属性同时进行修改的全局编辑等。这些功能能够让原本复杂的设计变得轻松、快捷，同时还能保证电路的正确性。因此，除了熟练掌握原理图设计的基本操作外，学会使用并熟练运用这些高级功能，是高效、快捷地设计高质量原理图的关键。

本章以流水灯电路原理图的绘制为例，对原理图设计中高级功能的使用以及一些常见问题的处理技巧进行详细介绍，如图 3-1 所示。

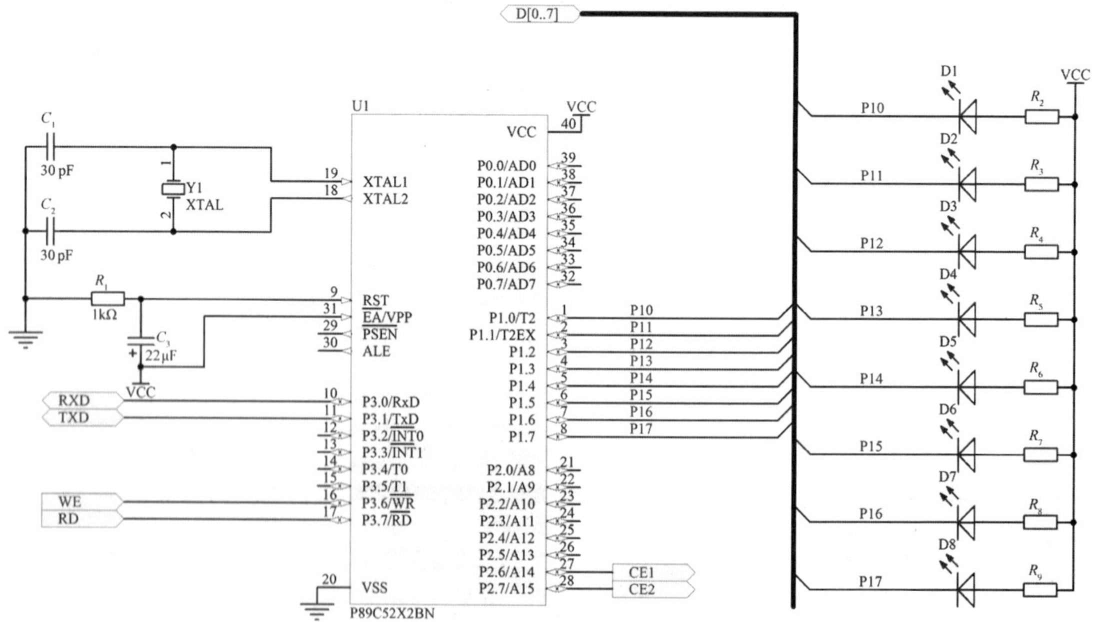

图 3-1　流水灯电路原理图

3.1　总线

在进行原理图设计时，如果电路中有芯片，那么连接关系一般都比较复杂。如果每个引脚与其他元件都用导线逐根连接，如图 3-2 所示，会出现以下问题：需要连接的导线过多，从而增加原理图绘制的工作量；原理图中导线过多，各元件之间导线的连接关系不明确，容易产生混乱。

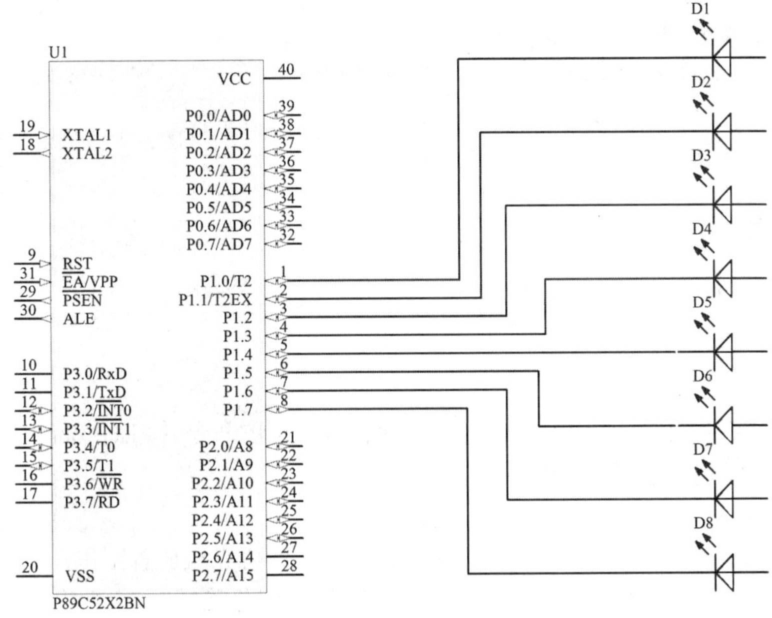

图 3-2　用普通导线绘-制的原理图

为了简化原理图、便于读图，常使用数据总线、地址总线等。总线可以图形化地表现一组连接在原理图页面上的相关信号的关系，如数据线、地址线。它们用来集中属于同一页面上的同类总线信号并把这些信号连接到页面的输入、输出端口。此时，它们必须含有的网络标签为 D[0..7]，如图 3-3 所示。需要注意的是，总线不具备任何电气连接意义，它只是为了更清晰地标注电路的连接关系而引入的一种表达形式，因此总线必须配合总线分支和网络标签来实现电气意义上的连接。

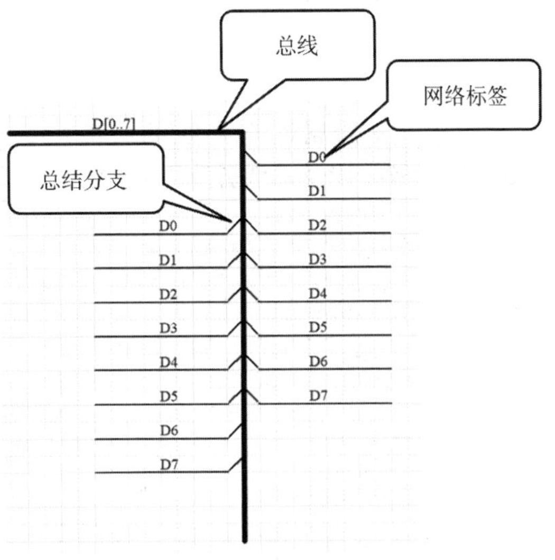

图 3-3　总线、总线分支、网络标签

1. 绘制总线

绘制总线的步骤如下。

(1) 在【Wiring】工具栏中，单击 图标，对应于菜单命令【Place Bus】，即可放置总线。此时，光标将变成“十”字形。

（2）单击绘图区相应位置即可确定总线起点与终点，与放置导线不同的是，总线的起点与终点不需要和元件中的引脚相连。

（3）右击绘图区任意位置即可完成一条总线的绘制。

2. 总线属性

在绘制总线的过程中，按下<Tab>键后会弹出【Bus】对话框，如图 3-4 所示。双击已经绘制好的总线，同样会弹出【Bus】对话框。总线的属性与导线的属性完全一致，同样包括宽度和颜色两个设置项。

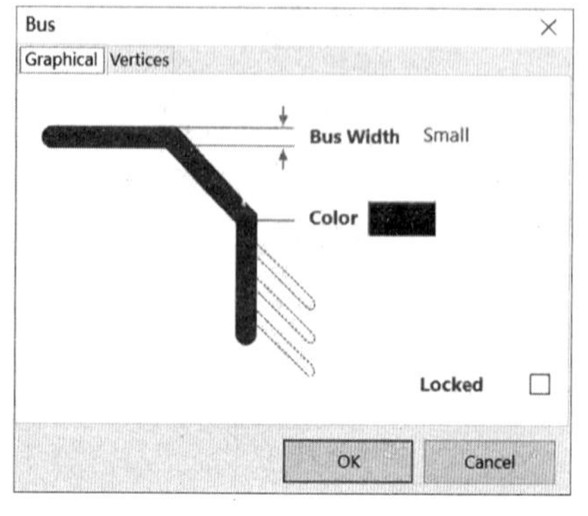

图 3-4　【Bus】对话框

3.2　总线分支

总线绘制结束后，需要用总线分支将总线与导线进行连接。

1. 放置总线分支

放置总线分支的步骤如下。

（1）在【Wiring】工具栏中，单击图标，对应菜单命令【Place Bus Entry】，即可放置总线分支。此时，光标将变成“十”字形。

（2）可以通过<Space>键来调整总线分支的方向。

（3）移动光标到需要放置总线分支的位置，单击即可完成放置工作。在总线分支和总线的连接处，以及总线分支和导线的连接处都将出现红色连接标志“×”，说明总线分支此时是连接到总线或者导线的电气节点上的。

（4）当绘制完所有的总线分支后，右击工作区任意位置即可退出绘制总线分支的命令。

2. 总线分支属性

总线分支的属性与导线的属性设置基本相同，同样包括【Color】设置和【Line Width】设置，以及总线分支两端的坐标，如图 3-5 所示。

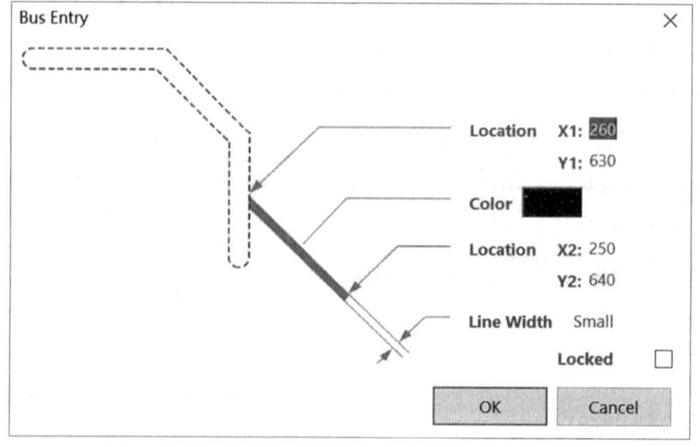

图 3-5　【Bus Entry】对话框

3.3 网络标签

网络标签为没有通过电气导线连接的相同网络下的元件引脚提供一种简单的连接方法，具有相同网络标签的导线或元件引脚等同于用一根导线直接连接，因此网络标签具有实际的电气意义。

网络标签一般是放在导线上的，导线和元件引脚相连，也就将元件管脚相连接到了这个网络上。为了实现这种关联，网络标签必须与导线放置在同一个网络上，垂直或者水平放置都是可以的，还可以放置在导线的顶部。当网络标签的左下角与导线相接触出现红叉时，单击即可将网络标签和导线相连。

1. 放置网络标签

单击布线工具栏中的Net按钮，或者执行菜单命令【Place Net Label】，即可开始放置网络标签。网络标签相同，说明这两点连接在一起，根据图3-1的设计，在【Properties】栏的【Net】文本框中可以输入“P10”，也可以输入“D0”，只要保证相连接的点的网络标签相同即可。

放置完第一个网络标签之后，光标仍然处于网络标签放置状态，用同样的方法可以放置其他的网络标签，网络标签的序号会依次增加。在放置网络标签时，按<Space>键可以改变网络标签的放置方向。需要特别注意的是，网络标签不能直接放在元件的引脚上，必须要放置在引脚的延长线上；网络标签是具有电气连接意义的，不能用任何标注字符代替，同时要区分大小写。放置完网络标签后的效果如图3-6所示。

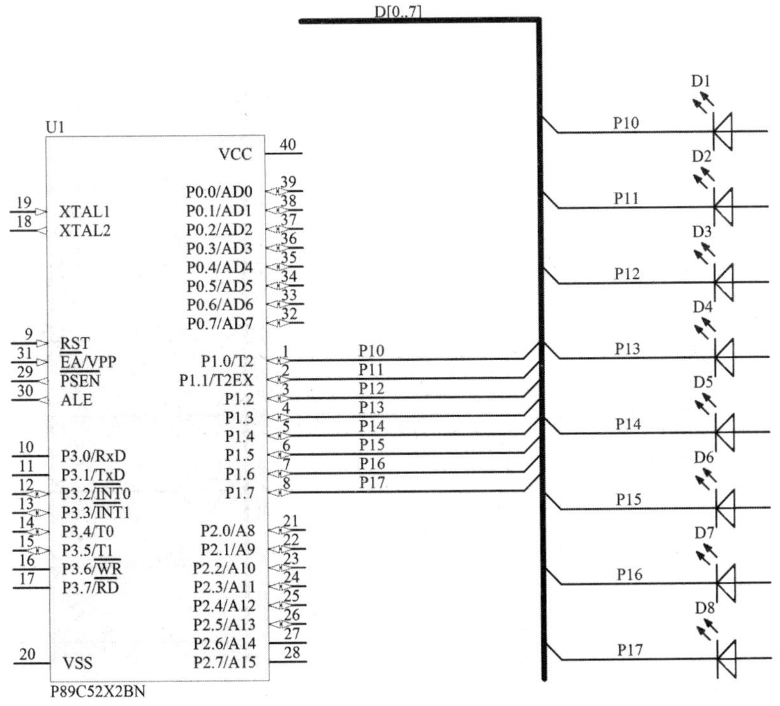

图3-6 放置完网络标签后的效果

2. 网络标签的属性设置

一般情况下，为了避免以后修改网络标签的麻烦，在放置之前应按下<Tab>键，对网络标签的属性进行设置，【Net Label】对话框如图 3-7 所示。在【Net】文本框中可以修改网络标签的名称，也可以单击向下的箭头打开下拉列表选择已有的网络标签。

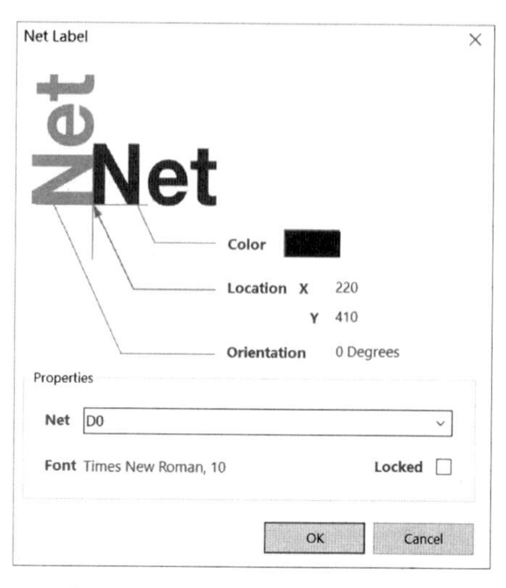

图 3-7 【Net Label】对话框

3.4 I/O 端口

对于电路原理图中任意两个电气节点来说，除了用导线和网络标签连接外，还可以使用 I/O（输入/输出）端口来描述两个电气节点之间的连接关系。和网络标签类似，相同网络名称的 I/O 端口也认为在电气意义上是连接的，通过这种方法可以将没有导线直接连接的元件连接在一起。与网络标签不同的是，I/O 端口常常用来表示信号的输入/输出，是层次原理图设计中不可缺少的组件。

1. 放置 I/O 端口

单击布线工具栏中的 D1 按钮，或者执行菜单命令【Place Port】，即可开始放置 I/O 端口，此时光标将变成“十”字形，并在其上黏附一个输入/输出端口图形，如图 3-8 所示。

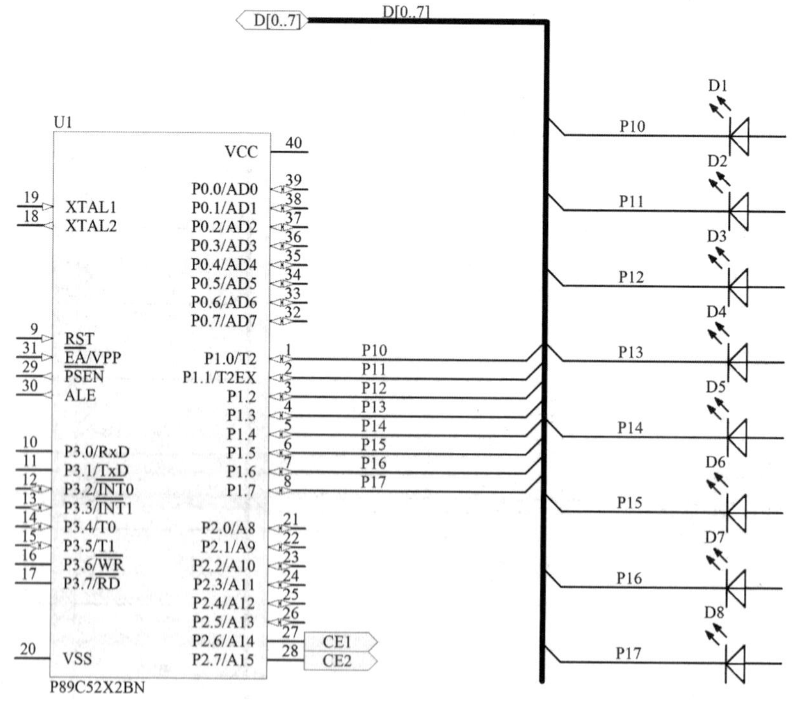

图 3-8 I/O 端口

2. I/O 端口属性

【Port Properties】对话框主要包括两个区域，对话框上方为图形设置区域，主要功能是设置输入/输出端口的长度、填充颜色、文本颜色、外框颜色以及位置等参数；对话框下方为端口属性设置区域。各区域核心模块具体设置如下。

（1）【Alignment】：指定“端口名称”中的字符串在端口中的位置，共有 3 种。

①Left：左对齐。

②Right：右对齐。

③Center：居中。

（2）【Style】：端口外形风格，共有 8 种。

①None（Horizontal）：水平放置的矩形。

②Left：端口向左。

③Right：端口向右。

④Left & Right：水平放置，双向。

⑤None（Vertical）：垂直放置的矩形。

⑥Top：端口向上。

⑦Bottom：端口向下。

⑧Top & Bottom：垂直放置，双向。

（3）【Name】：端口名称，在这里要区分大小写，如 U1 和 u1 表示 2 个不同的端口。

（4）【I/O Type】：端口类型，有 4 种。

①Unspecified：不确定。

②Output：输出类型。

③Input：输入类型。

④Bidirectional：双向。

此外，还有【Width】、【Fill Color】、【Border Color】、【Border Width】等参数，用户通常只需要修改【Alignment】、【Style】、【Name】和【I/O Type】4 个参数即可。芯片 P89C52X2BN 的 CE 端口的设置如图 3-9 所示。

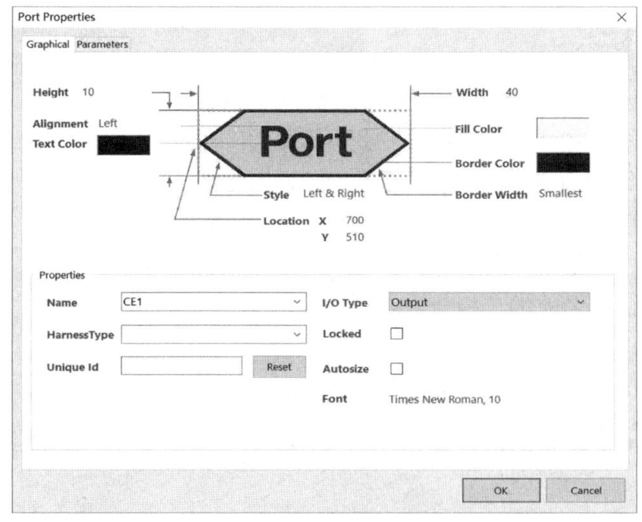

图 3-9　芯片 P89C52X2BN 的 CE 端口的设置

3.5　No ERC

放置 No ERC 的目的是在系统进行电气规则检查时，忽略对某些节点的检查，以避免在报告中出现错误或警告的提示信息。单击【Wiring】工具栏里的×按钮，或者执行菜单命令【Place】/【directives】/【No ERC】即可完成 No ERC 的放置，如图 3-10 所示。可以在【No ERC】对话框中设置 No ERC 的颜色、位置等参数。

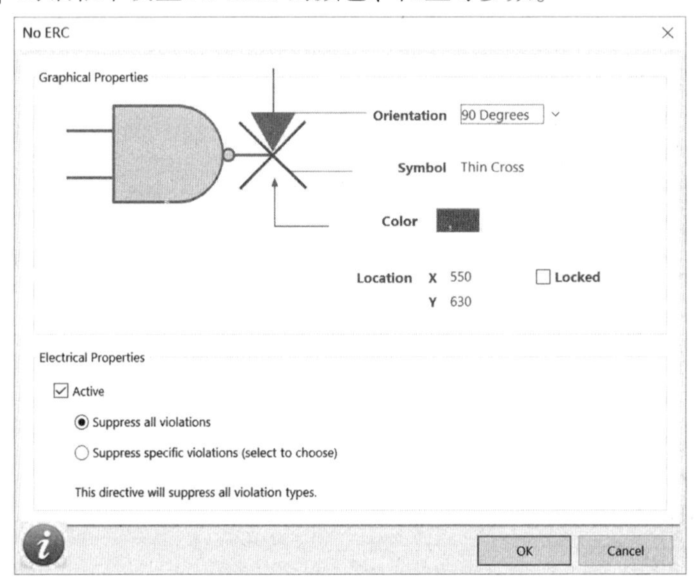

图 3-10　【No ERC】对话框

3.6　原理图编辑的高级技巧

3.6.1　元件标识

标识是元件的编号，对于复杂电路，如果依靠设计人员手动对元件进行编号，在元件较多的情况下会大大降低工作效率，为原理图的编辑带来极大的不便。Altium Designer 16 提供了元件编号的管理功能。

本节以图 3-1 中二极管和电阻的标识为例，介绍元件编号的具体步骤。未编号之前的二极管和电阻如图 3-11 所示。

1. 打开元件标识

执行菜单命令【Tools】/【Annotate】，弹出【Schematic Annotation Configuration】对话框，如图 3-12 所示。

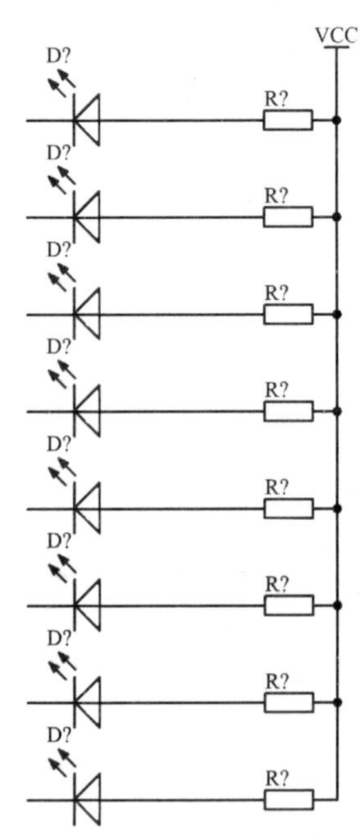

图 3-11　未标编号之前的二极管和电阻

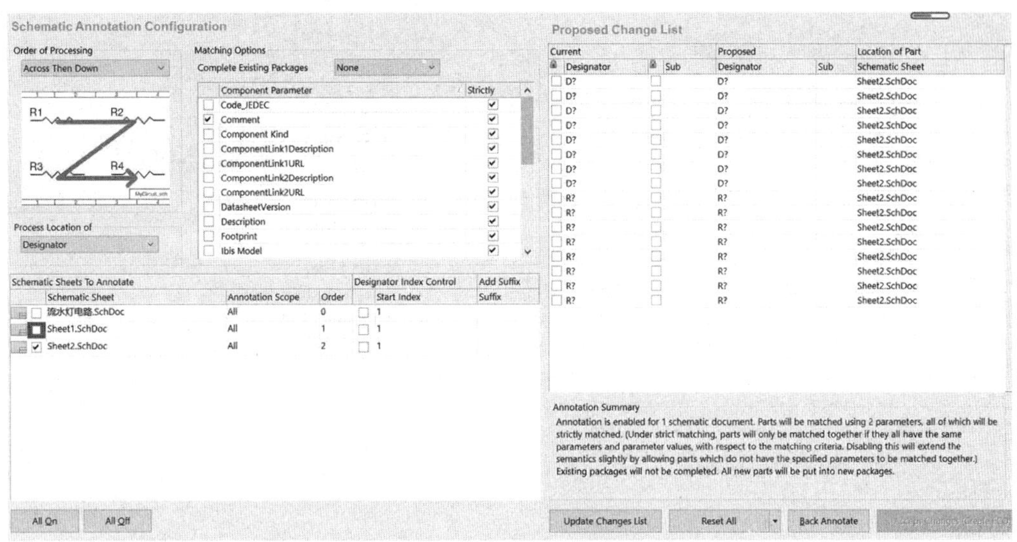

图 3-12　【**Schematic Annotation Configuration**】对话框

2. 执行元件标识

【Schematic Annotation Configuration】对话框包括 4 个区域：【Order of Processing】区域、【Matching Options】区域、【Schematic Sheets To Annotate】区域和【Proposed Change List】区域。

【Order of Processing】选项组的下拉列表中，给出了 4 种顺序的元件重新排列编号方法。

①Up then across：从下到上，从左到右重新排列元件编号。

②Down then across：从上到下，从左到右重新排列元件编号。

③Across then up：从左到右，从下到上重新排列元件编号。

④Across then down：从左到右，从上到下重新排列元件编号。

在此例中，我们选择“Down then across”排列。在【Schematic Sheets To Annotate】区域勾选要执行元件标识的原理图，设置好“Star Index”。

（1）单击图 3-12 所示对话框中右下角的【Update Changes List】按钮，系统将会弹出【Information】对话框，如图 3-13 所示。

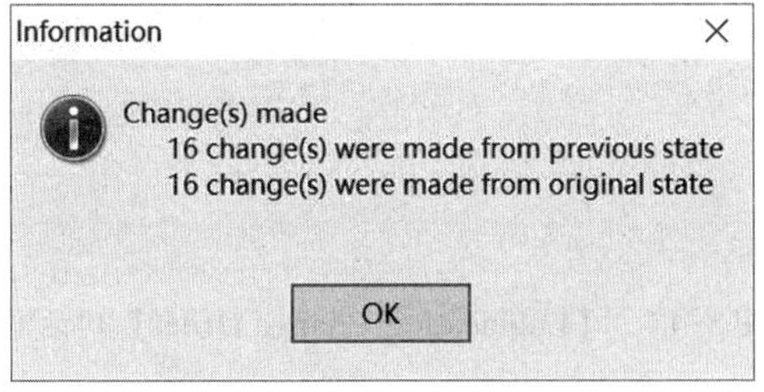

图 3-13　【**Information**】对话框

（2）单击【OK】按钮，可以看到要进行标号的元件已经被初步编号，如图 3-14 所示。

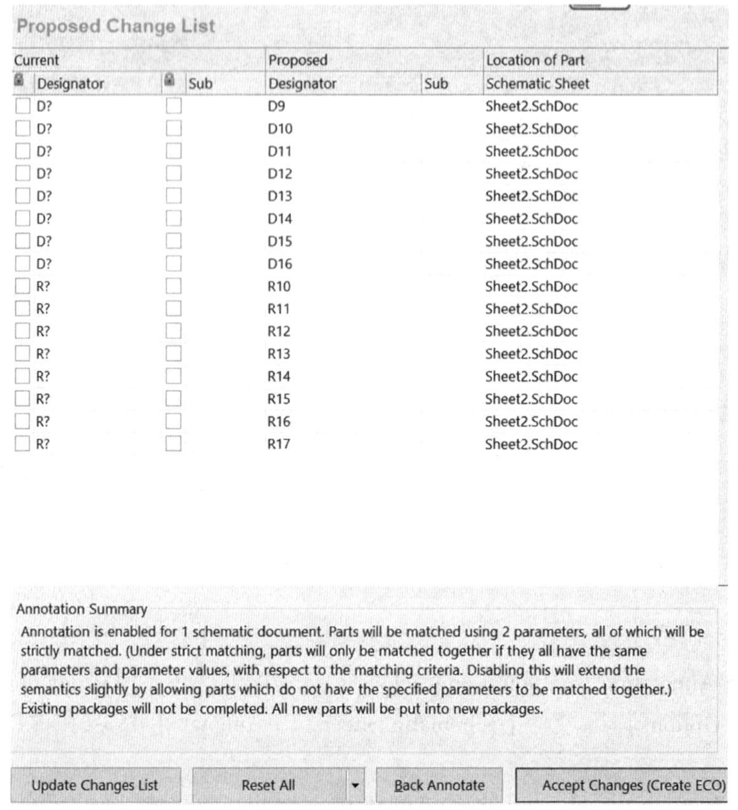

图 3-14 【Proposed Change List】对话框

（3）单击图 3-14 所示对话框中右下角的【Accept Changes（Create ECO）】按钮，将弹出【Engineering Change Order】对话框，如图 3-15 所示。

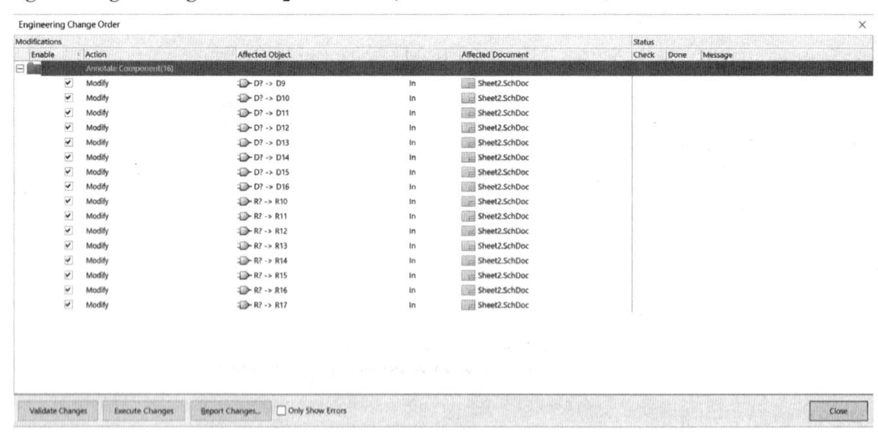

图 3-15 【Engineering Change Order】对话框

（4）单击【Validate Changes】按钮，将会在对话框中给出修改可行的检查结果，如图 3-16 所示。

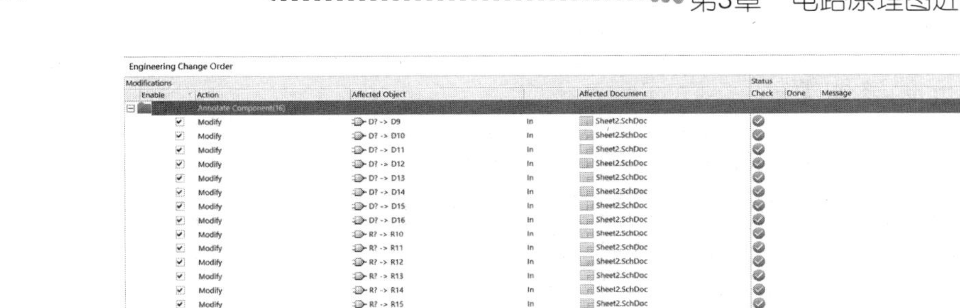

图 3-16　检查结果

（5）单击图 3-16 中的【Execute Changes】按钮，执行修改变化，如图 3-17 所示。

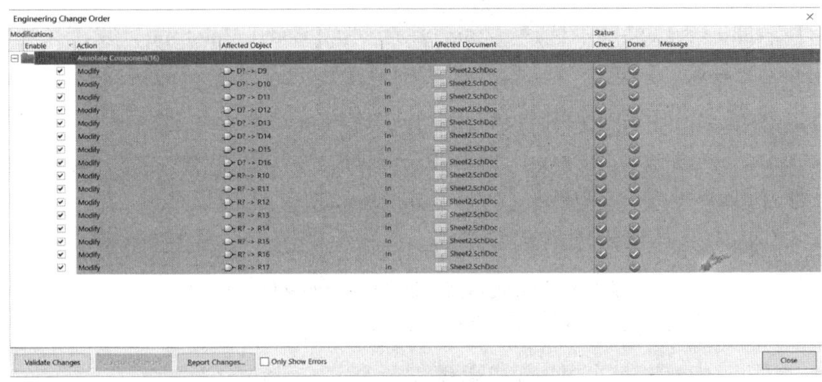

图 3-17　执行修改变化

（6）单击图 3-17 中的【Close】按钮，关闭窗口，在原理图中看到元件编号修改结果，如图 3-18 所示。

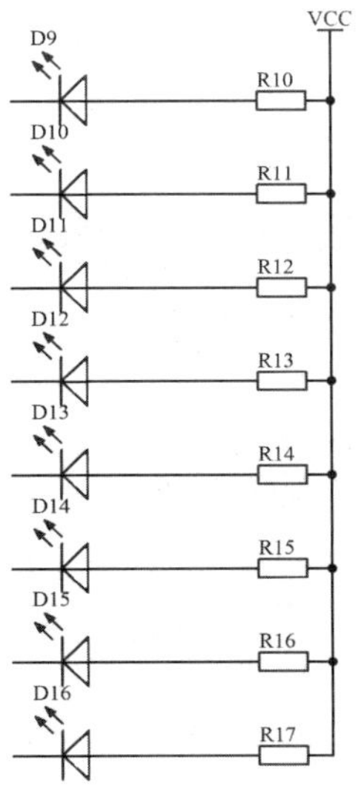

图 3-18　元件编号修改结果

3.6.2 元件群体编辑

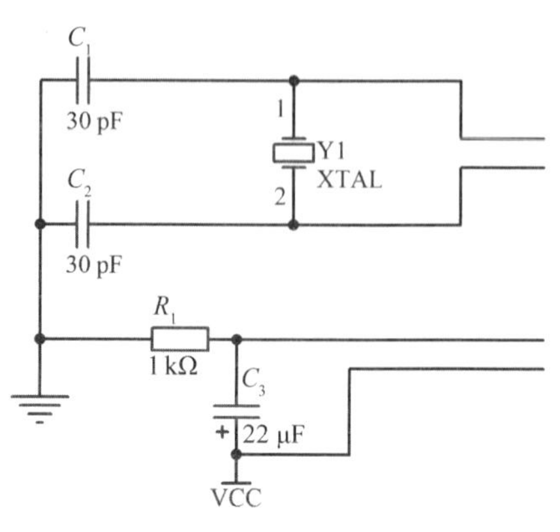

图 3-19 局部电路图

在绘制电路原理图时，利用元件群体编辑功能可以快速对同一类元件的某些属性同时进行修改，从而避免对每一个元件的属性逐一修改的麻烦。该功能常用于群体编辑元件的注释、数值、标号的字体属性等。

以图 3-19 所示的局部电路原理图为例，隐藏电路原理图中元件数值的具体步骤如下：

（1）右击需要修改参数的任意一个注释（如电阻的数值“1 k”），在弹出的右键快捷菜单中选择【Find Similar Objects】命令，弹出如图 3-20 所示的【Find Similar Objects】对话框，在【Parameter Name-Value】后面的下拉菜单中选择【Same】选项。【Zoom Matching】复选按钮用于设置是否将条件相匹配的对象，以最大显示模式，居中显示在原理图编辑窗口内；【Mask Matching】复选按钮用于设置在显示条件相匹配对象的同时，是否将其他对象屏蔽掉；【Clear Existing】复选按钮设置是否清除已存在的过滤条件；【Run Inspector】复选按钮用于设置是否自动打开【Inspector】对话框；【Select Matching】复选按钮用于设置是否将符合匹配条件的对象全部选中。其他采用默认设置。

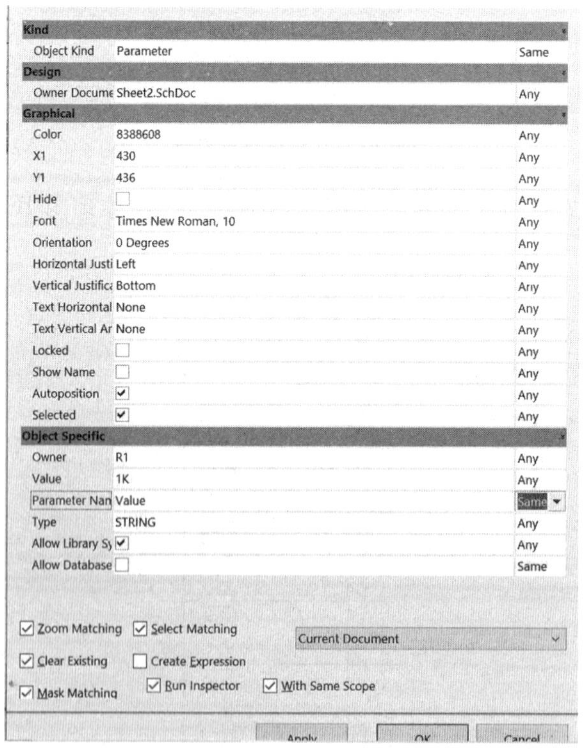

图 3-20 【Find Similar Objects】对话框

（2）单击【OK】按钮，关闭【Find Similar Objects】对话框，所有元件的数值呈高亮状态显示在原理图图纸上，如图 3-21 所示。

（3）由于在【Find Similar Objects】对话框中选择了【Run Inspector】复选按钮，所以执行【Find Similar Objects】命令后，将自动打开如图 3-22 所示的【SCH Inspector】工作面板。

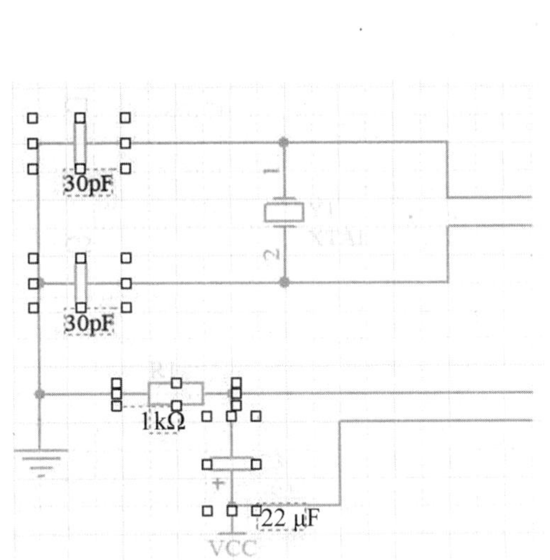

图 3-21　执行【Find Similar Objects】命令后的效果

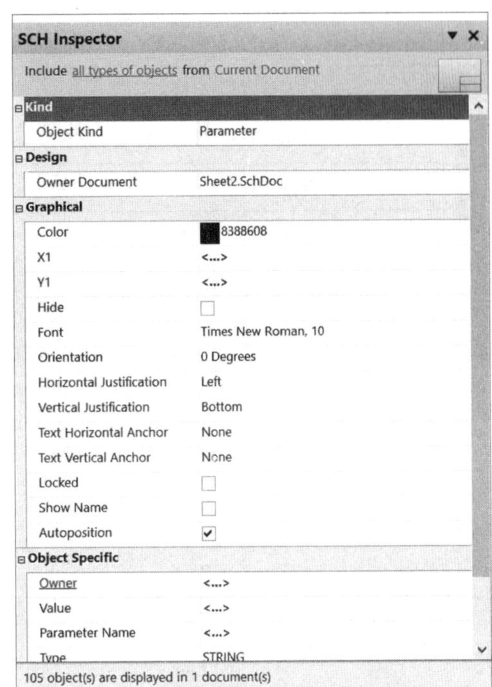

图 3-22　【SCH Inspector】工作面板

（4）在【SCH Inspector】工作面板中勾选【Hide】复选按钮，其他参数保持不变，最后按<Enter>键即可将更改应用到搜索到的所有元件数值，更改后的结果如图 3-23 所示。

（5）关闭【SCH Inspector】工作面板，再使用<Shift+C>快捷键，清除其他对象的屏蔽状态。

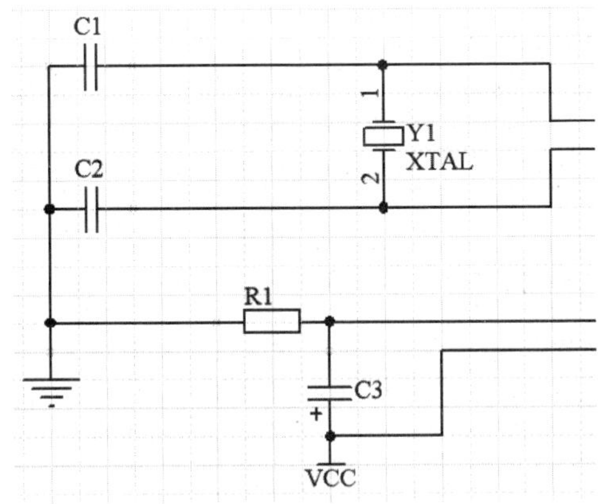

图 3-23　群体编辑后的效果图

3.6.3　常用快捷键

熟练使用一些快捷键，可以大大提高设计人员原理图设计的工作效率。电路原理图设计过程中的常用快捷键如表 3-1 所示。

表 3-1　电路原理图设计中的常用快捷键

	快捷键	具体操作
视图操作	V+G+V	切换网格设置
	V+F	找到目标
	Page Up、Ctrl+滚轮上滑	放大视图
	Page Down、Ctrl+滚轮上滑	缩小视图
	鼠标滚轮上滑、下滑	视图上下移动
	Shift+鼠标滚轮上滑、Shift+鼠标滚轮下滑	视图左右移动
	End	刷新屏幕
对象操作	P+P	放置元件
	P+W	放置导线
	P+B	放置总线
	P+U	放置总线分支
	P+N	放置网络标签
	T+A	自动编号注释
	Esc	取消当前操作
	Tab	启动浮动对象的属性窗口
	Space	使浮动对象 90°旋转
	X	使浮动对象左右翻转
	Y	使浮动对象上下翻转
	Shift+ Space	当放置导线/总线/直线时，设置放置模式
	Shift+快速拖动对象	快速复制对象，且编号递增
	Ctrl+R	快速复制选中对象
	E+W	割断导线/总线
	A+A	对选中多个元件的对齐操作
	Ctrl+鼠标左键选中对象	拖动对象
	Delete	删除选中对象
	Ctrl+A	选中全部对象
	Ctrl+X	剪切选中对象
	Ctrl+C	复制选中对象
	Ctrl+V	粘贴选中对象

3.7　电路原理图进阶设计实例

本节将通过图 3-1 中流水灯电路原理图设计实例的讲解，使设计人员掌握电路原理图设计的整个过程。

3.7.1　新建项目

启动 Altium Designer 16，在设计主界面执行菜单命令【File】/【New】/【Project】/【PCB Project】，创建一个 PCB 项目，在【location】文本框中输入“D：\ ADFiles \ chapter3”，在【Name】文本框中输入“流水灯电路”，单击【OK】按钮，建立项目。

3.7.2　添加新的原理图

在 Altium Designer 16 设计主界面执行菜单命令【File】/【New】/【Schematic】，将自动在当前项目下新建一个新的原理图文件，同时启动原理图编辑器。

将新建的原理图文件更名为“流水灯电路 . SchDoc”后也保存在目录“D：\ ADFiles \ chapter3 \ 流水灯电路”中。

3.7.3　设置原理图图纸参数

新建原理图文件后，接下来的工作是设置原理图图纸参数。右击当前原理图工作区的空白处，从弹出的右键菜单中选择【Options】/【Document Options】命令，即可打开【Document Options】对话框。

在【Document Options】对话框的【Units】选项卡中选择单位类型为“Use Imperial Unit System”，基本单位选择为“Dxp Defaults”，1 Dxp Defaults = 10 mils，如图 3-24 所示。

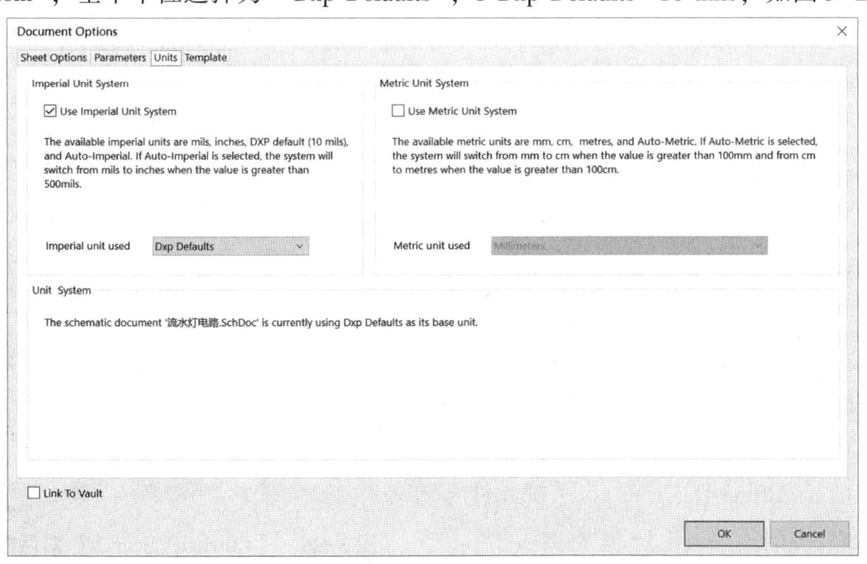

图 3-24　【Units】选项卡

在【Document Options】对话框的【Sheet Options】选项卡中修改原理图图纸参数。本例中，原理图栅格中的【Snap】栅格和【Visible】栅格全部设置为“10”，设置【Standard style】为“A4”，图纸方向为横向，如图 3-25 所示。

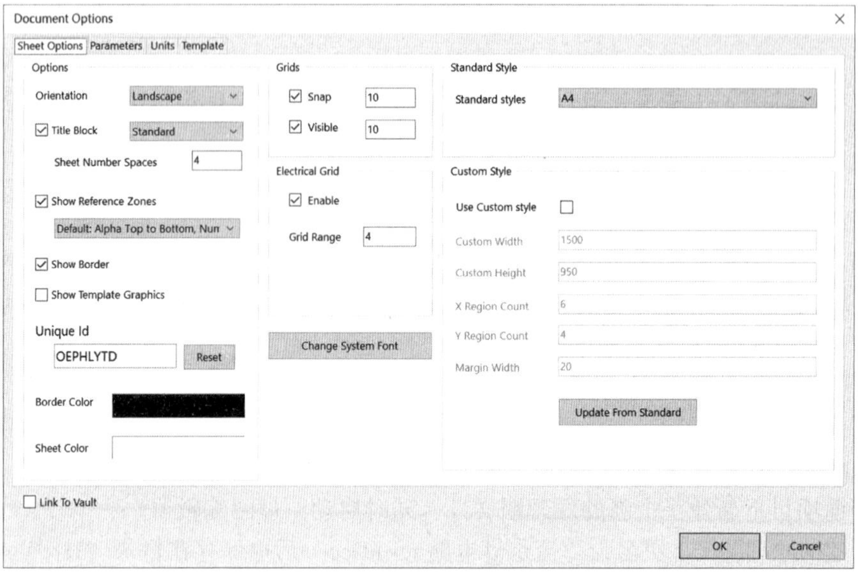

图 3-25 【Sheet Options】选项卡

3.7.4 放置元件

在原理图图纸参数设置完成后，就进入真正的电路原理图设计过程，即向图纸中放置各种电气对象。首先需要向原理图中放置的是构成电路原理图的核心对象——元件。

通常，电路由少数几个核心元件以及周边的附属元件组成，因此在绘制电路原理图时，应首先布置核心元件。在本设计实例中，核心元件是名为“P89C52X2BN”的芯片。但是在系统默认加载的元件库中并没有这个元件，因此需要搜索并加载这个元件所在的集成元件库，具体操作步骤如下。

(1) 单击工作区右侧的【Libraries】标签，打开【Libraries】工作面板。

(2) 单击【Libraries】工作面板上的 Search... 按钮，打开【Libraries Search】对话框，并在对话框上部的文本框内输入“P89C52X2BN”，在【Scope】选项组中选择【Libraries on path】单选按钮，同时要确保【Path】选项组内的【Path】文本框中输入的是 Altium Designer 16 系统元件库所在的默认路径，如图 3-26 所示。

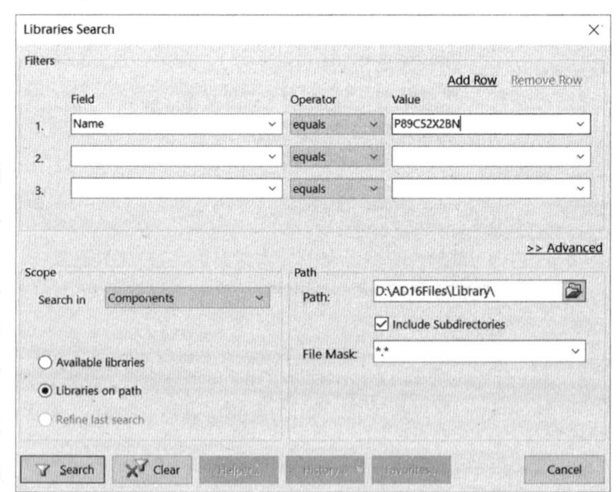

图 3-26 【Libraries Search】对话框

(3) 设置完成后，单击【Libraries Search】对话框中的 Search 按钮，开始搜索。搜索完毕后，将在【Libraries】工作面板显示与 P89C52X2BN 相关的搜索结果。

（4）在【Libraries】工作面板内显示的搜索结果列表中，双击该元件的名称，会弹出【Confirm】对话框，如图 3-27 所示，询问是否要加载 P89C52X2BN 元件所在的库，单击 Yes 按钮即可将 P89C52X2BN 元件所在的集成库 Philips Microcontroller 8-Bit. IntLib 加载到【Libraries】工作面板中，如图 3-28 所示。这样做的好处是，只要不重新安装该软件，在【Libraries】工作面板中可以很方便地找到该元件。

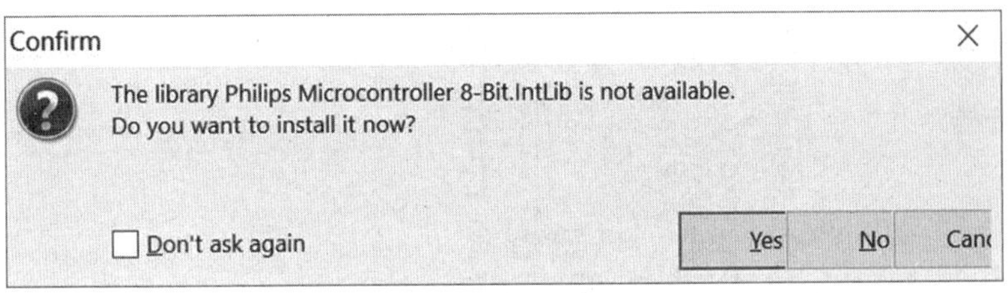

图 3-27 【Confirm】对话框

（5）核心元件放置到原理图的效果如图 3-29 所示。在电路的核心元件放置完成后，接下来放置周边的附属元件。本例中的附属元件包括电阻、电容、晶振、二极管等元件，这些元件都可以在系统自带的 Miscellaneous Devices. IntLib 库中找到。找到相应的元件后，根据给出的原理图将它们放在原理图编辑器绘图区中合适的位置，并在放置的过程中修改元件的属性。元件全部放置后的效果如图 3-30 所示。

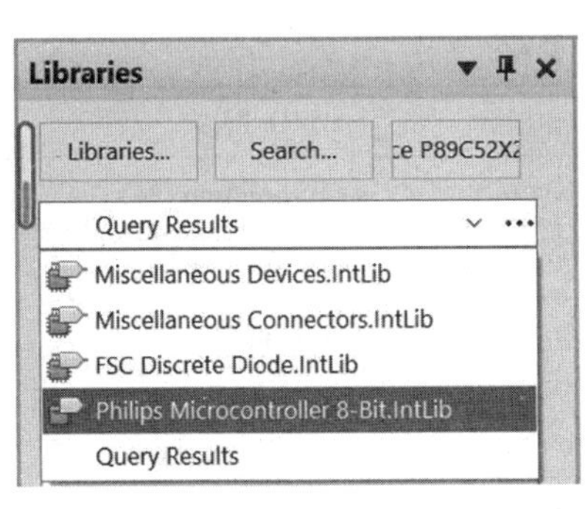

图 3-28 新加载的库

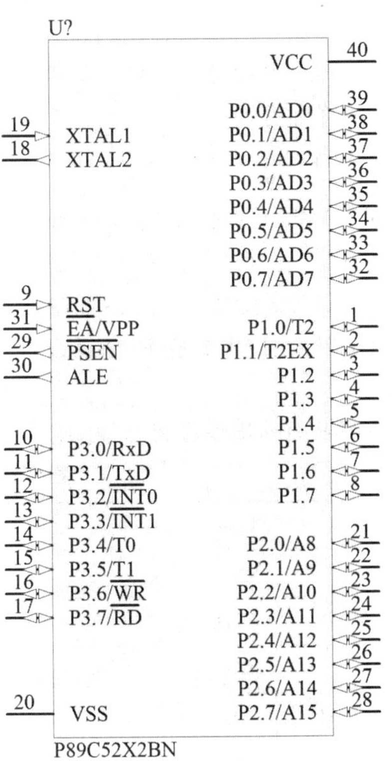

图 3-29 核心元件放置到原理图的效果

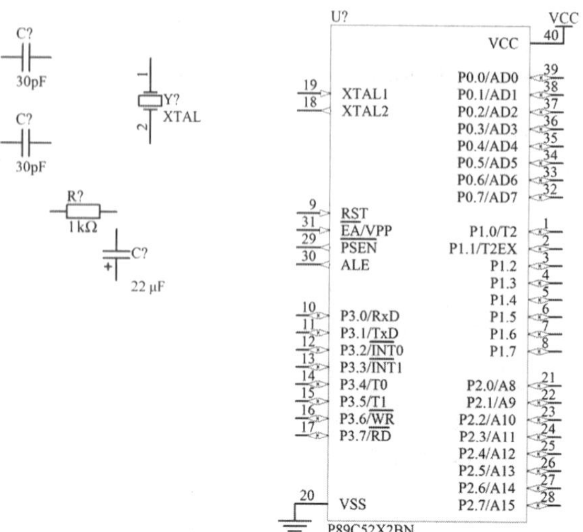

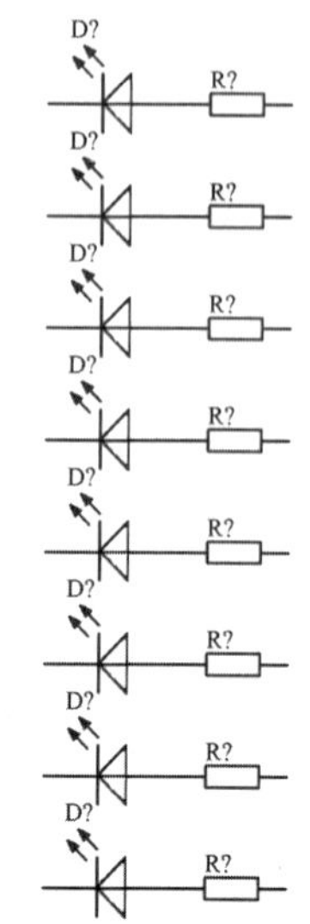

图 3-30　元件全部放置后的效果

3.7.5　放置其他电气对象

在电路原理图中所有的元件全部放置完成后，接下来要为原理图放置其他的电气对象，包括放置 I/O 端口、电源及电源地、导线、总线和总线分支、网络标签等。

1. 放置 I/O 端口

（1）单击布线工具栏中的 D1 按钮，光标上会粘贴一个端口，此时按下<Tab>键，将弹出【Port Properties】对话框，在对话框中修改端口名称和方向后单击【OK】按钮完成设置，如图 3-31 所示。

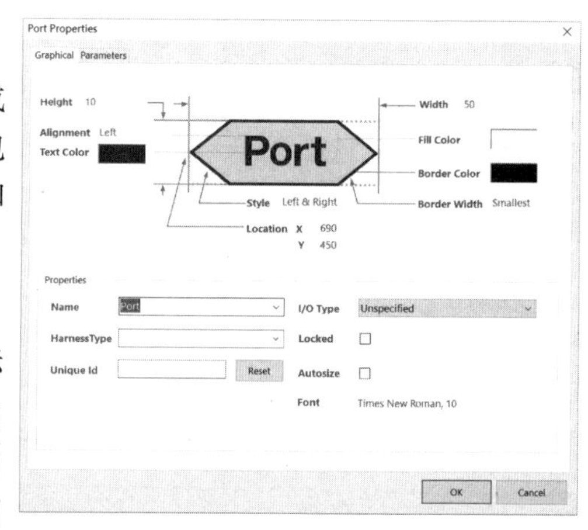

图 3-31　【Port Properties】对话框

（2）按照上面的步骤设置其他端口，各端口参数如表 3-2 所示。

表 3-2　各端口参数

Name	I/O Type
RXD	Bidirection
TXD	Bidirection
WE	Output
RD	Output
CE1	Output
CE2	Output
D[0..7]	Bidirection

（3）完成端口绘制的效果如图 3-32 所示。

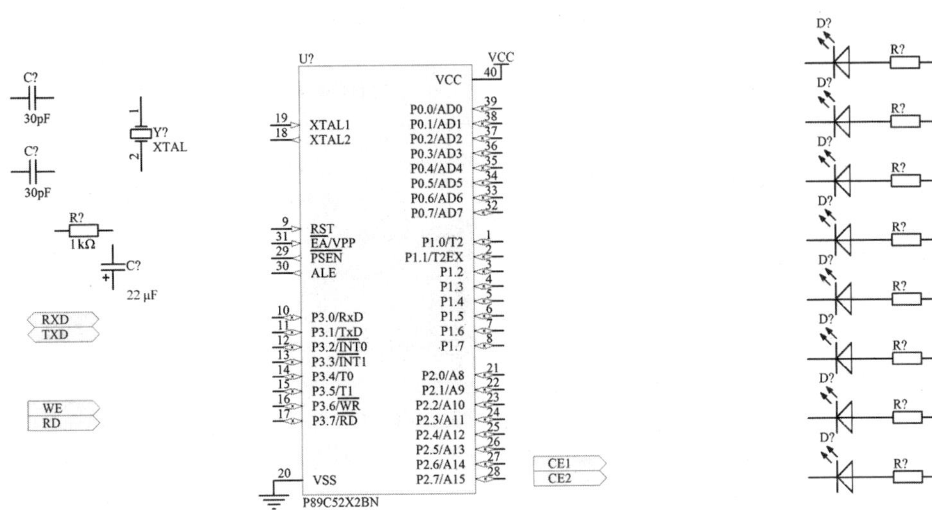

图 3-32　完成端口绘制的效果

2. 放置电源及电源地

适当调整元件位置，再分别单击【Wiring】工具栏中的 VCC 和 按钮，在电路原理图上放置电源和电源地，放置后的效果如图 3-33 所示。

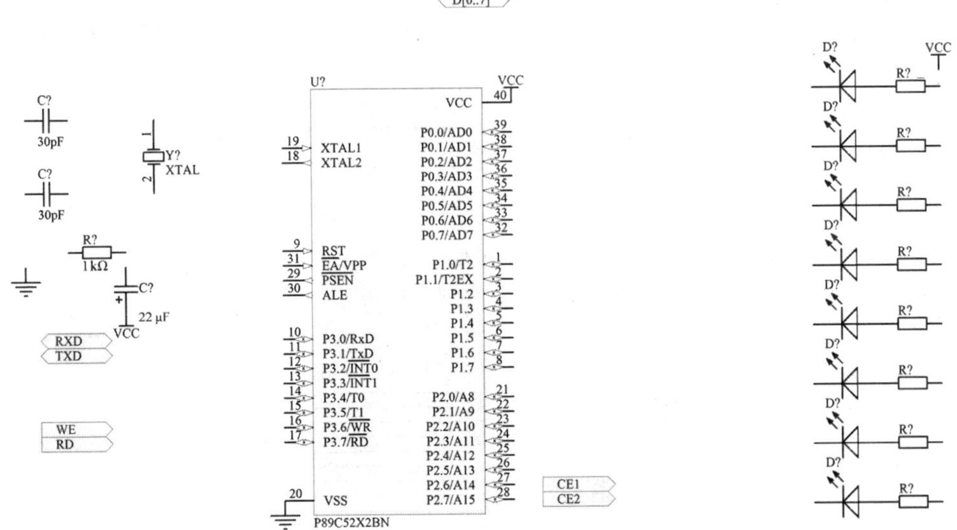

图 3-33　放置电源及电源地后的效果

3. 绘制总线、总线分支和导线

1）绘制总线

在【Wiring】工具栏中，单击 按钮，即可开始绘制总线，此时按下<Tab>键，可以修改总线属性，本例中保持系统默认设置。单击工作区中的合适位置确定总线的起点，如果需要改变方向，则在拐角处再次单击后继续绘制即可，绘制完成后右击工作区任意位置，总线绘制结束。绘制完总线的效果如图 3-34 所示。

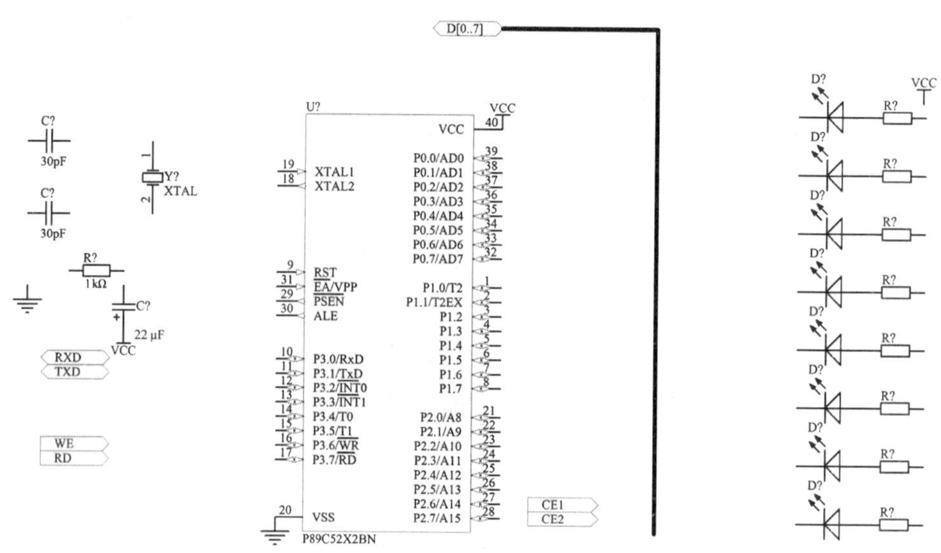

图 3-34　绘制完总线的效果

2）绘制导线及放置总线分支

分别单击【Wiring】工具栏中的和按钮，进入绘制导线及放置总线分支的状态，此时按下<Tab>键，可以修改导线及总线分支属性，本例中保持系统默认设置。与总线绘制方法相同，绘制总线分支时，按下<Space>键可以修改总线分支方向。总线、总线分支和导线全部放置完成后的效果如图 3-35 所示。

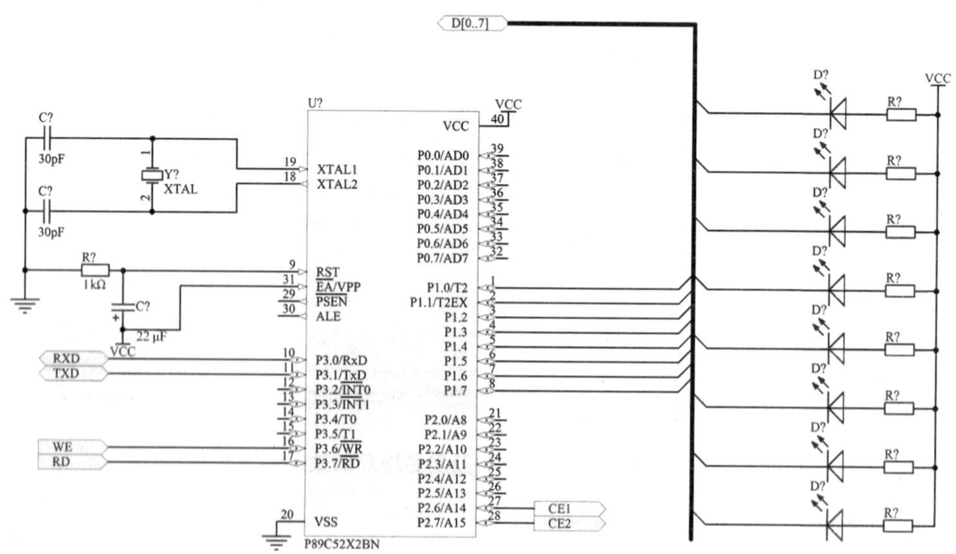

图 3-35　总线、总线分支和导线全部放置完成后的效果

4. 放置网络标签

单击布线工具栏中的 Net 按钮，光标上面会粘贴一个网络标签，此时按下<Tab>键，可以修改网络标签的属性、名称，单击【OK】按钮完成设置。

在导线上放置网络标签，放置完网络标签的电路原理图如图 3-36 所示。至此，电路原理图绘制工作结束。

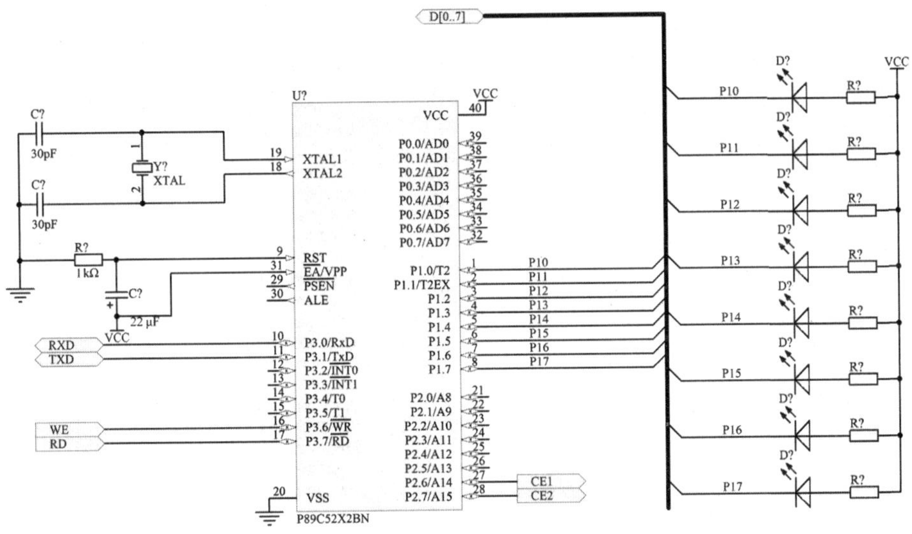

图 3-36　放置完网络标签的电路原理图

3.7.6　元件标识

在原理图绘制完毕后，需要对所有的元件进行注释，步骤如下：

(1) 执行菜单命令【Tools】/【Annotate】，弹出【Schematic Annotation Configuration】对话框，如图 3-37 所示，在【Order of Processing】下拉列表中选择【Down Then Across】，其余设置保持默认。

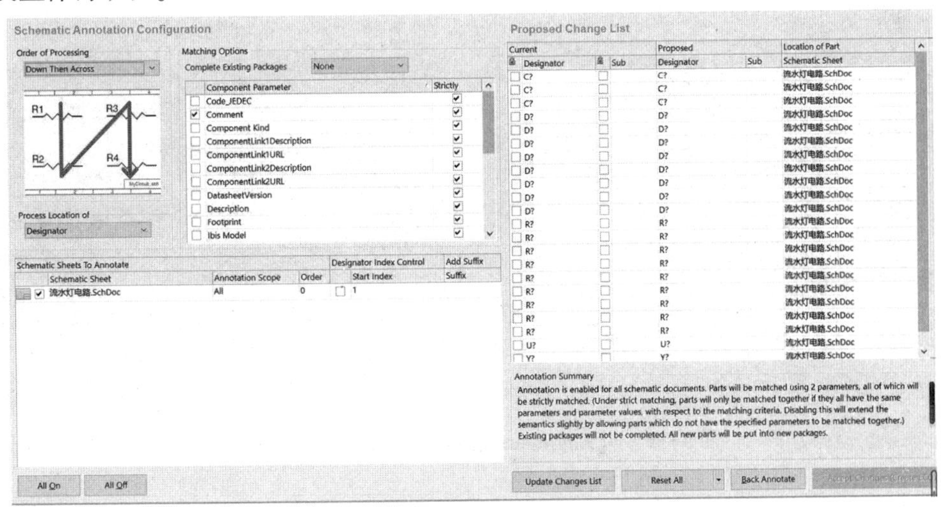

图 3-37　【Schematic Annotation Configuration】对话框

（2）设置完成后，单击【Update Changes List】按钮，弹出【Information】对话框，提示有 22 个元件需要注释。

（3）单击【OK】按钮关闭该对话框，可以看到在【Schematic Annotation Configuration】对话框中的【Proposed Change List】选项组给出了元件注释后的编号，如图 3-38 所示。

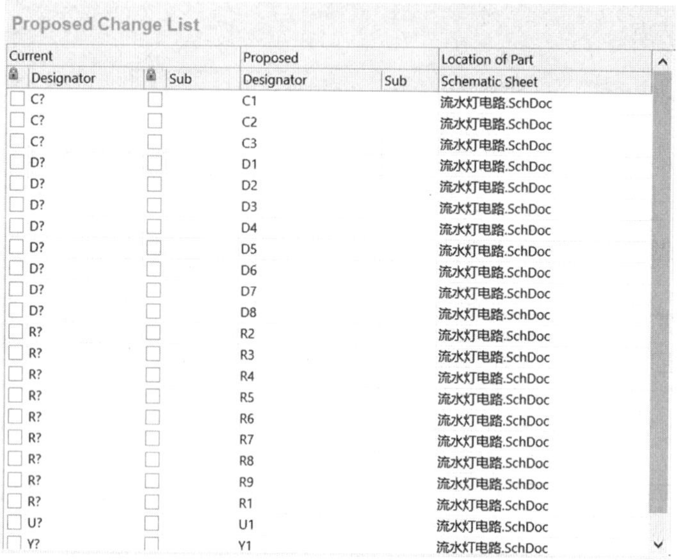

Proposed Change List

Current		Proposed		Location of Part
Designator	Sub	Designator	Sub	Schematic Sheet
C?		C1		流水灯电路.SchDoc
C?		C2		流水灯电路.SchDoc
C?		C3		流水灯电路.SchDoc
D?		D1		流水灯电路.SchDoc
D?		D2		流水灯电路.SchDoc
D?		D3		流水灯电路.SchDoc
D?		D4		流水灯电路.SchDoc
D?		D5		流水灯电路.SchDoc
D?		D6		流水灯电路.SchDoc
D?		D7		流水灯电路.SchDoc
D?		D8		流水灯电路.SchDoc
R?		R2		流水灯电路.SchDoc
R?		R3		流水灯电路.SchDoc
R?		R4		流水灯电路.SchDoc
R?		R5		流水灯电路.SchDoc
R?		R6		流水灯电路.SchDoc
R?		R7		流水灯电路.SchDoc
R?		R8		流水灯电路.SchDoc
R?		R9		流水灯电路.SchDoc
R?		R1		流水灯电路.SchDoc
U?		U1		流水灯电路.SchDoc
Y?		Y1		流水灯电路.SchDoc

图 3-38　元件注释后的编号

（4）单击【Schematic Annotation Configuration】对话框中的【Accept Changes［Create ECO］】按钮，弹出【Engineering Change Order】对话框，单击【Validate Changes】按钮和【Execute Changes】按钮对变化进行检查并执行变化，如图 3-39 所示，如果没有任何错误就可以关闭该对话框。注释后的流水灯电路原理图如图 3-40 所示。

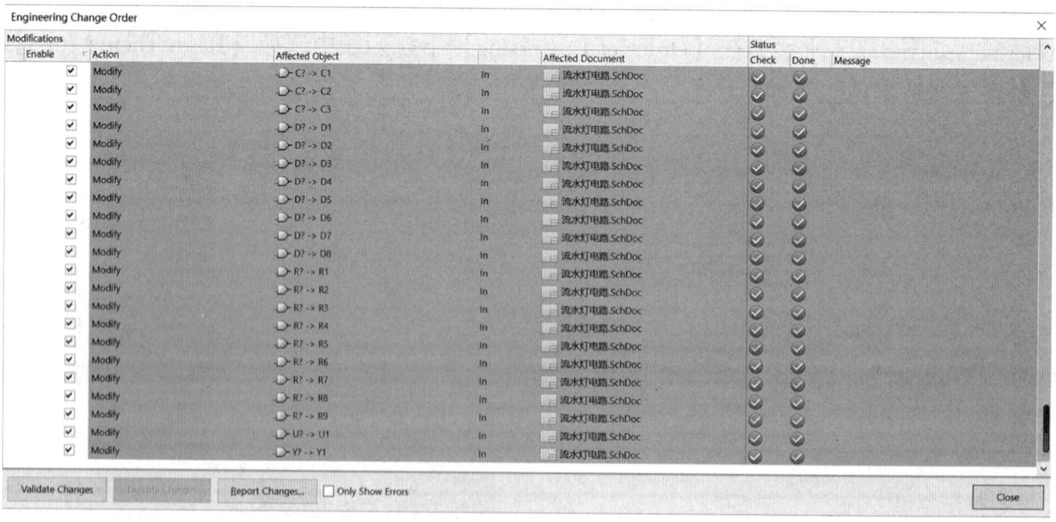

Engineering Change Order

Modifications

Enable	Action	Affected Object		Affected Document	Check	Done	Message
✓	Modify	C? -> C1	In	流水灯电路.SchDoc	✓	✓	
✓	Modify	C? -> C2	In	流水灯电路.SchDoc	✓	✓	
✓	Modify	C? -> C3	In	流水灯电路.SchDoc	✓	✓	
✓	Modify	D? -> D1	In	流水灯电路.SchDoc	✓	✓	
✓	Modify	D? -> D2	In	流水灯电路.SchDoc	✓	✓	
✓	Modify	D? -> D3	In	流水灯电路.SchDoc	✓	✓	
✓	Modify	D? -> D4	In	流水灯电路.SchDoc	✓	✓	
✓	Modify	D? -> D5	In	流水灯电路.SchDoc	✓	✓	
✓	Modify	D? -> D6	In	流水灯电路.SchDoc	✓	✓	
✓	Modify	D? -> D7	In	流水灯电路.SchDoc	✓	✓	
✓	Modify	D? -> D8	In	流水灯电路.SchDoc	✓	✓	
✓	Modify	R? -> R1	In	流水灯电路.SchDoc	✓	✓	
✓	Modify	R? -> R2	In	流水灯电路.SchDoc	✓	✓	
✓	Modify	R? -> R3	In	流水灯电路.SchDoc	✓	✓	
✓	Modify	R? -> R4	In	流水灯电路.SchDoc	✓	✓	
✓	Modify	R? -> R5	In	流水灯电路.SchDoc	✓	✓	
✓	Modify	R? -> R6	In	流水灯电路.SchDoc	✓	✓	
✓	Modify	R? -> R7	In	流水灯电路.SchDoc	✓	✓	
✓	Modify	R? -> R8	In	流水灯电路.SchDoc	✓	✓	
✓	Modify	R? -> R9	In	流水灯电路.SchDoc	✓	✓	
✓	Modify	U? -> U1	In	流水灯电路.SchDoc	✓	✓	
✓	Modify	Y? -> Y1	In	流水灯电路.SchDoc	✓	✓	

Validate Changes　Execute Changes　Report Changes...　Only Show Errors　Close

图 3-39　【Engineering Change Order】对话框

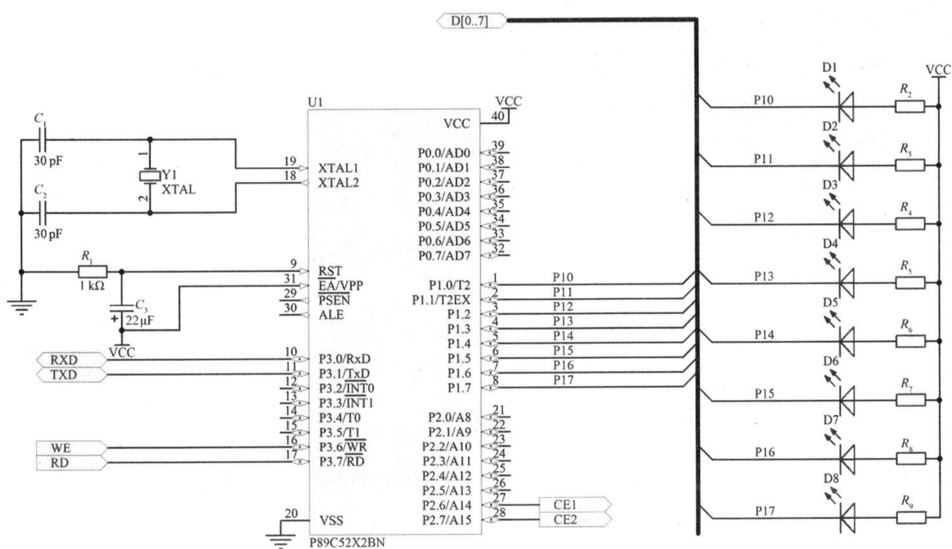

图 3-40　注释后的流水灯电路原理图

3.7.7　电气规则检查

在流水灯电路原理图绘制工作全部完成后，就需要对原理图所在的项目进行编译及查错。

在原理图编辑器的主界面执行菜单命令【Project】/【Compile PCB Project 流水灯电路.PrjPcb】，进行项目的编译操作。编译项目后在【Messages】工作面板上可以查看是否有错误或警告信息，根据出现的错误或警告的提示信息对原理图进行修改。编译后的【Messages】工作面板如图 3-41 所示。

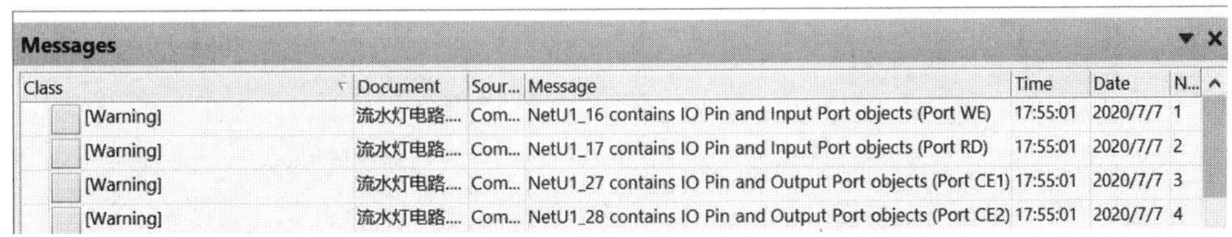
Messages

Class	Document	Sour...	Message	Time	Date	N...
[Warning]	流水灯电路....	Com...	NetU1_16 contains IO Pin and Input Port objects (Port WE)	17:55:01	2020/7/7	1
[Warning]	流水灯电路....	Com...	NetU1_17 contains IO Pin and Input Port objects (Port RD)	17:55:01	2020/7/7	2
[Warning]	流水灯电路....	Com...	NetU1_27 contains IO Pin and Output Port objects (Port CE1)	17:55:01	2020/7/7	3
[Warning]	流水灯电路....	Com...	NetU1_28 contains IO Pin and Output Port objects (Port CE2)	17:55:01	2020/7/7	4

图 3-41　编译后的【Messages】工作面板

本例中只出现警告信息，主要原因是元件的端口在定义时设置为双向类型，而在电路设计时，根据信号的实际流向，将与元件端口连接的 I/O 端口设为了单向。对于这种警告，只要保证设计的正确性，可以不修改。

3.7.8　原理图报表

1. 网络报表

执行菜单命令【Design】/【Netlist For Document】/【Protel】为原理图文件“流水灯电路”生成网络报表。在【Projects】工作面板中，该项目下将显示与项目同名的网络报表文件“流水灯电路.NET”，如图 3-42 所示。可以看到，在原理图网络报表中显示的是原理图文件中包含的所有元件及电气连接。

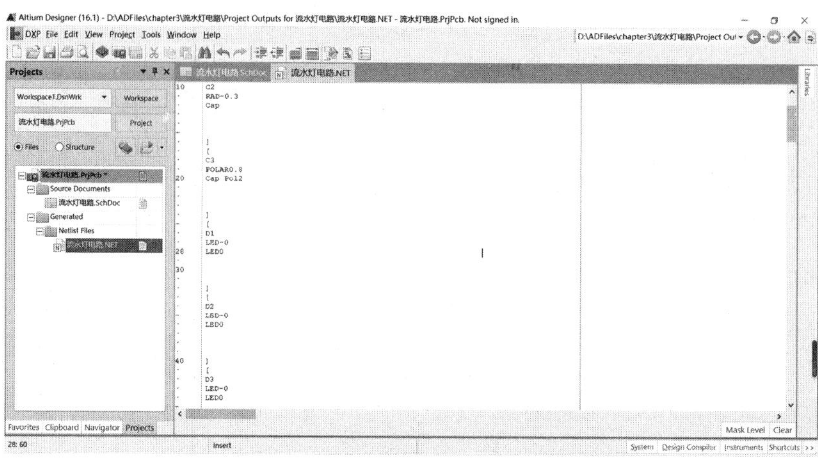

图 3-42　原理图文件的网络报表

2. 元件清单报表

执行菜单命令【Reports】/【Bill of Material】，弹出【Bill of Materials For Project】对话框，该对话框中列出了原理图设计项目中包含的所有元件，如图 3-43 所示。单击【Export...】按钮，系统将弹出保存文件对话框，可以将该元件列表以 Excel 文件的形式保存到项目所在的目录下。保存为 Excel 文件的元件列表如图 3-44 所示。

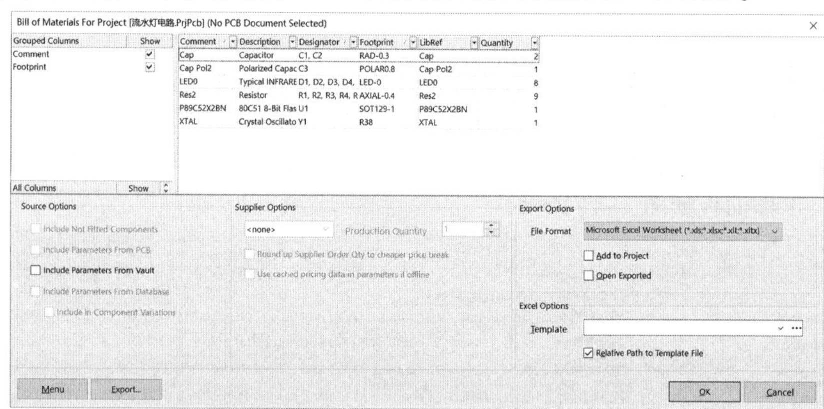

Comment	Description	Designator	Footprint	LibRef	Quantity
Cap	Capacitor	C1, C2	RAD-0.3	Cap	2
Cap Pol2	Polarized Capac	C3	POLAR0.8	Cap Pol2	1
LED0	Typical INFRARE	D1, D2, D3, D4,	LED-0	LED0	8
Res2	Resistor	R1, R2, R3, R4, R	AXIAL-0.4	Res2	9
P89C52X2BN	80C51 8-Bit Flas	U1	SOT129-1	P89C52X2BN	1
XTAL	Crystal Oscillato	Y1	R38	XTAL	1

图 3-43　【Bill of Materials For Project】对话框

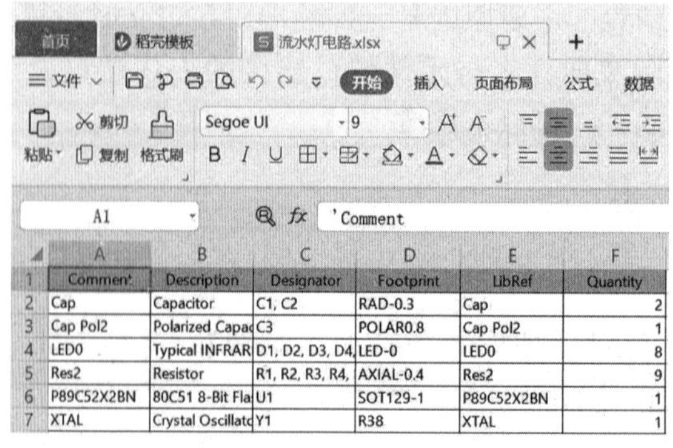

Comment	Description	Designator	Footprint	LibRef	Quantity
Cap	Capacitor	C1, C2	RAD-0.3	Cap	2
Cap Pol2	Polarized Capac	C3	POLAR0.8	Cap Pol2	1
LED0	Typical INFRAR	D1, D2, D3, D4,	LED-0	LED0	8
Res2	Resistor	R1, R2, R3, R4,	AXIAL-0.4	Res2	9
P89C52X2BN	80C51 8-Bit Fla	U1	SOT129-1	P89C52X2BN	1
XTAL	Crystal Oscillatc	Y1	R38	XTAL	1

图 3-44　保存为 Excel 文件的元件列表

3.7.9　文件保存

右击【Projects】工作面板中的当前项目，将该项目和文件保存到指定目录“D：\chapter3\流水灯电路”中。

本章小结

本章通过完成一个“流水灯电路原理图”项目，来介绍如何放置总线、总线分支、网络标签、I/O 端口，以及元件标识和元件群体编辑等有关知识。

（1）当电路原理图中有集成电路芯片时，常用“总线”来代替平行导线。总线本身并没有任何电气意义，它只是用来更清晰地标注电路的连接关系，电气连接关系需要通过网络标签来实现。

（2）网络标签和导线的作用一样。若两点的网络标签相同，则说明这两点连接在一起。网络标签要区分大小写。如果网络标签的首位或者末尾为数字，则每次放置后会自动将该数字加 1。

（3）I/O 端口和网络标签类似，具有相同名称的端口即视为同一个网络，通过这种方法可以将没有导线直接连接的元件连接在一起。与网络标签不同的是，I/O 端口通常用来表示信号的输入/输出，一般用在层次原理图中。

（4）在绘制完原理图后，有时需要插入一些图形或者文字进行注释。用绘图工具绘制的图形和文字只是一些辅助信息，没有任何电气意义。

（5）绘制完原理图后，为了验证电路的准确性，要对原理图进行电气规则检查。

（6）电气规则检查只是对原理图的电气连接进行检查，电气连接以外的故障是检查不出来的。因此，不能仅仅依靠电气检查来排除所有故障。

（7）对于复杂电路，由于元件太多，编号容易混乱。Altium Designer 16 提供了元件编号管理功能，可以为元件自动编号。

（8）Altium Designer 16 为了方便用户查找数据，还提供了图纸打印和报表输出的功能。

课后练习

一、选择题

1. 在绘制原理图过程中，<P+P>快捷键的作用是放置________。（　　）

A. 网络标签　　B. 总线　　C. 导线　　D. 元件

2. 在绘制原理图过程中，<P+W>快捷键的作用是放置________。（　　）

A. 网络标签　　B. 总线　　C. 导线　　D. 元件

3. 在绘制原理图过程中，<P+B>快捷键的作用是放置________。（　　）

A. 网络标签　　B. 总线　　C. 导线　　D. 元件

4. 在绘制原理图过程中，<P+N>快捷键的作用是放置________。（　　）

A. 网络标签　　B. 总线　　C. 导线　　D. 元件

5. 对于电路原理图中任意两个电气节点来说，除了用导线和网络标签来连接外，还

可以使用________来描述两个电气节点之间的连接关系。(　　)

A. 电源和电源地　　B. 总线入口　　C. I/O 端口　　D. 总线

6. 执行菜单命令,【Tools】/________,弹出的对话框可以进行元件自动注释。(　　)

A.【Find】　　B.【Annotate】　　C.【Convert】　　D.【Update】

7. 总线必须配合________和网络标签来实现电气意义上的连接。(　　)

A. 总线　　B. 总线分支　　C. 导线　　D. 分线

8. 放置________的目的是在系统进行电气规则检查时,忽略对某些节点的检查。(　　)

A. 总线　　B. 总线分支　　C. 网络标签　　D. No ERC

二、操作题

1. 在原理图中任意放置 6 个电阻,练习电阻元件的各种排列和对齐。

2. 建立一个名为"MyProject_3A. PrjPcb"的 PCB 项目,在项目下添加一个原理图文件"MySheet_3A. SchDoc",按照图 3-45 给出的电路原理图绘制电路,要求使用群体编辑功能,隐藏原理图中所有元件的数值,绘制完成后进行电气规则检查。

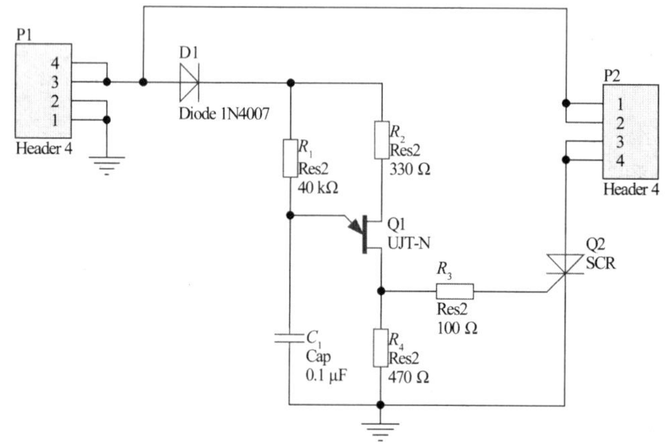

图 3-45　电路原理图

3. 建立一个名为"MyProject_3B. PrjPcb"的 PCB 项目,在项目下添加一个原理图文件"MySheet_3A. SchDoc",按照图 3-46 给出的电路原理图绘制电路,要求使用群体编辑功能,隐藏原理图中电阻、电容元件的注释,绘制完成后进行电气规则检查。

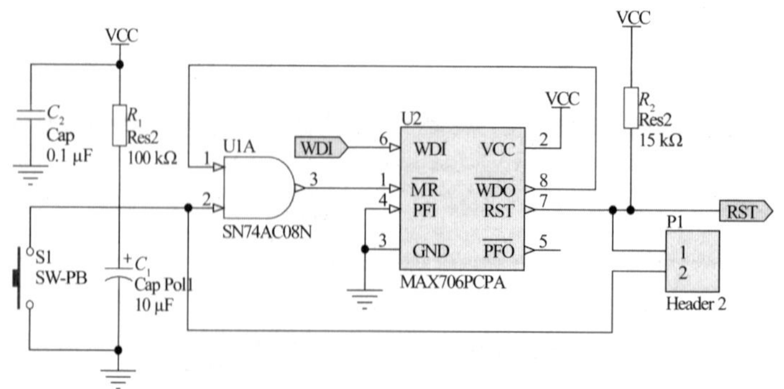

图 3-46　电路原理图

4. 建立一个名为“MyProject_3C. PrjPcb”的 PCB 项目，在项目下添加一个原理图文件“MySheet_3C. SchDoc”，按照图 3-47 给出的电路原理图绘制电路，对原理图进行编译，若无错误，则生成原理图的网络报表文件和元件列表文件。

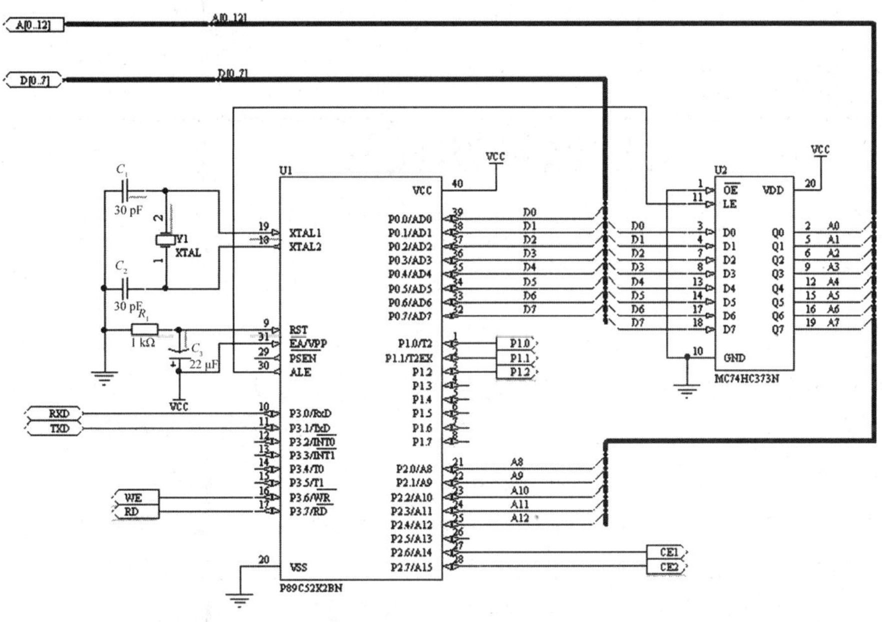

图 3-47　电路原理图

5. 建立一个名为“MyProject_3D. PrjPcb”的 PCB 项目，在项目下添加一个原理图文件“MySheet_3D. SchDoc”，按照图 3-48 给出的电路原理图绘制电路，对原理图进行编译，若无错误，则生成原理图的网络报表文件和元件列表文件。

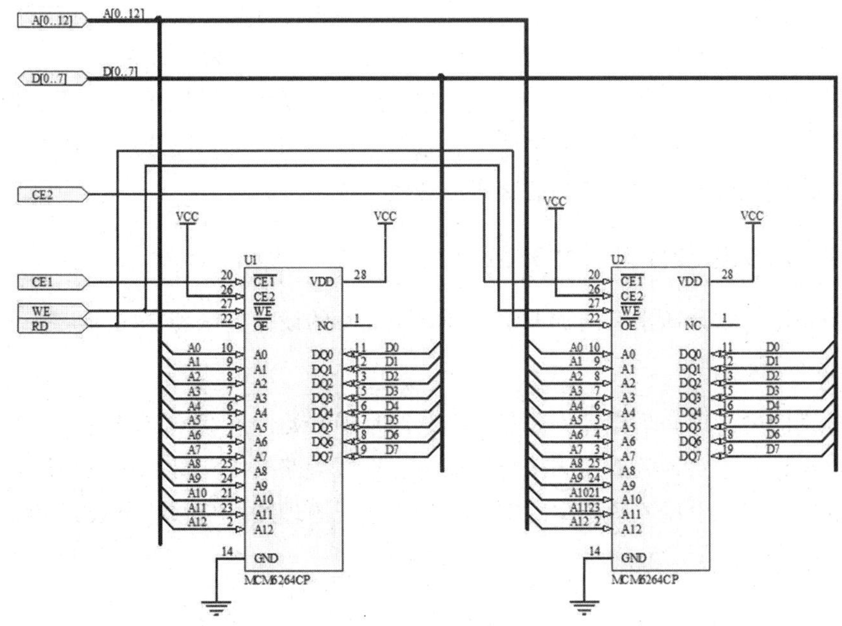

图 3-48　电路原理图

第 4 章

层次原理图设计

从事原理图设计的技术人员都有这样的经历，在一个较大型的设计项目中，很难用一张图纸把所有的电路画在上面，或者尽管可以在一张大的原理图中画出所有的电路，但为了阅图和修改的方便，以及较好地表达各部分电路之间的联系，需要将电路拆开，分成几张图来画，利用 Altium Designer 16 的层次原理图设计就可以很好地解决这些问题。

层次原理图设计是在工作实践中提出的，随着计算机技术的发展而逐渐形成的一种原理图设计方法。这种方法把一张大的原理图分成若干模块，使得结构清楚，概念清晰，便于设计和修改。

4.1 层次原理图简介

采用层次化设计之后，复杂的电路原理图按照某种标准划分为若干个功能模块，再把这些功能模块分别绘制在多张原理图纸上，这些图纸就被称为设计系统的子原理图。同时，这些子原理图由另外一张原理图来说明它们之间的联系，描述子原理图之间关系的这张原理图就被称为设计系统的母原理图。各张子原理图与母原理图之间通过 I/O 端口建立电气连接，这样就形成了设计系统的层次原理图。

4.1.1 层次原理图的设计方法

层次原理图的设计通常有两种方法，即自顶向下的设计方法和自底向上的设计方法。

1. 自顶向下设计

层次原理图的自顶向下设计方法是从系统原理图开始，逐级向下进行的。按照系统电路的功能，将整个电路划分成不同功能的模块，这些电路模块在母原理图上以图纸符号的形式联系起来，然后由母原理图中的图纸符号生成子原理图。自顶向下设计方法的流程如图 4-1 所示。

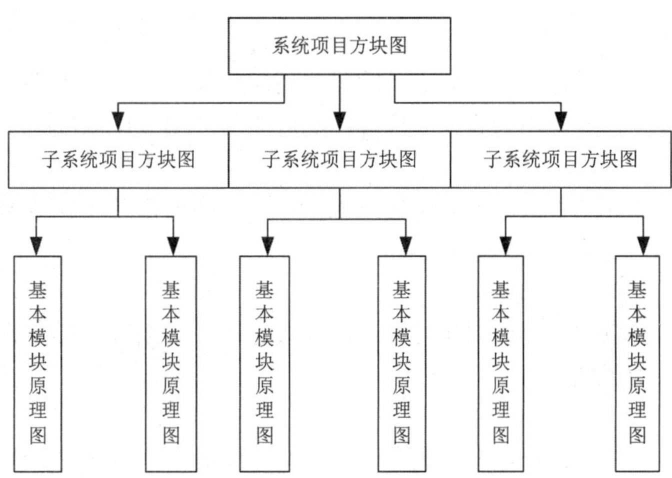

图 4-1　自顶向下设计方法的流程

2. 自底向上设计

层次原理图的自底向上设计方法是从基本模块开始，逐级向上进行的。由模块电路的子原理图在母原理图中生成图纸符号，再在母原理图中用导线或总线将图纸符号连接起来。因此，在绘制层次原理图之前，要先设计出模块电路的子原理图。自底向上设计方法的流程如图 4-2 所示。

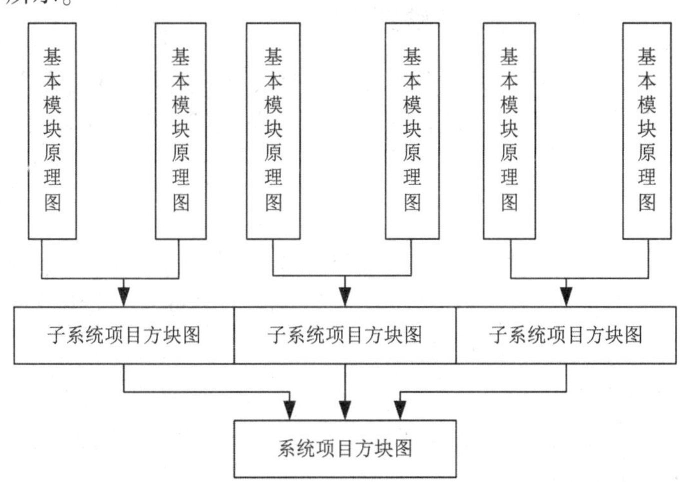

图 4-2　自底向上设计方法的流程

4.1.2　层次原理图的电气对象

1. 层次原理图的构成

层次原理图由以下两大因素构成。

（1）描述子原理图之间关系的母原理图。母原理图中包含代表子原理图的图纸符号和图纸入口，还包括建立起电气连接的导线和总线。

（2）构成整个系统的单张原理图，即子原理图。子原理图中包含本模块的基本电气元件及相关电气连接。

2. 放置对象与 I/O 端口

在进行层次原理图设计时，设计人员除了使用层次原理图专有放置对象，即除图纸符号和图纸入口之外，还会使用到联系子原理图和母原理图的 I/O 端口。

1）图纸符号

图纸符号是母原理图中最基本的放置对象，每一个图纸符号代表实现某一个具体功能的子原理图。

2）图纸入口

母原理图要与对应的子原理图建立相应的电气连接，就必然有相应的 I/O 端口。母原理图中的 I/O 端口为图纸入口。

3）I/O 端口

I/O 端口也用于联系子原理图和母原理图，放置在层次原理图中的子原理图中，与母原理图中的图纸入口是一一对应关系。

4.2 层次原理图设计

本节以 PCB 项目“单片机应用电路”为例进行层次原理图设计，详细介绍绘制层次原理图的一般过程。

4.2.1 自顶向下设计层次原理图

采用自顶向下的方法设计层次原理图，先要根据“单片机应用电路”的功能，将整个电路划分成 3 个子系统功能模块，即单片机系统电路、扩展存储电路、显示及键盘电路。具体操作步骤如下。

1. 建立项目

在 Altium Designer 16 的主界面执行菜单命令【File】/【New】/【Project】，在弹出的窗口中选择【Project Types】为“PCB Projects”，并在【Name】文本框输入“单片机应用电路”，然后新建项目文件进行保存。

2. 建立母原理图文件

执行菜单命令【File】/【New】/【Schematic】，在该项目下建立一个母原理图文件，并命名为“单片机应用电路.SchDoc”，如图 4-3 所示。

3. 绘制母原理图

双击【Projects】工作面板上的原理图文件“单片机应用电路.SchDoc”，进入原理图编辑器。

（1）绘制图纸符号并修改图纸符号属性。一般来讲，每个图纸符号对应一个子系统模块电路。单击配线工具栏中的放置图纸符号按钮，如图 4-4 所示，或者执行菜单命令【Place】/【Sheet Symbol】，即可开始绘制图纸符号。此时，光标上粘贴一个图纸符号轮廓，在图纸符号处于悬浮状态时按下<Tab>键，出现【Sheet Symbol】对话框，如图 4-5 所示。在该对话框中勾选【Draw Solid】复选按钮，在【Designator】文本框中输入“U_单片机系统电路”，在【Filename】文本框中输入“单片机应用电路”，其他各项保持默认值。

设置完毕后，单击【OK】按钮即可完成图纸符号属性的设置。

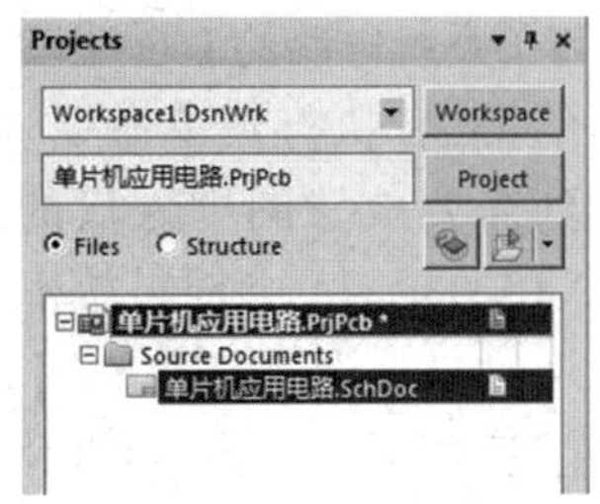

图 4-3　【Projects】工作面板

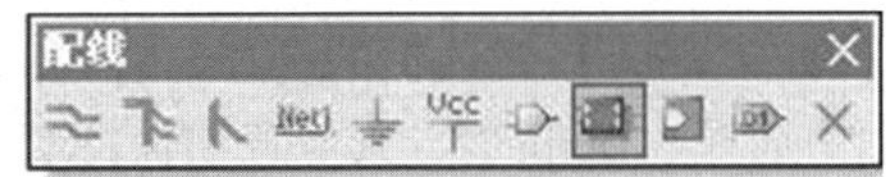

图 4-4　配线工具栏中放置图纸符号按钮

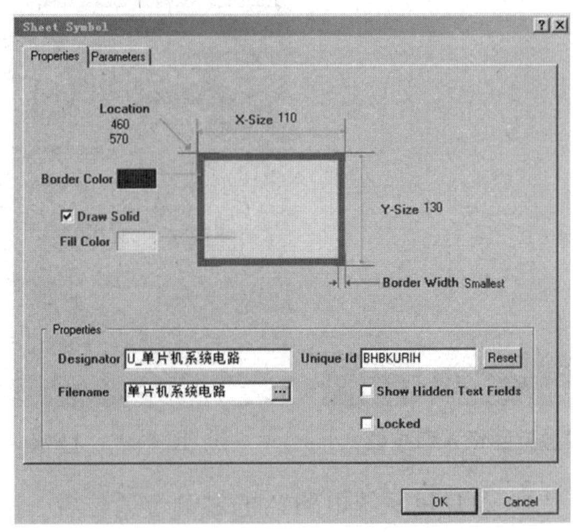

图 4-5　【Sheet Symbol】对话框

（2）确定图纸符号的大小和位置。移动光标至合适位置，单击确定图纸符号的左上角顶点，然后拖动光标到合适大小，再次单击确定图纸符号的右下角顶点，这样就定义了图纸符号的大小和位置，绘制出了一个名为“U_单片机系统电路”的图纸符号，如图 4-6 所示。

（3）放置好一个图纸符号后，光标仍处于图纸符号编辑状态，此时重复上面的操作完成另外两个图纸符号的创建及放置，如图 4-7 所示。

图 4-6　U_单片机系统电路图纸符号

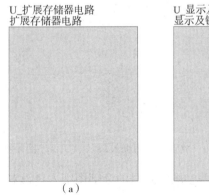

（a）

（b）

图 4-7　其他两个图纸符号

（a）U_扩展存储器电路；（b）U_显示及键盘电路

（4）放置图纸入口及修改图纸入口属性。每个子系统模块电路都有 I/O 端口，并通过 I/O 端口与其他子系统电路相连。母原理图中的图纸入口与子系统电路的 I/O 端口一一对应。单击配线工具栏中的放置图纸入口按钮，如图 4-8 所示，或者执行菜单命令【Place】/【Add Sheet Entry】，即可开始放置图纸入口。移动光标到需要放置图纸入口的图纸符号“U_单片机系统电路”中，单击后光标上粘贴一个图纸入口的轮廓。此时，按下<Tab>键，在弹出的【Sheet Entry】对话框的【Name】文本框中输入“A[0..12]”，在【I/O Type】下拉列表框中选择“Output”，其他各项保持默认值。设置完毕后，单击【OK】按钮即可完成图纸入口的属性设置工作，如图 4-9 所示。

图 4-8　配线工具栏中放置图纸入口按钮

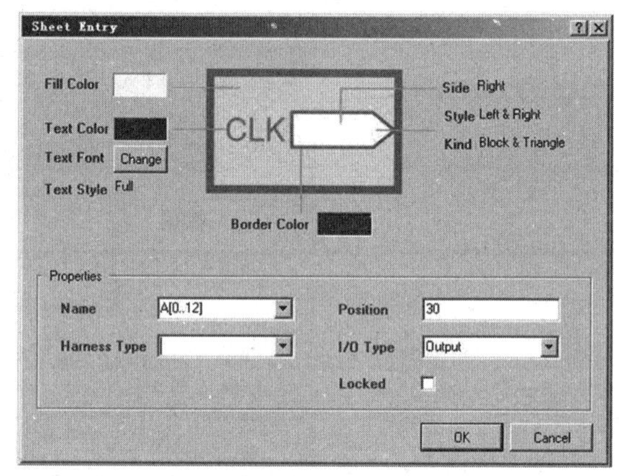

图 4-9　【Sheet Entry】对话框

（5）单击图纸符号“U_单片机系统电路”的右侧合适位置，完成一个图纸入口的放置，如图 4-10 所示。

（6）放置好一个图纸入口后，光标仍处于放置图纸入口的命令状态，此时重复上面的操作（注意端口的名称和类型不同），依次完成图纸符号“U_单片机系统电路”中所有图纸入口的放置，如图 4-11 所示。

图 4-10　放置一个图纸入口

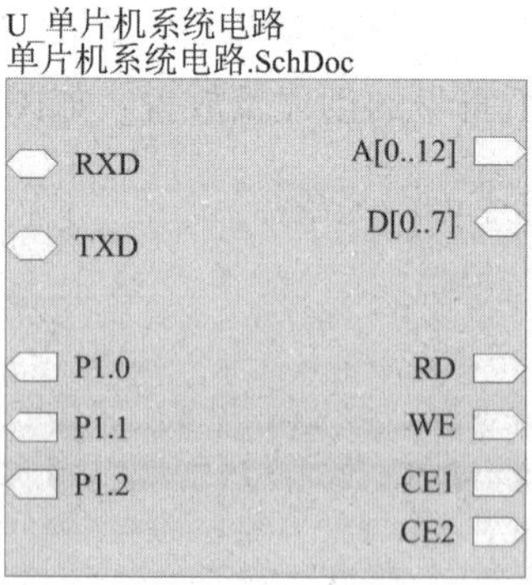

图 4-11　图纸入口全部放置完成

（7）完成另外两个图纸符号的全部图纸入口设置，如图 4-12 所示。

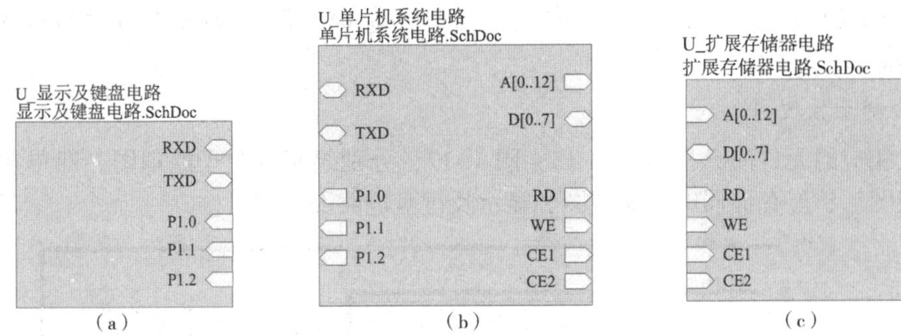

图 4-12 3 个图纸符号的图纸入口

(a) U_显示及键盘电路；(b) U_单片机系统电路；(c) U_扩展存储器电路

(8) 连接图纸符号。根据电路的电气特性采用导线和总线及网络标签将 3 个图纸符号连接起来，完成的母原理图如图 4-13 所示。

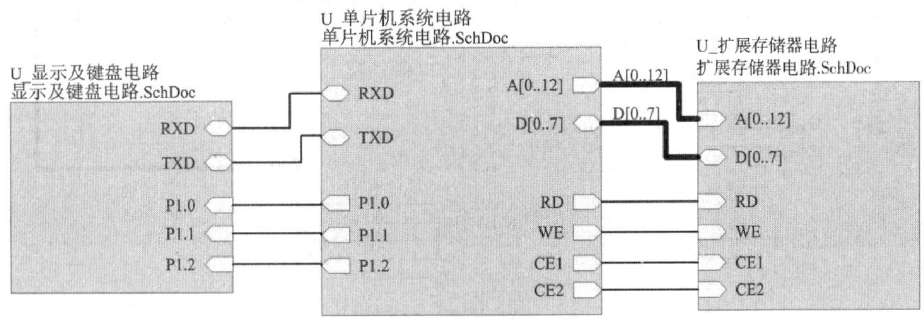

图 4-13 母原理图

4. 由图纸符号创建图纸符号对应的子原理图

由图纸符号创建图纸符号对应的子原理图的具体步骤如下：

(1) 执行菜单命令【Design】/【Create Sheet From Sheet Symbol】，此时光标将变成"十"字形，移动光标到对应的图纸符号"U_单片机系统电路"上。

(2) 单击即可自动生成一个文件名为"单片机系统电路.SchDoc"的子原理图，并布置好 I/O 端口，如图 4-14 所示。

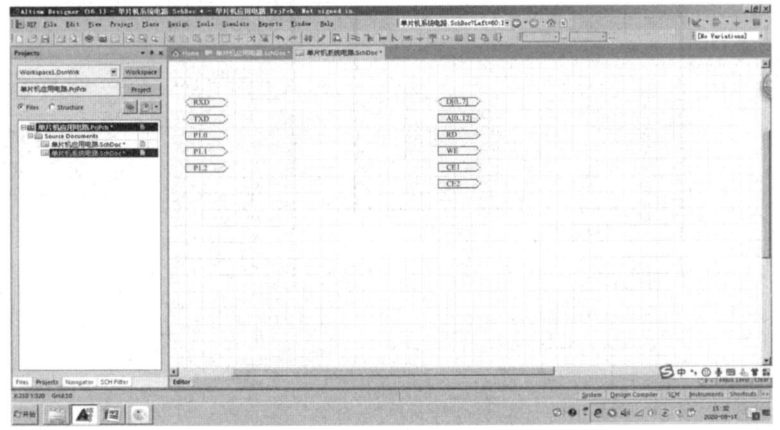

图 4-14 自动创建的子原理图

（3）重复同样的操作，生成子原理图“扩展存储器电路 . SchDoc”和“显示及键盘电路 . SchDoc”。

5. 绘制子原理图

加载相应的元件库，根据图 4-15 ~ 图 4-17，分别绘制 3 个子原理图，即单片机系统电路原理图、扩展存储器电路原理图和显示及键盘电路原理图。

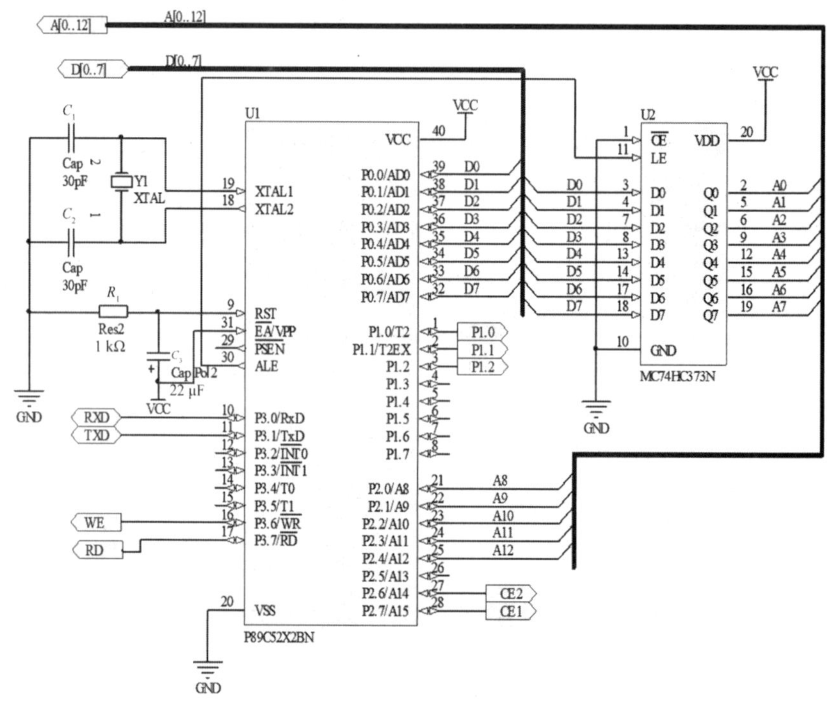

图 4-15　单片机系统电路原理图

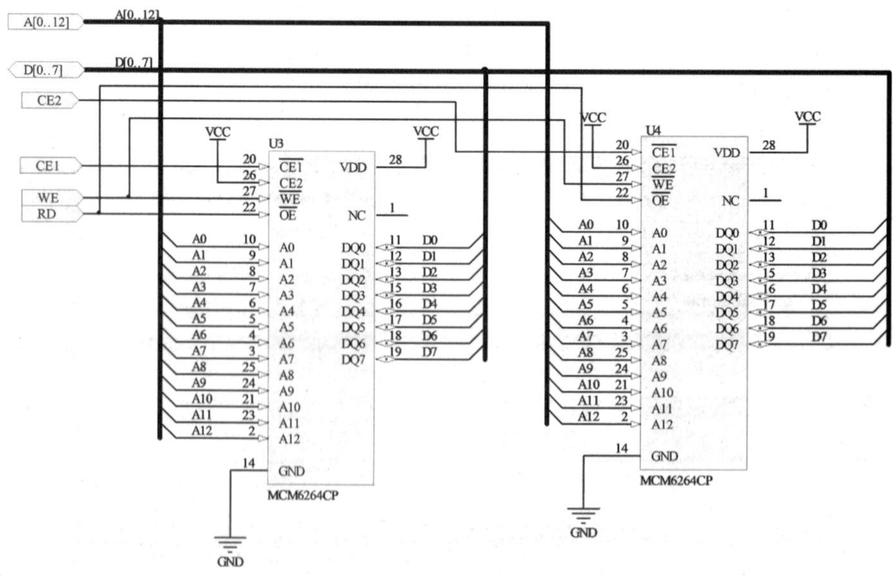

图 4-16　扩展存储器电路原理图

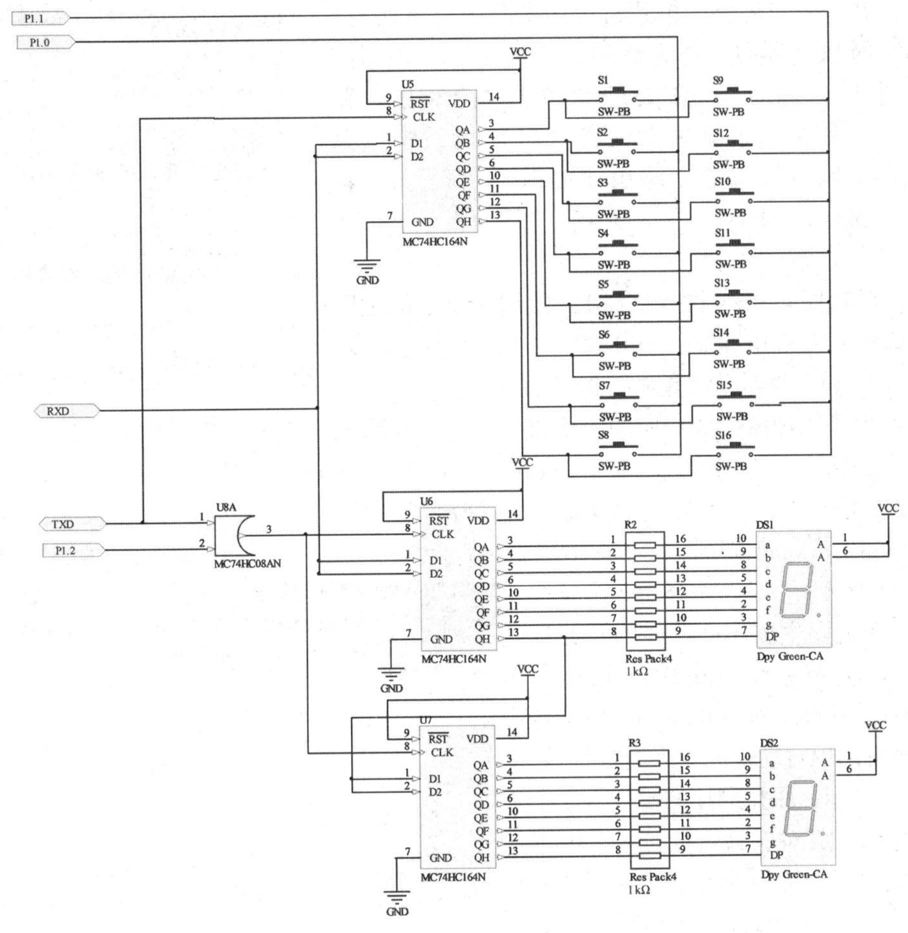

图 4-17 显示及键盘电路原理图

6. 编译层次原理图

执行菜单命令【Project】/【Compile PCB Project 单片机应用电路.PrjPcb】对层次原理图进行编译，在【Projects】工作面板中可以发现母原理图图标超前 3 个子原理图图标，形成树状结构，说明母原理图包含了 3 个子原理图的层次关系，如图 4-18 所示。

图 4-18 编译后形成树状结构

7. 保存

对项目和文件进行保存，完成整个项目自顶向下的层次原理图设计。

4.2.2 自底向上设计层次原理图

与前面介绍的自顶向下的层次原理图设计方法相反，自底向上的层次原理图设计方法要先绘制好子原理图，然后由子原理图生成图纸符号，从而产生母原理图，这样由底向上，层层集中，最后完成母原理图的设计。下面仍以 PCB 项目“单片机应用电路”为例介绍自底向上设计层次原理图的方法，具体操作步骤如下。

（1）新建一个名为“单片机应用电路（自下而上）.PrjPcb”的 PCB 项目，并为该项目添加 4 个原理图文件，包括 1 个母原理图文件“单片机应用电路 01. SchDoc”和 3 个子原理图文件“单片机系统电路 01. SchDoc”“扩展存储器电路 01. SchDoc”“显示及键盘电路 01. SchDoc”。此时，【Projects】工作面板状态如图 4-19 所示。

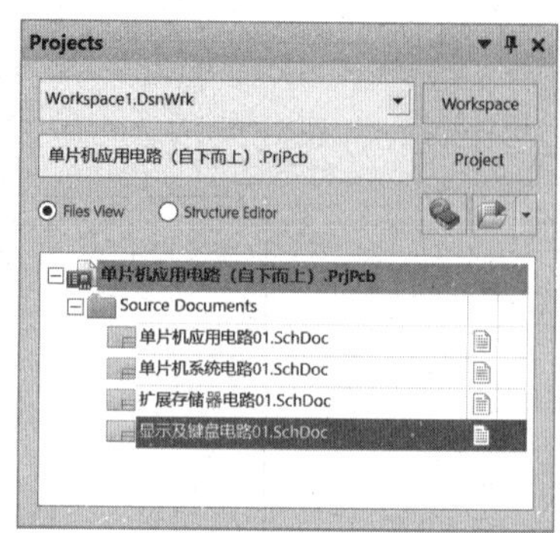

图 4-19 【Projects】工作面板状态

（2）按照图 4-15 ~ 图 4-17 分别绘制 3 个子原理图文件“单片机系统电路 01. SchDoc”“扩展存储器电路 01. SchDoc”和“显示及键盘电路 01. SchDoc”。

（3）由子原理图生成对应的图纸符号。打开母原理图“单片机应用电路 01. SchDoc”，执行菜单命令【Design】/【Create Sheet Symbol From Sheet or HDL】，或者右击母原理图“单片机应用电路 01. SchDoc”工作区，在弹出的右键菜单中选择命令【Sheet Actions】/【Create Sheet Symbol From Sheet or HDL】，都会弹出【Choose Document to Place】对话框，如图 4-20 所示。对话框中显示 3 个子原理图，选择需要生成图纸符号的子原理图，如“单片机系统电路 01. SchDoc”，单击【OK】按钮，则 Altium Designer 16 会在母原理图中自动生成一个图纸符号，如图 4-21 所示。采用同样的操作将 3 个原理图全部生成对应的图纸符号，由于自动生成的图纸符号的大小或者图纸入口的位置往往不满足我们的实际需求，因此还需要我们自己手动进行修改和调整。

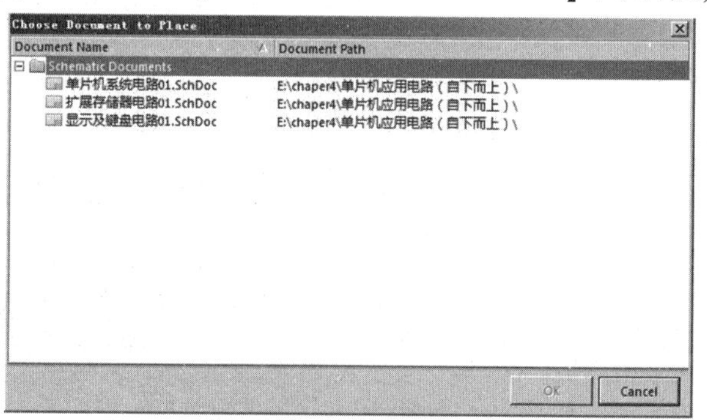

图 4-20 【Choose Document to Place】对话框

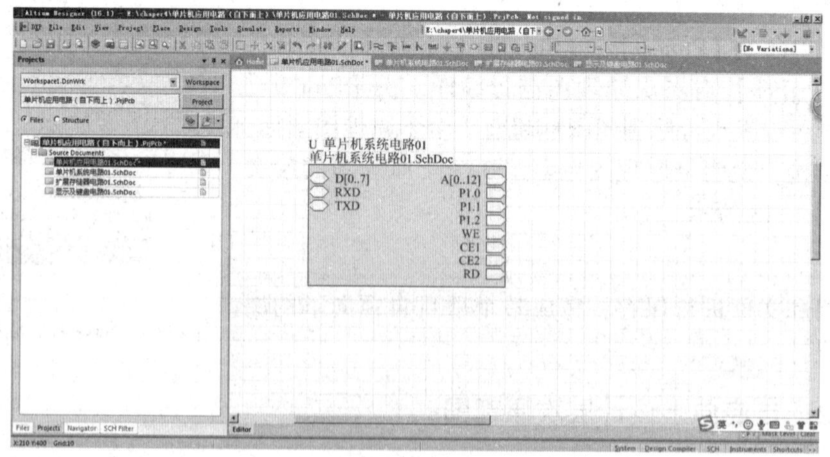

图 4-21 子原理图生成一个图纸符号

（4）根据电路的电气特性，采用导线和总线将 3 个图纸符号连接起来，完成的母原理图如图 4-22 所示。

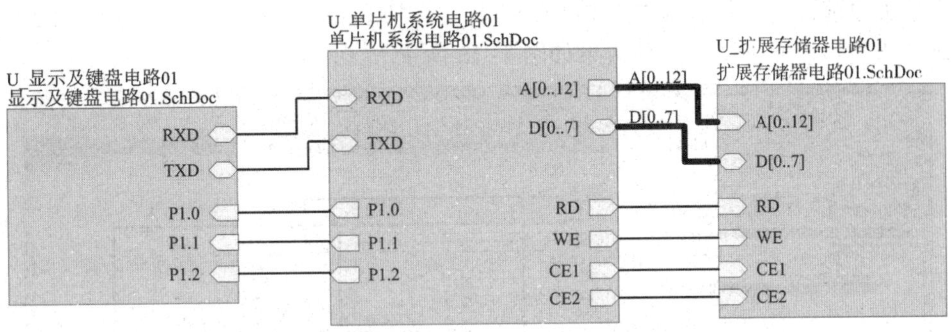

图 4-22　采用自底向上设计方法生成的母原理图

（5）编译“单片机应用电路（自下而上）.PrjPcb”的 PCB 项目，形成母原理图包含子原理图的关系，如图 4-23 所示。

（6）对项目和文件进行保存，完成整个项目自底向上的层次原理图设计。

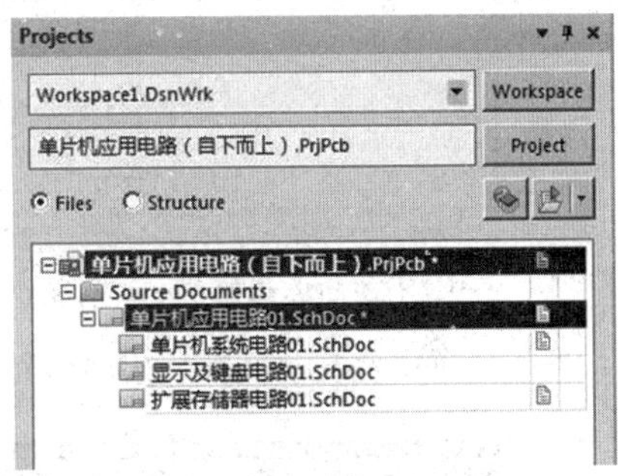

图 4-23　母原理图包含子原理图

4.2.3　层次原理图的切换

在系统比较复杂的时候，经常需要在层次原理图之间进行切换，层次原理图的切换指的是从母原理图切换到某个图纸符号对应的子原理图，或者从某一个子原理图切换到母原理图。通过单击【Schematic Standard】工具栏中的按钮或执行菜单命令【Tools】/【Up/Down Hierarchy】即可，进行母原理图和子原理图之间的切换，此时光标变为“十”字形，如图 4-24 所示。

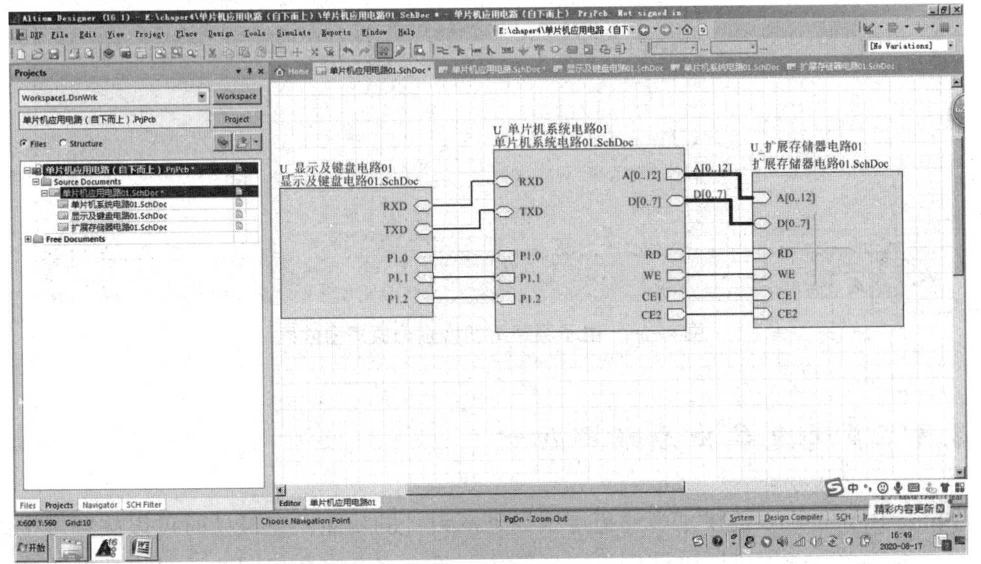

图 4-24　执行命令之后状态

单击母原理图中图纸符号“U_扩展存储器电路 01”，即可切换至子原理图“扩展存储器电路 01. SchDoc”，切换效果如图 4-25 所示。此时，光标仍处于层次原理图的切换状态，移至子原理图“扩展存储器电路01.SchDoc”中任意一个I/O端口（如“CE2”）单击，即可切换到母原理图，切换效果如图4-26所示。

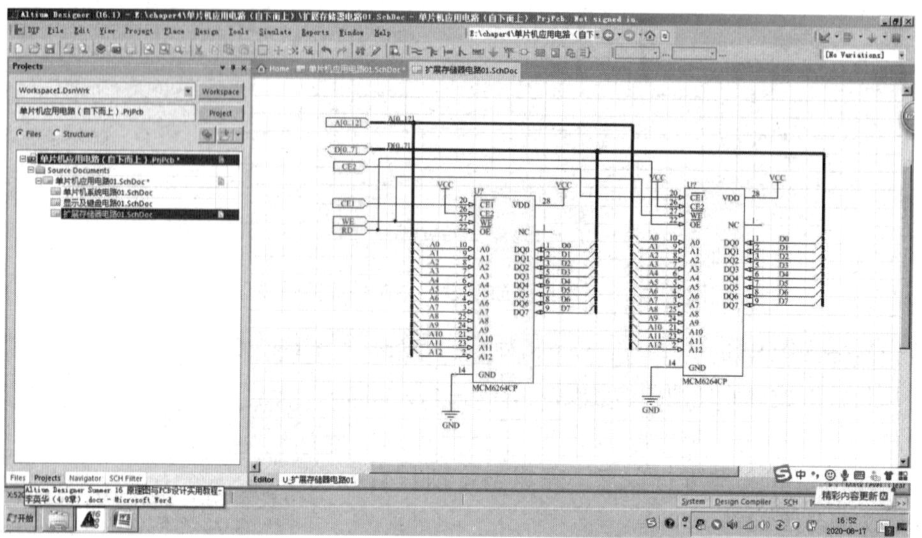

图4-25　由母原理图切换到子原理图效果

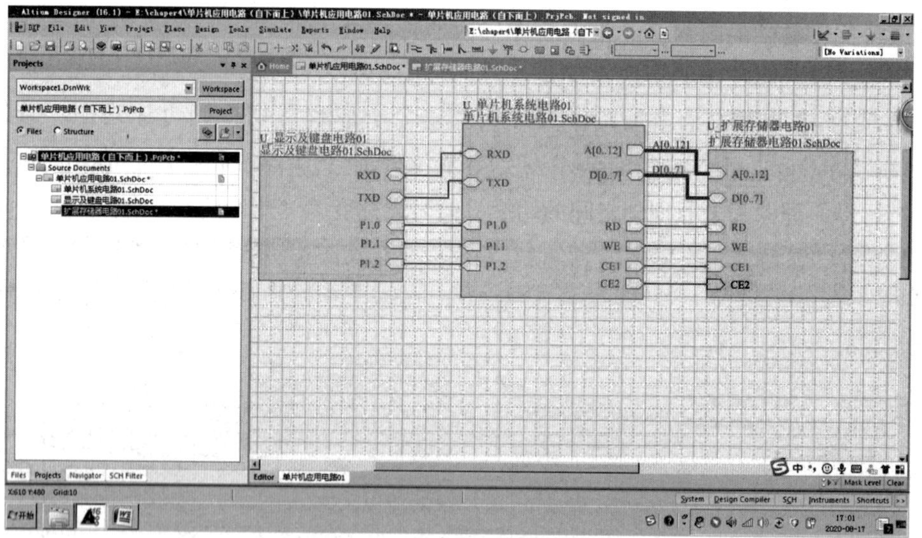

图4-26　由子原理图切换到母原理图效果

4.3　多通道层次原理图设计

Altium Designer 16提供了多通道层次原理图设计的功能，在设计时可以放置多个图纸符号，并允许单个子原理图被调用多次，简化了具有多个完全相同的子模块的电路的设计工作。

前面讲到了层次原理图的设计方法，多通道层次原理图的设计方法与之类似。本节将通过实例详细介绍绘制多通道层次原理图的一般过程。

六通道多路滤波器电路原理图如图 4-27 所示。由于 6 个通道的电路是完全一致的，所以可以采用多通道设计方法设计，具体设计步骤如下：

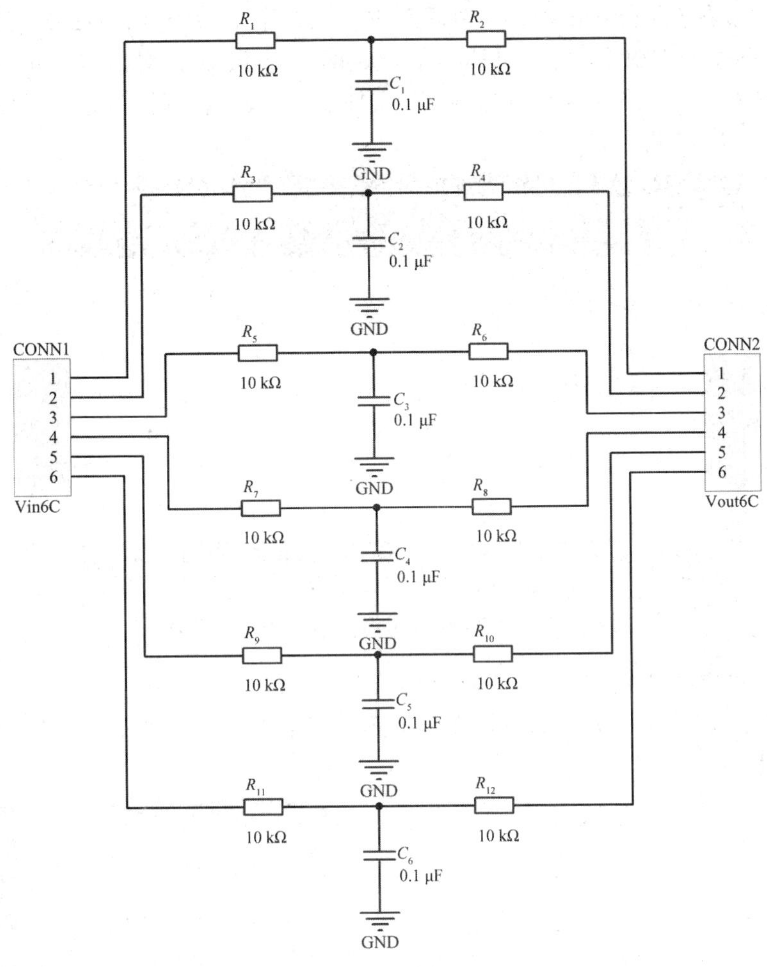

图 4-27　六通道多路滤波器电路原理图

(1) 启动 Altium Designer 16，创建名称为“多路滤波器.PrjPcb”的 PCB 项目。

(2) 在“多路滤波器.PrjPcb”的项目中新建一个空白原理图文档，并命名为“单路滤波器.SchDoc”。

(3) 在“单路滤波器.SchDoc”原理图文件中绘制单路滤波器电路原理图，如图 4-28 所示，并保存。

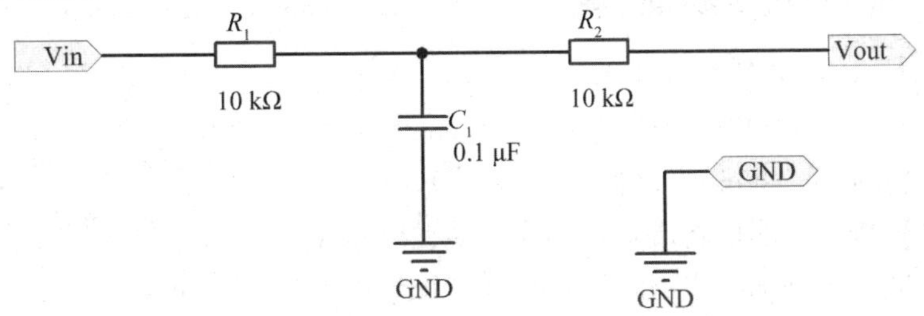

图 4-28　单路滤波器电路原理图

（4）选择“Projects”工作面板，在项目中添加一个空白原理图文件，并保存为“多路滤波器 . SchDoc”。

（5）在“多路滤波器 . SchDoc”原理图中，执行菜单命令【Design】/【Create Sheet Symbol From Sheet or HDL】，弹出【Choose Document to Place】对话框，如图 4-29 所示。在该对话框中选择“单路滤波器 . SchDoc”文件名，单击【OK】按钮，在原理图文档中添加如图 4-30 所示的图纸符号。

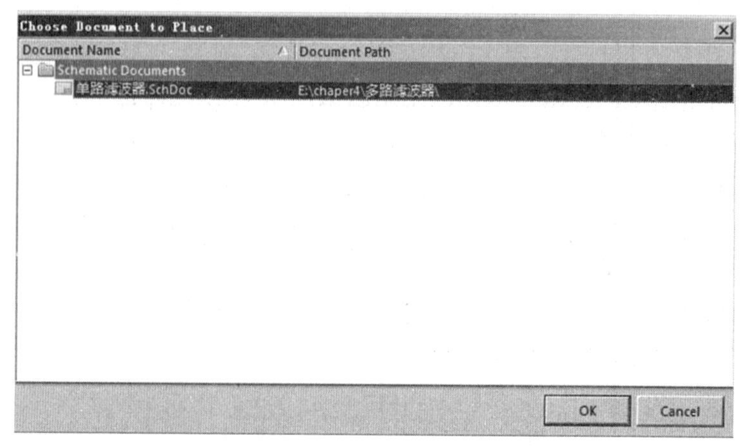

图 4-29　【Choose Document to Place】对话框

（6）双击图纸符号名称“U_单路滤波器”，打开如图 4-31 所示的【Sheet Symbol Designator】对话框，将【Designator】文本框内的内容修改为“Repeat（单路滤波器，1，6）”，单击【OK】按钮。

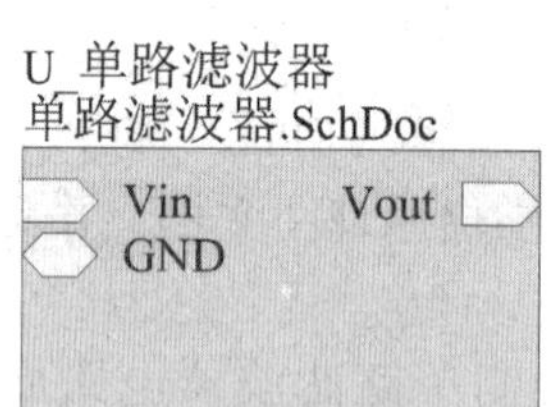

图 4-30　单路滤波器图纸符号

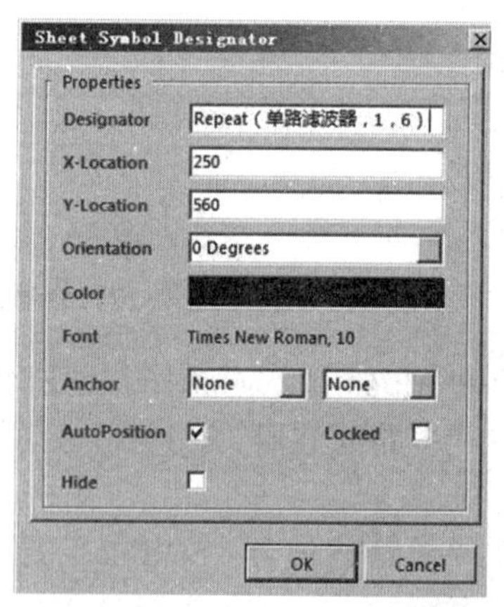

图 4-31　【Sheet Symbol Designator】对话框

（7）分别双击图纸符号中的端口“Vin”和端口“Vout”，弹出【Sheet Entry】对话框，在“Name”文本框内分别输入“Repeat（Vin）”和“Repeat（Vout）”，然后单击【OK】按钮，即可将端口的名称改为“Repeat（Vin）”和“Repeat（Vout）”，修改后的图纸符号如图 4-32 所示。将图纸符号名称修改为“Repeat（单路滤波

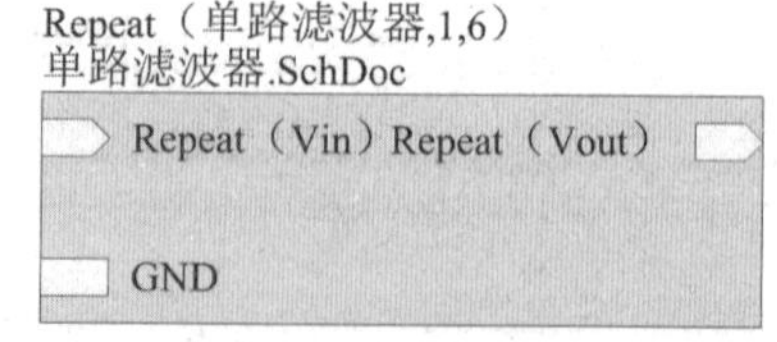

图 4-32　修改后的图纸符号

器，1，6）”，表示将图4-30所示的单元电路复制了6个；将“Vin”端口名称改为“Repeat（Vin）”，则表示每个复制的电路中的“Vin”端口都被引出来；将“Vout”端口名称改为“Repeat（Vout）”，则表示每个复制的电路中的“Vout”端口都被引出来。各通道的其他未加“Repeat”的电路同名端口都将被互相连接起来。

（8）在“多路滤波器.SchDoc”原理图中添加其他元件，绘制六通道多路滤波器电路原理图，如图4-33所示。

（9）保存并编译。

至此，采用多通道技术设计的六通道多路滤波器电路原理图任务完成。比较图4-27与图4-33，可以发现，图4-33的原理图清晰、明了、简单，完全能够取代图4-27。由此可见，在一个电路系统中，如果原理图比较复杂，对于具有多个重复的电路部分时，用多通道设计方法设计更简单。

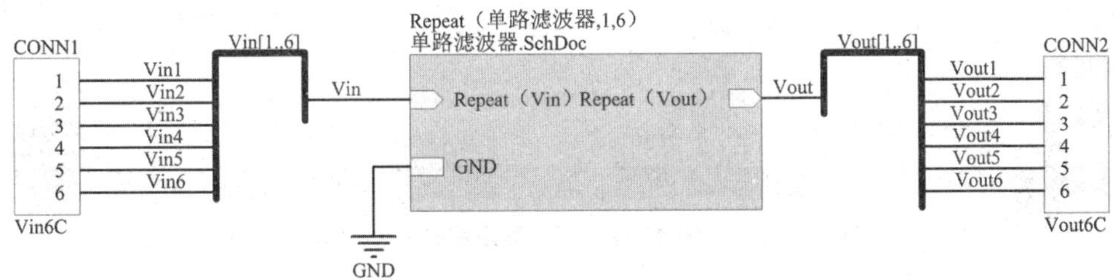

图4-33　六通道多路滤波器电路原理图

4.4　层次原理图的报表

完成层次原理图设计后，也可以根据设计的要求创建各种报表，如项目层次报表、网络报表和元件清单报表等。

4.4.1　项目层次报表

项目层次报表用来描述一个层次原理图的层次结构。下面以项目“单片机应用电路（自下而上）.PrjPcb”为例来说明生成项目层次报表的方法。

打开项目“单片机应用电路（自下而上）.PrjPcb”，并对项目进行编译，然后任意单击一个原理图文件，执行菜单命令【Reports】/【Report Project Hierarchy】，即可生成该层次原理图的项目层次报表，文件名同原理图文件名。该报表自动保存至项目文件夹的“Project Outputs for 单片机应用电路（自下而上）”文件里。与此同时，在【Projects】工作面板的该项目下也会显示出同名项目层次报表。打开“单片机系统电路01.REP”，如图4-34所示，从报表中可明显看出层次原理图的层次关系。

4.4.2　网络报表

在项目“单片机应用电路（自下而上）.PrjPcb”中任意单击一个原理图文件，如“单片机应用电路01.SchDoc”，执行菜单命令【Design】/【Netlist for Project】/【Protel】，这时将会生成文件名为“单片机应用电路01.NET”的整个项目的网络报表，如

图 4-35 所示。项目的网络报表显示的是整个项目中包含的元件及电气连接。

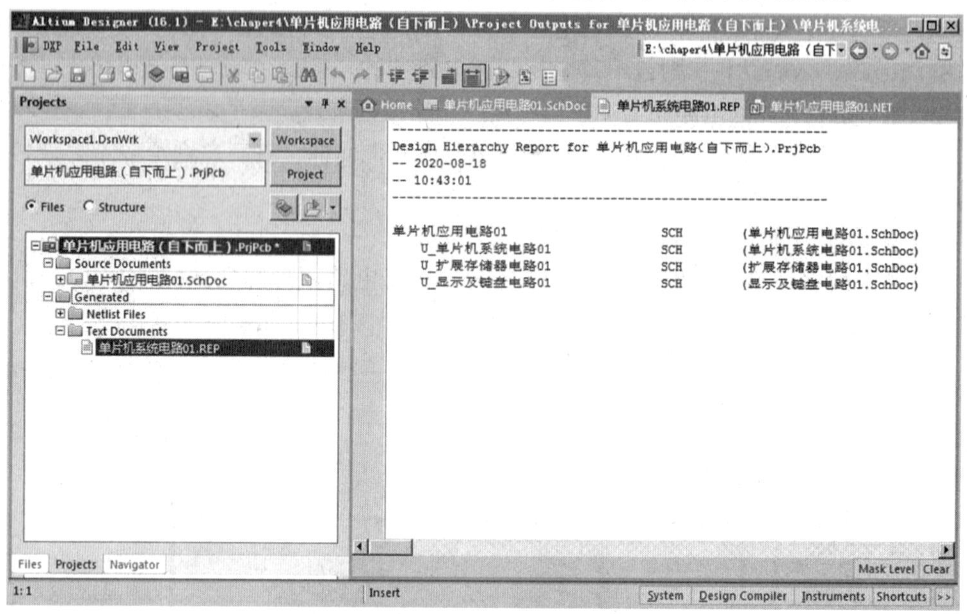

图 4-34　项目层次报表

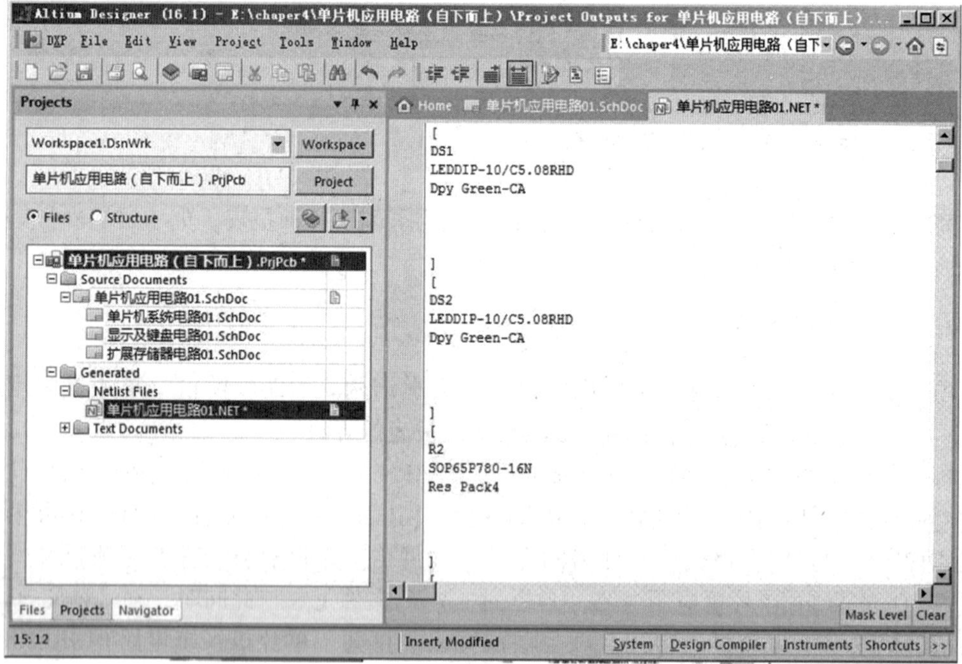

图 4-35　项目的网络报表

4.4.3　元件清单报表

执行菜单命令【Reports】/【Bill of Materials】，将会弹出如图 4-36 所示的元件清单报表，此表有助于后期 PCB 板的制作和元件的购买。

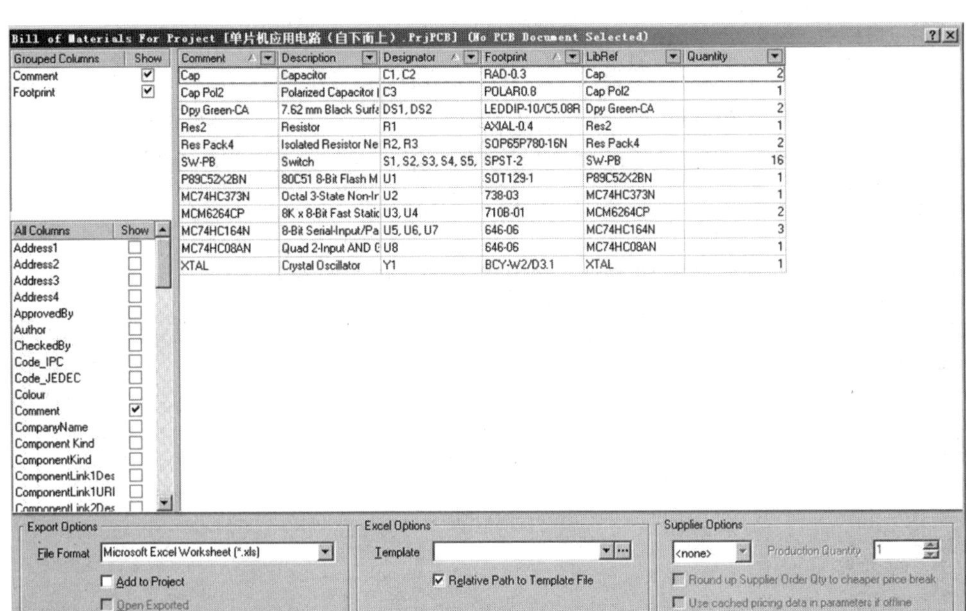

图 4-36　元件清单报表

本章小结

层次电路图设计方法为绘制庞大的电路图提供了方便，是将一个大的原理图分解为若干个部分，然后自顶向下，或是自底向上绘制完成。层次原理图的作用主要表现在以下 4 个方面：①可以使电路各模块功能表达清晰；②可以为相同功能模块设计多个电路；③不同模块可以由几人同时完成，提高效率；④便于原理分析与故障分析。

当采用自底向上方法设计时，各子电路图完成后，顶层电路图能够自动生成，且包含的端口数量和其所对应的子电路图是对应的；当采用自顶向下方法设计时，先绘制顶层电路图，然后由顶层电路图中的每个方块自动生成包含若干个端口的子电路图。

课后练习

一、填空题

1. 层次电路图的设计方法实际上是一种________的设计方法。

2. 用自顶向下的方法来设计层次原理图，首先需要放置________；而用自底向上的方法设计层次原理图，首先需要放置________。

3. 在层次原理图设计中，信号的传递主要由________________、________________和________________来完成。

二、选择题

1. 层次原理图由母原理图和（　　）构成。

A. 子原理图　　　B. 图纸符号　　　C. 图纸入口　　　D. 输入输出端口

2. 执行菜单命令【Design】/【Netlist For Document】/【Protel】，会生成当前原理图

的（　　）。

A. 元件清单报表　　B. 网络报表　　C. 项目层次报表　　D. 编译表

3. 执行菜单命令【Reports】/【Bill of Material】，会生成当前原理图的（　　）。

A. 元件清单报表　　B. 网络报表　　C. 项目层次报表　　D. 编译表

4. 层次原理图中母原理图中的每个图纸符号代表一张（　　）。

A. 子原理图　　B. 图纸符号　　C. 图纸入口　　D. I/O 端口

5. 层次原理图中母原理图中图纸入口代表子原理图中的（　　）。

A. 子原理图　　B. 图纸符号　　C. 图纸入口　　D. I/O 端口

三、判断题

1. 图纸符号端口表示一个子图和其他子图相连接的端口。（　　）
2. 图纸符号的大小和位置是不可以更改的。（　　）
3. 不同层次电路图之间不可以切换。（　　）
4. 具有电气连接关系的图纸符号端口可以用导线或者总线连接。（　　）

四、简答题

1. 设计层次原理图有哪几种方法？对应的流程是怎么样的？
2. 大型系统为什么要采用层次化设计？
3. 多通道层次原理图设计步骤主要有哪些？
4. 如何在层次原理图中的母原理图和子原理图之间进行切换？

五、操作题

建立一个名为“Myproject_layer. PrjPcb”的项目，要求采用自底向上的设计方法对图 4-37 所示的电路原理图进行层次原理图设计。要求将电路图拆分为 3 个子原理图，分别命名为“MCU. SchDoc”“MAX232. SchDoc”和“Mic. SchDoc”，母原理图命名为“单片机局部电路 . SchDoc”。电路图完成后进行编译并保存。

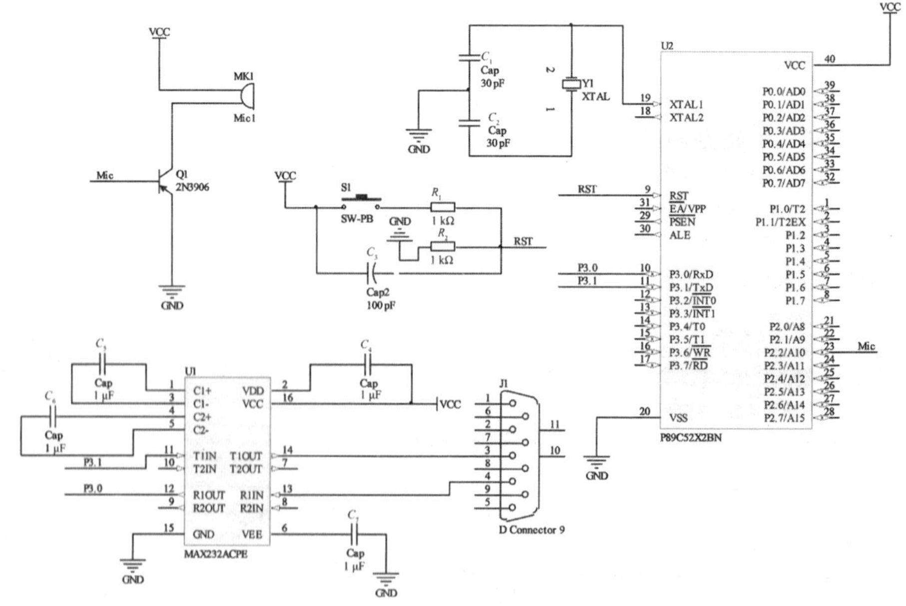

图 4-37　电路原理图

第5章 PCB设计基础

PCB是Printed Circuit Board的缩写，译为印制电路板，简称电路板。传统的电路板都采用印刷蚀刻阻剂（涂油漆、贴线路保护膜、热转印）的工法，做出电路的线路及图面，所以被称为印刷电路板。PCB是由绝缘基板、连接导线和装配焊接电子元件的焊盘组成的，具有导线和绝缘底板的双重作用，用来连接实际的电子元件。制作正确、可靠、美观的PCB是电路板设计的最终目的。

本章介绍一些PCB的基础概念、常用元件封装以及PCB设计的流程等，为后几章的学习做好准备。

5.1 PCB的种类

PCB可以根据元件导电层面的多少分为单面板、双面板和多层板。

我们可以把PCB看成是一张张的纸，然后单面板就是在一张纸的一面写有字，相当于PCB的线路仅在一面有线路；双面板就是纸的两面都写字，相当于PCB两面都有线路；四层板就是相当于把两张两面都写有字的纸贴在一起，只是从外观来看已经是成了一张纸了；多层板以此类推。

1. 单面板

单面板所用的绝缘基板上只有一面覆铜，在这一覆铜面中包含有焊盘和铜箔导线，因此该面被称为焊接面；而另一面只包含没有电气特性的元件型号和参数等，以便于元件的安装、调试和维修，被称为元件面。单面板如图5-1所示。

2. 双面板

双面板绝缘基板的上、下两面均有覆铜层，都可制作铜箔导线。双面板底层和单面板作用相同，而在顶层上除了印制元件的型号和参数外，和底层一样也可以制作成铜箔导线。由于元件通常安装在顶层，因此顶层被称为元件面，底层被称为焊接面。相对于单面板而言，两面布线极大地提高了布线的灵活性和布通率，可以适应高度复杂的电气连接的要求，目前应用最为广泛。双面板如图5-2所示。

图 5-1　单面板

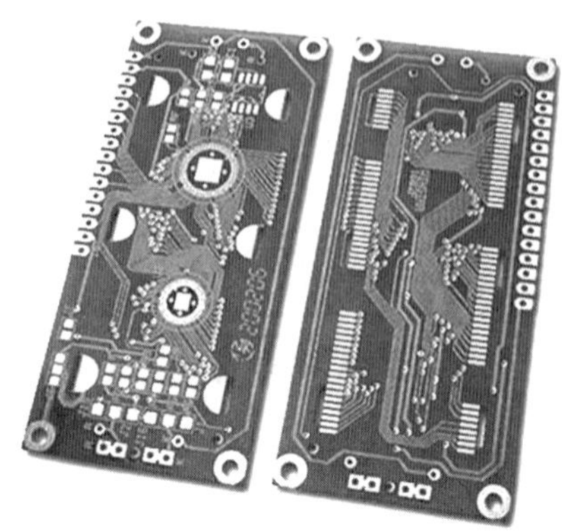

图 5-2　双面板

3. 多层板

多层板的顶层和底层之间包含若干中间层，中间层包含电源层或信号层，各层间通过焊盘或过孔实现互连。多层板适用于制作复杂的或有特殊要求的电路板。多层板包括顶层（Top Layer）、底层（Bottom Layer）、中间层（MidLayer）及电源接地层（Internal Plane）等，层与层之间是绝缘层，绝缘层用于隔离电源层和布线层，绝缘层的材料要求有良好的绝缘性、可挠性及耐热性等。多层板结构复杂，但是随着集成电路技术的不断发展，元件集成度越来越高，电路中元件连接关系越来越复杂，应用将会越来越广泛。

5.2　PCB 设计的基本概念

本节将介绍 PCB 设计中涉及的基本概念，理解这些基本概念有助于后续章节的学习。

5.2.1　PCB 的板层

板层分为覆铜层和非覆铜层，平常所说的几层板中的“几层”是指覆铜层的层数。一般在覆铜层上放置焊盘、导线等完成电气连接；在非覆铜层上放置元件描述字符或注释字符等；还有一些层面用来放置一些特殊的图形来完成一些特殊的作用或指导生产。覆铜层包括顶层（又称元件面）、底层（又称焊接面）、中间层、电源层、地线层等；非覆铜层包括丝印层、禁止布线层、阻焊层、助焊层、钻孔层等。具体板层的作用及板层的设置会在后续章节进行详细介绍。

5.2.2　铜膜导线

铜膜导线是覆铜板经过蚀刻后形成的，简称为导线。铜膜导线是电路板的实际走线，用于连接元件的各个焊盘，是 PCB 的重要组成部分。导线宽度和导线间距是衡量铜膜导线的重要指标，这两个尺寸是否合理将直接影响元件之间能否实现电路的正确连接。

PCB 走线的原则如下。

（1）走线长度：尽量走短线，特别对小信号电路来讲，线越短电阻越小，干扰也越小。

（2）走线形状：同一层上的信号线改变方向时应该走 45°的斜线或弧形，避免 90°的拐角。

(3) 走线间距：在 PCB 设计中，网络性质相同的 PCB 的走线宽度和走线间距要求尽量一致，这样有利于阻抗匹配。

(4) 同方向走线：同方向信号线应尽量减小平行走线距离；PCB 相邻两个信号层的导线应互相垂直、斜交或弯曲走线，应避免平行，以减少寄生耦合。

(5) 走线宽度：通常信号线宽为 0.2 ~ 0.3 mm (10 mil 左右)。

(6) 电源线宽度：一般为 1.2 ~ 2.5 mm，在条件允许的范围内，尽量加宽电源、地线宽度，最好是地线比电源线宽。它们的宽度关系：地线>电源线>信号线。

与导线有关的另外一种线常称为飞线，即预拉线。飞线是在引入网络报表后，系统根据规则生成的，是用来指引布线的一种连线。飞线与导线有本质的区别，飞线只是一种形式上的连线，它只是在形式上表示出各个焊盘的连接关系，是没有电气意义的连接。

5.2.3 焊盘

焊盘是在电路板上为了固定元件引脚，并使元件引脚和导线导通而加工的具有固定形状的铜膜。焊盘形状一般有圆形 (Round)、方形 (Rectangle) 和八角形 (Octagonal)，一般用于固定穿孔安装式元件的焊盘有孔径尺寸和焊盘尺寸两个参数。表面粘贴式元件常采用方形焊盘。焊盘中心孔要比元件引线直径稍大一些，但焊盘太大易形成虚焊。焊盘外径 D 一般不小于 (d+1.2) mm，其中 d 为引线孔径。对高密度的数字电路，焊盘最小直径可取 (d+1.0) mm。

5.2.4 过孔

在 PCB 中，过孔 (Via) 主要用来连接不同板层间的导线。在工艺上，过孔的孔壁圆柱面用化学沉积的方法镀上一层金属，用以连通中间各层需要连通的铜箔，而上下两面做成圆形焊盘形状。过孔通常有 3 种类型，它们分别是从顶层到底层的穿透式过孔 (通孔)、从顶层通到内层或从内层通到底层的盲过孔 (盲孔)、内层间的深埋过孔 (埋孔)。过孔的形状只有圆形，主要参数包括过孔尺寸和孔径尺寸。针对多层板的盲孔是指表面打到内层的导通孔；埋孔是指内层到内层的导通孔。

一般而言，设计线路时对过孔的处理原则如下：

尽量少用过孔，一旦选用了过孔，务必要处理好它与周边各实体的间隙，特别是容易被忽视的中间各层与过孔不相连的线与过孔的间隙；需要的载流量越大，所需的过孔尺寸就越大，如电源层、地线与其他层连接所用的过孔就要大一些。

5.2.5 覆铜

对于抗干扰要求比较高的 PCB，常常需要覆铜。覆铜可以有效地实现 PCB 的信号屏蔽，提高 PCB 信号的抗电磁干扰的能力。

5.2.6 元件封装

元件封装是元件焊接到 PCB 上时所显示的外形和焊盘位置关系，实际上就是元件在 PCB 上的外形和引脚分布关系图。纯粹的元件封装只是一个空间概念，没有具体的电气意义。

元件封装的两个要素是外形和焊盘。制作元件封装时必须严格按照实际元件的尺寸和焊盘间距来制作，否则装配电路板时有可能因焊盘间距不正确而导致元件不能装到电路板上，或者因为外形尺寸不正确，而使元件之间发生干涉。

1. 元件封装的分类

按照元件安装方式的不同，可将元件封装分为通孔直插式（THT）封装和表面粘贴式（SMT）封装。

通孔直插式元件及元件封装如图 5-3 所示。焊接通孔直插式元件时要先将元件针脚插入焊盘导通孔，然后再焊锡。由于通孔直插式元件封装的焊盘和过孔贯穿整个电路板，所以在其焊盘的属性对话框中，PCB 的层属性必须为“Multi Layer”（多层）。

表面粘贴式元件及元件封装如图 5-4 所示。表面粘贴式元件封装的焊盘只限于表面层，在其焊盘的属性对话框中，Layer 的属性必须为单一表面，如“Top Layer”或“Bottom Layer”。

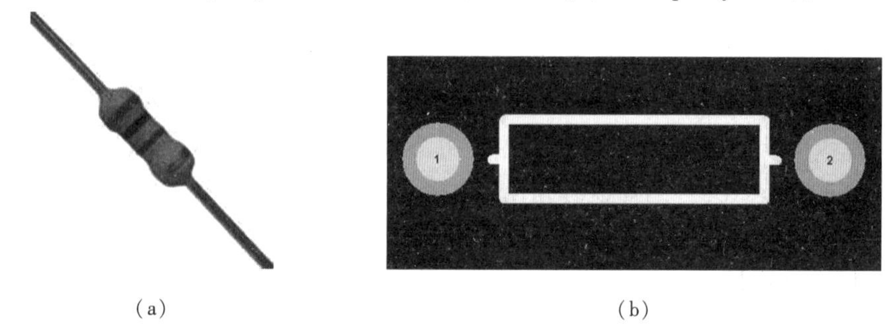

(a)　　　　(b)

图 5-3　通孔直插式元件及元件封装

（a）元件；（b）元件封装

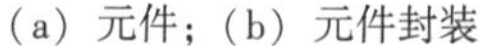

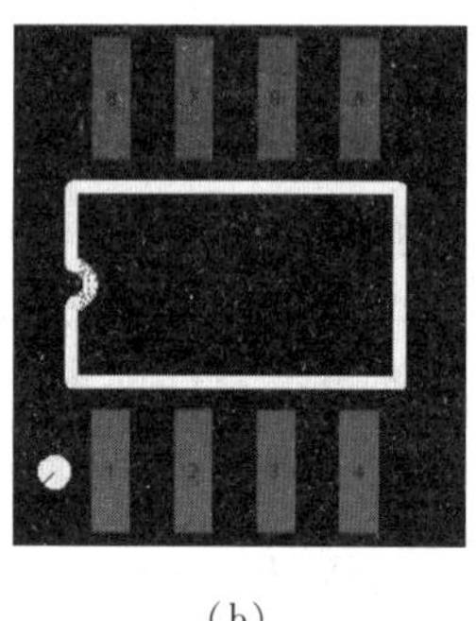

(a)　　　　(b)

图 5-4　表面粘贴式元件及元件封装

（a）元件；（b）元件封装

2. 常用元件封装介绍

本节将封装分成两大类：一类为分立元件的封装，另一类为集成电路元件的封装。

1）分立元件的封装

电容分为普通电容和贴片电容。普通电容又分为极性电容和无极性电容。极性电容封装编号为“RB＊-＊”，不同容量和耐压的极性电容（如电解电容），体积差别很大，如图 5-5 所示；无极性电容封装编号为“RAD-＊”，不同容量的无极性电容，体积外形差别也较大，如图 5-6 所示。贴片电容如图 5-7 所示，它们的体积与传统的直插式电容比较而言非常细小，有的只有芝麻般大小，已经没有元件管脚，二端白色的金属端直接通过锡膏与电路板的表面焊盘相接。贴片电容封装编号为“CC＊-＊”，如CC2012-0805。

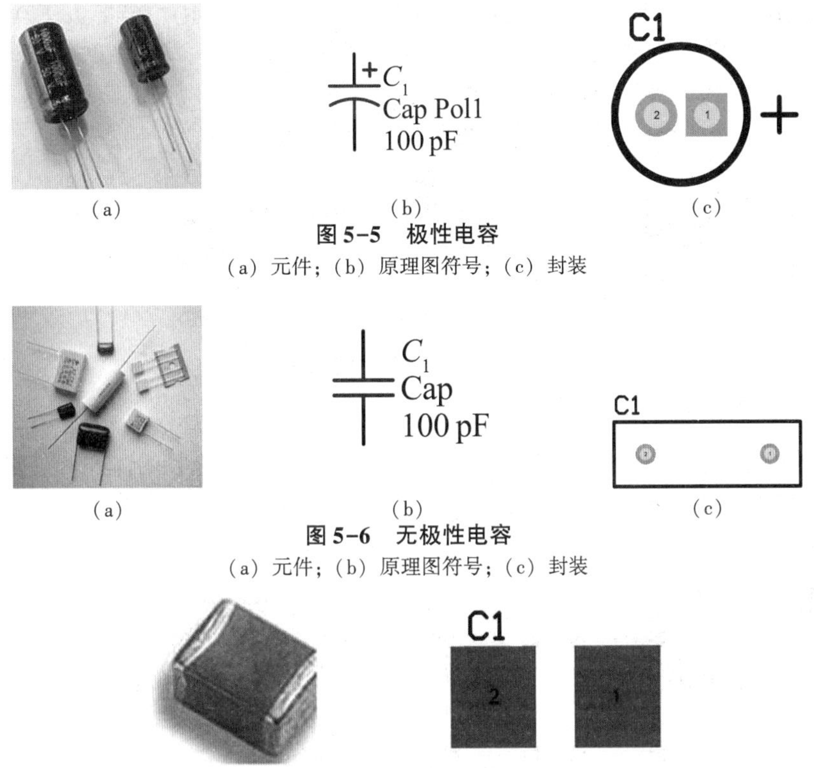

(a) (b) (c)

图5-5 极性电容

(a) 元件；(b) 原理图符号；(c) 封装

(a) (b) (c)

图5-6 无极性电容

(a) 元件；(b) 原理图符号；(c) 封装

(a) (b)

图5-7 贴片电容

(a) 元件；(b) 封装

电阻分为普通电阻和贴片电阻。普通电阻是电路中使用最多的元件，不同功率的电阻体积差别很大，如图5-8所示。贴片电阻和贴片电容在外形上非常相似，所以它们可以采用相同的封装，贴片电阻的外形如图5-9所示，其封装编号为“R＊-＊”，如R2012-0805。

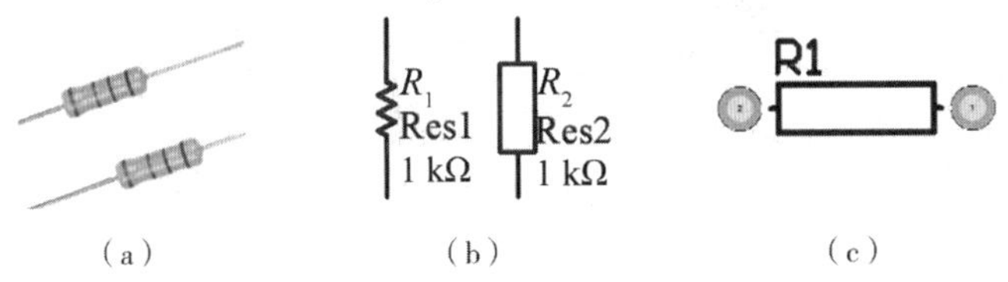

(a) (b) (c)

图5-8 普通电阻

(a) 元件；(b) 原理图符号；(c) 封装

(a) (b)

图5-9 贴片电阻

(a) 元件；(b) 封装

二极管分为普通二极管和贴片二极管。不同功率的普通二极管的体积和外形差别也很大，如图 5-10 所示。以封装编号为 DIO ＊-＊×＊ 为例，如 DIO7.1-3.9×1.9，其中数字“7.1”表示焊盘间距，而数字“3.9×1.9”表示二极管的外形，单位是 mm。注意：二极管为有极性器件，封装外形上面有短线的一端代表负端，和实物二极管外壳上表示负端的白色或银色色环相对应。贴片二极管可用贴片电容的封装套用。

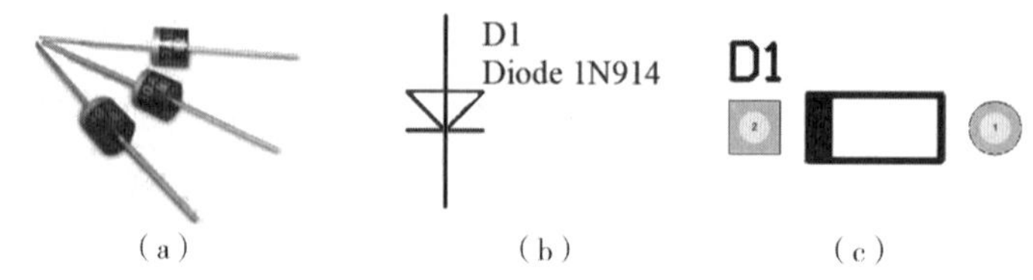

（a） （b） （c）

图 5-10 普通二极管

（a）元件；（b）原理图符号；（c）封装

三极管分为普通三极管和贴片三极管。不同功率的普通三极管的体积和外形差别较大，普通三极管如图 5-11 所示，封装编号为“BCY-W＊/E＊”，如“BCY-W3/E4”。贴片三极管封装如图 5-12 所示，封装编号为“SO-G＊/C＊”，如“SO-G3/C2.5”。

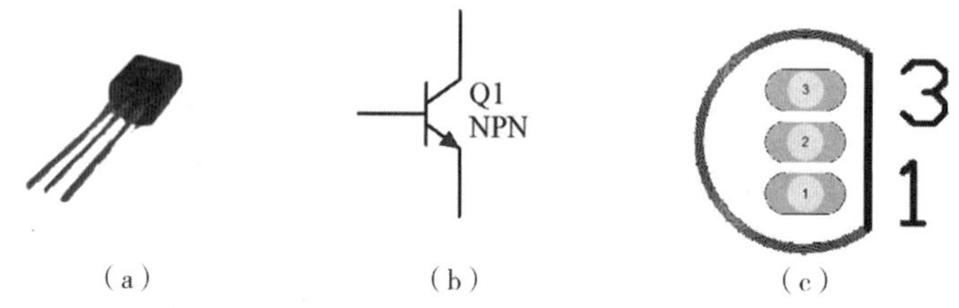

（a） （b） （c）

图 5-11 普通三极管

（a）元件；（b）原理图符号；（c）封装

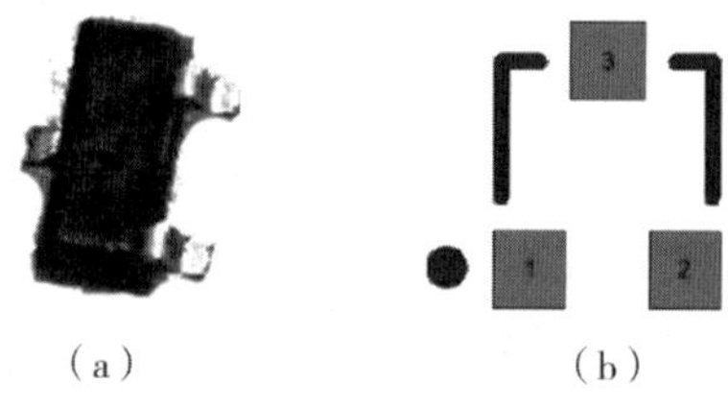

（a） （b）

图 5-12 贴片三极管

（a）元件；（b）封装

电位器即可调电阻，在电阻参数需要调节的电器中广泛采用。不同材料和精度的电位器的体积外形差别也很大，如图 5-13 所示。封装编号为“VR＊”，从 VR2～VR5。

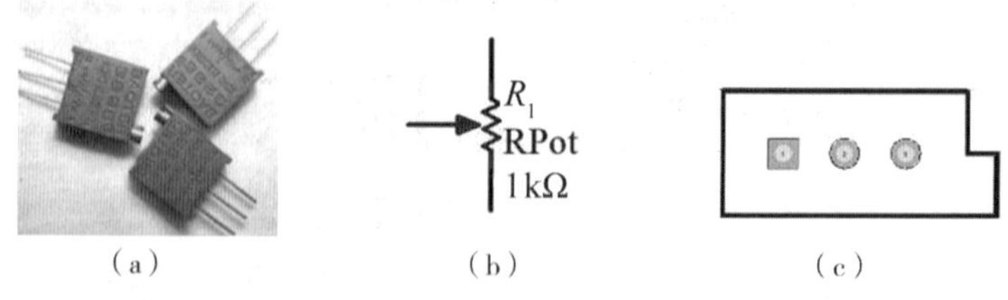

（a） （b） （c）

图 5-13 电位器

（a）元件；（b）原理图符号；（c）封装

单排直插元件用于不同电路板之间电信号连接的单排插座、单排集成块等。一般在原理图库中，单排插座的常用名称为“Header”系列，它们常用的封装编号为“HDR＊×＊”，如“HDR1×9”，如图5-14所示。

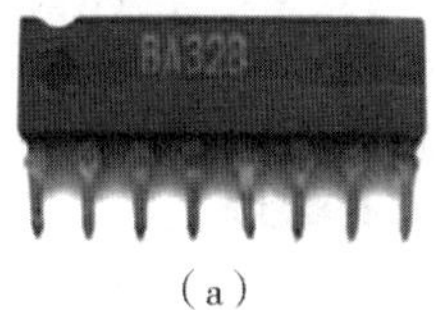

（a）

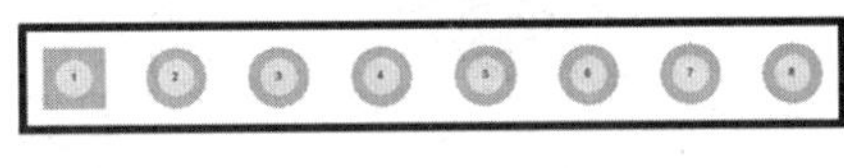

（b）

图5-14　单排直插

（a）元件；（b）封装

2）集成电路元件的封装

DIP（Dual In-line Package）封装，即双列直插式封装，这种封装的外形呈长方形，引脚从封装两侧引出，引脚数量少，一般不超过100个，如图5-15所示。绝大多数中小规模集成电路芯片（IC）均采用DIP封装形式。DIP封装编号为“DIP＊＊”，如“DIP14”，后缀数字表示引脚数目。

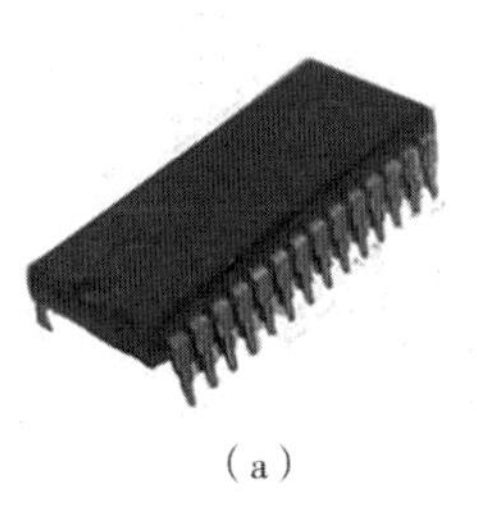

（a）

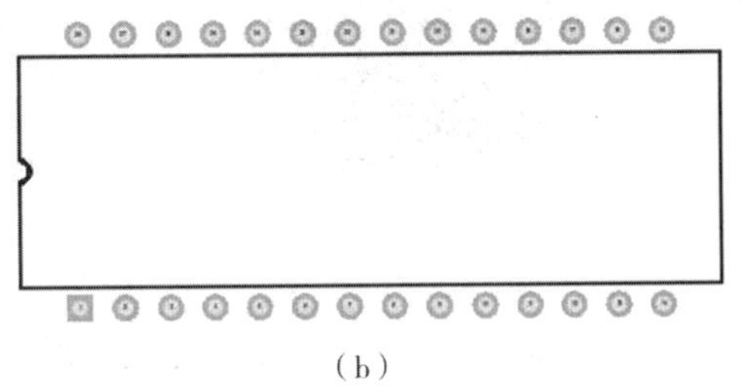

（b）

图5-15　DIP

（a）元件；（b）封装

PLCC（Plastic Leaded Chip Carrier）封装，即塑料有引线芯片载体封装。如图5-16所示，其引脚从封装的4个侧面引出，管脚向芯片底部弯曲，呈“J”字形。

（a）

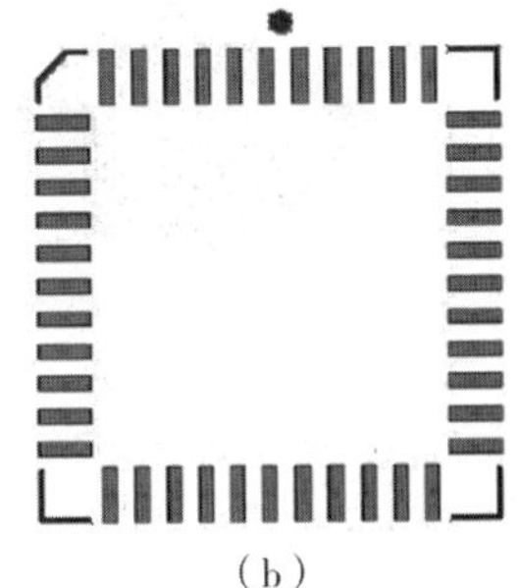

（b）

图5-16　PLCC

（a）元件；（b）封装

SOP（Small Outline Package）封装，即小外形封装。其引脚从封装两侧引出呈海鸥翼状（“L”字形），它是目前最普及的表面贴片封装，如图5-17所示。

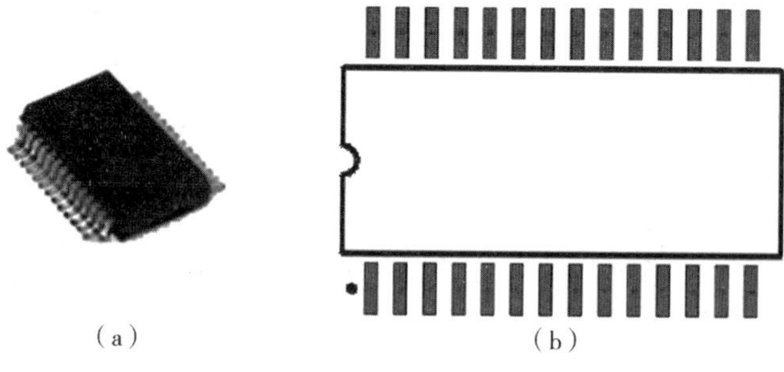

（a）（b）

图 5-17 SOP

（a）元件；（b）封装

PQFP（Plastic Quad Flat Package）封装，即塑料方形扁平式封装，元件四边都有管脚，管脚向外张开，如图 5-18 所示。该封装在大规模或超大规模集成电路封装中经常被采用，因为它四周都有管脚，所以管脚数目较多，且管脚距离也很短。

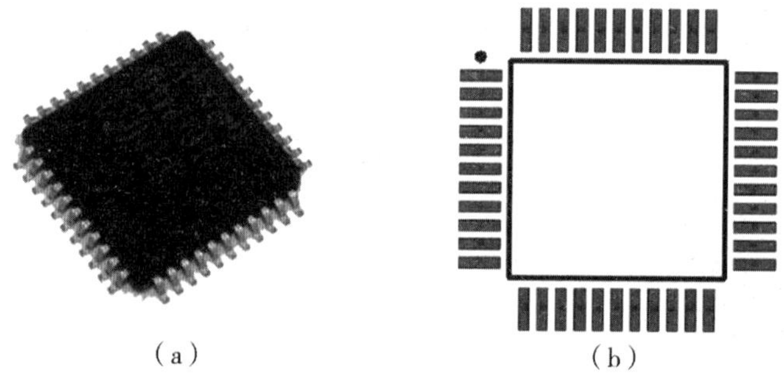

（a）（b）

图 5-18 PQFP

（a）元件；（b）封装

BGA（Ball Grid Array）封装，即球状栅格阵列封装，其管脚成球状矩阵式排列于元件底部，如图 5-19 所示。该封装管脚数多，集成度高。

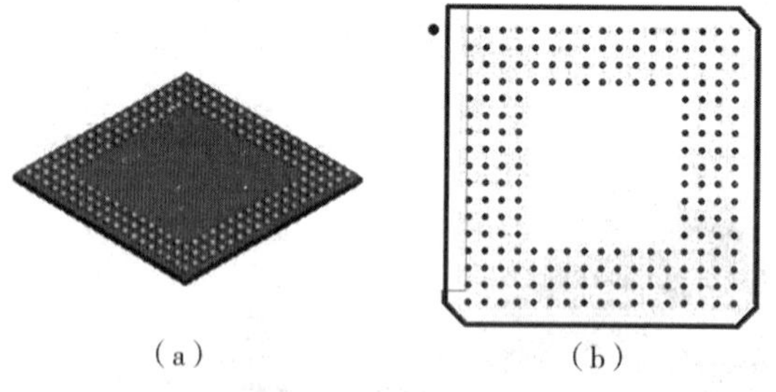

（a）（b）

图 5-19 BGA

（a）元件；（b）封装

PGA（Pin Grid Array）封装，即管脚网格阵列封装，结构和 BGA 封装很相似，区别在于其管脚引出元件底部并矩阵式排列，如图 5-20 所示。PGA 封装是目前 CPU 的主要封装形式。

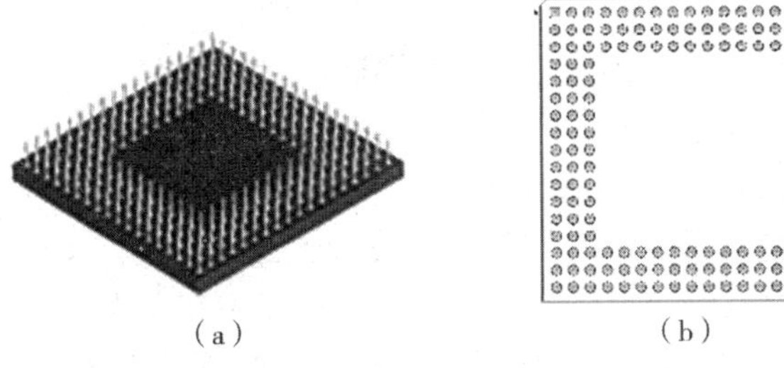

(a)　　　　(b)

图 5-20　PGA

(a) 元件；(b) 封装

5.3　PCB 的基本组成

PCB 是包含一系列元件，由专用材料支撑，通过铜箔层进行电气连接的电路板，其表面还有起注释作用的丝印层。PCB 样板如图 5-21 所示。

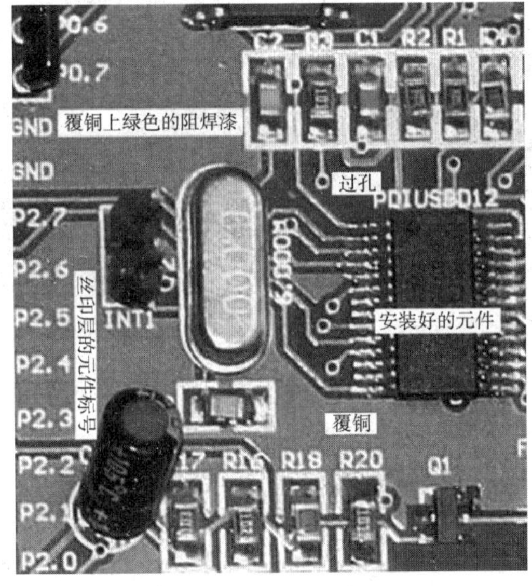

图 5-21　PCB 样板

一般来说，PCB 包括以下 4 个基本组成部分。

(1) 元件：用于实现电路功能，如芯片、电阻、电容等。

(2) 铜箔：在电路板上表现为导线、焊盘、过孔和覆铜等。为了实现元件的安装和管脚连接，必须在电路板上按元件管脚的距离和大小钻孔，同时还必须在钻孔的周围留出焊接管脚的焊盘。为了实现元件管脚的电气连接，在有电气连接管脚的焊盘之间还必须覆盖一层导电能力较强的铜箔膜导线。此外，为了防止铜箔膜导线在长期的恶劣环境中使用而氧化，减少焊接、调试时短路的可能性，在铜箔膜导线上还要涂抹一层绿色阻焊漆。

(3) 丝印层：采用绝缘材料制成，其上可标注文字以及对电路板上的元件的注释。

(4) 绝缘基板：采用绝缘材料制成，用于支撑整个电路板。

5.4 利用热转印技术制作 PCB

热转印技术是使用激光打印机将设计好的 PCB 图形打印到热转印纸上，再将转印纸以适当的温度加热，使转印纸上原先打印上去的图形受热融化，并转移到覆铜板上面，形成耐腐蚀的保护层，通过腐蚀液腐蚀后将设计好的电路留在覆铜板上面，从而得到 PCB。

热转印技术需要准备的材料：激光打印机一台、TPE-ZYJ 热转机一台、剪板机一台、热转印纸一张、150 W 左右台钻一台、覆铜板一块、钻花数颗、砂纸一块、工业酒精、松香水、腐蚀剂若干。

利用热转印技术制作 PCB 的具体步骤如下：

(1) 将 PCB 图打印到热转印纸上，如图 5-22 所示。

(2) 根据实际电路大小裁剪覆铜板，如图 5-23 所示。

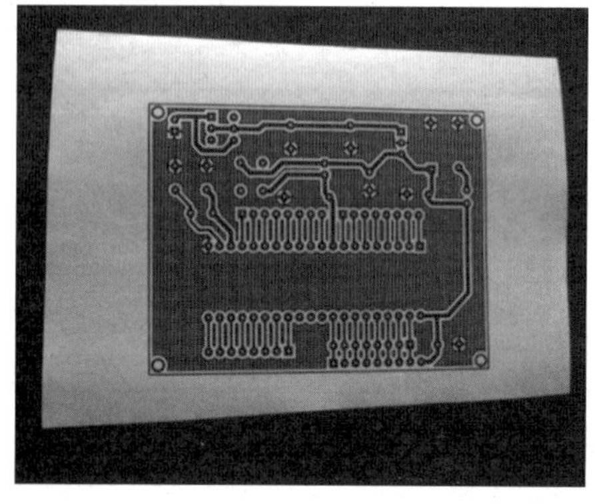

图 5-22 将 PCB 打印到热转印纸上

图 5-23 裁剪覆铜板

(3) 用砂纸将覆铜板打磨干净后，用酒精进行清洗，晾干备用。

(4) 将打印好的热转印纸有图面贴到打磨干净的覆铜板上。

(5) 将覆铜板和热转印纸一同放到热转印机中进行热转印，如图 5-24 所示。

(6) 将热转印纸从覆铜板上揭下，此时电路图已经转印到覆铜板上了。

(7) 将转印好的电路板放到腐蚀液里面进行腐蚀，如图 5-25 所示。

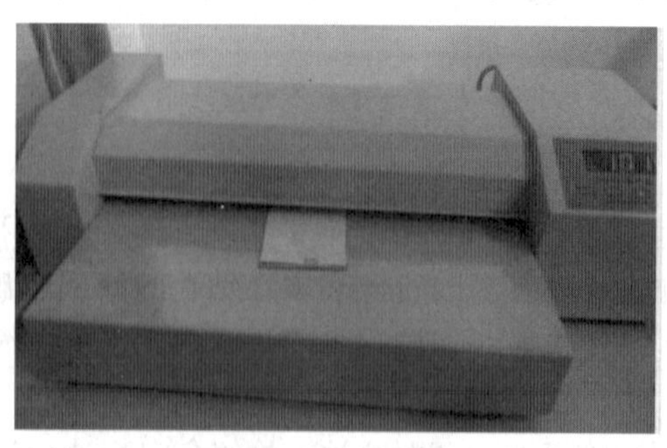

图 5-24 进行热转印

图 5-25 腐蚀电路板

(8) 将腐蚀好的电路板用酒精清洗，晾干后进行打孔。

(9) 将顶层和顶层丝印层打印（需要镜像）后以同样的方法转印到电路板正面，此时在电路板上涂上一层松香水即完成整个电路板制作，如图 5-26、图 5-27 所示。

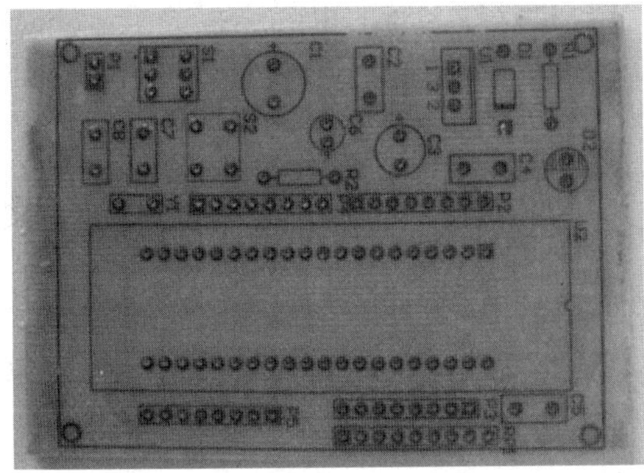

图 5-26　电路板正面

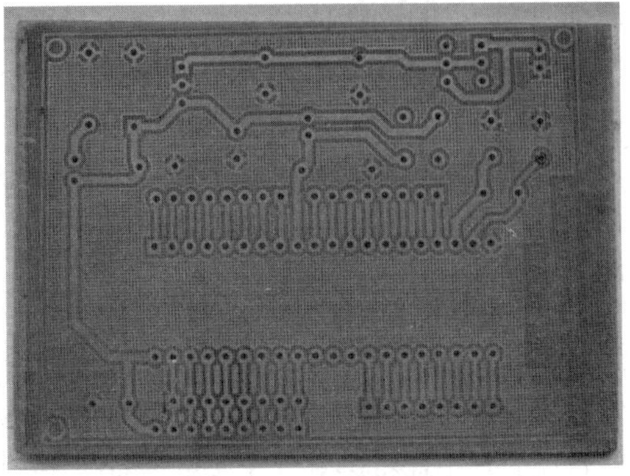

图 5-27　电路板底面

5.5　PCB 设计的基本流程

对于初次接触 PCB 的设计人员而言，往往不知道 PCB 设计应当从哪里开始，都有哪些步骤，因此在进行 PCB 设计之前，设计人员有必要了解 PCB 设计的基本流程。PCB 设计的基本流程如图 5-28 所示，具体步骤如下。

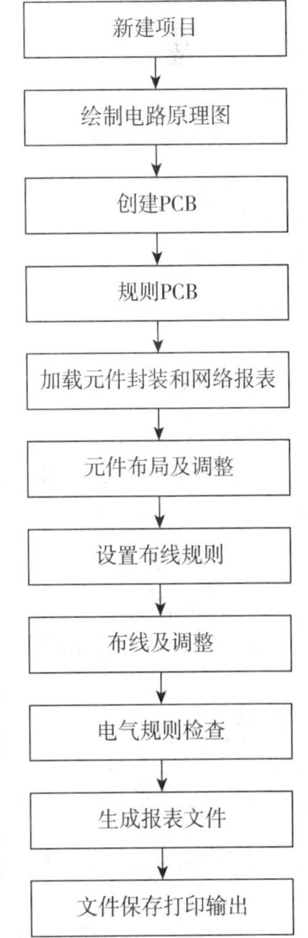

图 5-28　PCB 设计的基本流程

1）新建项目

启动 Altium Designer 16，创建一个 PCB 项目。

2）绘制电路原理图

电路原理图是设计 PCB 的基础，主要在 Altium Designer 16 的原理图编辑器中完成。绘制完原理图后，对该项目工程进行编译，进行电气规则检测，以及生成网络报表、检查元件的封装形式。

3）创建 PCB

在创建的 PCB 项目下新建 PCB 文件，启动 PCB 编辑器，开始进行 PCB 设计。

4）规划 PCB

PCB 的规划主要包括 3 个方面，分别是工作板层的设置、环境参数的设置和电路板的规划。

工作板层的设置是在图层堆栈管理器内，根据设计人员的需要，将 PCB 设计成单面板、双面板或多层板，同时对各层的颜色可进行设置。

设计人员根据自己的习惯设置环境参数，包括栅格的大小，光标捕捉区域的大小等。对初学者来说，大多数参数都可以采用系统默认值。

规划电路板是指在进行具体的 PCB 设计之前，设计人员要根据设计要求来确定电路板的外形、尺寸、禁止布线边界等。

5）加载元件封装和网络报表

PCB 编辑器只有载入网络报表和元件封装之后才能进行 PCB 设计。网络报表是电路原理图和 PCB 设计的桥梁，记录了元件的参数和元件之间的电气连接关系。Altium Designer 16 以此为依据将元件放置到 PCB 中，并根据网络报表来进行自动布线。Altium Designer 16 可以装入网络报表，也可以不生成网络报表直接从原理图生成 PCB。

值得注意的是，在原理图设计的过程中，ERC 检查不会涉及元件的封装问题。因此，在进行原理图设计时，元件的封装很可能被遗忘，在引进网络报表时可以根据设计需要来修改或补充元件的封装。

6）元件布局及调整

元件布局是将元件合理地放置到规划好的电路板中去，Altium Designer 16 提供了手动布局和自动布局的功能，由于自动布局一般不太规则，因此必须进行适当的手动布局。元件布局的合理性将影响到布线的质量。

7）设置布线规则

通过 PCB 规则编辑器设置各种布线规则，包括线宽、导线间距等，可以根据设计人员的设置选取最佳的自动布线策略来完成 PCB 的自动布线。

8）布线及调整

布线分为自动布线和手工布线。自动布线是 Altium Designer 16 软件最强大的功能，采用人工智能技术，布线的布通率非常高，只要布线参数设置合理，自动布线的布通率几乎是 100%。

尽管 Altium Designer 16 的自动布线功能十分强大，技术也很先进，但是它不可能做到十全十美，总有一些不太合理的地方。另外，有的电路板有一些特殊的要求，这时自动布线就无能为力了，就必须由设计人员手工布线来完成设计。所以，一般是先根据布线规则进行自动布线，然后进行手工调整，以满足设计需求，优化 PCB 的设计效果。

9）电气规则检查

PCB 设计基本完成后要进行一次设计规则检查（Design Rule Check，DRC），检查所设计的 PCB 是否满足先前设置的布线要求，并快速修改，最后确保 PCB 设计的正确性。

10）生成报表文件和文件保存打印输出

PCB 设计完成后应将工程保存，然后根据需要生成相应的各类报表文件，如元件清单、电路板信息报表等，这些报表可以帮助用户更好地了解所设计的 PCB 和管理所使用的元件。此外，各类文件也应打印输出保存，包括 PCB 文件和其他报表文件均可打印，以便永久存档。

最后，设计人员将设计好的 PCB 图导出，送交给制造商来制作所需的 PCB。

本章小结

本章内容是 PCB 设计的前提和基础，对于 PCB 实际制作起着至关重要的作用，主要讲述了 PCB 的概念、种类和设计过程中的基本概念，介绍了 PCB 的基本组成和制作过程，最后讲解了 PCB 设计的基本流程。

PCB 是指以绝缘板为基础材料加工成一定尺寸的板，它主要起机械支撑、电气连接和标注文字的作用。

按结构的不同，可将 PCB 分为单面板、双面板和多层板。

PCB 设计中涉及板层、铜膜导线、焊盘、过孔、覆铜和元件封装等的基本概念，了解这些基本概念对 PCB 的设计至关重要。

PCB 设计的基本流程如下：

（1）新建项目。

（2）设计电路原理图。

（3）创建 PCB。

（4）规划 PCB。

（5）加载元件封装和网络报表。

（6）元件布局及调整。

（7）设置布线规则。

（8）布线及调整。

（9）电气规则检查。

（10）生成报表文件和文件保存打印输出。

课后练习

一、填空题

1. 印制电路板，又称印刷线路板，常使用英文缩写________，是电子元件的支撑体。

2. 板层的英文名称为________。

3. ________层没有电气特性，在实际电路板中也没有实际的对象与其对应，是便于厂家规划尺寸制板而设置的。

4. ________层主要通过丝印的方式将元件的外形、序号、参数等说明性文字印制在元件面。

二、选择题

1. （　　）所用的绝缘基板上只有一面覆铜，在这一覆铜面中包含有焊盘和铜箔导线。

A. 双面板　　B. 单面板　　C. 多层板　　D. 信号层

2. （　　）绝缘基板的上、下两面均有覆铜层，都可制作铜箔导线。

A. 双面板　　B. 单面板　　C. 多层板　　D. 信号层

3. 对于比较复杂的 PCB，双面板已不能满足布线和电磁屏蔽要求，这时一般采用（　　）设计。

A. 双面板　　B. 单面板　　C. 多层板　　D. 信号层

4. （　　）包括 2 个阻焊层和 2 个焊锡膏层，主要用于保护铜线以及防止元件被焊接到不正确的地方。

A. 信号层　　B. 内部电源层　　C. 机械层　　D. 防护层

三、简答题

1. 单面板、双面板和多层板各有什么特点？

2. PCB 包括哪些类型的工作层面？

3. 过孔一般分为哪几种类型？

4. 简述 PCB 设计的基本流程。

第6章 PCB 设计基础操作

在 Altium Designer 16 中，PCB 的设计主要包括电路原理图的设计和电路板的设计，而网络报表是二者之间的桥梁和纽带。电路板的设计是所有设计步骤的最终环节，前面介绍的原理图设计等工作只是从原理上给出了电气连接关系，其功能的最后实现还是依赖于电路板的设计，因为制板时只需向制板厂商送去 PCB 图而不是原理图。

本章主要介绍 PCB 设计的基本操作，包括 PCB 编辑界面、PCB 文件的建立、PCB 的布局和布线、PCB 主要工具的放置，熟练掌握 PCB 设计的基本操作，为下一章的学习做准备。

6.1 PCB 编辑器

创建或打开 PCB 文件，即可启动 PCB 编辑器。PCB 编辑器界面如图 6-1 所示。

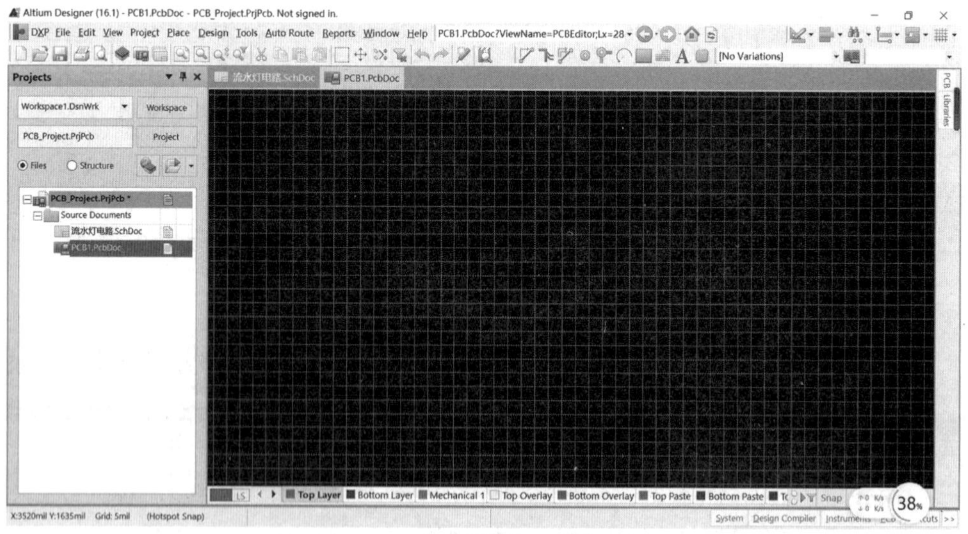

图 6-1 PCB 编辑器界面

6.1.1 PCB 编辑器界面

PCB 编辑器界面的整体布局与原理图编辑器类似，由菜单栏、工具栏、工作区和各种管理工作面板、命令状态栏以及面板控制区组成，只是相应区域的功能有所不同。

1. 菜单栏

Altium Designer 16 的 PCB 编辑器的主菜单包括 12 个菜单项，包括了与 PCB 设计有关的所有操作命令，如图 6-2 所示。

DXP File Edit View Project Place Design Tools Auto Route Reports Window Help

图 6-2 PCB 编辑器界面中的主菜单

【File】菜单：用于文件的打开、关闭、保存，打印机输出等操作。

【Edit】菜单：用于对象的选择、复制、粘贴、移动、排列和查找等操作。

【View】菜单：用于与画面相关的各种操作，如工作窗口的放大和缩小、各种面板、工作栏、状态栏的显示和隐藏等。

【Project】菜单：用于与项目相关的各种操作，如文件和项目的编译、创建、删除和关闭等。

【Place】菜单：用于在 PCB 设计中放置各种对象。

【Design】菜单：用于导入网络报表及元件封装、设置 PCB 设计规则、PCB 层颜色和对象类的设置。

【Tools】菜单：为 PCB 设计提供各项工具，如 DRC、元件布局等。

【Auto Route】菜单：用于与 PCB 自动布线相关的操作。

【Reports】菜单：用于生成 PCB 设计报表以及 PCB 中的测量等。

【Window】菜单：用于对窗口进行平铺和控制的操作。

【Help】菜单：提供帮助。

2. 工具栏

PCB 编辑器有【Standard】、【Navigation】、【Filter】、【Wiring】、【Utilities】5 个工具栏，如图 6-3 ~ 图 6-7 所示，可以根据需要选择显示或隐藏这些工具栏。

（1）【Standard】工具栏：大部分工具按钮与原理图标准工具栏的工具按钮功能相同，包括对文件、视图的操作等。

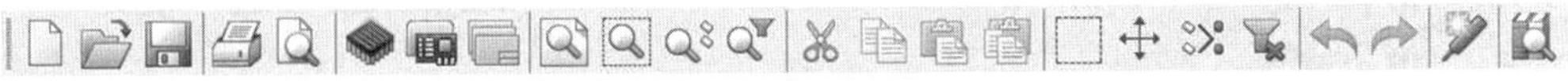

图 6-3 【Standard】工具栏

（2）【Navigation】工具栏：用于指示文件所在的路径，支持文件之间的跳转及转至主页等操作。

PCB1.PcbDoc?ViewName=PCBEditor;Lx=28

图 6-4 【Navigation】工具栏

（3）【Filter】工具栏：用于设置屏蔽选项，在文本框选择屏蔽条件后，PCB 工作区只显示满足用户需求的对象，如某一个网络或元件等。

(All)

图 6-5 【Filter】工具栏

（4）【Wiring】工具栏：主要用于在 PCB 编辑环境中放置一般电气对象，如放置铜膜导线、焊盘、过孔、PCB 元件封装、覆铜等。各个按钮的功能如下。

①按钮用于放置导线；②按钮用于放置焊盘；③按钮用于放置过孔；④按钮用于放置圆弧；⑤按钮用于填充；⑥按钮用于放置覆铜；⑦按钮用于放置元件封装。

（5）【Utilities】工具栏：用于在 PCB 编辑环境中绘制不具有电气意义的非电气对象，如直线、圆弧、坐标、标准尺寸等。

图 6-6　【Wiring】工具栏　　图 6-7　【Utilities】工具栏

单击【Utilities】工具栏中的不同按钮可以弹出具有不同功能的工具栏，如图 6-8 ~ 6-13 所示。其中，按钮用于绘制直线、圆弧等非电气对象；按钮用于对齐选择的对象；按钮用于查找元件或者元件组；按钮用于标注 PCB 图中的尺寸；按钮用于在 PCB 图中绘制各种分区；按钮用于设置 PCB 图中的对齐栅格的大小。

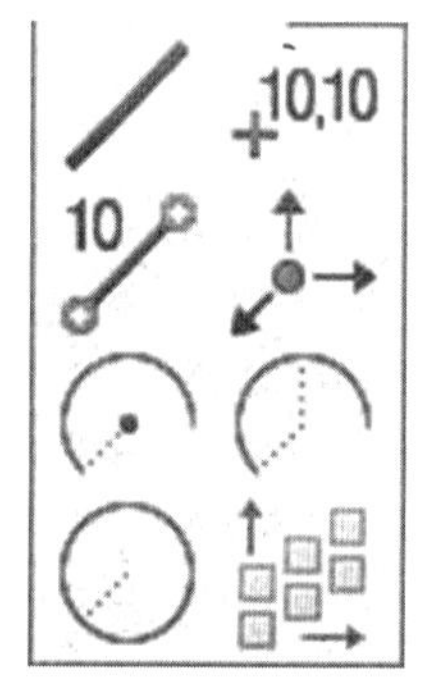

图 6-8　展开绘图按钮

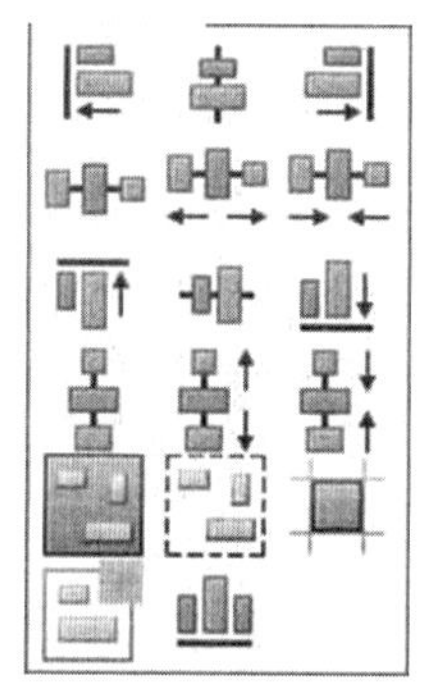

图 6-9　展开对齐按钮

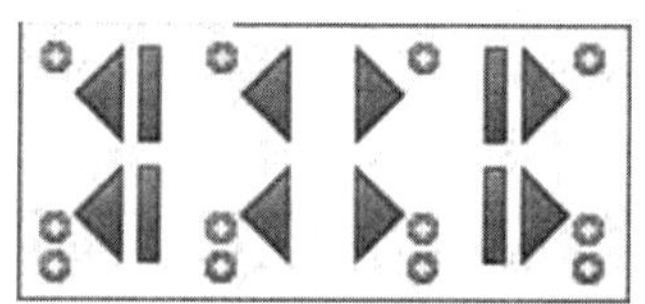

图 6-10　展开查找按钮

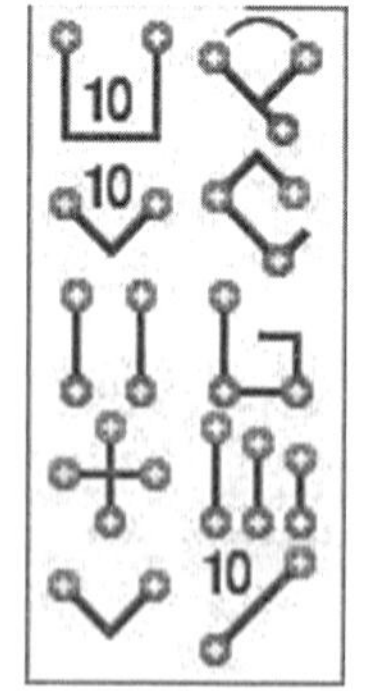

图 6-11　展开标注按钮

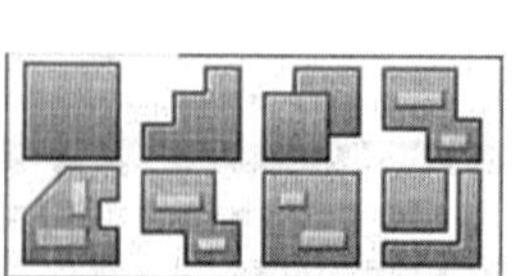

图 6-12　展开分区按钮

图 6-13　展开栅格按钮

6.1.2　PCB 工作面板

PCB 工作面板是 PCB 设计中最为经常使用的工作面板。通过 PCB 工作面板可以观察到电路板上所有对象的信息，还可以对元件、网络等对象的属性直接进行编辑。

单击 PCB 编辑器右下角工作面板区的【PCB】标签，选择其中的【PCB】选项，如图 6-14 所示，此时会弹出【PCB】工作面板，如图 6-15 所示。

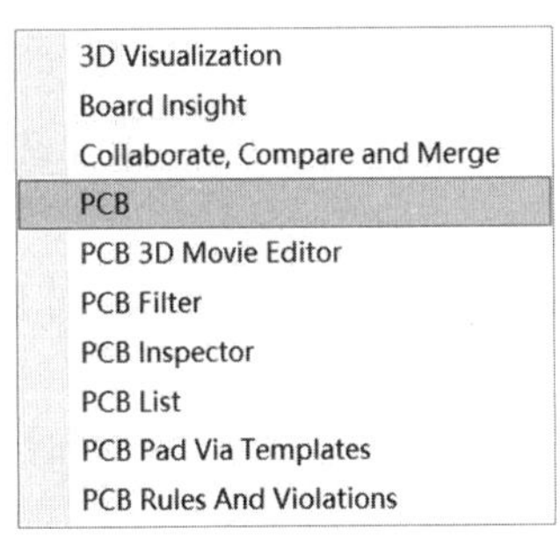

图 6-14　选择【PCB】选项

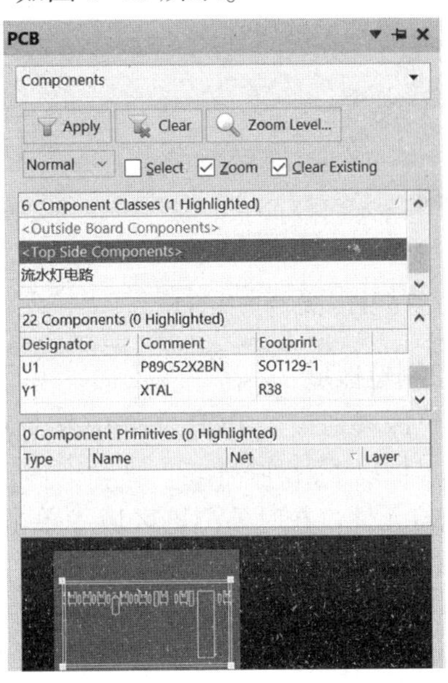

图 6-15　【PCB】工作面板

【PCB】工作面板中包括 6 个区域：对象选择区域、命令选择区域、对象分类区域、对象浏览区域、对象描述区域和 PCB 浏览窗口。

1）对象选择区域

对象选择区域列出了 PCB 文件中所有对象的分类情况，如图 6-16 所示。其中，【Nets】、【Component】、【Rules】、【From-To Editor】、【Split Plane Editor】选项分别表示查看该 PCB 文件中所有的网络、元件、规则、焊点位置和 Plane 编辑项。

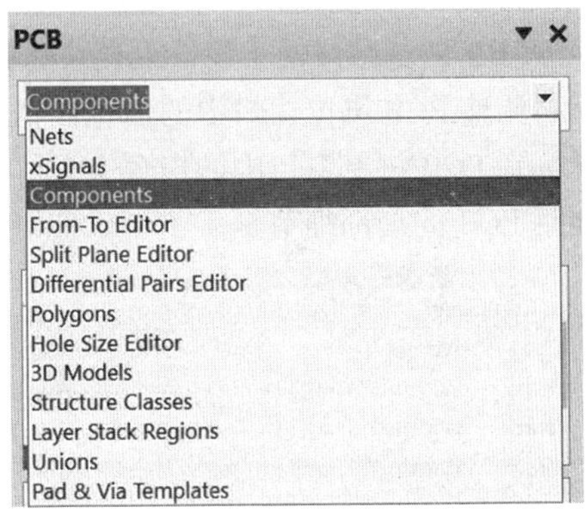

图 6-16　对象选择区域

2）命令选择区域

命令选择区域用于选择被查找对象的显示方式。Altium Designer 16 提供了以下几种选择方式，如图 6-17 所示。

(1)【Apply】按钮：单击后应用命令。

(2)【Clear】按钮：单击后清除命令。

(3)【Mask】选项：选择此选项，选中的对象将高亮，未选中的对象被屏蔽；【Normal】选项：标准选项，选择此选项，选中的对象没有任何变化；【Dim】选项：选择此选项，选中的对象将变暗。

(4)【Select】复选按钮：勾选此复选按钮，选中的对象处于被选择状态。

(5)【Zoom】复选按钮：勾选此复选按钮，选中的对象以适合的大小出现在窗口中。

(6)【Clear Existing】复选按钮：不勾选此复选按钮，上次操作将不会被取消。

3）对象分类区域

对象分类区域列出了 PCB 文件中的所有对象类，如图 6-18 所示。在此区域中，Altium

Designer 16 提供以下两个操作。

（1）查看对象类中包含的元件在 PCB 文件中的位置。

（2）查看对象类的属性。

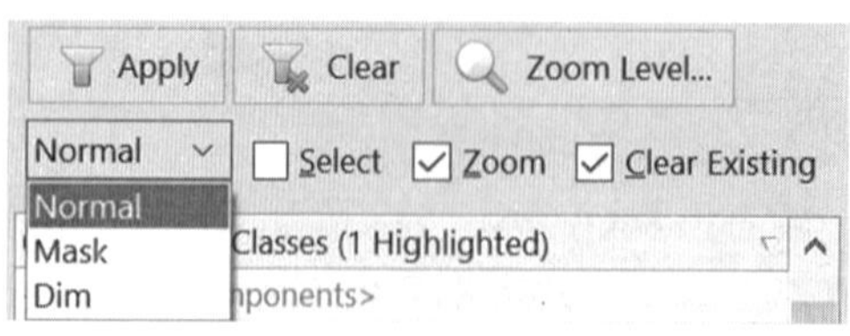

图 6-17　命令选择区域

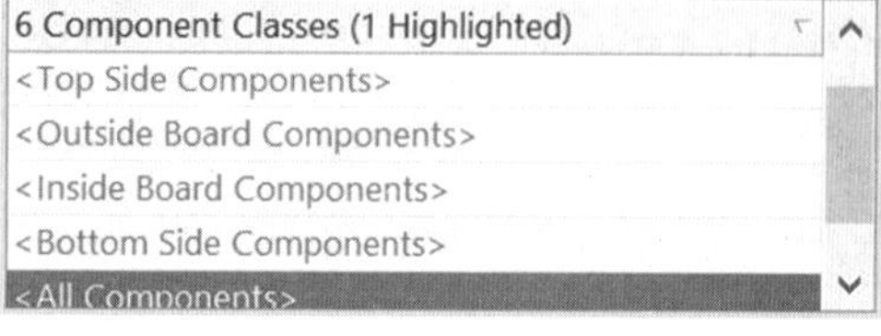

图 6-18　对象分类区域

4）对象浏览区域

对象浏览区域列出了 PCB 文件中某个对象类中所包含的元件，在此区域中，Altium Designer 16 提供以下两种操作。

（1）定位元件：在对象浏览区域中单击需要查看的元件，即自动跳转到 PCB 工作区窗口，显示该元件所在的位置。

（2）查看元件的基本属性：双击某个元件即可显示该元件的属性设置对话框。

5）对象描述区域

对象描述区域列出了在对象浏览区中被选中元件包含的所有组件，如图 6-19 所示。

6）PCB 浏览窗口

PCB 浏览窗口便于设计人员快速查看、定位 PCB 文件工作区中的对象，如图 6-20 所示。调整 PCB 浏览窗口中的白色方框的大小可以缩放 PCB 的观察范围。同时，如果移动光标到 PCB 浏览窗口中的白色方框，光标将变成“十”字形，此时拖动白色方框，可以观察 PCB 的局部细节。

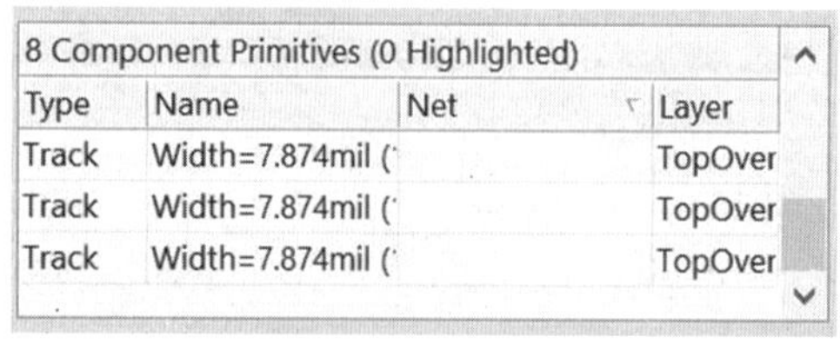

图 6-19　对象描述区域

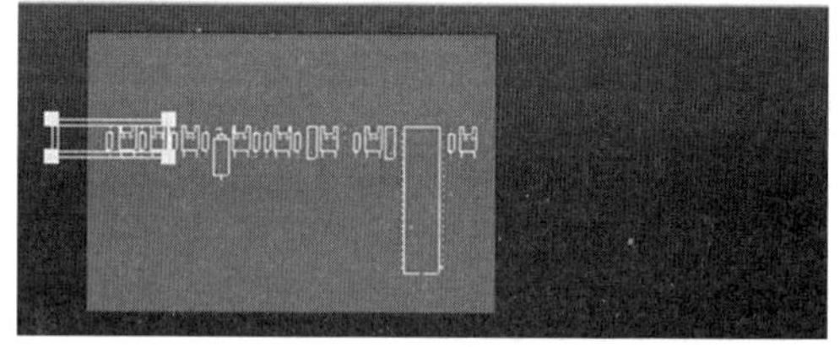

图 6-20　PCB 浏览窗口

6.1.3　PCB 的视图操作

与原理图编辑器一样，在 PCB 编辑器中也提供了方便快捷的视图操作。PCB 编辑器中的视图操作主要包括工作区的缩放和刷新 PCB 图。

1. 工作区的缩放

PCB 编辑器与原理图编辑器有以下 3 种相同的快捷缩放工作区的操作方法。

（1）利用<Page Up>键和<Page Down>键，可以对 PCB 工作区的显示比例进行放大和缩小。

（2）按住<Ctrl>键，同时向前或向后滚动鼠标滚轮可以完成以光标为中心的放大和缩小工作区的操作。

（3）按住鼠标的滚轮，同时向前或向后滚动鼠标滚轮也可以完成以光标为中心的放大和缩小工作区的操作。

这3种工作区缩放的操作方法是PCB设计过程中最经常使用的操作方法，在PCB菜单中有关工作区缩放的操作还有一些，如【View】菜单中的第一栏，包括【Fit Documents】、【Fit Sheet】、【Fit Board】等操作。

2. 刷新PCB图

绘制PCB时，在滚动画面、移动元件等操作后，有时会出现画面上显示残留斑点、线段或图形变形等问题。为了保证画面不影响设计工作的进行，可以通过以下3种方法来刷新画面。

（1）执行菜单命令【View】/【Refresh】。

（2）按下<END>键。

（3）先后按下<V>键和<R>键。

6.2　创建PCB

要想把原理图编辑器中的电路信息（网络报表与元器件封装）载入PCB设计系统，首先需要创建一个新的PCB文件。在Altium Designer 16中创建新的PCB文件的方法有两种：一是利用PCB文件生成向导，二是直接通过执行菜单命令创建PCB文件。

1. 利用PCB文件生成向导创建一个PCB文件

利用PCB文件生成向导创建一个PCB文件的步骤如下。

（1）启动PCB文件生成向导。打开【Files】工作面板，如图6-21所示。在【Files】工作面板中单击【New from template】区域（如果没有看到该列表可以单击按钮，收起另外一些列表）中的【PCB Board Wizard】，弹出如图6-22所示的【PCB Board Wizard】对话框。

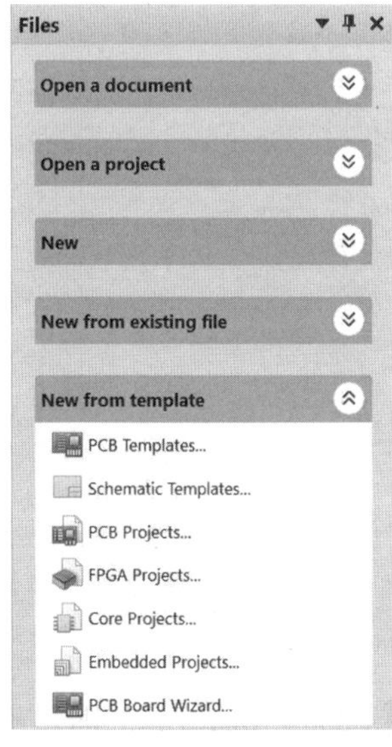

图6-21　【Files】工作面板

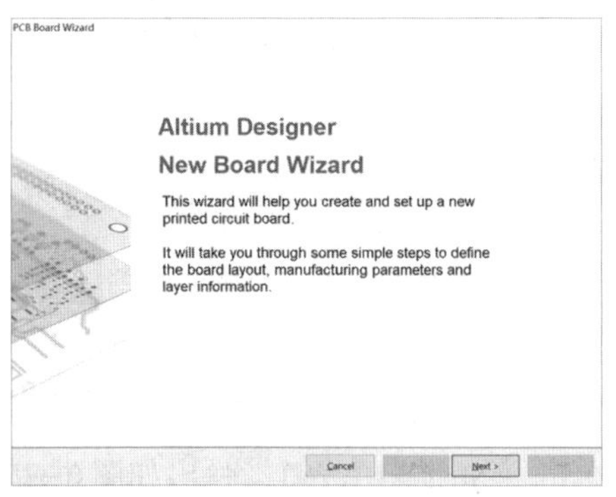

图6-22　【PCB Board Wizard】对话框

（2）单击【Next >】按钮，弹出如图 6-23 所示的【Choose Board Units】界面，在该界面中设置 PCB 使用的尺寸单位。Imperial 表示英制，单位为“mil”，Metric 表示 SI，单位为“mm”。此处选择软件默认的度量单位“Imperial”。

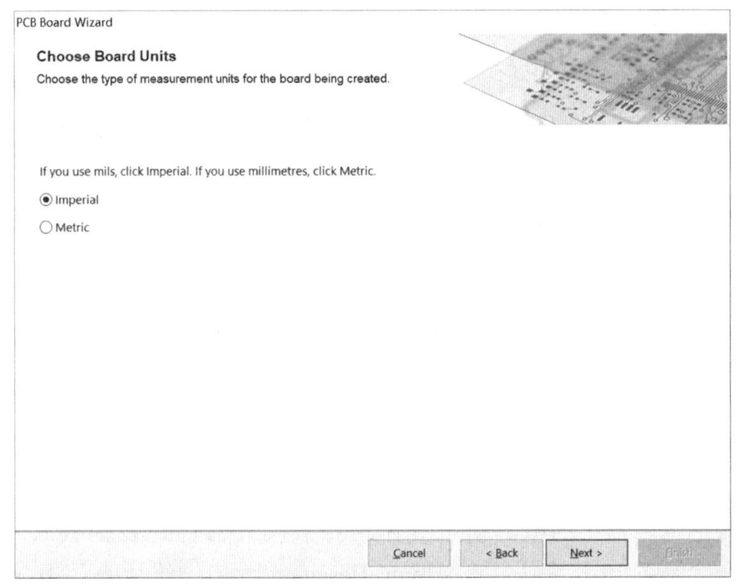

图 6-23 【Choose Board Units】界面

（3）单击【Next >】按钮，弹出如图 6-24 所示的【Choose Board Profiles】界面。设计人员可以在左边的列表框中选择印制电路模板，也可以选择“Custom”（自定义）选项，根据需要自定义电路板尺寸。此处选择“Custom”，自定义印制电路板。

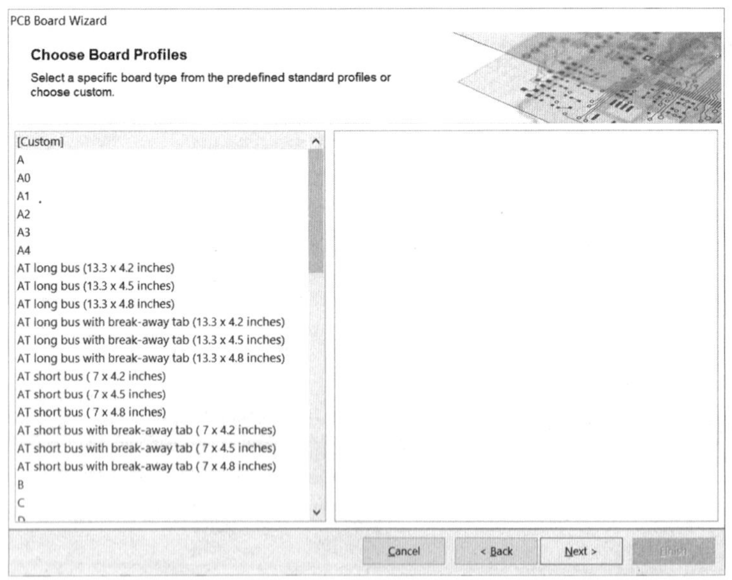

图 6-24 【Choose Board Profiles】界面

（4）单击【Next >】按钮，弹出如图 6-25 所示的【Choose Board Details】界面。可以在其中设置 PCB 的各项参数，下面介绍各项参数的具体意义。

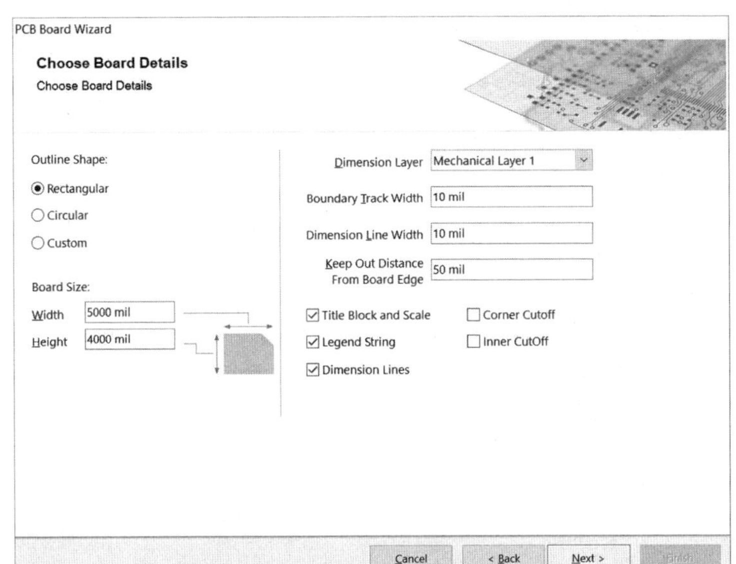

图 6-25 【Choose Board Details】界面

①【Outline Shape】选项组：用来定义 PCB 的外形，包括 Rectangular（矩形）、Circular（圆形）、Custom（自定义外形）3 种。此处选择“Rectangular”。

②【Board Size】选项组：用来定义由上面外形决定的 PCB 的外形尺寸。【Width】文本框用于设定电路板的板宽，【Height】文本框用于设定电路板板高。此处设定“Width”为 5 000 mil，“Height”为 4 000 mil。

③【Dimension Layer】列表框：用来选择用于尺寸标注的机械层。此处选择“Mechanical Layer 1”。

④【Boundary Track Width】文本框：用来设置 PCB 边界线的宽度。此处采用软件默认值 10 mil。

⑤【Dimension Line Width】文本框：用来设置 PCB 尺寸标注线的宽度。此处也采用软件默认值“10 mil”。

⑥【Keep Out Distance From Board Edge】文本框：用来设置 PCB 的电气边界到物理边界的距离。此处设置为“50 mil”，即电气边界与物理边界的距离为 50 mil。

⑦【Title Block and Scale】复选按钮：若选中该复选按钮，PCB 文件中将显示标题栏与图纸比例。

⑧【Legend String】复选按钮：若选中该复选按钮，则在文件中显示图例字符串。

⑨【Dimension Lines】复选按钮：若选中该复选按钮，则在文件中显示尺寸标注线。

⑩【Corner Cutoff】复选按钮：该复选按钮只有在选择 PCB 外形为矩形时才有效，若选中该复选按钮，则可在电路板的四周截去矩形角。此处不选中。

⑪【Inner Cutoff】复选按钮：该复选按钮只有在选择 PCB 外形为矩形时才有效，若选中该复选按钮，则可在电路板内部挖掉一个小矩形，该小矩形内禁止布线。

（5）单击【Next >】按钮，会弹出如图 6-26 所示的【Choose Board Layers】界面。由于我们设计的是双面板，有 2 个信号层，不存在内电层，因此设定【Signal Layers】为“2”，【Power Planes】为“0”。

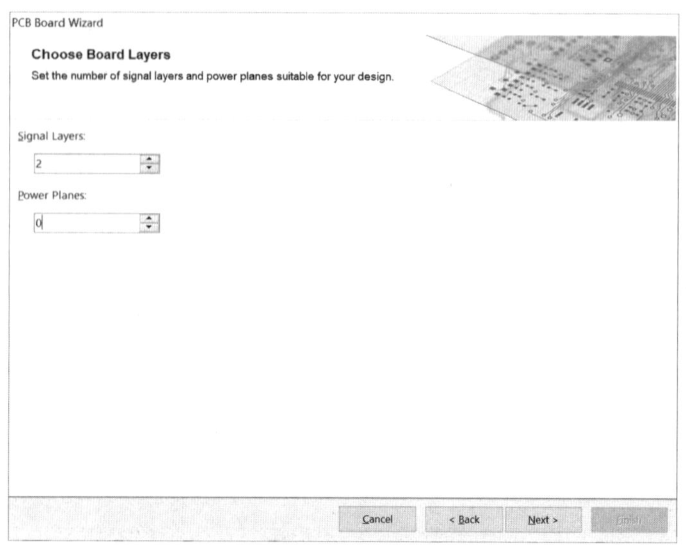

图 6-26 【Choose Board Layers】界面

（6）单击【Next >】按钮，弹出如图 6-27 所示的【Choose Via Style】界面。在此界面设置 PCB 的过孔（Via）样式，【Thruhole Vias only】表示通孔，【Blind and Buried Vias only】表示盲孔和埋孔。本例中设计的 PCB 为双面板，不存在盲孔和埋孔，因此选择【Thruhole Vias only】。

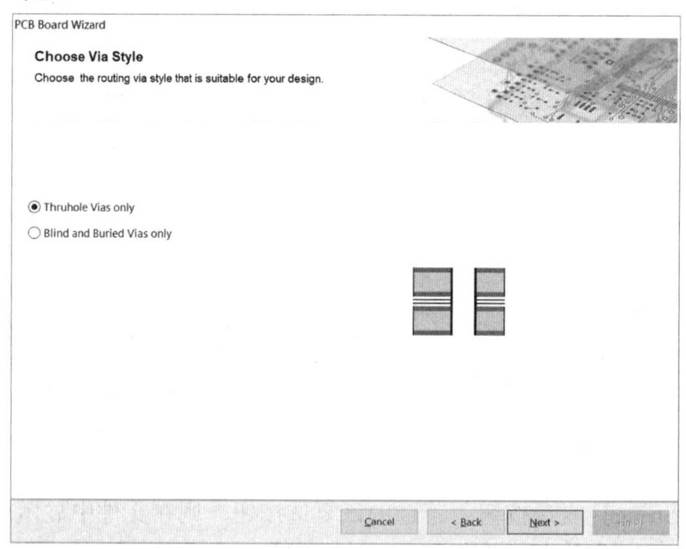

图 6-27 【Choose Via Style】界面

（7）单击【Next >】按钮，弹出如图 6-28 所示的【Choose Component and Routing Technologies】界面。在该界面中设置所设计的 PCB 主要采用 Surface-mount components（表面贴装的元器件）还是 Through-hole components（通孔直插式元器件）。此处设置为【Through-hole components】。

如果采用表面贴装的元器件，还可设置本电路板是双面都可以放置元器件还是仅有一面可以放置元器件。如果采用通孔直插式元器件，还可设置本电路板上通孔直插式元器件的焊盘之间可以通过几根铜膜导线，有 3 种选择：1 根、2 根或 3 根。此处选择两焊盘之间仅能通过 1 根铜膜导线。

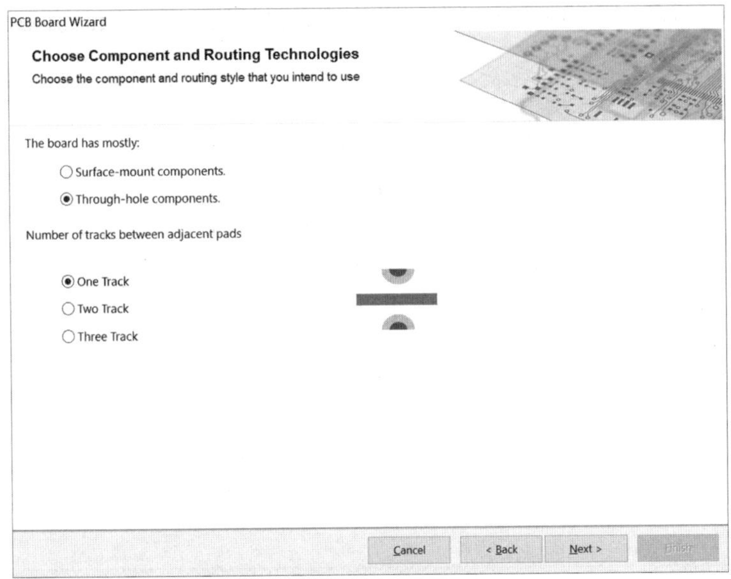

图 6-28 【Choose Component and Routing Technologies】界面

(8) 单击【Next >】按钮，弹出如图 6-29 所示的【Choose Default Track and Via sizes】界面。在该界面中可以设置如下参数。

①【Minimum Track Size】：最小导线线宽，此处设置为“12 mil”。

②【Minimum Via Width】：过孔的最小直径，此处设置为“50 mil”。

③【Minimum Via HoleSize】：过孔的最小通孔孔径，此处设置为“28 mil”。

④【Minimum Clearance】：导线间的最小安全间距，此处设置为“12 mil”。

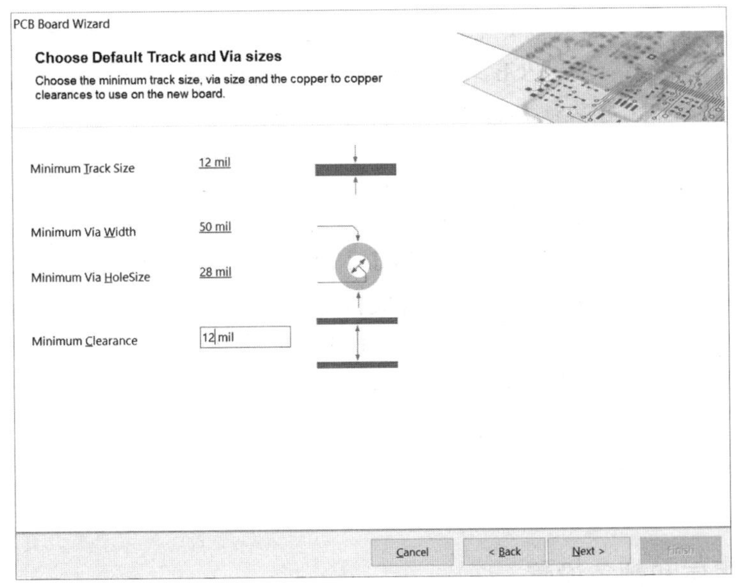

图 6-29 【Choose Default Track and Via sizes】界面

（9）单击【Next >】按钮，弹出如图 6-30 所示的界面，表示 PCB 文件参数设置完毕，单击【Finish】按钮关闭向导。此时，软件会根据向导设置的 PCB 文件自动建立一个名为“PCB1. PcbDoc”的空白 PCB 文件，并出现在设计窗口中，同时启动 PCB 编辑器。

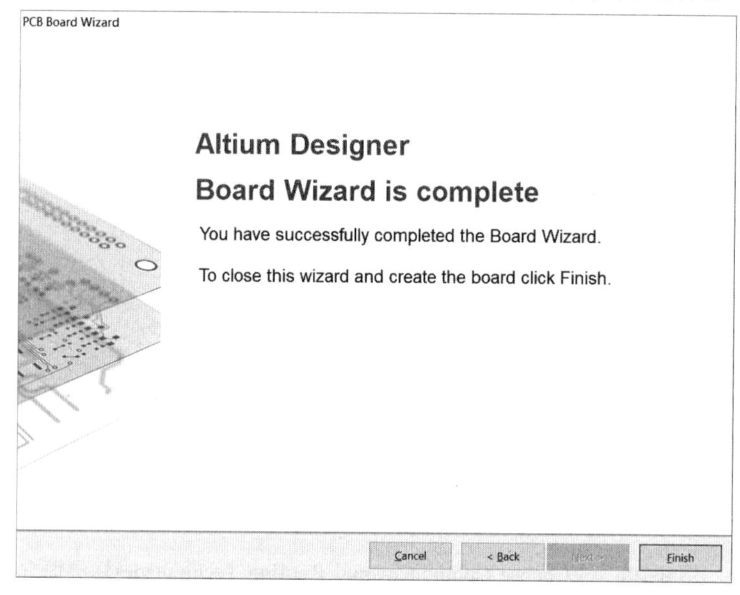

图 6-30 【Altium Designer Board Wizard is complete】界面

通过以上的操作步骤即可完成利用 PCB 文件生成向导新建 PCB 文件的全部过程。可以看出，利用 PCB 文件生成向导的方法能够在创建 PCB 文件的过程中很方便地设置 PCB 的许多参数。

> 提示：
>
> 在利用 PCB 文件生成向导时，并不是一定要设置完所有的参数后，才能创建 PCB 文件。设计人员在第（3）步设置好电路板模板，或采用自定义方式后，就可以单击该对话框中的【Finish】按钮，退出 PCB 文件创建向导。此时，软件将创建一个参数不完整的 PCB 文件，并进入印制电路板 PCB 编辑器，其他的参数可以在 PCB 编辑器中利用菜单命令来编辑。

2. 执行菜单命令创建一个 PCB 文件

打开一个工程项目，执行菜单命令【File】/【New】/【PCB】，将直接进入 PCB 编辑器，同时创建一个参数没有设置的 PCB 文件。此外，右击一个工程项目，在弹出的右键菜单中执行【Add New to Project】/【PCB】命令，也可创建一个 PCB 文件。当然电路板的所有参数均可在编辑器中用菜单命令设置。

6.3 PCB 的规划

6.3.1 板层和颜色设置

在设计 PCB 前，首先要了解 PCB 设计系统为设计人员提供的各种电路板工作层，只有根据自己的习惯设置好所需的工作层面，在实际设计时才能起到事半功倍的效果。

1. 电路板工作层介绍

Altium Designer 16 提供了 6 种不同类型的工作层，主要包括：32 个 Signal Layers（信号层）；16 个 Internal Planes（内部电源/接地层）；16 个 Mechanical Layers（机械层）；4 个 Masks Layers（防护层），其中包括 2 个 Solder Mask Layers（阻焊层）和 2 个 Paste Mask Layers（焊锡膏层）；2 个 Silkscreen Layers（丝印层）；4 个 Other Layers（其他层），包括 1 个 Keep Out Layer（禁止布线层），2 个 Drill Layers（钻孔层）和 1 个 Multi Layer（多层），总共 74 个工作层。

1）信号层

Altium Designer 16 为设计人员提供了 32 个信号层，包括 TopLayer（顶层）、Mid-Layer1（第一中间层）、Mid-Layer2（第二中间层）……Mid-Layer30（第三十中间层）、Bottom Layer（底层）。Top Layer（顶层）和 Bottom Layer（底层）可以放置元件和铜膜导线，中间层只能放置导线。如果是双面板，那么就只有顶层和底层，而没有中间层。在实际制作 PCB 时，尽量只在一面（如顶层）放置元件，而不要两面都放。

2）内部电源/接地层

Altium Designer 16 为设计人员提供了 16 个内部电源/接地层，包括 Internal Plane 1（第一内电层）……Internal Plane 16（第十六内电层）。只有在设计多层板时，才会用到内部电源/接地层。因为在电路中，电源和地线所接的元件管脚数是最多的，所以设计多层板时，可以充分利用内部电源/接地层将大量的接电源（或接地）的元件管脚通过元件焊盘或过孔直接与电源（或地线）相连，从而极大地减少顶层和底层电源/地线的连线长度。

每个内部电源/接地层都可以设置一个网络名称，Altium Designer 16 会把这个层和其他具有相同网络名称的焊盘、过孔，以预拉线的形式连接起来。Altium Designer 16 还允许设计人员把同一个内部电源/接地层分成几个区域，在不同区域可以安排不同的电源和接地，如安排+12 V、+5 V 等。此外，在接地层上，不同区域可以分别放置电源地、模拟地、数字地等。

3）机械层

Altium Designer 16 为设计人员提供了 16 个机械层，包括 Mechanical 1（第一机械层）……Mechanical 16（第十六机械层）。机械层主要用来布置 PCB 的各种说明性的标注，如 PCB 的物理尺寸、焊盘和过孔类型，以及其他设计说明等。一般利用第一机械层设定 PCB 的物理尺寸和标注其他信息，设计人员也可以自己选择其他机械层。

4）防护层

防护层包括 2 个阻焊层和 2 个焊锡膏层，主要用于保护铜线以及防止元件被焊接到不正确的地方。

阻焊层主要为一些不需要焊锡的铜箔部分（如导线、填充区、覆铜区等），其上涂有一层阻焊漆（一般为绿色），用于防止进行波峰焊接时，焊盘以外的导线、覆铜区粘上不必要的焊锡，从而避免相邻导线波峰焊接时短路，还可防止电路板因在恶劣的环境中长期使用而被腐蚀。因此，阻焊层和信号层是相对应的，也分为顶部、底部两层。

焊锡膏层，有时也称为助焊层，用于提高焊盘的可焊性。在 PCB 上比焊盘略大的各浅色圆斑即为焊锡膏层。

5）丝印层

丝印层包括 Top Overlay（顶层丝印层）和 Bottom Overlay（底层丝印层），主要用来放置元件的外形轮廓、文本标注、元件编号等。在 PCB 上放置元件时，软件自动把元件的编号和轮廓放置在顶层丝印层上。

6）禁止布线层

禁止布线层在实际电路板中没有实际的层面对象与之对应，属于 PCB 编辑器的逻辑层，主要用来定义元件和导线放置的区域。此外，它还定义了 PCB 的电气边界，即定义了电路板中不能有铜膜导线穿越的区域，如电路板中的挖空区域。在设计 PCB 前，一定要先定义禁止布线层。

7）钻孔层

钻孔层包括：Drill Guide（钻孔位置层），用于标识 PCB 上钻孔的位置；Drill Drawing（钻孔绘图层），用于设定钻孔形状。

8）多层

在放置元件时，有时元件的焊盘要穿过多个工作层，在布线时需要放置穿过多个工作层的通孔，穿透式焊盘和通孔所通过的工作层都叠加在一起来显示，称为多层。

2. 图层堆栈管理器

Altium Designer 16 提供了很多工作层面，但是在设计过程中并不需要都显示出来，因为设计时用到的工作层面是有限的，只显示需要用到的工作层面就可以了。有时，在设计中又需要再添加一些中间层。诸如此类的工作都可以由 Altium Designer 16 的图层堆栈管理器来完成，在图层堆栈管理器中，可以添加、删除、移动工作层面。下面我们来介绍图层堆栈管理器，其窗口如图 6-31 所示。

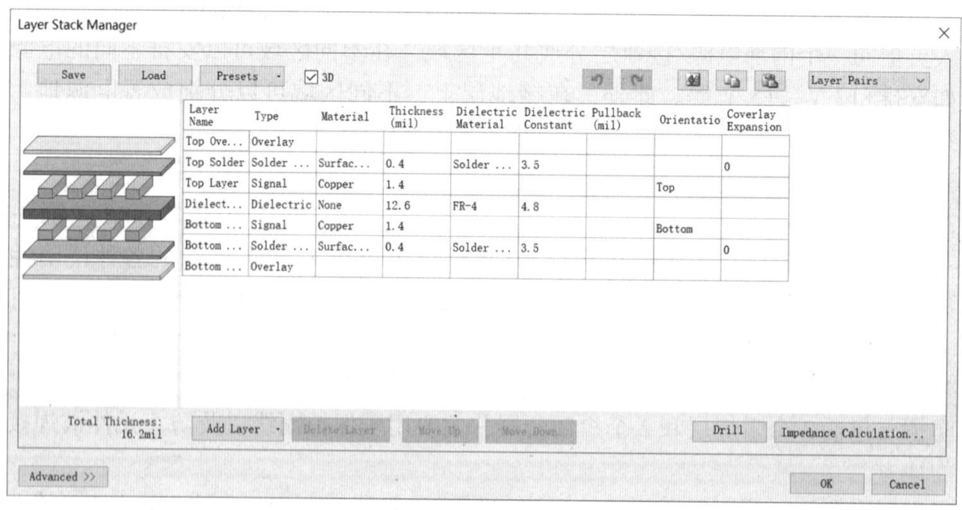

图 6-31 【Layer Stack Manager】窗口

（1）执行菜单命令【Design】/【Layer Stack Manager】，在弹出的【Layer Stack Manager】窗口中可以管理电路板的各个工作层面。

（2）单击【Layer Stack Manager】上方的【Presets▼】按钮，弹出如图 6-32 所示的菜

单。它为设计人员提供了很多电路板层样式，如 Two Layer（Plated），双面板（焊盘内孔涂铜）；Four Layer（四层板），2 个信号层和 2 个内电层；10 Layer（十层板）等，设计人员可以自行选择，而不需要再重新设计。下面以最常用的双面板为例进行介绍。

（3）单击【Layer Stack Manager】窗口下方的【Add Layer▼】按钮，弹出如图 6-33 所示的菜单。

①【Add Layer】：执行该命令，在当前电路板层中增加一个信号层。

②【Add Internal Plane】：执行该命令，在当前电路板层中增加一个内电层。

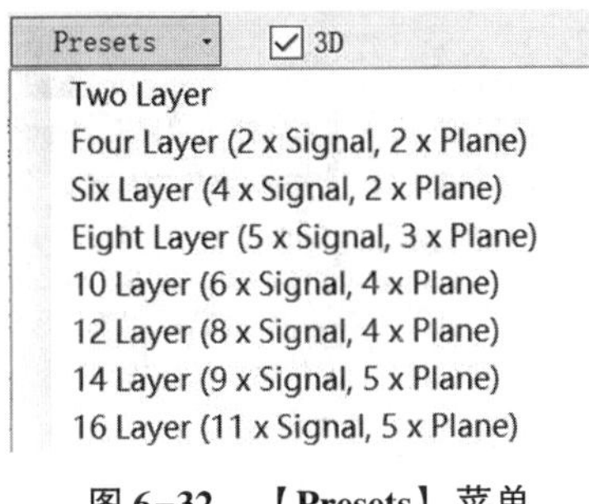

图 6-32　【Presets】菜单

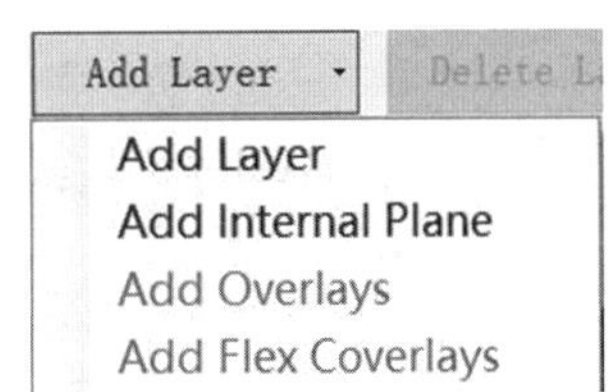

图 6-33　【Add Layer▼】菜单

（4）对于选中的电路板层可以执行以下命令。

①【Delete Layer】：执行该命令，删除在【Layer Stack Manager】窗口中选中的电路板层。

②【Move Up】：执行该命令，在【Layer Stack Manager】窗口中将选中的电路板层向上移一层。

③【Move Down】：执行该命令，在【Layer Stack Manager】窗口中将选中的电路板层向下移一层。

（5）修改材料参数。

绝缘层的编辑窗口如图 6-34 所示。其中，Material 表示绝缘材料；Thickness（mil）表示绝缘层厚度，单位为 mil；Dielectric Constant 表示绝缘系数。

Layer Name	Type	Material	Thickness (mil)	Dielectric Material	Dielectric Constant	Pullback (mil)	Orientatio	Coverlay Expansion
Top Overlay	Overlay							
Top Solder	Solder ...	Surfac...	0.4	Solder ...	3.5			0
Component Side	Signal	Copper	1.4				Top	
Dielectric 1	Dielectric	Core	10	FR-4	4.2			
Bottom Layer	Signal	Copper	1.4				Bottom	
Solder Side	Solder ...	Surfac...	0.4	Solder ...	3.5			0
Bottom Overlay	Overlay							

图 6-34　绝缘层的编辑窗口

3. 设置工作层面及颜色

进入 PCB 编辑器后，执行菜单命令【Design】/【Board Layers & Colors】或按<L>键，弹出如图 6-35 所示的【View Configurations】对话框。在【Board Layers And Colors】选项卡中可以设置当前 PCB 的工作层面及颜色。

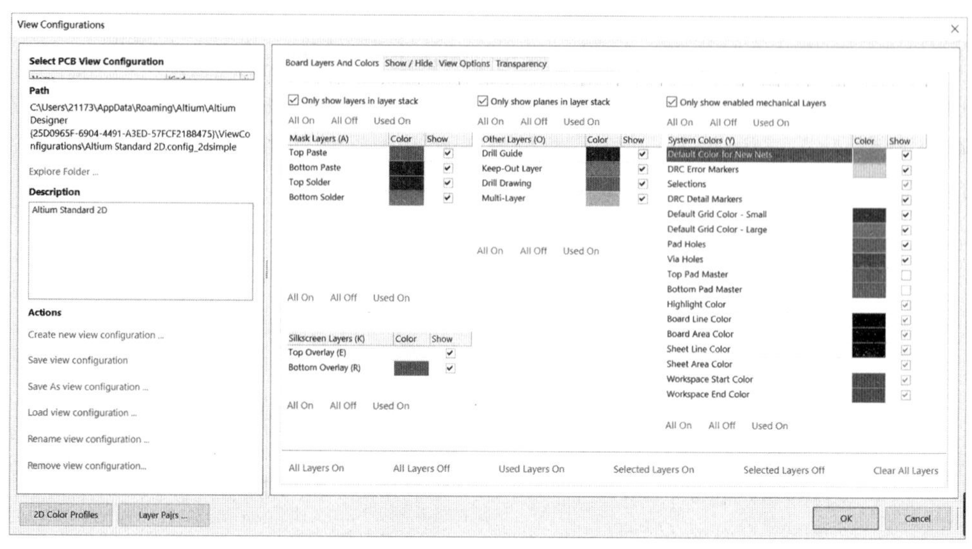

图 6-35 【View Configurations】对话框

【Board Layers and Colors】选项卡中包括6个工作板层列表设置工作区和1个系统颜色设置工作区。6个工作板层列表设置工作区分别设置PCB中要显示的工作层面以及对应的颜色，按照信号层、内部电源/地层、机械层等分类布置，每一个工作层面后面都有一个【Color】选择按钮和一个【Show】复选按钮。【Color】选择按钮对应的是每一层的颜色块，可用于设置该电路板层的颜色；【Show】复选按钮则用于设置相应的工作层面标签是否在PCB编辑器的工作平面中显示出来。

【Board Layers and Colors】选项卡中的各个按钮的意义如下。

（1）【Only show layers in layer stack】复选按钮：选中该复选按钮，则仅仅显示在图层堆栈管理器中的电路板层，因为我们设置的是双面板，所以只显示双面板所拥有的层。当不选中该复选按钮时，将显示所有的电路板层，不在图层堆栈管理器中的电路板层将以灰色显示，表示不可用。

（2）【All On】：打开图层堆栈管理器中的该类别的所有电路板层。

（3）【All Off】：关闭图层堆栈管理器中的该类别的所有电路板层。

（4）【Used On】：显示图层堆栈管理器中常用的该类别的电路板层。

（5）【All Layers On】：打开显示图层堆栈管理器中的所有类别的所有电路板层。

（6）【All Layers Off】：关闭图层堆栈管理器中的所有类别的所有电路板层。

（7）【Used Layers On】：显示图层堆栈管理器中常用的所有类别的电路板层。

（8）【Selected Layers On】：打开图层堆栈管理器中的所有选择的电路板层。

（9）【Selected Layers Off】：关闭图层堆栈管理器中的所有选择的电路板层。

（10）【Clear All Layers】：撤销电路板层的选择状态。

【System Colors（Y）】列表框中主要选项的意义如下。

（1）【Default Color for New Nets】：用于设置飞线层，显示PCB上网络的电气连接关系，它在手工布线时能起到非常重要的作用，在设计时建议显示。

（2）【DRC Error Markers DRC】：用于显示违反DRC设计规则的错误信息，若关闭该层，则在电路板上不显示DRC错误标志，但是系统仍然进行DRC校验。

(3)【Selections】：用于设置被选中图元的覆盖颜色。
(4)【Pad Holes】：用于设置是否在电路板上显示焊盘内孔。
(5)【Via Holes】：用于设置是否在电路板上显示过孔内孔。
(6)【Highlight Color】：用于设置高亮显示的颜色。
(7)【Board Line Color】：用于设置 PCB 边框的颜色。
(8)【Board Area Color】：用于设置 PCB 内区域的颜色。
(9)【Sheet Line Color】：用于设置 PCB 编辑器的图纸边框的颜色。
(10)【Sheet Area Color】：用于设置 PCB 编辑器的图纸区域的颜色。
(11)【Work space Start Color】：用于设置 PCB 编辑器工作区的开始颜色。
(12)【Work space End Color】用于设置 PCB 编辑器工作区的结束颜色。

提示：

在设置 PCB 的工作层面和颜色时，虽然 Altium Designer 16 为设计人员提供了很多选项，但是为了 PCB 的通用性，满足标准化的要求，方便工程技术人员之间的交流，设计人员应采用系统默认的颜色设置，或者采用 Classic 颜色设置，公司或客户有特殊的要求除外。

在【Show/Hide】选项卡中可以设置各种图元对象的显示模式。每种图元对象有 3 种显示模式，分别是 Final（精细显示模式）、Draft（简单显示模式）和 Hidden（隐藏模式），如图 6-36 所示。

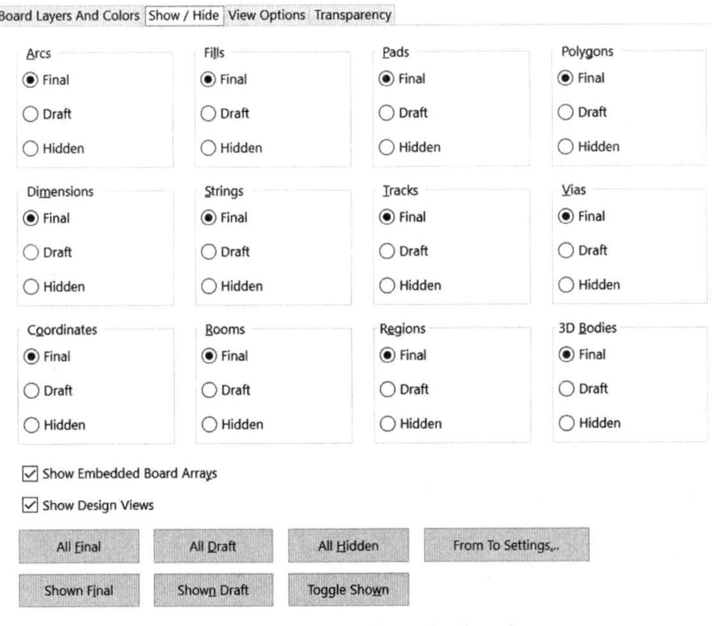

图 6-36　【Show/Hide】选项卡

6.3.2　工作参数设置

1. 图纸参数设置

在 PCB 编辑器中，右击工作区任意位置，选择【Options】/【Board Options】命令，将会弹出如图6-37所示的对话框，在该对话框中可进行PCB板图纸参数的设置。

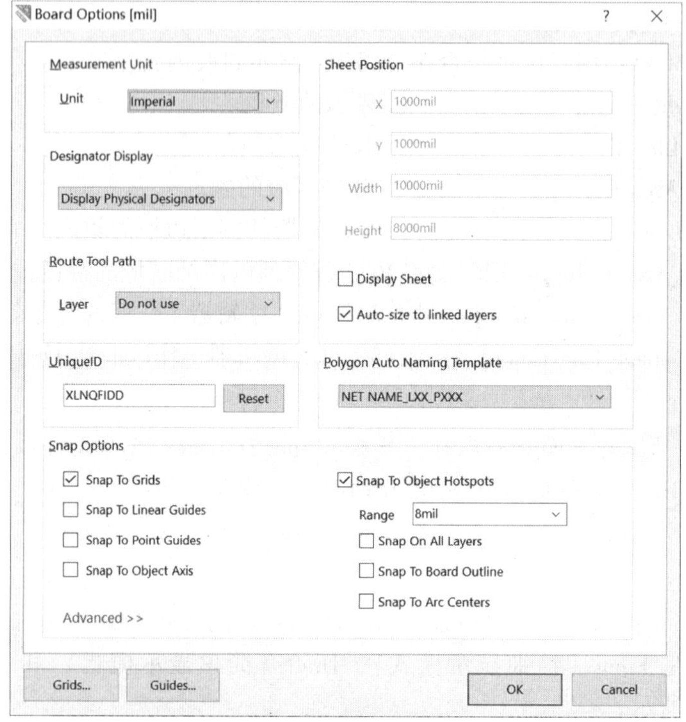

图6-37 【Board Options［mil］】对话框

1）【Measurement Unit】选项组

【Measurement Unit】选项组用来设置当前设计文件中，印制电路板采用的单位，单击【Unit】下拉列表可以选择英制（Imperial）单位和公制（Metric）单位。一般采用英制单位mil。

2）【Designator Display】选项组

【Designator Display】选项组为元件序号显示选项组：用来设置元件序号的显示方式：Display Physical Designators是按物理方式显示，Display Logical Designators是按逻辑方式显示。

3）【Sheet Position】选项组

【Sheet Position】选项组用来设置PCB图纸的位置，具体功能如下。

（1）【X】、【Y】文本框：用来设置PCB图纸左下角起始点的坐标值。

（2）【Width】、【Height】文本框：用来设置PCB图纸的宽度和高度。

（3）【Display Sheet】复选按钮：用于设置是否在PCB编辑器中显示图纸。

（4）【Auto-size to linked layers】复选按钮：用来设置是否锁定PCB的图纸。

2. PCB优先选项

PCB优先选项主要用于设置PCB文件编辑时的一系列参数，以方便设计人员的操作，同时软件允许设计人员对这些功能进行设置，使其更符合自己的操作习惯。对于一般的设计人员来说，建议采用系统默认设置。

执行菜单命令【Tools】/【Preferences】，或者右击当前PCB文件，在弹出的快捷菜单中选择【Options】/【Preferences】命令，系统弹出如图 6-38 所示的【Preferences】对话框。该对话框中主要包括【General】、【Display】、【Defaults】和【PCB Legacy 3D】等选项卡。

（1）【General】选项卡：用于进行 PCB 编辑时的通用设置。

（2）【Display】选项卡：用于设置所有有关工作区显示的方式。

（3）【Defaults】选项卡：用于设置 PCB 编辑器中每个图元对象的默认值。

（4）【PCB Legacy 3D】选项卡：用于设置 PCB 3D 模型的参数。

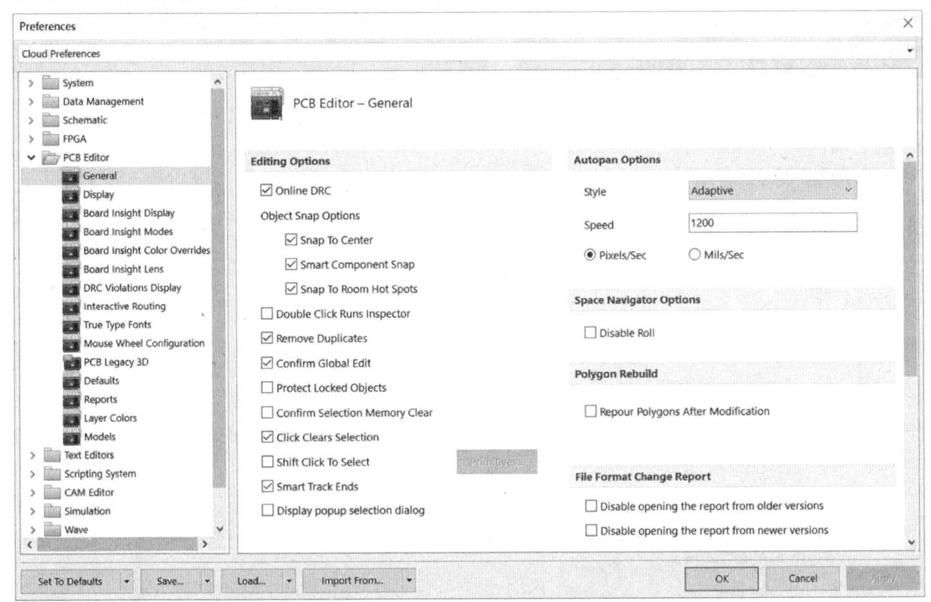

图 6-38　【Preferences】对话框

6.3.3　电路板的规划

在设计 PCB 前，首先要在 PCB 编辑器中规划好电路板，即设置 PCB 的物理边界和电气边界。物理边界是指一块 PCB 的实际物理尺寸，而电气边界是指在 PCB 上可以布线和放置元件的区域。电气边界的尺寸一般要小于物理边界，也可与物理边界相同，只有设置了电气边界才能进行自动布局和自动布线。

1. 规划 PCB 的物理边界

在 PCB 编辑器中，确定电路板物理边界的具体步骤如下。

（1）单击 PCB 编辑器工作窗口下面的 **Mechanical 1** 标签，将当前图层转换到机械层【Mechanical 1】。

（2）单击实用工具栏中的 按钮或执行菜单命令【Place】/【Line】，进入绘制直线状态，此时光标变为“十”字形。

（3）在状态栏的左边可以看到当前光标的坐标，设计人员可以在移动光标的同时观察坐标值。执行菜单命令【Edit】/【Jump】/【New Location】，或者按<E>/<J>/<L>键，依次输入四个点的坐标值：(2000，2000)、(5500，2000)、(5500，3500)、(2000，3500)，每输完一个点的坐标，按<Enter>键，双击确定一个点，再输入下一个点坐标，直到最后连接成一个闭合的矩形。输入点的坐标的【Jump To Location［mil］】对话框如图 6-39 所示，绘制完成的物理边界如图 6-40 所示。右击工作区任意位置退出绘制直线状态。

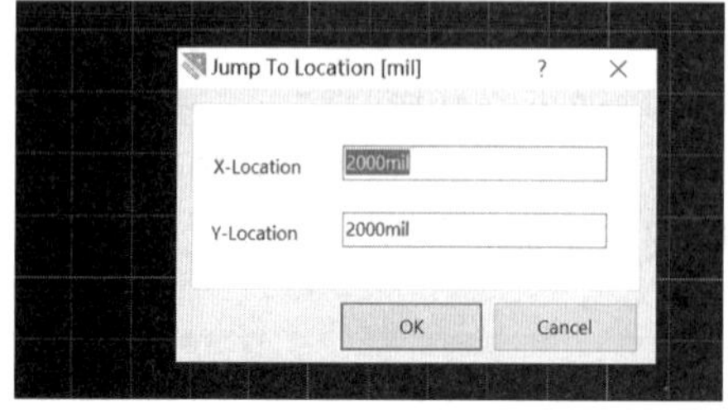

图 6-39 【Jump To Location［mil］】对话框

图 6-40 绘制完成的物理边界

2. 规划 PCB 的外形

PCB 的外形可以根据实际需要来进行设计，一般我们将物理边界设置成电路板外形，单击菜单命令【Design】/【Board Shape】，即可弹出如图 6-41 所示的子菜单，各子菜单中最常用的是【Define from selected objects】子菜单，其作用是根据选定的对象定义，执行该命令后，系统将根据选中的对象自动设定电路板的外形。

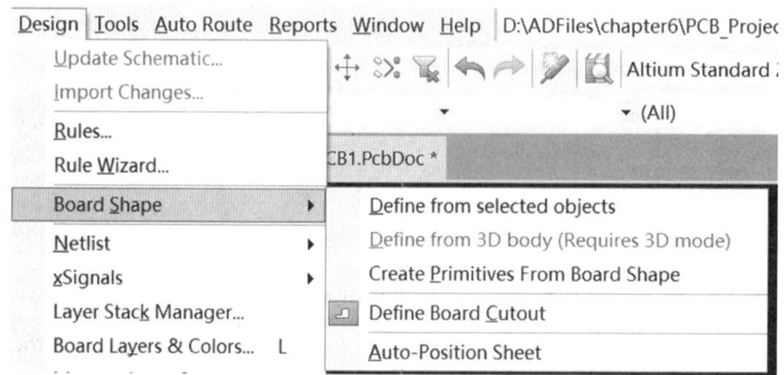

图 6-41 设置电路板外形

3. 规划 PCB 电气边界

电气边界的设定是在禁止布线层上完成的。规划电气边界的方法与规划物理边界的方法完全相同，这里不再重复介绍。

4. 放置焊盘

根据 PCB 的安装要求，在放置固定安装孔的位置上需要放上适当大小的焊盘来进行标记。焊盘的大小要根据所使用的螺钉直径来判断，如 3 mm 的螺钉可以采用 4 mm 的焊盘来进行标识。具体步骤如下。

（1）单击 PCB 编辑器工作窗口下面的图层标签【Multi Layer】。

（2）执行菜单命令【Place】/【Pad】，或者使用【Wiring】工具栏中的焊盘放置按钮，进入放置焊盘状态，按<Tab>键弹出焊盘属性对话框，设置焊盘参数。

（3）焊盘参数设置完成后，移动光标在 PCB 板的适当位置单击即可放置一个焊盘，依次布置好 1～4 号焊盘，如图 6-42 所示

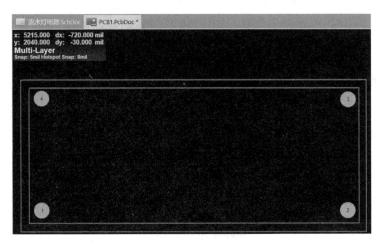

图 6-42 放置焊盘

6.4 导入元件和网络报表

导入元件和网络报表就是从原理图更新 PCB 图，是将原理图中的元件和导线转换成 PCB 中的元件封装和网络的操作，导入前先要对每个元件确定合适的封装。

6.4.1 装入元件封装

在原理图中的元件符号更新成 PCB 中的元件封装前，应对电路中的元件实物有充分地了解，必要时要采用游标卡尺进行实际测量。此外，还要检查原理图中的每个元件的封装是否是我们所需的，如果不是或者没有封装，需重新添加。具体操作如下。

（1）双击原理图中的电容 C_3，发现在弹出的对话框中，编辑器默认的封装为“RAD-0.3”，不是我们所需的封装，如图 6-43 所示。

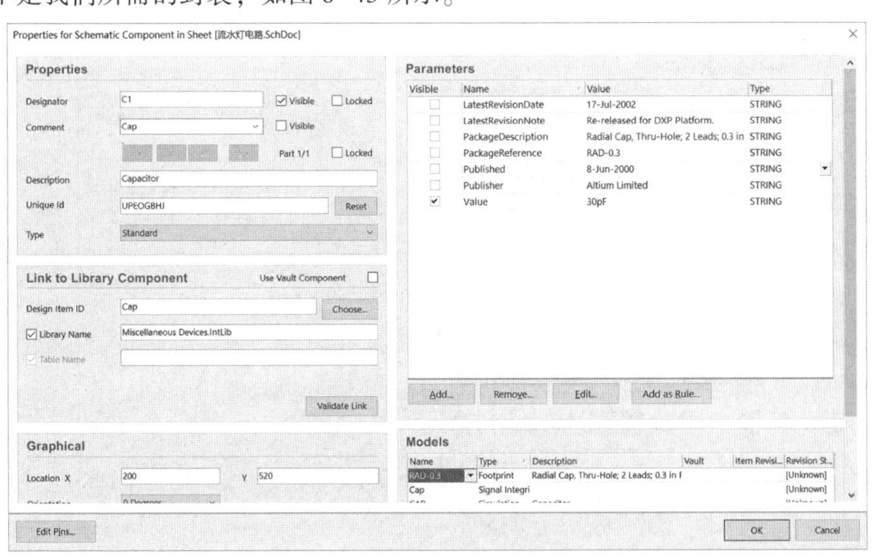

图 6-43 【Properties for Schematic Component in Sheet [流水灯电路.SchDoc]】对话框

（2）单击【Edit】按钮即可看到“RAD-0.3”封装的模型图，如图 6-44 所示，这不符合实际使用的要求，必须换一个合适的封装。

（3）单击【Cancel】按钮，回到图 6-43 所示的对话框，单击【Add】按钮，弹出图 6-45 所示的【Add New Model】对话框，选择“Footprint”封装模型类型后单击【OK】按钮，进入图 6-44 所示的【PCB Model】对话框。

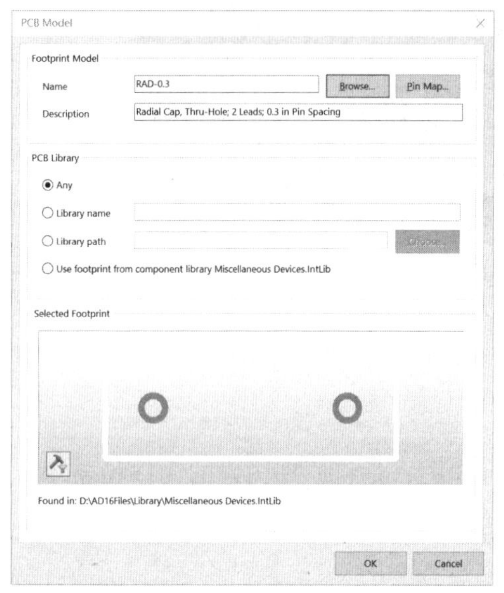

图 6-44 【PCB Model】对话框

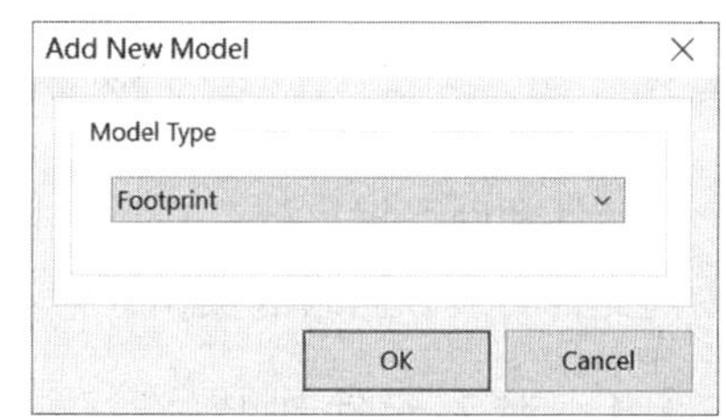

图 6-45 【Add New Model】选择对话框

（4）单击【Browse...】按钮，弹出【Browse Libraries】对话框，单击【Libraries】下拉列表框，在 Miscellaneous Devices. IntLib 封装库中选定封装“RB7.6-15”，如图 6-46 所示。如所需的元件封装在集成库文件未加载，则需搜索封装，单击【Find...】按钮，打开【Libraries Search】对话框，如图 6-47 所示，在【Value】输入栏中输入封装名称后，单击左下方的【Search】按钮即可搜索添加。

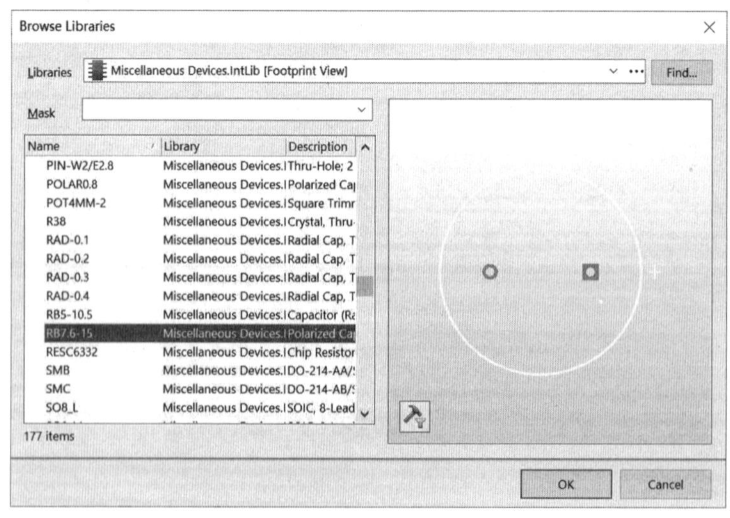

图 6-46 【Browse Libraries】对话框

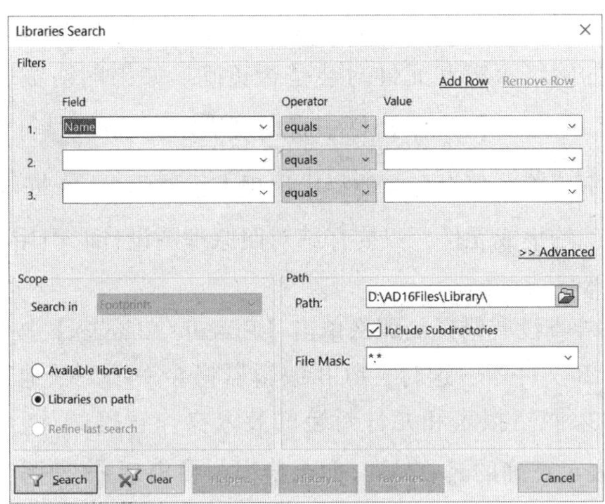

图 6-47 【Libraries Search】对话框

(5) 在搜索结果窗口中单击【OK】按钮，回到【PCB Model】对话框，再单击【OK】按钮，回到【Properties for Schematic Component in Sheet［流水灯电路.SchDoc］】对话框，再单击【OK】按钮，即完成更改电容 C1 的元件封装。其他元件封装的更改与此一致。全部封装更换好后，保存原理图。

6.4.2 加载网络报表

Altium Designer 16 为设计人员提供了两种加载网络报表的方法。

1. 利用 PCB 编辑器中的【Design】菜单命令来载入元件和网络报表

利用 PCB 编辑器中的【Design】菜单命令导入元件和网络报表的具体操作步骤如下。

(1) 新建一个 PCB 项目，在该项目中添加或新建原理图文件“流水灯电路.SchDoc”，绘制完成后编译通过，再向项目中添加新建的 PCB 文件“流水灯电路.PcbDoc”，将会启动 Altium Designer 16 的 PCB 编辑器，保存该 PCB 文件。

(2) 执行菜单命令【Design】/【Import Changes From】后，会弹出如图 6-48 所示的对话框。

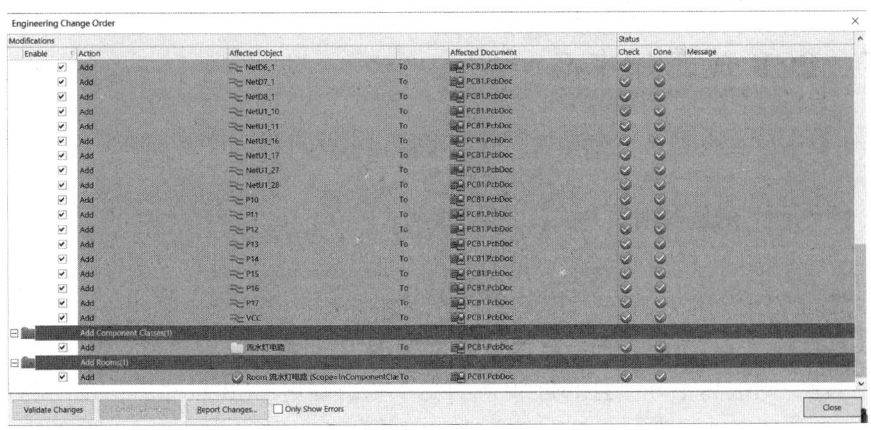

图 6-48 【Engineering Change Order】对话框

（3）单击【Validate Changes】按钮可以检查即将加载到 PCB 编辑器中的文件“流水灯电路.PcbDoc”中的网络报表和元件封装是否正确。如果网络报表和元件封装检查正确，那么【Status】区域中的【Check】栏中将出现表示正确的✅符号；如果网络报表和元件封装的装入操作不正确，那么相应的栏中出现表示错误的❎符号。出现❎符号的原因大多是没有装载正确的集成元件，只要仔细对照原理图设计时引用的各个元件库，基本上可以将错误改正过来。

（4）如果上面的检查没有错误，那么单击【Execute Changes】按钮就可以将网络报表和元件封装加载到 PCB 文件中。这时，PCB 编辑器将会一项一项地执行网络报表和元件封装的装入操作。如果网络报表和元件封装的装入操作正确的话，【Status】区域中的【Done】栏中将出现表示正确的✅符号；如果错误，将出现❎符号。如果网络报表和元件封装的装入操作都没有错误，那就实现了从原理图向 PCB 图的更新。

（5）单击【Close】按钮关闭【Engineering Change Order】对话框，这时可以看到网络报表和元件封装已经载入当前的“流水灯电路.PcbDoc”文件中了，如图 6-49 所示。

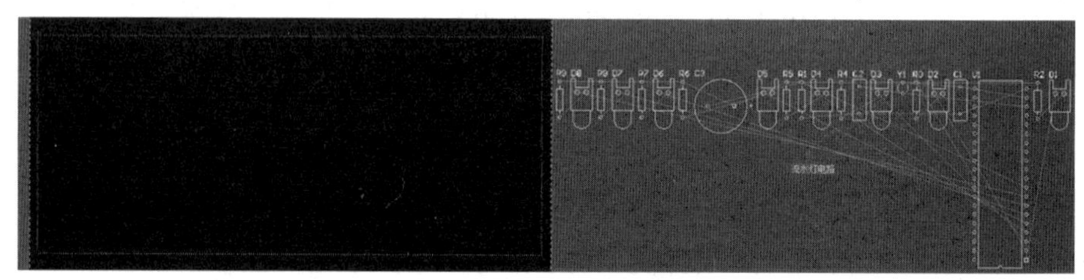

图 6-49　完成元件和网络报表的载入

2. 利用原理图编辑器中的【Design】菜单命令来载入元件和网络报表

与利用 PCB 编辑器中的【Design】菜单命令载入元件和网络报表的过程几乎一样，执行原理图编辑器菜单命令【Design】/【Update PCB Document 流水灯电路.PcbDoc】，将同样弹出图 6-48 所示的【Engineering Change Order】对话框，其余步骤与上面所述完全一致。

6.5　PCB 的元件布局

元件布局不仅会影响 PCB 的美观，还会影响电路的性能。

6.5.1　元件布局规则

1. PCB 尺寸大小

若 PCB 尺寸过大，则印制线条长，阻抗增加，抗噪声能力下降，成本也增加；若 PCB 尺寸过小，则散热不好，且邻近线条易受干扰。确定 PCB 尺寸后，按结构要素布置安装孔、连接器等需要定位的元件，并给这些元件赋予不可移动属性，按工艺设计规范的要求进行尺寸标注。最后，根据电路的功能单元，对电路的全部元件进行布局。

2. 物理要求

元件布局的物理要求如下。

（1）开关、电源、连接器、USB、串口等尽量放置在电路板的边缘，便于连接外部单元。

（2）电位器、可调电感线圈、可变电容器、微动开关等可调元件的布局应考虑整机的结构要求。若是机内调节，应放在 PCB 上方便调节的地方；若是机外调节，其位置要与调节旋钮在机箱面板上的位置相适应。

（3）元件的排列要便于调试和维修，即小元件周围不能放置大元件、需调试的元件周围要有足够的空间。

（4）相同结构电路部分，尽可能采用“对称式”标准布局；同类型插装元件在 X 或 Y 方向上应朝一个方向放置；同一种类型的有极性分立元件也要力争在 X 或 Y 方向上保持一致，便于生产和检验。

（5）质量超过 15 g 的元件，应当用支架加以固定，然后焊接。那些又大又重、发热量多的元件，不宜装在 PCB 上，而应装在整机的机箱底板上，且应考虑散热问题。

3. 电气要求

元件布局的电气要求如下。

（1）遵照“先大后小，先难后易”的布局原则，即重要的单元电路、核心元件应当优先布局。

（2）布局中应参考原理框图，根据单板的主信号流向规律安排主要元件的布局。

（3）围绕每个功能电路的核心元件来进行布局。元件应均匀、整齐、紧凑地排列在 PCB 上。尽量减少和缩短各元件之间的引线和连接。

（4）总的连线尽可能短，关键信号线最短；去耦电容的布局要尽量靠近 IC 的电源管脚，并使之与电源和地之间形成的回路最短。

（5）高电压、大电流的强信号与低电压、小电流的弱信号完全分开；模拟信号与数字信号分开。

（6）尽可能缩短高频元件之间的连线，设法减少它们的分布参数和相互间的电磁干扰。易受干扰的元件不能相互挨得太近，输入和输出元件应尽量远离，避免回路耦合。

（7）发热元件一般应均匀分布，以利于单板和整机的散热；热敏元件应远离发热元件。除了温度传感器，三极管也属于对热敏感的器件。

（8）元件离电路板边缘一般不小于 2 mm。电路板的最佳形状为矩形，长宽比为 3∶2 或 4∶3。

（9）输入、输出端用的导线应尽量避免相邻平行。最好加线间地线，以免发生反馈耦合。

（10）用于阻抗匹配的元件的布局，要根据其属性合理布置。

6.5.2 自动布局

在 PCB 编辑环境下，执行菜单命令【Tools】/【Component Placement】/【Auto Placer】，弹出【Auto Place】对话框，如图 6-50 所示。

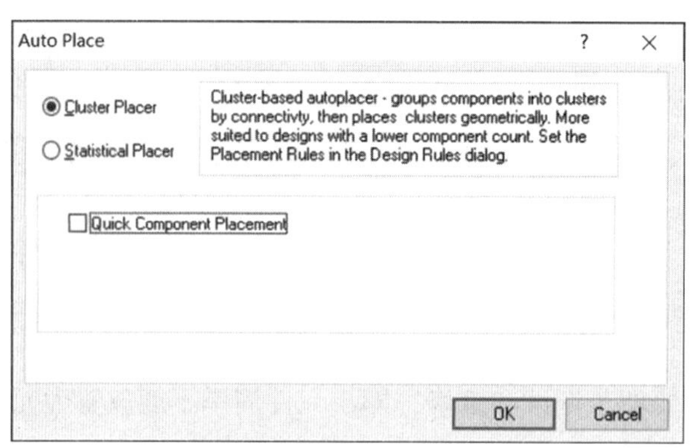

图 6-50 【Auto Place】对话框

【Auto Place】对话框中提供了两种自动布局的方式，每种方式均采用不同的计算、优化元件位置的方法。

1）【Cluster Placer】布局方式

【Cluster Placer】布局方式是分组布局，即根据元件之间的连接关系将元件划分成组，并以布局面积最小为基准进行布局，这种布局方式适合元件数量较少的电路板。

分组布局中有【Quick Component Placement】复选按钮，选中此按钮可以使用快速模式，在快速模式中忽略了优化过程。

2）【Statistical Placer】布局方式

【Statistical Placer】布局方式是统计式布局，即以元件之间连接长度最短为标准进行布局，适合于元件数目比较多的电路板。选择【Statistical Placer】布局方式后，对话框中的说明及设置将随之改变，如图 6-51 所示。

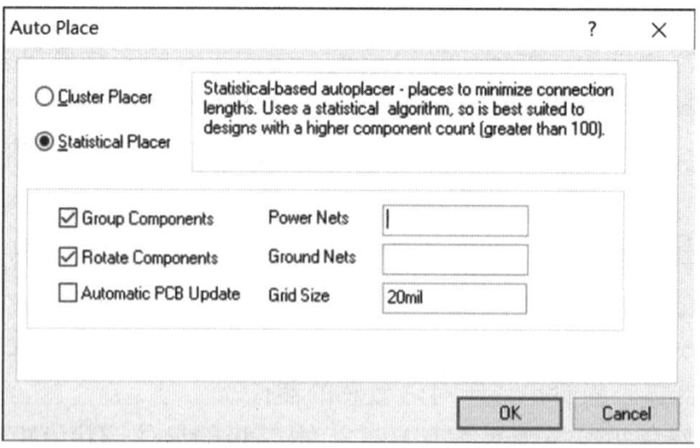

图 6-51 选择【Statistical Placer】的【Auto Place】对话框

【Statistical Placer】布局方式各选项功能如下。

（1）【Group Components】：将当前布局中连接密切的元件组成一组。

（2）【Rotate Components】：布局时可对元件进行旋转调整。

（3）【Automatic PCB Update】：在布局中自动更新 PCB 板。

（4）【Power Nets】：定义电源网络的名称。

（5）【Ground Nets】：定义接地网络的名称。

（6）【Grid Size】：设置网格大小。

自动布局一般会将元件重叠到一起，所以经常采用手动布局。

6.5.3　手动布局

手动布局就是通过移动、旋转元件，将元件移动到电路板内合适的位置，再对相邻同类型的元件进行排列，使电路的布局更合理，同时注意删除 Room。

1. 移动元件

移动元件就是拖动选中的元件到适当位置，也可执行菜单命令【Edit】/【Move】，对元件进行各种移动操作。

2. 旋转元件

与旋转原理图中元件一样，选取要旋转的元件封装，按住左键的同时按<Space>键，就能将元件封装逆时针旋转 90°；按住左键的同时，按<X>键、<Y>键，可分别对元件封装进行水平、垂直方向的翻转。

3. 排列元件

为了美观，需要将元件封装排列整齐，焊盘移到电气格点上，相邻同类型的元件水平或垂直对齐。排列元件可以通过使用前面介绍的实用工具栏中的对齐工具来实现；也可以通过执行菜单命令【Edit】/【Align】来实现。

4. 调整元件标注

可以选中元件标注，移动到适当位置；也可以双击元件标注，在弹出的对话框中调整标注内容、字体。

6.6　PCB 的布线

在 PCB 设计过程中，布线是最为重要的一个环节。在布线之前熟悉 PCB 布线规则是必要的。

布线操作根据布线所在的板层分为单面布线、双面布线和多层布线。布线的方法分为自动布线和手动布线，自动布线是系统根据事先设定的规则自动完成所有布线；手动布线是设计人员根据飞线之间的连接关系来手动绘制导线。通常是采用两者结合的方式，即在布线前期采用手动布线完成重要导线的连接，然后采用自动布线完成其他导线的连接，最后通过手动方式修改不合理的导线连接，从而完成 PCB 的布线操作。

6.6.1　布线规则

布线规则如下。

（1）线长能短则不要长，线宽能粗则不要细。

（2）地线宽度>电源线宽度>信号线宽度，如地线 30 mil，电源线 20 mil，信号线 10 mil。

（3）避免直角，采用 45°折线布线，涉及阻抗突变和信号完整性问题。

（4）相邻两个信号层的导线应互相垂直、斜交走线，避免平行时产生寄生耦合。

（5）输入和输出线应避免相邻平行，以免发生反馈耦合及干扰，不能避免时应加地线隔离。

(6) 时钟振荡电路下面、特殊高速逻辑电路部分要加大地的面积，而不应该走其他信号线，以使周围电场趋近于零。

(7) 同方向信号线应尽量减小平行走线距离。

(8) 模拟信号线、数字信号线分开走线，以免互相干扰。模拟地线、数字地线分开，在电源地部分连接。数字地通过 0 Ω 电阻、磁珠等与电源地连接。

6.6.2　自动布线

自动布线是在 PCB 编辑器内根据设计人员设定的电气规则和布线规则，依照一定的拓扑算法，按照事先生成的网络自动在各个元件之间进行连线，从而完成 PCB 的布线工作。

自动布线规则的设置方法见第 7 章，本节全部采用默认设置。

所有的自动布线命令全部在 PCB 编辑器的主菜单项【Auto Route】中，包括对全部对象、网络、元件、指定区域的自动布线命令。本节以对全部对象自动布线为例，详细介绍自动布线操作。具体步骤如下。

(1) 执行菜单命令【Auto Route】/【All】，弹出如图 6-52 所示的【Situs Routing Strategies】对话框。

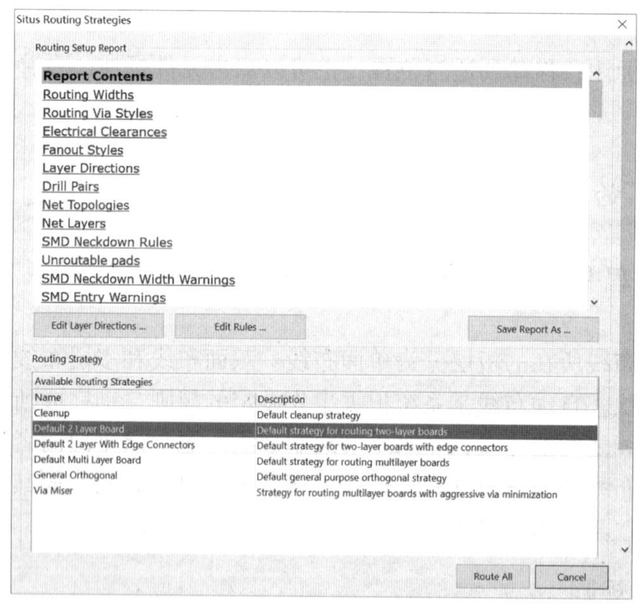

图 6-52　【Situs Routing Strategies】对话框

(2) 单击【Edit Layer Directions...】按钮，弹出如图 6-53 所示的【Layer Directions】对话框，在该对话框可以选择自动布线时各层的布线方向。一般相邻两层的导线要相互垂直，即一层为水平布线，另外一层为垂直布线。由于本例中的 PCB 为双面板，只有顶层和底层，因此【Top Layer】选择“Horizontal”（水平布线），【Bottom Layer】选择“Vertical”（垂直布线）。单击【Current Setting】项下面的下拉列表框，对【Top Layer】选择水平布线，对【Bottom Layer】选择垂直布线。

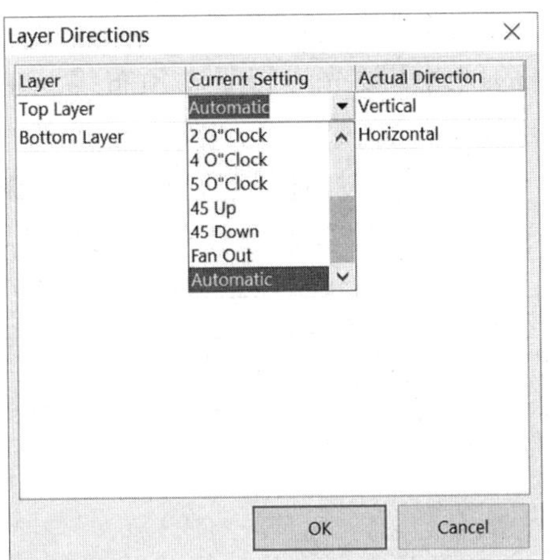

图 6-53 【Layer Directions】对话框

（3）单击【OK】按钮回到图 6-52 所示的对话框，再单击【Edit Rules...】按钮进入【PCB Rules and Constraints Editor】对话框，进行 PCB 规则设置，如图 6-54 所示。本节采用默认设置。

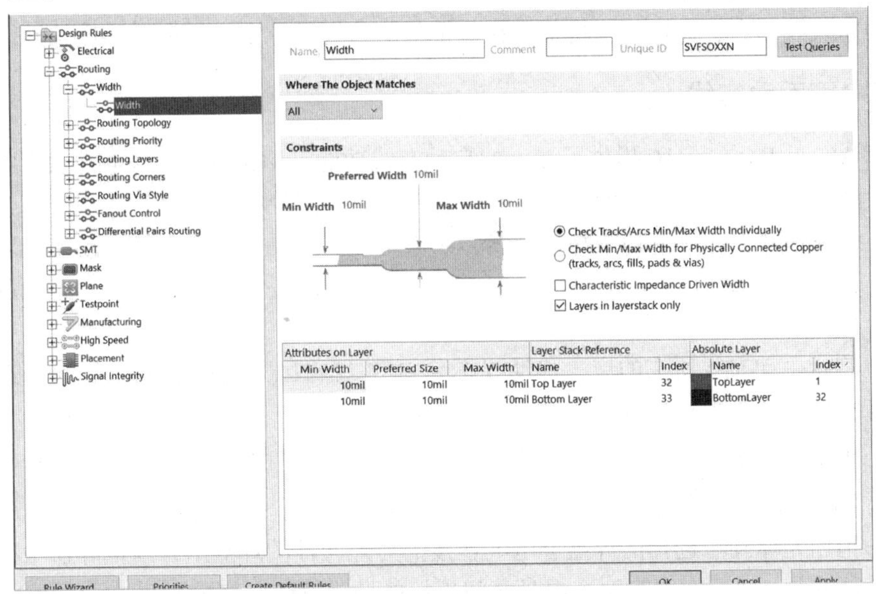

图 6-54 【PCB Rules and Constraints Editor】对话框

（4）设计人员可以添加并修改自动布线策略，一般采用默认设置即可。【Situs Routing Strategies】对话框中默认的布线策略有 6 种。

①Cleanup：默认优化的布线策略。

②Default 2 Layer Board：默认的双面板布线策略。

③Default 2 Layer With Edge Connectors：默认的边界有连接器的双面板布线策略。

④Default Multi Layer Board：默认的多层板布线策略。

⑤General Orthogonal：常规正交布线策略。

⑥Via Mise：过孔最少化布线策略。

（5）在【Situs Routing Strategies】对话框中选择【Lock All Pre-routes】复选按钮锁定全部预布线。有些比较重要的网络需要先进行手动预布线，在自动布线时选中该复选按钮，可以防止预布线被重新布线。

（6）在【Situs Routing Strategies】对话框中单击【Route All】按钮即可根据自动布线器策略和自动布线规则设置对 PCB 进行自动布线。在自动布线的过程中，软件弹出【Messages】工作面板，显示自动布线的状态信息，如图 6-55 所示。

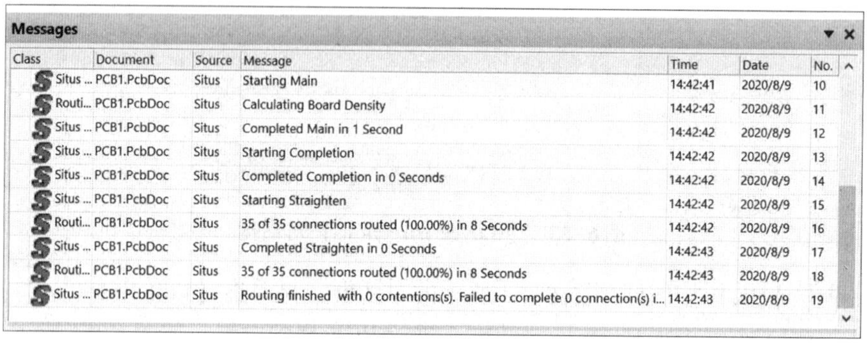

Messages

Class	Document	Source	Message	Time	Date	No.
Situs ...	PCB1.PcbDoc	Situs	Starting Main	14:42:41	2020/8/9	10
Routi...	PCB1.PcbDoc	Situs	Calculating Board Density	14:42:42	2020/8/9	11
Situs ...	PCB1.PcbDoc	Situs	Completed Main in 1 Second	14:42:42	2020/8/9	12
Situs ...	PCB1.PcbDoc	Situs	Starting Completion	14:42:42	2020/8/9	13
Situs ...	PCB1.PcbDoc	Situs	Completed Completion in 0 Seconds	14:42:42	2020/8/9	14
Situs ...	PCB1.PcbDoc	Situs	Starting Straighten	14:42:42	2020/8/9	15
Routi...	PCB1.PcbDoc	Situs	35 of 35 connections routed (100.00%) in 8 Seconds	14:42:42	2020/8/9	16
Situs ...	PCB1.PcbDoc	Situs	Completed Straighten in 0 Seconds	14:42:43	2020/8/9	17
Routi...	PCB1.PcbDoc	Situs	35 of 35 connections routed (100.00%) in 8 Seconds	14:42:43	2020/8/9	18
Situs ...	PCB1.PcbDoc	Situs	Routing finished with 0 contentions(s). Failed to complete 0 connection(s) i...	14:42:43	2020/8/9	19

图 6-55　【Messages】工作面板

自动布线效率高、速度快，特别是在复杂的电路板设计中更能体现其优越性。

6.6.3　手动布线

尽管 Altium Designer 16 提供了强大的自动布线功能，但是自动布线时总会存在一些令人不满意的地方，尤其是在电路板比较复杂的时候。为了使得布线更加美观合理，就需要在自动布线的基础上进行手动调整。当然，如果用户不需要系统提供的自动布线功能，也可以直接采用手动布线的方法对电路板进行布线。以双面板布线为例，手动布线的操作步骤如下。

（1）确定手动布线所在的层，移动光标到 PCB 编辑区下的板层显示栏上，选择布线所在的信号层，如【Top Layer】。

（2）单击配线工具栏中的放置导线按钮，光标将变成“十”字形，移动光标到元件的焊盘上，焊盘中心出现一个八边形，单击选中该焊盘，同时电路变暗。

（3）拖动光标到与选择的焊盘有电气连接的另外元件的焊盘上，当该焊盘中心出现八边形时，先单击，然后右击，两个焊盘之间连接的导线就绘制完成了。

（4）两焊盘之间的导线绘制完成后，光标仍为“十”字形状，此时可按照同样的方法绘制其他导线。完成顶层的导线绘制后，最后右击或者按<Esc>键退出导线放置命令。

（5）按照同样的绘制方法绘制底层的电气连接导线。

对于双面板来说，如果在布线过程中，出现无法走线的情况时，则可通过设置过孔到另外一层去布线。在执行导线放置命令的同时，按< * >键，即可以完成该操作。

6.6.4　取消布线

执行菜单命令【Tool】/【Un-Route】，弹出取消布线的菜单选项，如图 6-56 所示。通过这些菜单选项可以拆除 PCB 板上不满意的布线。

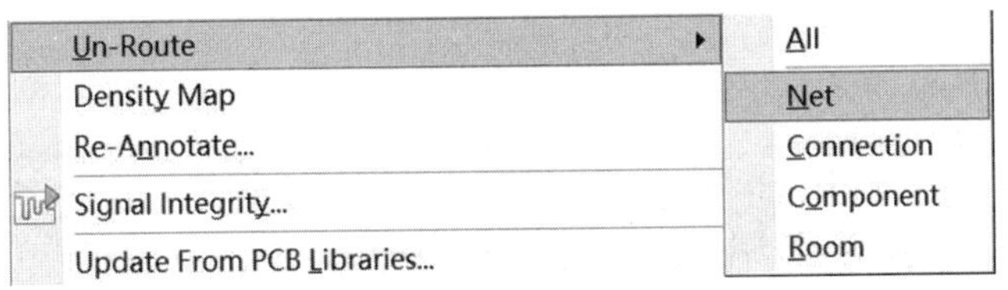

图 6-56　取消布线命令

取消布线有 5 个菜单选项，可分别对电路板上的所有导线、指定网络、指定连接、指定元件和指定空间进行拆线操作。拆除电路板上所有导线的操作很简单，只要执行菜单命令【Tool】/【Un-Route】/【All】即可。拆除指定网络的导线时，需要执行菜单命令【Tool】/【Un-Route】/【Net】，此时光标变为“十”字形。移动光标到连接元件的网络上单击即可拆除该网络下元件引脚之间的连线。此时，光标仍处于拆线状态，可以继续拆除其他的连接，完成后右击工作区任意位置即可退出拆线状态。

6.7　PCB 的放置工具

在 PCB 的制作过程中，PCB 编辑器为设计人员提供了功能十分强大的各种放置工具，其中最为经常放置的电气对象是元件、导线、焊盘和过孔。本节将详细介绍元件、导线、焊盘和过孔等电气对象的放置操作和它们的属性设置操作。

6.7.1　放置方法

在 Altium Designer 16 的 PCB 编辑器中，进行各种放置操作的方法有以下 3 种。

1）利用配线工具栏进行放置操作

执行菜单命令【View】/【Toolbars】/【Wiring】，就可以打开相应的配线工具栏进行各种放置操作。

2）利用菜单命令进行放置操作

在 PCB 编辑器中，放置工具栏中的大多数按钮的功能也可以通过执行菜单命令【Place】中的各个对应菜单命令来实现。

3）利用菜单选项快捷键进行放置操作

菜单选项快捷键是指按下菜单选项对应的快捷键来进行操作。例如，<P>键和<L>键为菜单命令【Place（P）】/【Line（L）】的快捷键，依次按下两个键即为利用快捷键放置导线的操作。

6.7.2　放置对象

1. 放置导线

放置导线的具体操作已在 6.6.3 节介绍，这里不再重复，只介绍导线属性。

在放置导线的过程中，设计人员同时按下<Shift>键和<Space>键使导线在任意角度模式、90°模式和 45°模式之间进行切换。

在绘制导线的过程中，设计人员可以对导线属性进行编辑，在光标处于绘制导线状态时按下<Tab>键即可打开如图 6-57 所示的【Interactive Routing For Net［NetC2_2］［mil］】

对话框。

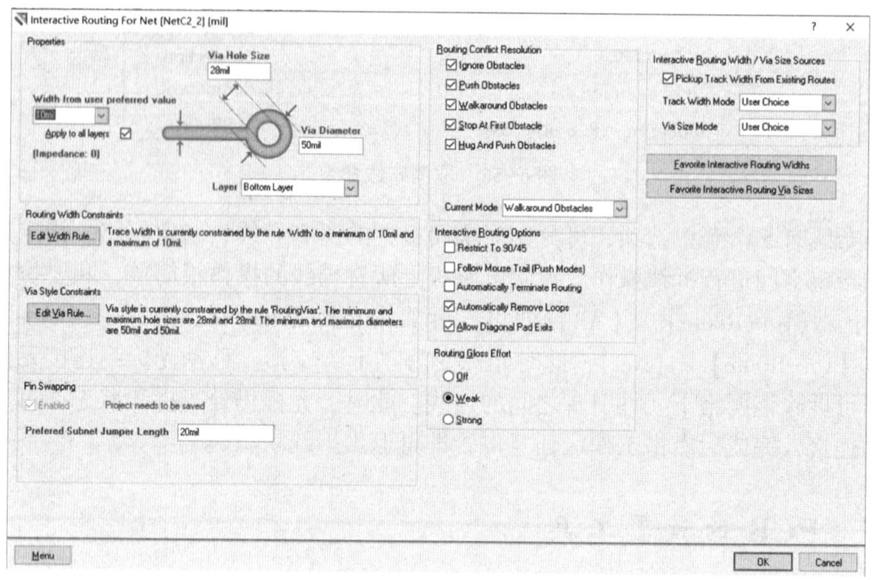

图 6-57 【Interactive Routing For Net [NetC2_2] [mil]】对话框

【Properties】选项组用于设置连线和过孔的属性。其中，【Width from user preferred value】下拉列表框用于设置连线的宽度；【Via Hole Size】和【Via Diameter】文本框用来设置与该连线相连的过孔的外径和内径；【Layer】下拉列表框用来设置当前布线的 PCB 板层。

【Routing Width Constraints】选项组下的【Edit Width Rule...】按钮用于设置线宽规则参数。

【Via Style Constraints】选项组下的【Edit Via Rule...】按钮用于设置过孔规则参数。

【Menu】按钮用于打开设置设计规则参数的下拉菜单。

在绘制好导线之后，双击导线可以打开如图 6-58 所示的【Track [mil]】对话框。

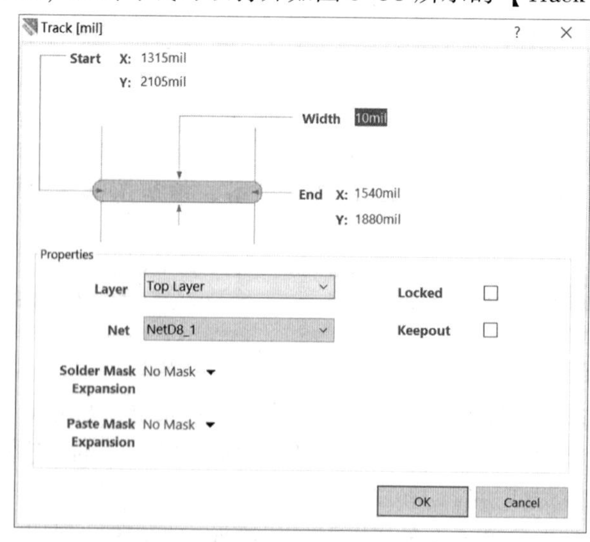

图 6-58 【Track [mil]】对话框

该对话框中各选项功能如下。

（1）【Width】：用于设置导线宽度。

（2）【Layer】：用于选择导线所在的板层。

（3）【Net】：用于设置导线的网络名称。

（4）【Locked】：用于设置是否锁定导线。

2. 放置焊盘

焊盘是 PCB 中必不可少的元素。一般在加载元件的时候，元件的封装上就已经包含了焊盘。如果有需要，也可以采用手动方式放置焊盘。放置焊盘的具体操作如下：

（1）在 PCB 编辑器中，单击放置工具栏中的按钮，这时 PCB 编辑器将会处于放置焊盘的命令状态，光标将变成大“十”字形且粘贴着一个焊盘的虚线框。

（2）按下<Tab>键将会弹出设置焊盘属性设置的【Pad［mil］】对话框，如图 6-59 所示。

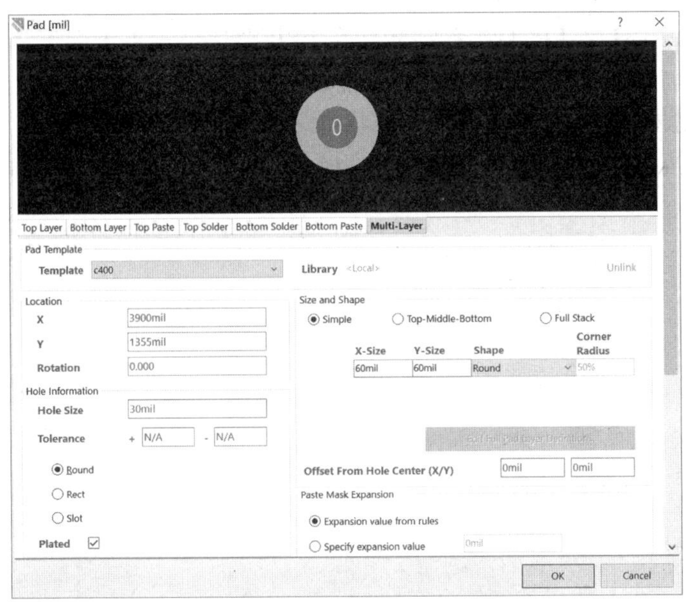

图 6-59　【Pad［mil］】对话框

【Pad［mil］】对话框中常用设置项的功能如下。

①【Location】：设置焊盘的坐标位置。

②【Hole Information】：设置焊盘孔径的尺寸和形状。其中，【Hole Size】文本框用来设置焊盘的孔径尺寸。焊盘的孔径有 Round（圆形）、Rect（方形）和 Slot（扁形）3 种形状。设计人员经常使用的是圆形孔径。

③【Size and Shape】：设置焊盘的尺寸和形状。其中，【X-Size】文本框用来设置焊盘的水平直径尺寸；【Y-Size】文本框用来设置焊盘的垂直直径尺寸；【Shape】下拉列表框用来设置焊盘的形状。焊盘有 Round（圆形）、Rectangle（矩形）和 Octagonal（八角形）3 种形状，设计人员经常使用的是圆形焊盘和矩形焊盘。

④【Properties】：设置焊盘的编号、工作层面、网络等。其中，【Designator】文本框用来设置焊盘的编号；【Layer】下拉列表框用来设置焊盘所需放置的工作层面，对于多层

电路板，一般设为“Multi-Layer”；【Net】下拉列表框用来设置焊盘所需放置的网络名称；【Electrical Type】复选按钮用来设置焊盘连接的负载类型。

在【Pad［mil］】对话框中，按照要求设置完毕后，单击【OK】按钮即可完成焊盘属性的设置工作。

（3）移动光标到 PCB 中的合适位置单击即可将一个焊盘放置在光标所在的位置处。放置完一个焊盘后，PCB 编辑器仍处于放置焊盘的命令状态下，这时可以重复上面的操作来完成多个焊盘的放置工作。

（4）完成所有焊盘的放置工作后，右击工作区任意位置或者按下<Esc>键就可以退出放置焊盘的命令状态。

3. 放置过孔

过孔可以实现各个信号层之间的电气连接。布线时，如果要更改走线的层面，则需要放置过孔。此外，放置安装孔也可以采用过孔形式。单击配线工具栏中的按钮，或者执行菜单命令【Place】/【Pad】，移动光标在 PCB 合适位置单击即可将过孔放置在 PCB 中。此时，光标仍处于放置过孔状态，可以继续放置。放置完成后，右击工作区任意位置或者按下<Esc>键即可退出放置过孔的命令状态。

放置过孔前按<Tab>键或双击一个放置好的过孔，即可弹出【Via［mil］】对话框，如图 6-60 所示。

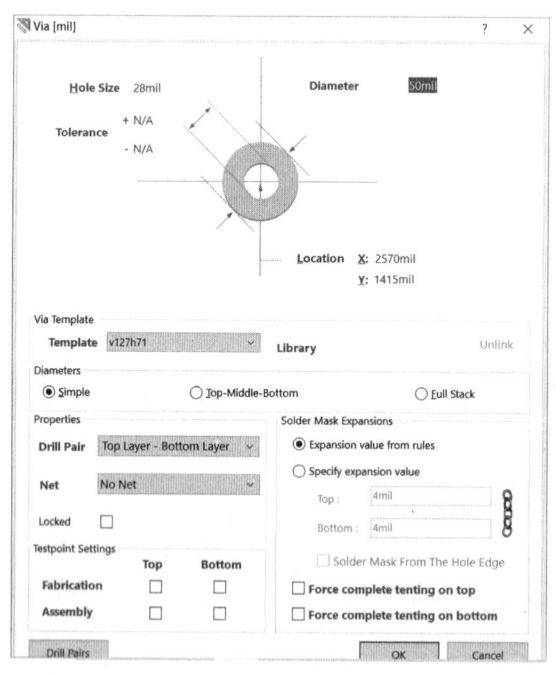

图 6-60 【Via［mil］】对话框

过孔的参数包括孔的外径和孔径。

【Hole Size】编辑框：用来设置过孔的孔径尺寸。

【Diameter】编辑框：用来设置过孔的直径尺寸。

【Net】下拉列表框：用来设置过孔所在的网络名称。

4. 放置元件封装

PCB 编辑器为设计人员提供了两种放置元件封装的方法，一种方法是利用网络报表来放置元件封装；另一种方法是利用手工放置的方法来放置元件封装。下面介绍通过手工放置元件封装的方法。

在 PCB 编辑器中，手工放置元件封装的具体操作步骤如下。

（1）单击配线工具栏中的按钮，或者执行菜单命令【Place】/【Component】，弹出【Place Component】对话框，如图 6-61 所示。

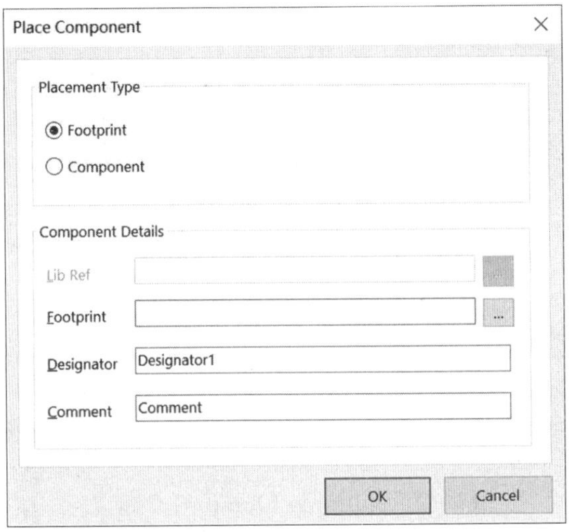

图 6-61 【Place Component】对话框

如果设计人员已经知道了元件的封装形式，则可直接在对话框中选中【Footprint】单选按钮，然后分别在【Footprint】、【Designator】、【Comment】文本框中输入元件的封装形式、标号和注释。

如果设计人员不知道元件的具体封装形式，而只知道元件的名称，那么可以直接在对话框中选中【Component】单选按钮，此时【Lib Ref】文本框高亮，在此输入元件名称，或单击后面的...按钮来选取文件，选择好后，【Footprint】文本框自动显示该元件对应的封装，再自行输入标识符和注释即可。

注意：上面这种在【Place Component】对话框中直接写入元件名称或封装的方法是对 PCB 编辑器中当前加载的库进行的操作，如果元件名称或封装不在当前系统已加载的库中，上面的方法是不可行的。

（2）如果设计人员在系统加载的元件库中没有找到需要的元件封装，还可以单击【Place Component】对话框中【Footprint】文本框右边的...按钮，弹出如图 6-62 所示的【Browse Libraries】对话框，单击【Libraries】右边的【Find...】按钮，便可以在 Altium Designer 16 提供的整个元件库中查找所需的封装形式。这样，选取了合适的元件封装后，单击【OK】按钮返回到图 6-61 所示的【Place Component】对话框。

（3）选取完合适的元件封装后，单击【Place Component】对话框中的【OK】按钮，进入到放置元件封装的状态，光标将变成大“十”字形并且粘贴着选择好的元件封装。移动光标到 PCB 中的合适位置单击即可完成一个元件封装的放置工作。完成一个元件的放置工作后，光标仍处于放置元件封装的命令状态，并且粘贴着一个与刚才放置完全一样的元件封装。这时，重复上面的操作可以进行多个元件封装的放置工作。

（4）在完成所有元件封装的放置工作后，右击工作区任意位置或者按下<Esc>键后又将会弹出如图 6-61 所示的【Place Component】对话框，这时单击对话框中的【Cancel】按钮即可完成放置元件封装。

同样，如果设计人员对 PCB 中的一些元件封装的属性设置感到不满意，那么可以利用前面介绍的更改对象属性的方法来对元件封装的属性进行更改，如图 6-62 所示。

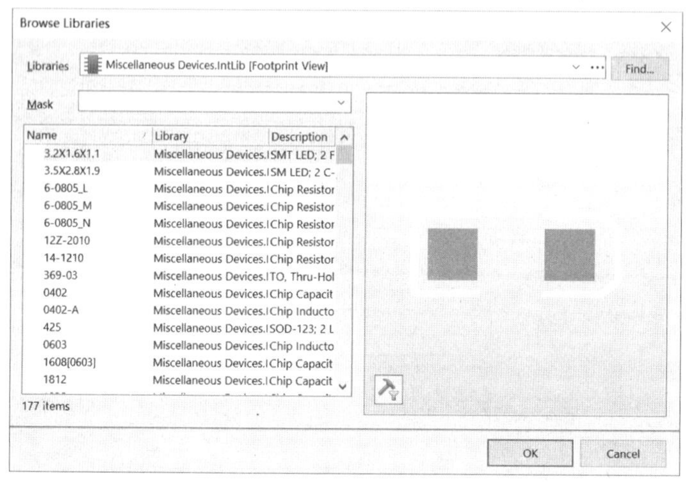

图 6-62 【Browse Libraries】对话框

5. 放置矩形填充

在 PCB 设计过程中，有时需要放置大面积的电源/接地区域以提高电路系统的抗干扰性能。单击配线工具栏的▇按钮即可弹出如图 6-63 所示的【Fill［mil］】对话框，各个属性的设置与前述类似，这里不再重复介绍。

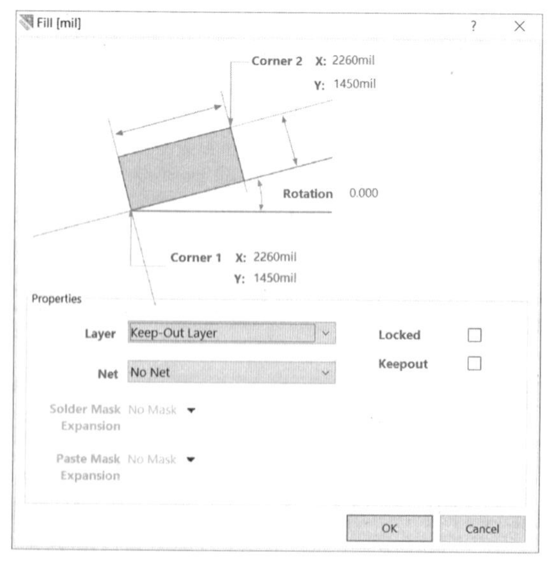

图 6-63 【Fill［mil］】对话框

6.8 PCB 设计中的常用快捷键

在 PCB 设计过程中，使用一些快捷键可以提高设计工作的效率。PCB 设计过程中经常使用的快捷键如表 6-1 所示。

表 6-1 PCB 设计过程中经常使用的快捷键

快捷键	相关操作
<Shift+S>	切换单层模式开/关
<*>（数字键盘）	切换至下一布线层
<+>（数字键盘）	切换工作层为下一层
<->（数字键盘）	切换工作层为上一层
<L>+选中的元件	使元件封装在顶层和底层之间切换
<Ctrl>+选择某一导线	使该导线所属的网络处于过滤高亮状态
<L>	弹出【Board Layer and Colors】对话框
<End>	刷新 PCB 图纸的显示画面
<Page Up>、<Page Down>	用来实现图纸的放大和缩小
<Ctrl>+滚轮上滑、<Ctrl>+滚轮下滑	用来实现图纸的放大和缩小
<Shift>+滚轮上滑、<Shift >+滚轮下滑	实现图纸的左右移动
<X>、<Y>	以“十”字形光标为轴实现图纸的水平、垂直翻转
<Q>	单位切换
<Tab>	元件处于悬浮状态时，对元件属性进行修改
<Space>	元件按逆时针方向旋转 90°

注意：快捷键只有在输入法为英文状态时才起作用。如果使用过程中发现快捷键不起作用，首先应该检查输入法。

6.9 PCB 设计实例——双面板手动布线

本节根据前面所述的 PCB 设计的基本操作，介绍双面 PCB 板的设计过程。

6.9.1 准备工作

准备工作主要完成保存项目文件的文件夹的建立、原理图的绘制以及 PCB 的新建等工作，主要步骤如下。

（1）在计算机的 D 盘“ADFiles \ chapter6”的文件夹下新建一个名为“流水灯电路”的文件夹，确定项目文件的存储位置。

（2）启动 Altium Designer 16，执行菜单命令【File】/【New】/【Project】/【PCB Project】来新建一个 PCB 项目，并将项目重命名为“流水灯电路 . PrjPcb”，并保存在“D：ADFiles \ chapter6 \ 流水灯电路”中。

（3）右击【Projects】工作面板中的项目，从弹出来的菜单中选择【Add New to Project】/【Schematic】命令，在项目中添加原理图，将原理图文件命名为“流水灯电路.SchDoc”，并保存在“D：ADFiles \ chapter6 \ 流水灯电路”中。然后绘制原理图，绘制完成后需要重新保存，如图 6-64 所示。

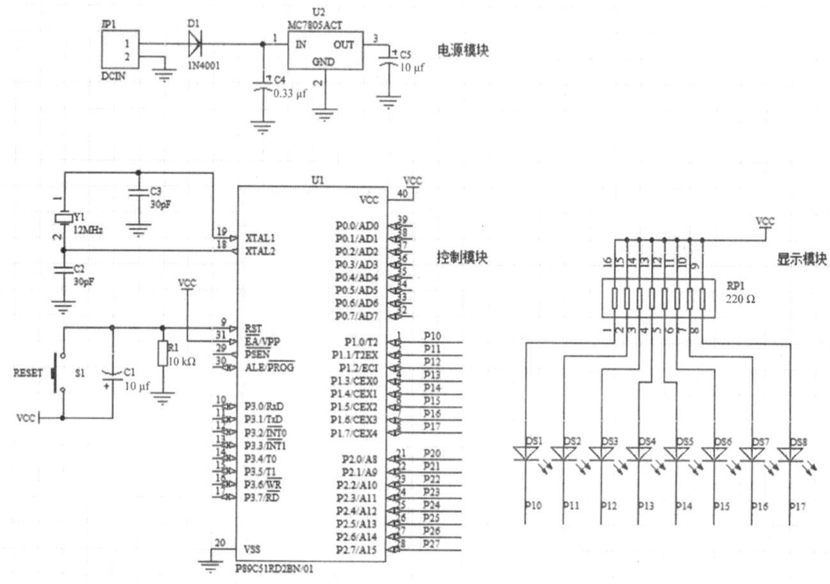

图 6-64　流水灯电路原理图

6.9.2　新建 PCB 文件

执行菜单命令【File】/【New】/【PCB】，或者右击工程项目，在弹出的菜单中选择【Add New to Project】/【PCB】命令，创建一个空白的 PCB 文件。此时，PCB 编辑窗口如图 6-65 所示。

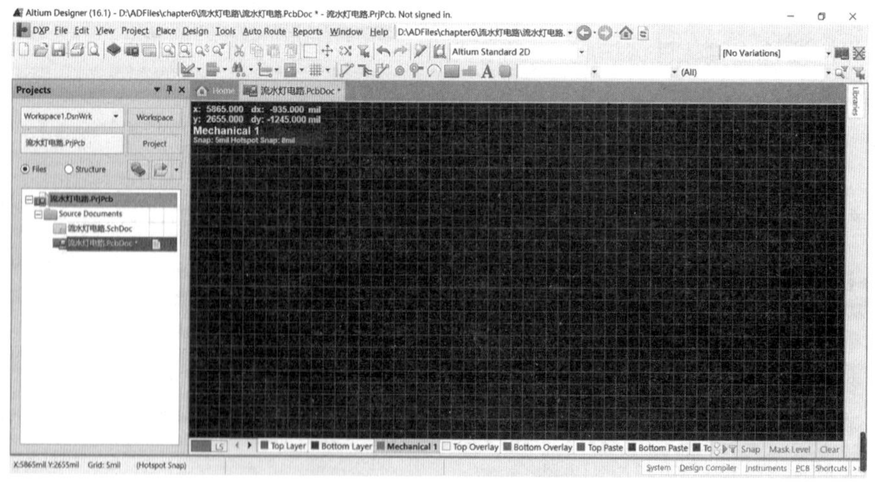

图 6-65　PCB 编辑窗口

6.9.3 设置工作参数

在 PCB 编辑器中，右击工作区任意位置弹出快捷菜单，选择【Options】/【Board Options】命令，将会出弹出 PCB 板的图纸参数设置对话框，设置图纸参数以符合设计人员的习惯。

6.9.4 规划 PCB

1）规划 PCB 的物理边界

（1）单击 PCB 编辑窗口下面的 Mechanical 1 图层标签，将当前图层转换到机械层【Mechanical1】。

（2）单击实用工具栏中的 ╱ 按钮或执行菜单命令【Place】/【Line】，启动绘制直线命令来绘制 PCB 的物理边界，本例中设置的 PCB 物理边界为 4 500 mil×3 000 mil（宽×高）的标准矩形。

2）规划 PCB 的外形

PCB 可以根据实际需要设计成任何结构形状，一般将物理边界设置成 CPB 外形。选中 PCB 的物理边界，然后执行菜单命令【Design】/【Board Shape】/【Define from selected objects】，将 PCB 的外形设定为与物理边界一样的尺寸。

3）规划 PCB 的电气边界

规划 PCB 电气边界的方法与规划其物理边界的方法完全相同，只是在不同的工作层上操作，具体步骤如下。

（1）单击 PCB 编辑窗口下面的 Keep-Out Layer 图层标签，将当前图层转换到禁止布线层【Keep-Out Layer】。

（2）单击实用工具栏中的 ╱ 按钮或执行菜单命令【Place】/【Line】，启动绘制直线命令来绘制 PCB 的电气边界，本例中设置的 PCB 的电气边界与物理边界相距 50 mil。

6.9.5 载入网络报表和元件封装

将原理图中的元件符号更新成 PCB 中的元件封装前，应先确定元件封装。检查原理图中的每个元件的封装是否是我们所需的，如果不是或者没有封装，需重新添加。本例原理图中的元件属性如表 6-2 所示。

表 6-2 流水灯电路元件属性列表

序号	Designator	LibRef	Footprint
1	U1	P89C51RD2BN/01	SOT129-1
2	JP1	Header 2	HDR1X2
3	U2	MC7805ACT	TO-220-3
4	C1、C4、C5	Cap Pol1	RB7.6-15
5	C2、C3	Cap	RAD-0.3
6	Y1	XTAL	BCY-W2/D3.1

续表

序号	Designator	LibRef	Footprint
7	R1	Res2	AXIAL-0.4
8	RP1	Res Pack4	SOP65P780-16N
9	D1	Diode 1N4001	DIO10.46-5.3x2.8
10	DS1 ~ DS8	LED1	LED-1
11	S1	SW-PB	SPST-2

在原理图中确定好元件封装后，开始载入网络报表和元件封装，即从原理图生成 PCB 文件。

（1）在 PCB 编辑环境中执行菜单命令【Design】/【Import Changes From】，打开【Engineering Change Order】对话框，依次单击该对话框中的【Validate Changes】按钮和【Execute Changes】按钮，更新后的【Engineering Change Order】对话框如图 6-66 所示。

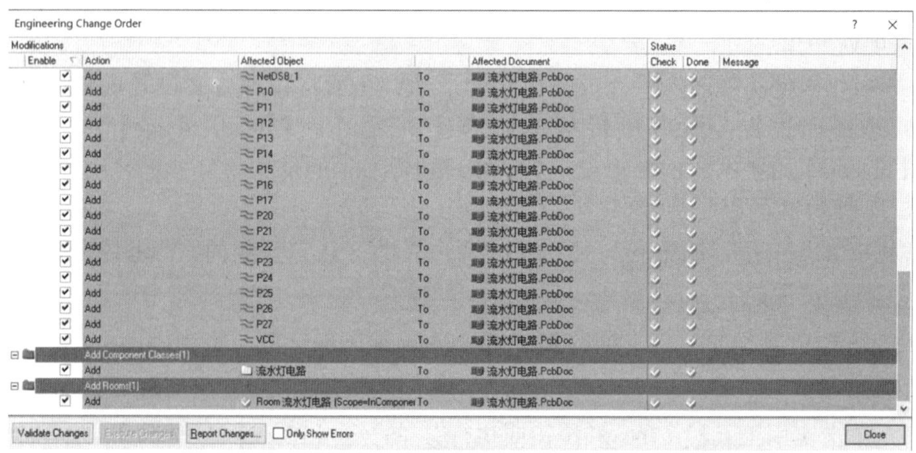

图 6-66　更新后的【Engineering Change Order】对话框

（2）单击【Engineering Change Order】对话框中的【Close】按钮，关闭该对话框，可以看到原理图中的网络和元件封装已经载入当前的“流水灯电路.PcbDoc”文件中了，如图 6-67 所示。

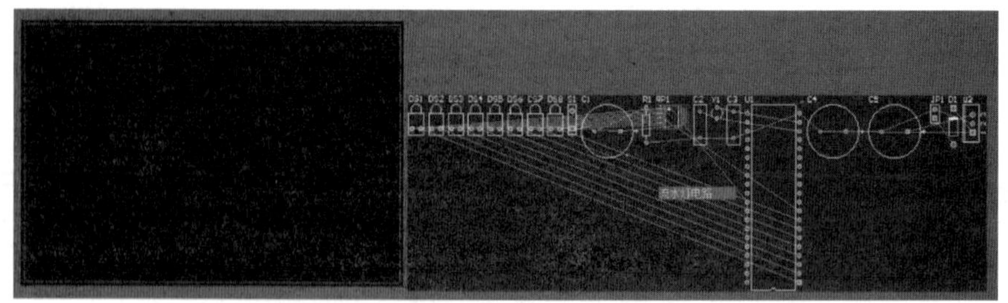

图 6-67　载入网络和元件封装后的 PCB 工作区内容

6.9.6　元件布局

载入元件和网络报表后，将各个元件移动到 PCB 中的禁止布线区域内，按照布局规则，对元件进行布局。布局后的 PCB 如图 6-68 所示。

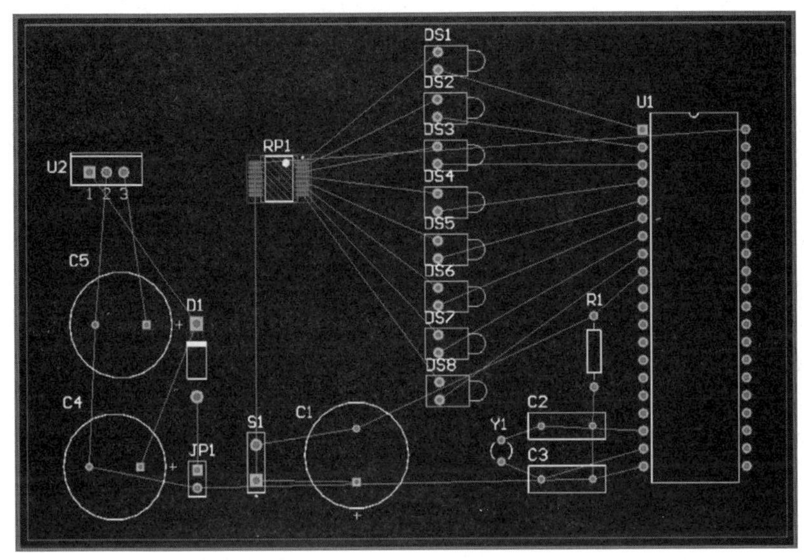

图 6-68　布局后的 PCB

6.9.7　手动布线

本例要求手动布线，顶层为水平布线，底层为垂直布线，可按照前面章节介绍的手动布线的方法进行操作。本例设计了几个过孔来避免使布线角度为直角的情况。布线完成后的 PCB 如图 6-69 所示。

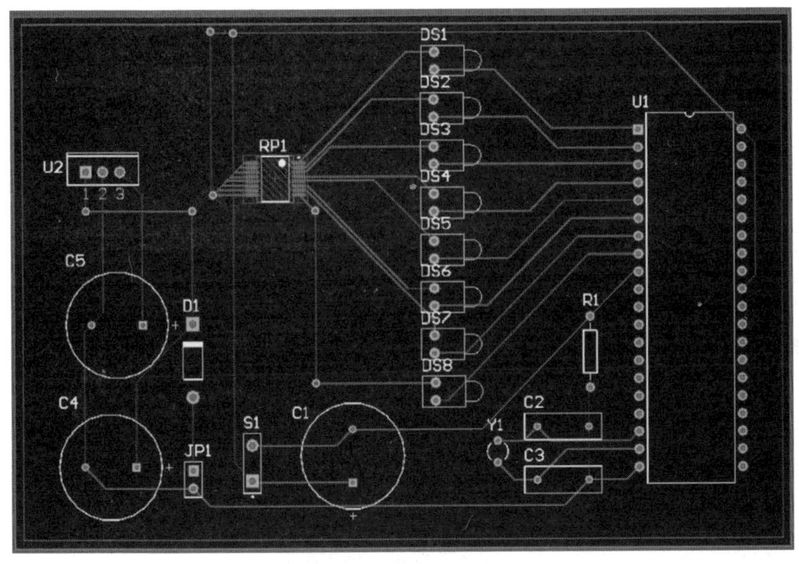

图 6-69　布线完成后的 PCB

6.9.8　文件保存

单击工具栏按钮，保存更新后的 PCB 文件。最后选中工程项目，保存项目文件。

本章小结

本章详细介绍了 PCB 的设计方法和基本步骤，主要内容如下。

（1）介绍了 PCB 编辑器的菜单栏、工具栏，PCB 的工作面板及应用，以及 PCB 的视图操作。

（2）在项目中新建 PCB 文件并保存。

（3）工作参数的设置和管理以及 PCB 的规划：工作板层的打开和关闭；显示参数的设置；手工规划电路板及利用 PCB 生成向导规划。

（4）装入元件封装和加载网络报表（要确定合适的元件封装）。

（5）PCB 的元件布局。元件布局分为自动布局和手工布局，一般情况下采用手工布局。PCB 布局的好坏会影响到 PCB 布线时的布通率和电气性能，因此 PCB 布局时必须遵循一定的布局原则。

（6）PCB 的自动布线和手工布线。一般采用两者结合的方法，先进行自动布线，然后手工修改不合理的导线。PCB 布线的好坏会影响 PCB 的性能，因此 PCB 布线时必须遵循一定的布线规则。

（7）PCB 的放置工具和放置方法，如放置导线、焊盘、过孔、封装等。

（8）PCB 设计中的常用快捷键。在 PCB 设计过程中，经常使用一些快捷键可以提高设计工作的效率。

（9）PCB 设计实例。按照 PCB 设计的步骤，介绍了双面板手动布线实例。

课后练习

一、判断题

1. 过孔也称为导孔，用于连接各层导线之间的通路。 （ ）

2. 铜膜导线也称为铜膜走线，简称导线，用于连接各个焊盘，是 PCB 最重要的部分。 （ ）

3. 焊盘用于焊接元件，实现电气连接并起到固定元件的作用。 （ ）

4. 焊盘的标准形状有 2 种：圆形、方形。 （ ）

5. 元件的封装形式可以分成两大类，即针脚式元件封装和表面粘贴式元件封装。 （ ）

6. DIP16 表示双排引脚的元件封装，两排共 8 个引脚。 （ ）

7. PCB 设计基本完成后要进行一次 DRC 检查，以发现违规现象，并进行修改，最后确保 PCB 设计正确。 （ ）

8. 在电路板编辑中，绘制直线和绘制导线都具有电气意义。 （ ）

9. 可利用<Space>键改变原件的放置方向。 （ ）

10. 在 PCB 设计中，电源线和接地线的宽度通常超过信号线。 （ ）

11. DRC 检查是 Altium Designer 16 的重要功能之一。 （ ）

12. 在 PCB 设计过程中，有时需要放置大面积的电源/接地区域以提高电路系统的抗干扰性能。 （ ）

13. 如同汽车在路上行驶需要遵守交通规则一样，在 PCB 设计中遵循的基本规则就是 PCB 设计规则。 （ ）

14. PCB 设计中清除当前过滤的是<L>快捷键。 （ ）

15. PCB 设计中清除当前过滤的是<Shift+C>快捷键。 （ ）

16. PCB 设计中弹出捕获栅格菜单的是<G>快捷键。 （ ）

17. 利用<Page Up>和<Page Down>键，可以对 PCB 工作区的显示比例进行放大和缩小。 （ ）

18. 按住<Ctrl>键，同时向前或向后滚动鼠标滚轮可以完成以光标为中心的放大和缩小工作区的操作。 （ ）

19. 在 PCB 编辑器界面，执行命令【Design】/【Import Changes From】载入元件和网络报表。 （ ）

20. 在原理图编辑器界面，执行命令【Design】/【Update PCB Document】载入元件和网络报表。 （ ）

二、操作题

1. 练习使用不同的方法在 PCB 编辑器下打开和关闭 PCB 工作面板，观察 PCB 工作面板的组成。

2. 向 PCB 文件中导入网络报表和元件封装的方法有哪些？

3. 练习建立一个名为“MyProject_6A. PrjPcb”的 PCB 项目，使用菜单命令创建一个名为“MyPcb_6A. PcbDoc”的 PCB 文件，再使用 PCB 文件生成向导创建一个 PCB 文件，更名为“MyPcb_6B. PcbDoc”，观察【Projects】工作面板中 PCB 项目和两个 PCB 文件之间的关系，要求将两个 PCB 文件添加到当前项目下，操作完成后将项目和文件全部保存到目录“E：\ chapter6 \ MyProject”中。

4. 以题 3 中的 PCB 文件“MyPcb_6A. PcbDoc”为基础，要求对 PCB 图纸的属性进行设置，其中单位设置为英制，可视网格中网络类型设置为线状，【Grid 1】设置为 25 mil，【Grid 2】设置为 50 mil，通过缩放图纸，观察改变前后图纸背景网格的变化情况。

5. 以题 3 为基础，使用快捷键改变可视网格中网格的类型为点状网格，再通过缩放操作观察图纸背景网格的变化情况。

6. 以题 3 中的 PCB 文件“MyPcb_6A. PcbDoc”为基础，练习在 PCB 图纸上放置一段导线，要求设置导线宽度为“20 mil”；放置一个圆形焊盘，要求设置焊盘孔径尺寸为“35 mil”，直径尺寸为“40 mil”；放置一个过孔，要求设置过孔的孔径尺寸为“20 mil”，直径尺寸为“40 mil”，放置完成后观察焊盘和过孔之间的差别。

7. 以题 3 中的 PCB 文件“MyPcb_6A. PcbDoc”为基础，练习在 PCB 编辑器中放置元件封装“DIP-8”“VR4”和“SO-G16”。

8. 练习建立一个名为“MyProject_6C. PrjPcb”的 PCB 项目，要求使用 PCB 文件生成向导创建一个名为“MyPcb_6C. PcbDoc”的 PCB 文件并加载到该项目下，其中 PCB 文件生成向导的具体设置参数为单位制为英制单位、形状为矩形、板子电气尺寸为 3 400 mil×2 900 mil、板层为双面板、导线宽度为 8 mil，其他参数采取默认设置。

9. 练习建立一个名为“MyProject_6D. PrjPcb”的 PCB 项目，在项目下添加一个名为“MySheet_6D. SchDoc”的原理图文件和一个名为“MyPcb_6D. PcbDoc”的 PCB 文件。按

照图 6-70 所示的电路原理图，练习 PCB 手动布局、自动布线，要求设置 PCB 顶层垂直布线，底层水平布线，布线宽度采用系统默认设置，绘制完成后将项目和文件全部保存到目录“E：\ chapter6 \ MyProject”中。

10. 以题 9 为基础，要求拆除 PCB 文件中的所有布线，移动其中的某一个元件，观察 PCB 板中飞线的连接情况，并使用不同的操作隐藏和显示飞线。

11. 练习建立一个名为“MyProject_6E. PrjPcb”的 PCB 项目，在项目下添加一个名为“MySheet_6E. SchDoc”的原理图文件和一个名为“MyPcb_6E. PcbDoc”的 PCB 文件。按照图 6-70 所示的电路原理图，练习 PCB 手动布局和手动布线，要求设置 PCB 上所有导线宽度均为 12 mil，绘制完成后将项目和文件全部保存到目录“E：\ chapter6 \ MyProject”中。

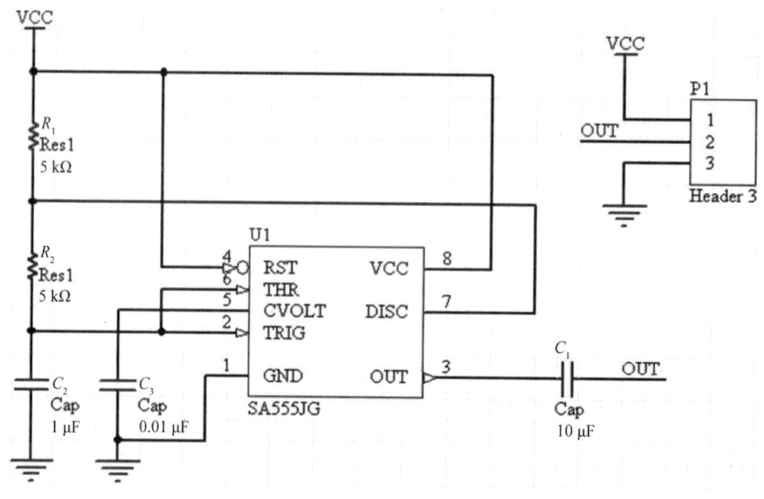

图 6-70　电路原理图

第 7 章 PCB 设计的高级操作

本章主要介绍 PCB 设计的高级操作，包括 PCB 的设计规则和 PCB 设计过程中的一些常用技巧。

7.1 PCB 设计规则

Altium Designer 16 提供了便捷的规则设置操作，设计人员可以根据需要设计不同的设计规则。对于 PCB 的设计，Altium Designer 16 提供了 10 种不同的设计规则，这些设计规则包括导线放置、导线布线方法、元件放置、布线规则、元件移动和信号完整性等。根据这些规则，Altium Designer 16 进行自动布局和自动布线。布线是否成功和布线质量的高低取决于设计规则的合理性，也依赖于设计人员的设计经验。另外，Altium Designer 16 提供了 DRC 检查，以防错误的发生。

7.1.1 设计规则编辑器界面和基本操作

1. 设计规则编辑器界面介绍

在 PCB 编辑器环境下，执行菜单命令【Design】/【Rules】，弹出如图 7-1 所示的【PCB Rules and Constraints Editor [mil]】对话框。在该对话框中可以对当前 PCB 编辑器中的电路板进行设计规则的设置。

【PCB Rules and Constraints Editor [mil]】对话框由两个列表组成，左侧是【Design Rules】列表，包括 10 个类别的设计规则，单击树形列表中的每种规则名称前的【+】可以展开该规则类，显示该规则类所有的规则，单击每种规则名称前的【-】可以隐藏该规则类中的所有规则；对话框的右侧则显示对应设计规则的设置属性。

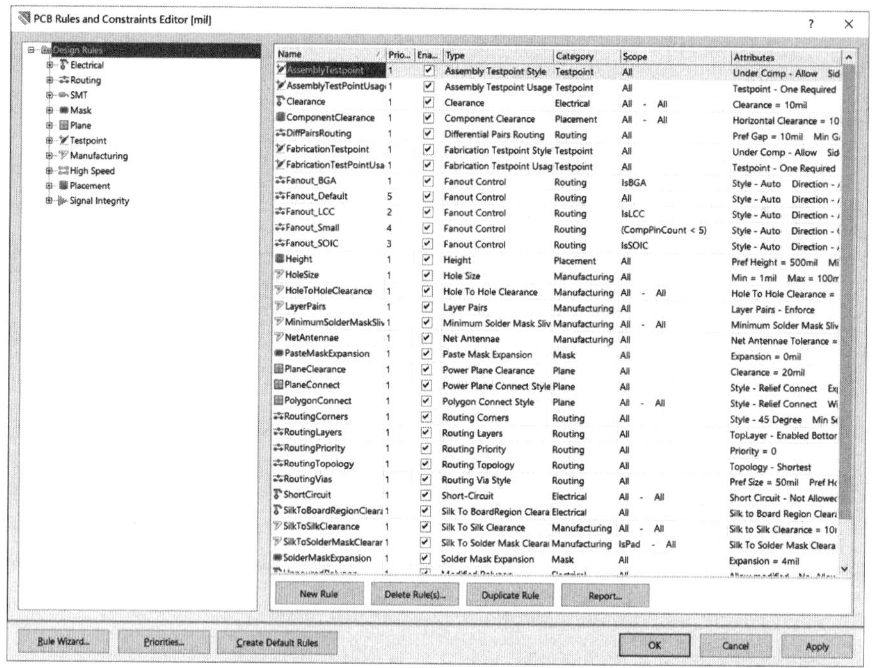

图 7-1 【PCB Rules and Constraints Editor [mil]】对话框

Altium Designer 16 提供了以下 10 个类别的 PCB 设计规则。

(1)【Electrical】：电气规则类。

(2)【Routing】：布线规则类。

(3)【SMT】：SMT 元件规则类。

(4)【Mask】：阻焊膜规则类。

(5)【Plane】：内部电源层规则类。

(6)【Testpoint】：测试点规则类。

(7)【Manufacturing】：制造规则类。

(8)【High Speed】：高速电路规则类。

(9)【Placement】：布局规则类。

(10)【Signal Integrity】：信号完整性规则类。

在对话框的左侧树形列表区域中选择【Design Rules】，对话框右边显示当前 PCB 中所有的设计规则列表，如图 7-1 所示。若在树形列表中选择具体某个规则类，则右边的视图中显示该类规则下的规则列表，如图 7-2 所示。如果在树形列表中选中某类设计规则下的具体规则，则在右边的视图中显示所选规则的设置界面。

【PCB Rules and Constraints Editor [mil]】对话框底部的【Rule Wizard...】按钮通过规则向导新建设计规则，【Priorities...】按钮用来对同时存在的多个设计规则设置优先级。在 Altium Designer 16 中，每一个具体的设计规则都有一个优先级参数，该参数用于设置设计规则在检查时的先后次序。当同一个设计规则类中存在多个设计规则时，根据设计规则的优先级参数逐个检查。

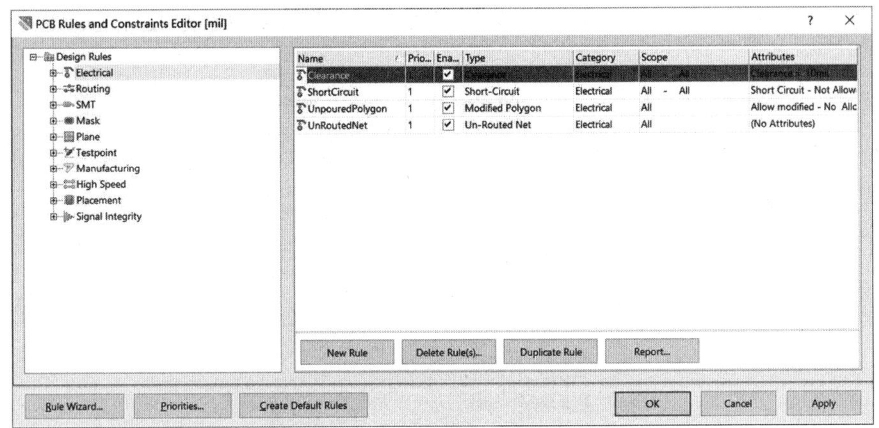

图 7-2 【Electrical】规则列表

2. 设计规则的基本操作

在一个 PCB 项目设计中，用户可能需要设置多个同类型的规则。例如，在同一个 PCB 设计中，不同的网络由于流过电流的大小不同，铜膜导线的宽度也会不同（一般电源/地线宽大于信号线宽），这样就需要新建多个有关导线宽度的设计规则应用于不同的对象。对这些设计规则的基本操作主要有新建、修改和删除。

1）新建设计规则

（1）在设计规则编辑器左侧的树形列表中选择需要编辑的规则类，本例选择【Electrical】设计规则类下的【Clearance】设计规则。单击树形列表中【Electrical】规则类之前的【+】可以展开该规则类，在对话框左侧该规则类下属的所有规则，右侧显示该规则设置界面，如图 7-3 所示，在规则设置界面中对设计规则进行修改。

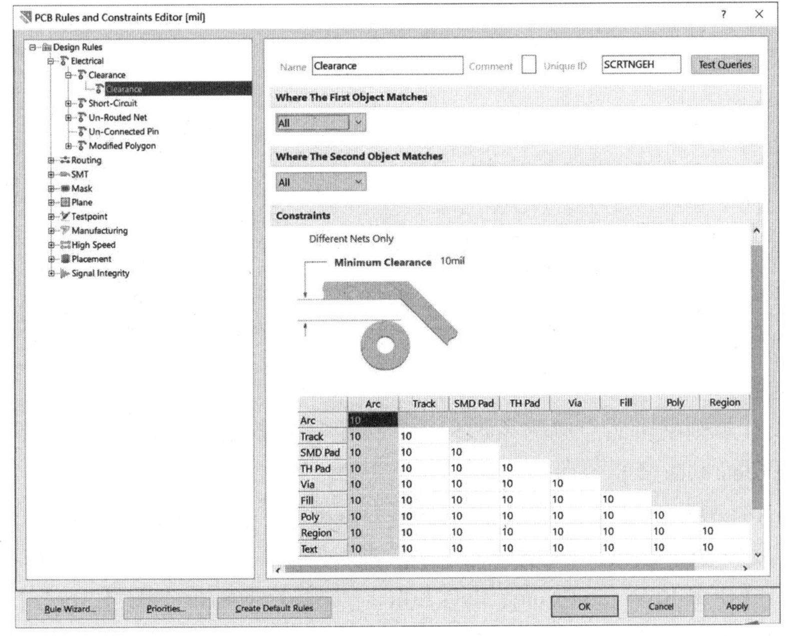

图 7-3 【Clearance】规则设置界面

（2）右击【Clearance】设计规则，弹出如图 7-4 所示的右键菜单。

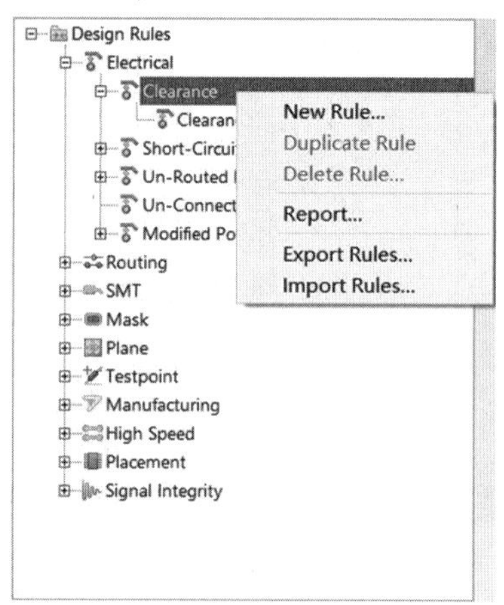

图 7-4 【Clearance】设计规则的右键菜单

（3）从弹出的菜单中选择【New Rule...】命令，即可在【Clearance】规则类下新建一个默认名称为【Clearance_1】的规则，如图 7-5 所示。此时，【Clearance】规则类下的所有设计规则的名称加粗显示，提示该规则尚未保存。

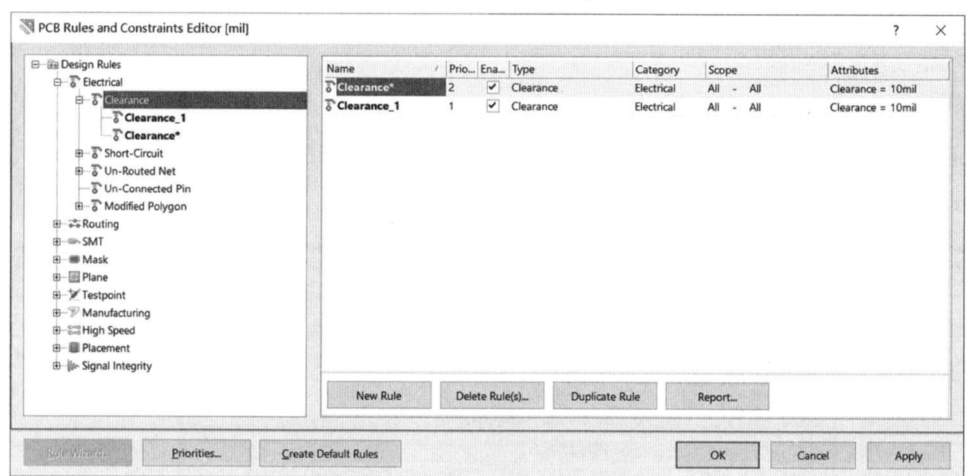

图 7-5 新建的默认名称为【Clearance_1】的规则

（4）单击【PCB Rules and Constraints Editor [mil]】对话框中的【Apply】按钮，检查并应用新建的规则。

2）删除规则

（1）在设计规则编辑器左侧的树形列表中确定需要删除的规则，本例中删除刚才新建的设计规则【Clearance_1】。

（2）右击该规则，在弹出的菜单中选择【Delete Rule】命令，软件就会在将要删除的规则名称上显示一条删除线，如图 7-6 所示，表示该规则已经设置为被删除。

（3）单击【PCB Rules and Constraints Editor [mil]】对话框中的【Apply】按钮，在弹出的【Confirm】对话框中单击【Yes】按钮，就可以删除有删除线标记的规则。

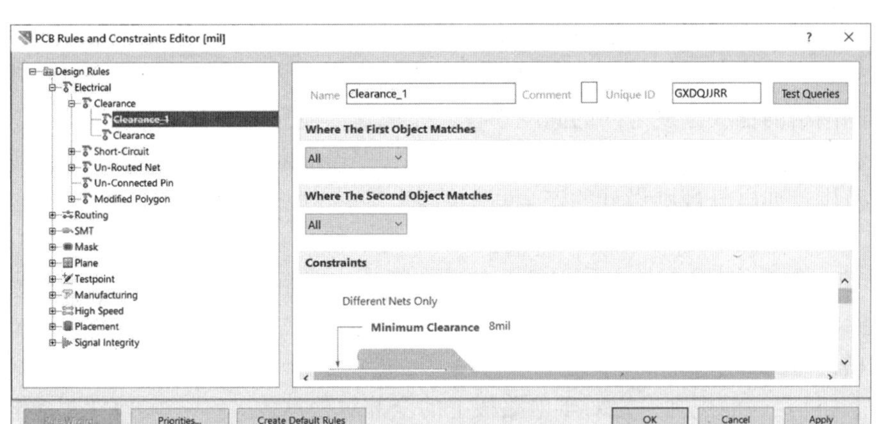

图 7-6 设置删除【Clearance_1】规则

3. 设计规则设置页面

在 Altium Designer 16 的设计规则编辑器中，选中某个规则类下属的具体设计规则后，将会在设计规则管理器的右部显示对应的设计规则设置界面。通常的设计规则设置界面包括 3 个设置区域，分别是基本属性、适用对象和范围、约束参数，下面以【Width】设计规则的设置页面为例，介绍这 3 个位置区域的属性。【Width】规则的设置页面如图 7-7 所示。

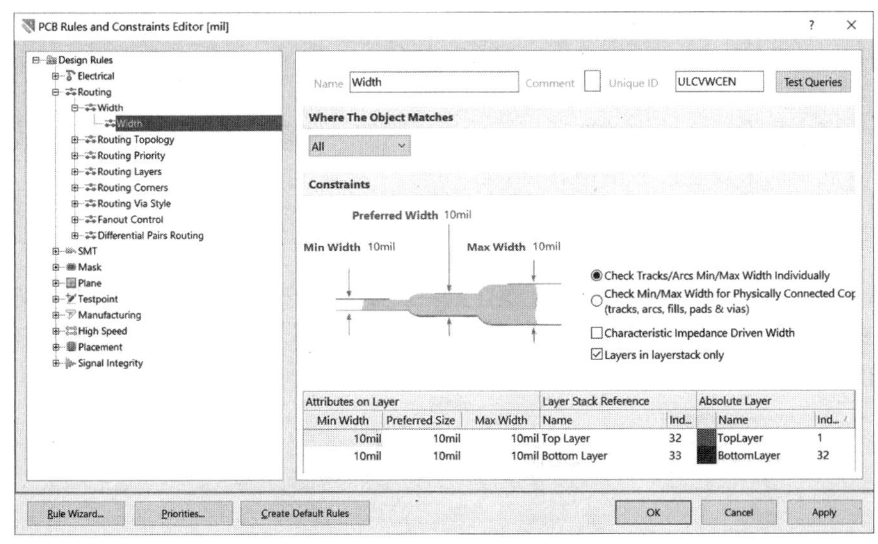

图 7-7 【Width】规则的设置界面

1）基本属性

设计规则的基本属性包括【Name】、【Comment】和【Unique ID】，用来定义规则的名称、描述信息和软件所提供的唯一编号。设计人员可以在对应的文本框内设置这些基本属性。通常情况下，【Unique ID】由软件指定，不需要设计人员更改。

2）适用对象和范围

设计规则的适用对象和范围用于指定在进行设计规则检查时的对象范围。根据设计规则所描述的对象个数，设计规则可以分为一元设计规则和二元设计规则。一元设计规则是指该规则只约束一个对象或一个对象集中的每个对象，如线宽约束。二元设计规则是指该规则约束的是一个对象和另外一个对象之间的电气关系，必须有两个对象需要设置，如属于两个不同网络的铜膜导线之间的间距。在二元规则选项视图中有“第一个匹配对象的位置”选项栏和“第二个匹配对象的位置”选项栏，分别用于设置二元设计规则适用的两个对象的范围，如电气规则设计的安全间距约束。

单击【Where The Object Matches】选项组中的下拉列表框会显示6个选项，用于选择规则的适用对象和范围，默认情况是【All】，即全部对象，如图7-8所示。

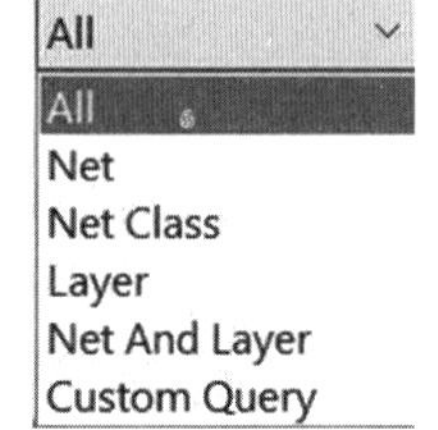

图7-8　选项下拉菜单

各选项的意义如下。

(1)【All】：当前规则设定对于电路板上的全部对象有效。

(2)【Net】：当前设定的规则对电路板上某一个选定的网络有效，设计人员可在右侧的下拉列表框中选择当前PCB项目中已定义的网络名称。

(3)【Net Class】：当前设定的规则对电路板上某一个选定的网络类有效，设计人员可在右侧的下拉列表框中选择已定义的网络类的名称。

(4)【Layer】：当前设定的规则对选定的板层有效，设计人员可在右侧的下拉列表框中选择需要设置的PCB板层的名称。

(5)【Net And Layer】：当前规则对选定的某一个层上的某一个网络有效，设计人员可在第一个下拉列表框中选择网络名称，在第二个下拉列表框中选择PCB板层的名称。

(6)【Custom Query】：利用条件设定器，自行定义规则有效的范围。

3）规则约束参数

规则约束参数设置区域内的选项用于设置规则的具体参数，由于每种设计规则的参数不同，所以规则约束设置区域的内容也各不相同。

7.1.2　【Electrical】规则类

【Electrical】是PCB在布线时必须遵守的一类规则，它包括【Clearance】(安全间距)规则、【Short-Circuit】(短路)规则，【Un-Routed Net】(未布线网络)规则和【Un-Connected Pin】(未连接管脚)规则等，如图7-9所示。

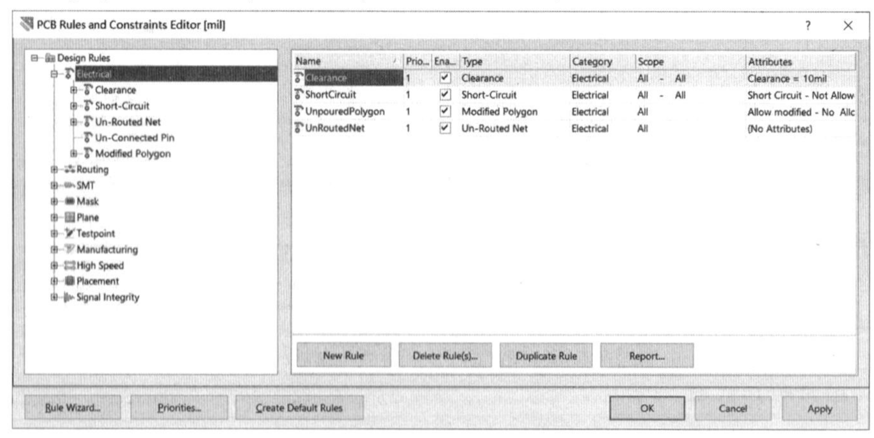

图7-9　【Electrical】规则类

1. 【Clearance】规则

【Clearance】规则用于设置 PCB 在布线时，元件焊盘和焊盘、焊盘和导线、导线和导线、过孔和过孔、过孔和焊盘等导电对象之间的最小安全距离，以使电气对象之间不会因为过近而互相干扰。

对于 PCB 来说，PCB 元件间距越大，则制出的板子就越大，成本也越高。但 PCB 元件之间的距离也不能太小，如果间距太小，有可能在高压的情况下发生击穿而短路。所以，最小间距要选得合适，一般情况下，可以选择 8 ~ 12 mil。

下面以新建一个【Clearance】规则为例，即设置 PCB 上已定义的“GND”网络和所有网络之间的安全间距为 10 mil，来介绍安全距离的具体设置方法。

（1）新建规则。右击【Clearance】规则，从弹出的快捷菜单中选择【New Rule】命令，软件将自动以当前设计规则为准，生成名为“Clearance_1”的新建设计规则，其设置对话框如图 7-10 所示。此处，先将规则名称重新命名为“Clearance_GND”。

（2）设置规则适合范围。因为必须存在两个对象，才能有安全间距的问题，所以在设置规则的使用对象和范围区域中存在两个区域来指定对象的使用范围，即【Where The First Object Matches】选项组和【Where The Second Object Matches】选项组。根据本例的要求，在【Where The First Object Matches】选项组中选定一种对象，这里单击下拉菜单选定【Net】，同时右侧会出现一个相对应的下拉菜单，在该下拉菜单中选择 PCB 中已经事先设定的【GND】网络。同样地，在【Where The Second Object Matches】选项组中选定【All】，表示本例是对【GND】网络和所有网络之间的安全间距进行设置。

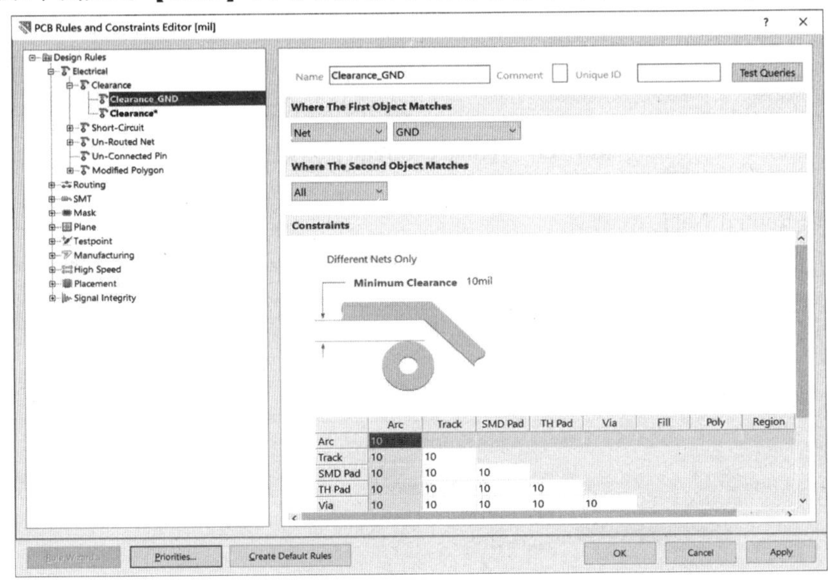

图 7-10　新建“Clearance_GND”设计规则

（3）设置规则约束条件。在【Constraints】选项组中的【Minimum Clearance】（最小间距）文本框里输入“10 mil”，表示设置【GND】网络和所有网络之间的安全间距为 10 mil。

（4）设置优先级。单击对话框右下角的【Priouities...】按钮，在弹出的【Edit Rule Priorities】对话框中设置【Clearance_GND】子规则的优先级为“1”，即第一优先级，系统默认的【Clearance】子规则的优先级为“2”。

（5）单击【Apply】按钮，检查设置，如果没有问题，系统将自动保存该规则的设置。至此，【GND】网络和所有网络之间的安全间距规则设置已完成。

2.【Short-Circuit】规则

【Short-Circuit】规则用于设置是否允许 PCB 中有导线交叉短路。在实际电路板设计过程中，要避免两类导线短路情况的发生，但有时也需要将不同的导线短接在一起，如几个地线需要短接到一点。如果设计中有这种导线短接的需要，必须为此添加一个新的规则，在该规则中允许短路，即勾选如图 7-11 所示的规则约束参数设置区内的【Allow Short Circuit】（允许短回路）复选按钮，并在匹配对象的位置中指明这一规则适用于哪个网络、板层或者其他特殊元件。此时，当两个不同网络的导线相连时，系统将不产生报警。一般情况下，不宜选中该复选按钮。

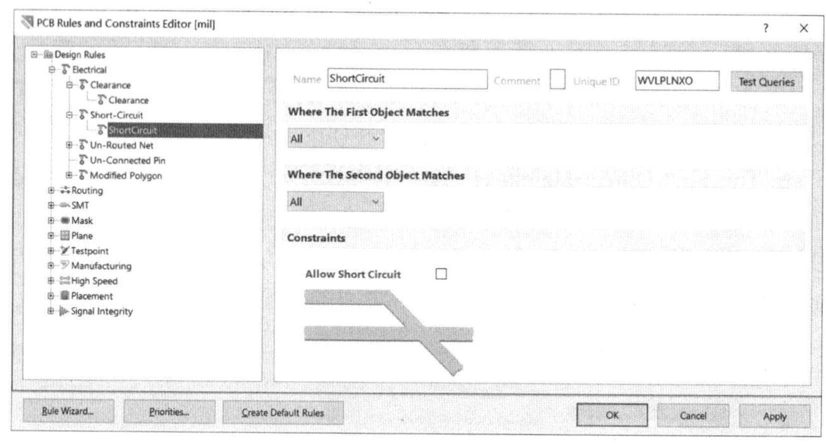

图 7-11 【Short-Circuit】规则设置

3.【Un-Routed Net】规则

【Un-Routed Net】规则用于设定检查网络布线是否完整，如图 7-12 所示。设定该规则后，软件将检查设定范围内的网络是否布线完整。若布线不完整，则将电路板中没有布线的网络用飞线连接起来。

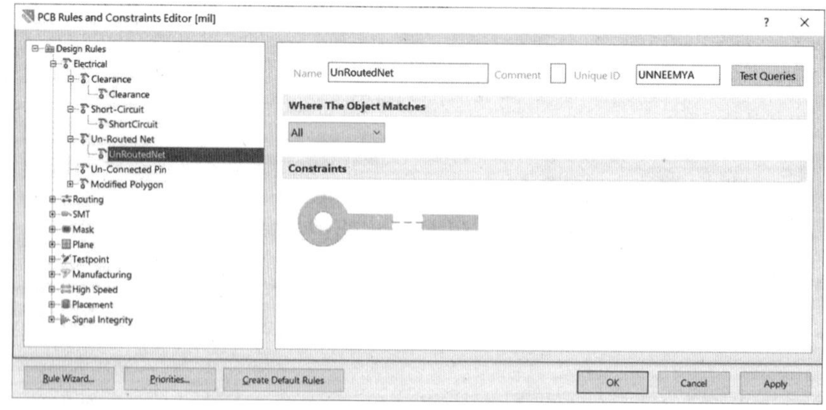

图 7-12 【Un-Routed Net】规则设置

4. 【Un-Connected Pin】规则

【Un-Connected Pin】规则用于设定检查元件的引脚是否连接成功。

注意： 在这一规则下没有具体的规则设置，说明这个规则不属于一个常用的规则，如果在制板的时候确实要使用到这一规则，可以自行添加新规则并设定。在【Un-Connected Pin】规则的设置界面上单击图 7-13 中的【New Rule】按钮即可自行创建一个规则。

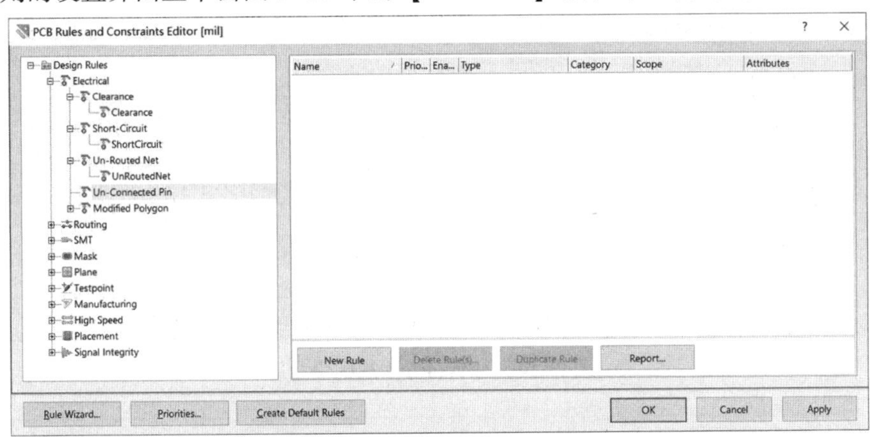

图 7-13　【Un-Connected Pin】规则设置

7.1.3　Routing 规则类

【Routing】是用来设定 PCB 布线过程中与布线有关的一类规则，它是 Altium Designer 16 设计规则设置中最重要、最常用的规则，直接影响布线的质量和成功率。

【Routing】规则类中共包括 7 个规则，分别是【Width】（导线宽度）规则、【Routing Topology】（布线拓扑）规则、【Routing Priority】（布线优先级）规则、【Routing Layers】（布线板层）规则、【Routing Corners】（布线转折角度）规则、【Routing Via Style】（自动布线过孔）规则和【Fanout control】（扇出）规则。

在 PCB 设计时，常使用的是【Width】规则，其他设计规则一般采用默认设置，最后一项【Fanout control】规则一般不会用到。

1. 【Width】规则

【Width】规则用来设置 PCB 自动布线时的导线宽度。在图 7-14 所示的对话框中，单击【Width】规则前的【+】，选择唯一的【Width】子规则，这时对话框的右侧将会弹出【Width】子规则的设置界面。

下面以在【Width】规则下新建一个名为"Width_GND"的规则为例，来介绍【Width】规则的具体设置方法。在本例中，新建一个布线规则对 PCB 中的【GND】网络的导线宽度进行设置，要求自动布线时，将【GND】网络的导线宽度设置为"40 mil"。【Width】规则的具体设置方法如下。

（1）新建规则。右击【Width】规则，从弹出的快捷菜单中选择【New Rule】命令，软件将自动以当前设计规则为准，生成名为"Width _1"的新建设计规则，其设置对话框如图 7-15 所示。此处，先将规则名称修改为"Width_GND"。

（2）设置规则适合范围。在设置规则的使用对象和范围区域中只有一个【Where The

Object Matches】选项组用来指定对象适用范围，这是因为现在只是针对导线宽度进行设置，只有“导线宽度”这一个对象。这里选定【Net】，同时在下拉菜单中选择 PCB 中已经事先设定的【GND】网络。

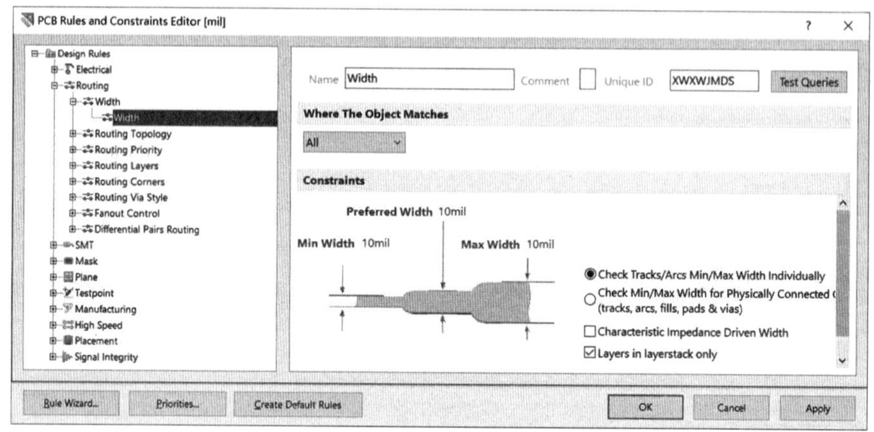

图 7-14 【Width】规则设置

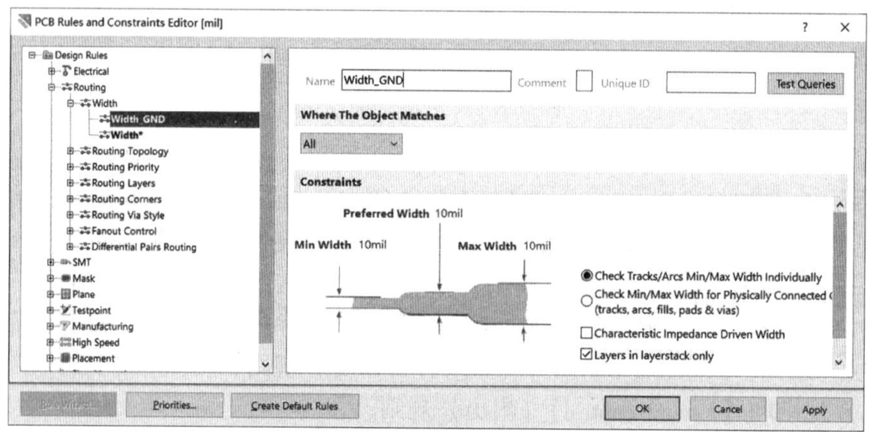

图 7-15 新建“Width_GND”规则

（3）设置规则约束条件。在【Constraints】选项组中对导线的宽度有 3 个值可供设置，分别为【Max Width】（最大宽度）、【Preferred Width】（最佳宽度）、【Min Width】（最小宽度）。软件默认值为“10 mil”，单击每一个选项可以直接输入数值进行更改。本例中修改【Preferred Width】为“40 mil”，【Min Width】为“30 mil”，【Max Width】为“50 mil”，则自动布线时，对【GND】网络的导线按最佳项“40 mil”进行布线。

其中，【Max Width】和【Min Width】用来设置导线宽度的最大和最小允许值，布线时，只要导线宽度在两者之间，则系统不会提示错误。

（4）设置优先级。单击对话框中左下角的【Priorities...】按钮，从弹出的【Edit Rule Priorities】对话框中设置【Width_GND】子规则的优先级为“1”，即第一优先级，软件默认的【Width】子规则的优先级为“2”。对“GND”网络导线宽度的设置如图 7-16 所示。

（5）单击【Apply】按钮，检查设置，如果没有问题，软件将自动保存该规则的设置。

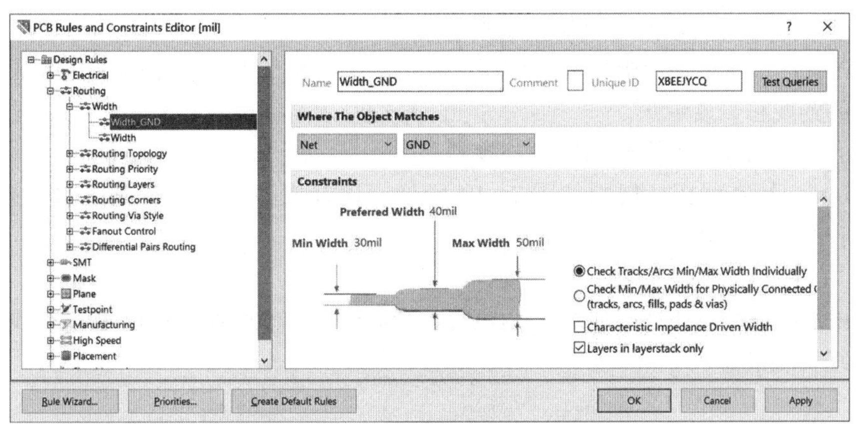

图 7-16　对“GND”网络导线宽度的设置

注意：本例中两个子规则的优先级若设置有误，会导致当前两个子规则的适用范围发生冲突。在软件默认的名为【Width】的子规则中，规则的适用对象是【All】，包括了【GND】网络，即【GND】网络的导线宽度被设置为 10 mil。而设计人员自定义的名称为【Width_GND】子规则中，【GND】网络的导线宽度又被重新设置为 40 mil，这两个布线子规则的设置发生了冲突。而在 PCB 自动布线时，对于【GND】网络是按照“规则优先级”来决定的，两个布线设计规则谁的优先级最高，即布线时先执行哪个布线子规则。所以，这里设置【Width_GND】子规则的优先级为 1，【Width】子规则的优先级为 2，则系统布线时，【GND】网络的导线宽度被设置为 40 mil，其他的网络导线宽度为 10 mil。布线规则的优先级设置结果如图 7-17 所示。设计人员可以单击【Increase Priority】按钮和【Decrease Priority】按钮来增加或者降低当前选中的设计规则的优先级等级。

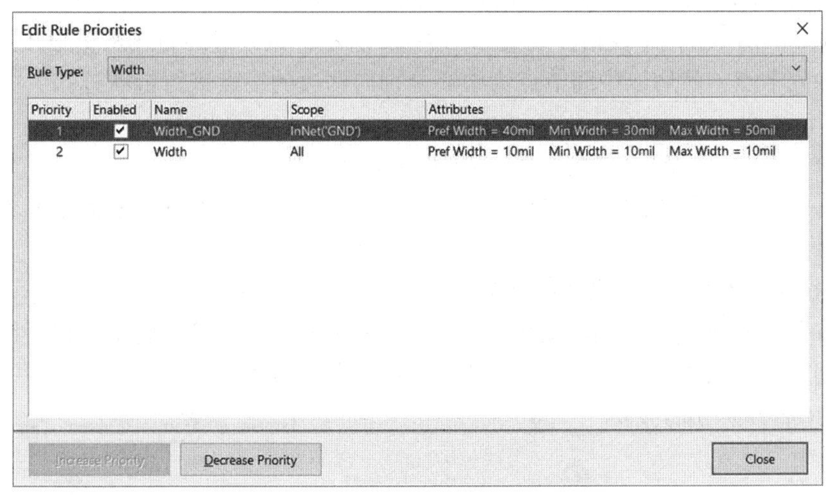

图 7-17　布线规则的优先级设置结果

2. 【Routing Topology】规则

【Routing Topology】规则用于定义自动布线时同一网络内各元件（焊盘）之间的连接方式，用户可以根据具体设计选择不同的布线拓扑规则。Altium Designer 16 提供了以下 7 种布线拓扑规则，其中最常用的为【Shortest】布线拓扑规则。

1）【Shortest】（最短）布线拓扑规则

【Shortest】布线拓扑规则如图 7-18 所示，该方式的布线逻辑是布线时保证所有网络节点之间的连线总长度最短。

2）【Horizontal】（水平）布线拓扑规则

【Horizontal】布线拓扑规则如图 7-19 所示，该方式的布线逻辑是以水平布线为主，并且水平布线长度最短。

3）【Vertical】（垂直）布线拓扑规则

【Vertical】布线拓扑规则如图 7-20 所示，该方式的布线逻辑是以垂直布线为主，并且垂直布线长度最短。

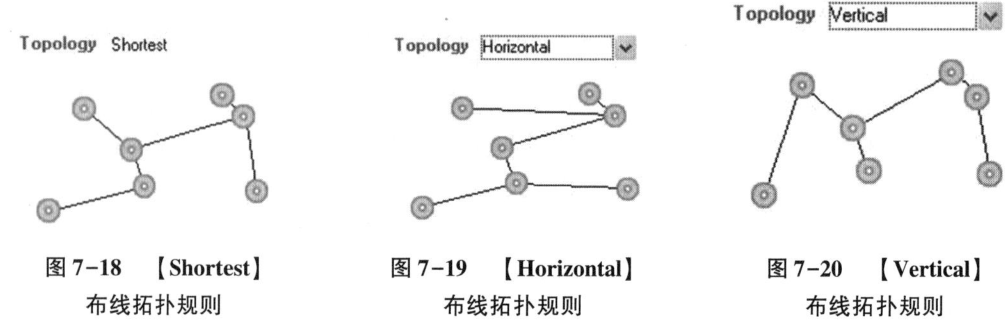

图 7-18 【Shortest】布线拓扑规则　**图 7-19 【Horizontal】布线拓扑规则**　**图 7-20 【Vertical】布线拓扑规则**

4）【Daisy-Simple】（简单雏菊）布线拓扑规则

【Daisy-Simple】布线拓扑规则如图 7-21 所示，该方式的布线逻辑是将各个节点从头到尾连接，中间没有任何分支，并使连线总长度最短。

5）【Daisy-MidDriven】（雏菊中点）布线拓扑规则

【Daisy-MidDriven】布线拓扑规则如图 7-22 所示，该方式的布线逻辑是在网络节点中选择一个中间节点，然后以中间节点为中心分别向两边的终点进行链状连接，并使布线总长度最短。

6）【Daisy-Balanced】（雏菊平衡）布线拓扑规则

【Daisy-Balanced】布线拓扑规则如图 7-23 所示，该方式的布线逻辑是要求中间节点两侧的链状连接基本平衡。

7）【Starburst】（星形）布线拓扑规则

【Starburst】布线拓扑规则如图 7-24 所示，该方式的布线逻辑是在所有网络节点中选择一个中间节点，以星形方式去连接其他的节点，并使布线总长度最短。

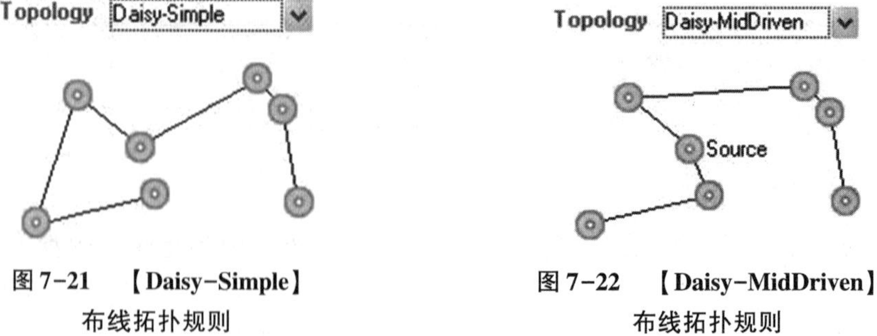

图 7-21 【Daisy-Simple】布线拓扑规则　**图 7-22 【Daisy-MidDriven】布线拓扑规则**

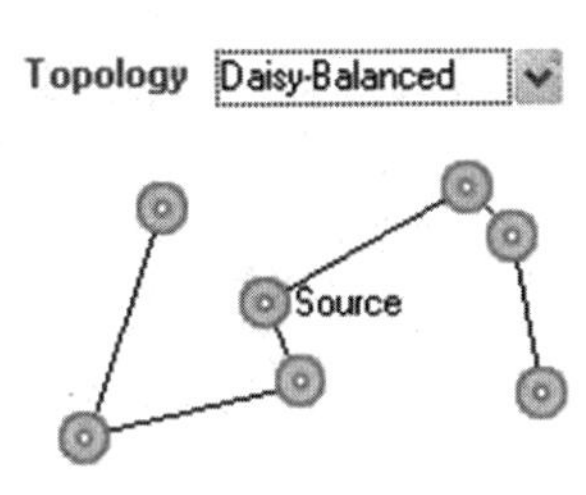

图 7-23　【Daisy-Balanced】布线拓扑规则

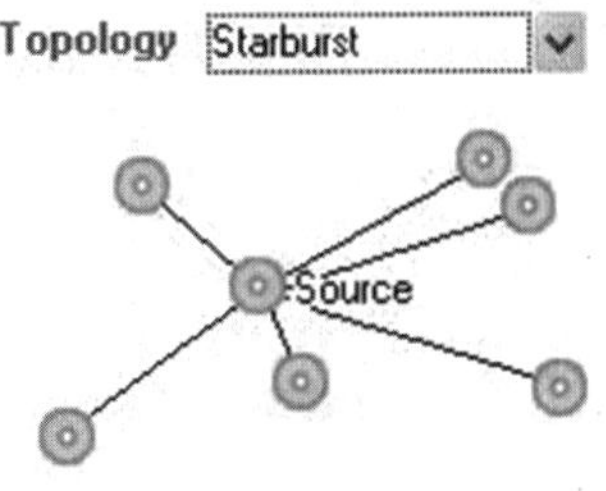

图 7-24　【Starburst】布线拓扑规则

3. 【Routing Priority】规则

【Routing Priority】规则用于设置布线优先级次序。软件提供优先级次序的设置范围为 0～100，数值越大，优先级越高，数值 100 表示布线优先级最高。由于优先级高的网络在自动布线的时候将先布线，因此可以把一些重要的网络设置为级别高的布线优先级。单击此设计规则后，对话框右侧的规则设置界面如图 7-25 所示。

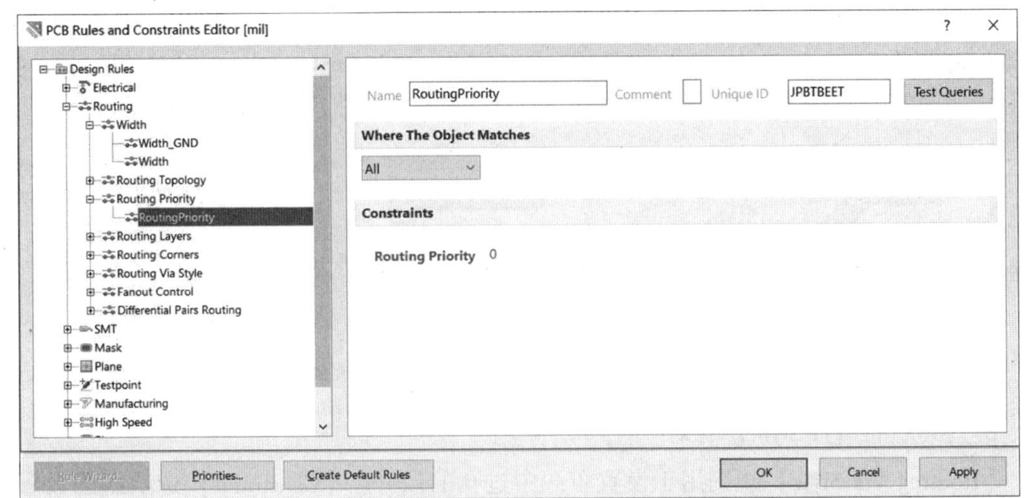

图 7-25　【Routing Priority】规则设置界面

注意：【Routing Priority】规则不能和【Width】规则中的【Edit Rule Priorities】规则混淆，【Routing Priority】规则是用于设置软件自动布线时，对哪一个网络先进行布线，而【Width】规则中的【Edit Rule Priorities】规则是指当几个导线宽度规则冲突时，先执行哪一个规则。

4. 【Routing Layers】规则

【Routing Layers】规则主要用来设置布线时哪些信号层可以使用。【Constraints】选项组给出了当前 PCB 可以布线的层，选中某层对应的【Allow Routing】复选按钮表示可以在该层布线，如图 7-26 所示。

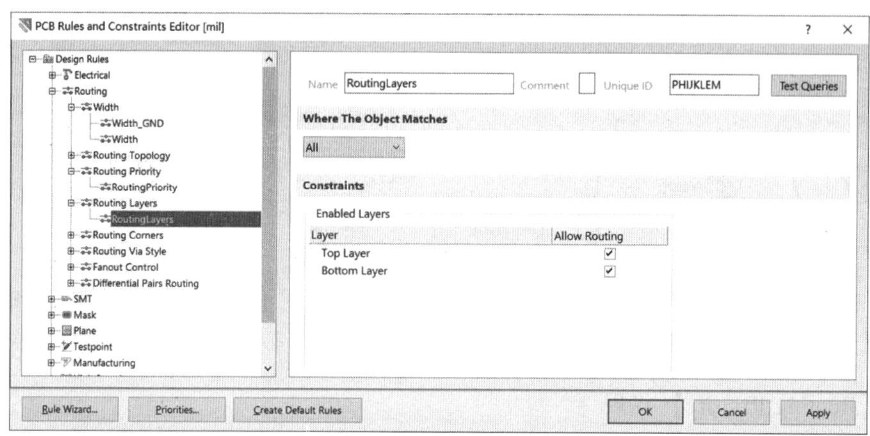

图 7-26 【Routing Layers】规则设置界面

5. 【Routing Corners】规则

【Routing Corners】规则主要用来设置导线拐弯的样式。【Constraint】选项组有两项设置，【Style】文本框用于设置拐角模式，有 45°拐角、90°拐角和圆形拐角 3 种，【Setback】、【to】文本框可以设置拐角的尺寸。设计人员尽量不要使用 90°拐角，以避免不必要的信号完整性恶化。一般使用 45°拐角。这 3 种拐角样式分别如图 7-27、图 7-28 和图 7-29 所示。

图 7-27 45°拐角　　图 7-28 90°拐角　　图 7-29 圆形拐角

6. 【Routing Via Style】规则

【Routing Via Style】规则用于设置布线中过孔的尺寸。【Constraint】选项组的设置界面如图 7-30 所示，可在其中设置过孔直径和过孔内径的大小，两者都包括最大值、最小值和最佳值。设置时需注意过孔直径和过孔孔径的差值不宜过小，否则将不宜于制板加工，合适的差值在 10 mil 以上。

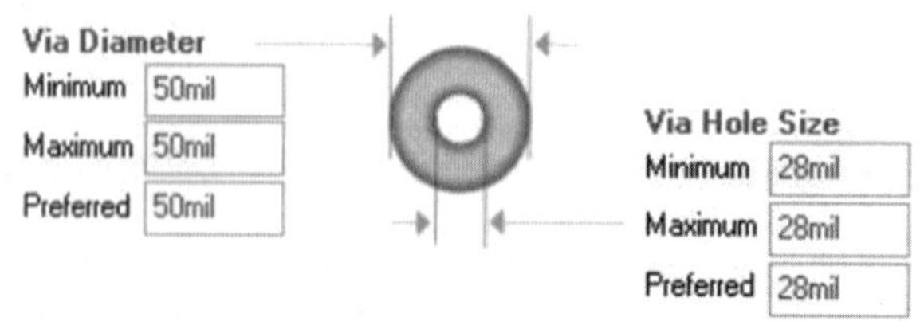

图 7-30 【Constraint】选项组的设置界面

7.1.4 【Mask】规则类

【Mask】是设置焊盘到阻焊层距离的一类规则，包括【Solder Mask Expansion】（阻焊层延伸量）和【Paste Mask Expansion】（表面粘贴元件延伸量）两种规则。

1.【Solder Mask Expansion】规则

【Solder Mask Expansion】规则用于设计从焊盘到阻焊层之间的延伸距离。在制作 PCB 时，阻焊层要预留一部分空间给焊盘，这个预留的延伸量可以防止阻焊层和焊盘重叠。如图 7-31 所示，软件默认值为“4 mil”，可以通过【Expansion】文本框设置延伸量的大小。

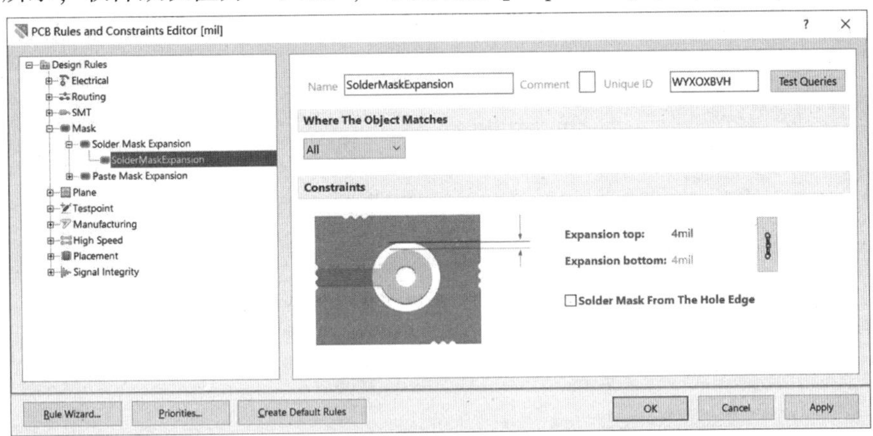

图 7-31　【Solder Mask Expansion】规则设置界面

2.【Paste Mask Expansion】规则

【Paste Mask Expansion】规则用于设置表面贴片元件的焊盘和焊锡层孔之间的距离。如图 7-32 所示，在约束区域中的【Expansion】文本框可以根据设计需要设置延伸量的大小。

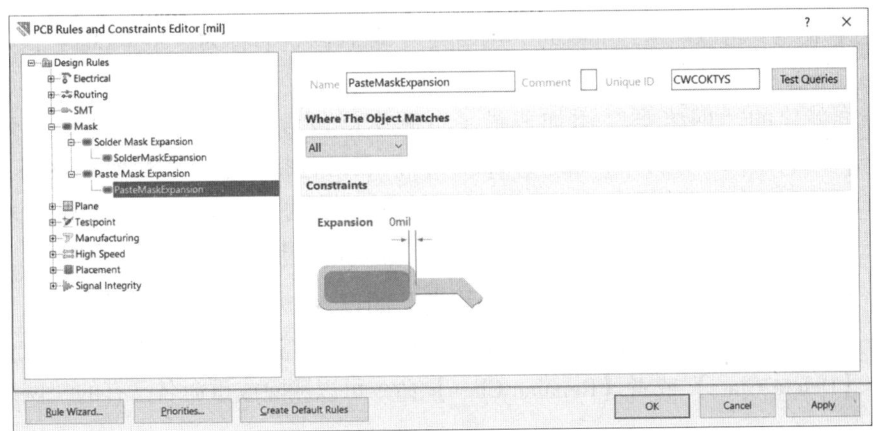

图 7-32　【Paste Mask Expansion】规则设置界面

7.2　PCB 设计中常用的高级技巧

7.2.1　网络类

“类”是指具有相似属性对象的集合，通过对“类”的设置，可以在自动布线的时候对属于相同“类”的所有对象一起操作，方便快捷。Altium Designer 16 中包括6大“类”，分别为“网络类”“元件类”“层类”“焊盘类”“差分对类”以及“覆铜类”。其中，最经常使用的是“网络类”（Net Classes）。其他“类”的设置与“网络类”基本相同。本节将重点介绍“网络类”的设置方法，具体的操作步骤如下。

（1）在 PCB 编辑器环境下执行菜单命令【Design】/【Classes】，弹出【Object Class Explorer】对话框，如图 7-33 所示。

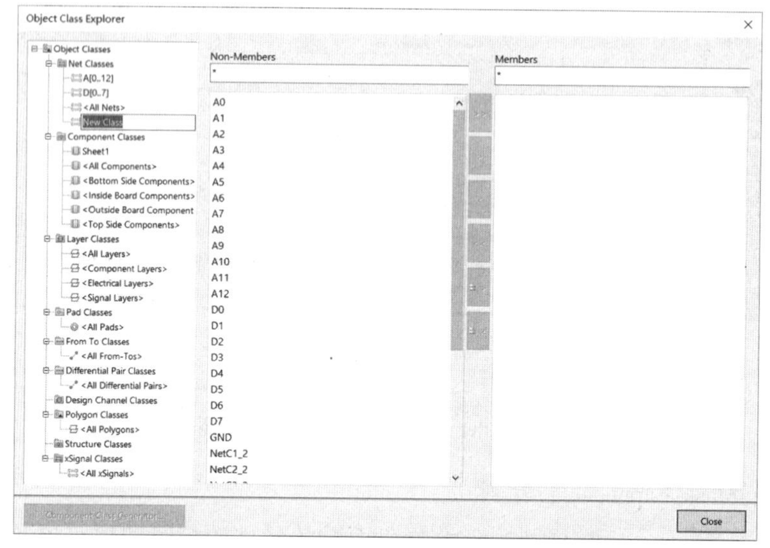

图 7-33 【Object Class Explorer】对话框

（2）新建一个新的“网络类”。右击【Net Classes】选项，在弹出的快捷菜单中选择【Add Class】命令，可以产生一个新的“网络类”，软件默认名称为“New Class”，如图 7-33 所示。

（3）向新建的“网络类”添加成员。右侧窗口包含有【Non-Members】列表区和【Members】列表区两个部分。【Non-Members】列表区包括了电路中所有的网络，设计人员可以从此列表区包含的网络中选择要添加到新建的名为“New Class”的“网络类”中的网络，单击 > 按钮即可完成对新的“网络类”成员的添加。

（4）关闭该对话框即可完成新建“网络类”的设置。

（5）对“类”的操作还有删除和重命名两种，右击相应的“网络类”，在弹出的快捷菜单中选择【Delete Class】或者【Rename Class】命令可以删除或重命名已有的“网络类”。

7.2.2 DRC

为了确保所设计的 PCB 满足需要，设计人员一般要进行检查。对于简单的 PCB 设计来说，设计人员可以通过观察的方法来检查 PCB 设计是否存在错误；但对于复杂的 PCB 设计来说，设计人员通过观察的方法检查就显得非常困难了。基于这个原因，Altium Designer 16 设计系统为设计人员提供了功能十分强大的 DRC 功能。通过 DRC 功能，设计人员可以检查所设计的 PCB 是否满足要求。

启动 DRC 的方法是执行菜单命令【Tool】/【Design Rule Check】，弹出【Design Rule

Checker [mil]】对话框，如图 7-34 所示。

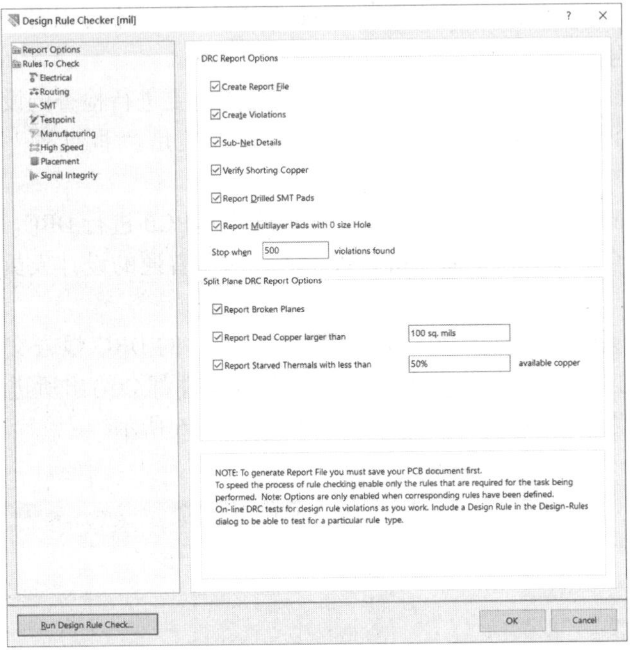

图 7-34　【Design Rule Checker [mil]】对话框

该对话框由两个窗口组成，左侧窗口包含【Report Options】和【Rules To Check】两个选择项，右边窗口是具体的设计内容。

1.【Report Options】选择项

【Report Options】选择项的主要功能是用来设置以报表的形式生成规则检查结果的各个选择项。在对话框右侧窗口的【DRC Report Options】选项组由 6 个选择项和 1 个文本框组成，各自功能如下。

（1）【Create Report File】：用来设置是否生成 DRC 报告文件。

（2）【Create Violations】：用来设置是否生成违反设计规则的报告。

（3）【Sub-Net Details】：用来设置是否检查 PCB 中的子网络的细节。

（4）【Verify Shorting Copper】：用来设置是否验证短路铜皮。

（5）【Report Drilled SMT Pads】：用来设置是否报告带钻孔的贴片焊盘。

（6）【Report Multilayer Pads with 0 size Hole】：用来设置是否报告 0 孔径尺寸的多层焊盘。

（7）【Stop when（500）violations found】：用来设置 DRC 时违反设计规则的具体次数。如果 DRC 时违反设计规则的次数达到了输入值，那么系统将会停止 DRC，否则将会继续进行 DRC。

2.【Rules To Check】选择项

【Rules To Check】选择项用来设置检查的规则和选择规则检查的方式。规则检查的方式有两种，【Online】栏用来选择设计规则是否需要实时检查，该方式和布线操作同时进行，可以将 PCB 设计过程中出现的错误直接在工作窗口提示出来，或者拒绝执行某些错误的布线；【Batch】栏用于选择是否需要在批处理中进行检查，该方式是指 Altium Designer 16 将在单击【Run Design Rule Check...】按钮时才可以开始“批处理”检查，并将所出现的错误生成 DRC 报告文件。

【Rules To Check】选择项的右侧窗口中，前两栏为要进行检查的设计规则名称和它所属的规则种类，右两栏用来设置进行“实时”检查还是“批处理”检查，如图 7-35 所示。

执行命令【Run Design Rule Check】即可对设计的 PCB 进行 DRC。重点是要设定好哪些规则需要在线检查，哪些规则需要批处理检查，对于普通的设计人员来说，采用软件的默认设置即可。

DRC 结束后，系统将自动生成一个后缀为“.drc”的 DRC 报告文件，同时打开一个后缀为“.html”的网页版的报告文件，这两个报告文件都会给出所进行的所有设计规则的检查情况。后缀为“.drc”的 DRC 报告文件如图 7-36 所示。

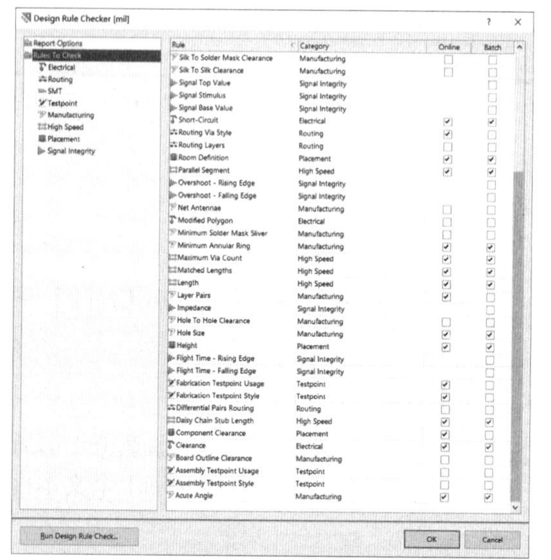

图 7-35 【Rules To Check】设置界面

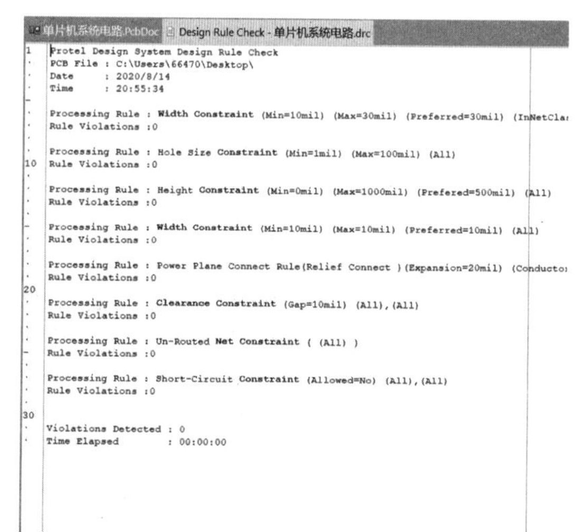

图 7-36 后缀为“.drc”的 DRC 报告文件

在 DRC 报告文件中，软件将会逐项给出各个设计规则的检查情况。一般来说，报告文件中各项设计规则检查的书写格式为

Processing Rule:设计规则名称 Constraint 约束条件

Violation 违反设计规则的具体信息

……

Violation 违反设计规则的具体信息

Rule Violations:数目

如果报告中有违反设计规则的信息，那么当设计人员将窗口切换到 PCB 文件时，可以发现 PCB 板上违反设计规则的地方以绿色高亮显示。通过高亮显示，设计人员可以很快找到违反设计规则的地方，并对其进行修改，从而可以有效地排除 PCB 设计中的所有错误。

7.2.3 放置覆铜

覆铜是将 PCB 中没有铜膜走线、焊盘和过孔的空白区域布满铜膜（一般是接地），从而大大提高 PCB 的抗干扰、抗噪声能力，并提高强度。覆铜的对象可以是电源网络、地线网络和信号线等。在通常的 PCB 设计中，对地线网络进行覆铜比较常见。一般情况下，将所铺铜膜接地，即与地线相连接，可以增大地线网络的面积、提高 PCB 的抗干扰性能和过大电流的能力，也可以提高 PCB 的强度。

执行菜单命令【Place】/【Polygon Pour】，或者单击配线工具栏中的按钮，弹出【Polygon Pour [mil]】对话框，如图 7-37 所示。在这个对话框中，可以设置覆铜的属性，以下是各个选项组的具体介绍。

图 7-37 【Polygon Pour [mil]】对话框

1）【Fill Mode】选项组

【Fill Mode】选项组用来设置覆铜的填充模式，有【Solid】（实心）填充模式、【Hatched】（影线化）填充模式和【None】（无填充）模式 3 种选择，如图 7-38 所示。

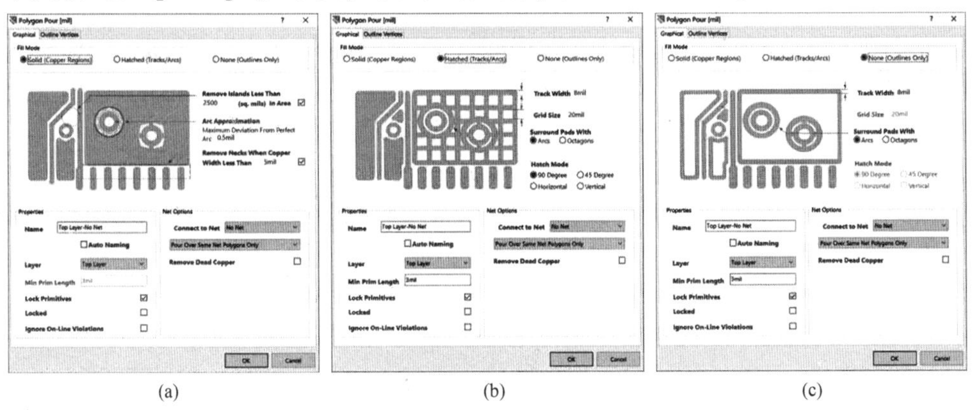

图 7-38 覆铜的 3 种填充模式

（a）【Solid】填充模式；（b）【Hatched】填充模式；（c）【None】填充模式

2）【Properties】选项组

【Properties】选项组主要用于设置覆铜所在的层面、铜膜网格线的最短长度和是否锁定覆铜。

3）【Net Option】选项组

【Net Option】选项组主要用于设置与网络有关的参数，各选项功能如下。

（1）【Connect To Net】：用来设置覆铜所连接到的网络，一般将覆铜与地线相连。

（2）【Don't Pour Over Same Net Objects】：表示多边形覆铜将只包围相同网络已经存在的导线或多边形，而不会覆盖相同网络名字的导线；【Pour Over All Same Net Objects】：表示当覆铜操作时，覆盖相同网络名字的导线；【Pour Over Same Net Polygons Only】：表示只覆盖现有的、已经存在的覆铜区域，对其他相同名字网络导线不覆盖。

（3）【Remove Dead Copper】：用来设置是否清除死铜。死铜指的是在覆铜之后，与任何网络都没有连接的部分覆铜。选中该复选按钮后，在覆铜操作后软件将自动删除所有的死铜。

下面以图 7-39 为例，说明覆铜的过程。

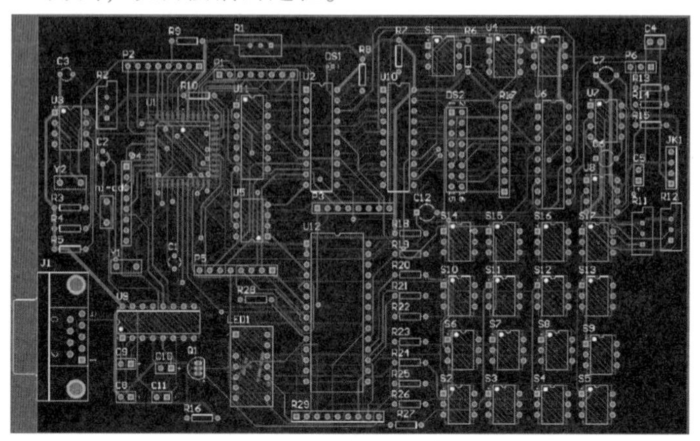

图 7-39　覆铜前的 PCB

（1）执行菜单命令【Place】/【Polygon Pour】，或者单击配线工具栏中的按钮，弹出【Polygon Pour】对话框。

（2）设置覆铜的属性。这里采用【Hatched】填充模式，【Track Width】设为“8 mil”，【Gride Size】设置为“30 mil”，【Surraund Pads With】设为“Arcs”，【Hatch Made】设为“90 Degree”，在“Bottom Layer”层覆铜并与“GND”网络连接，选择【Pour Over All Same Net Objects】选项，并确认选中【Remove Dead Copper】复选按钮。

（3）设置好覆铜的属性后，单击【OK】按钮，开始放置覆铜。此时，光标变成“十”字形状，移动到 PCB 左上角，单击确定放置覆铜的起始位置，再移动光标到合适位置逐一单击，确定覆铜的范围。本例中的电路板为长方形，可以沿长方形的 4 个顶点选择覆铜区域。在电路板上画一个封闭四边形，可以将整个电路板包含进去。

（4）覆铜区域选择好后，右击工作区任意位置退出放置覆铜状态，软件将自动运行覆铜并显示覆铜结果。

（5）对 PCB 底层覆铜后，重复上面的操作可对 PCB 顶层覆铜。底层覆铜后的 PCB 如图 7-40 所示。

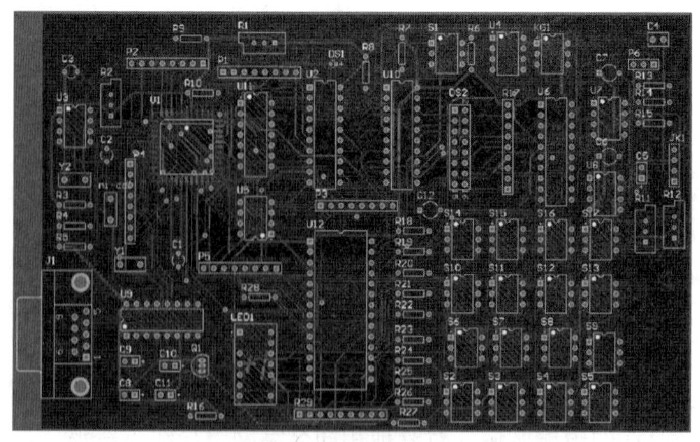

图 7-40　底层覆铜后的 PCB

在覆铜后，如果还想对覆铜属性进行编辑，可以双击覆铜区域打开覆铜属性设置对话框进行相应的修改。删除覆铜的操作方法和删除一般对象的方法一样，选中覆铜后，按<Delete>键即可。

7.2.4 补泪滴

补泪滴是指在铜膜导线与焊盘的连接处放置泪滴状的过渡区域，主要目的是增强连接处的机械强度。泪滴的作用如下。

（1）避免 PCB 受到巨大外力冲撞时导线与焊盘或者导线与导孔的接触点断开，同时显得更加美观。

（2）保护焊盘，避免多次焊接时焊盘脱落。生产时，可以避免蚀刻不均、过孔偏位出现的裂缝等。

（3）信号传输时平滑阻抗，减少阻抗的急剧跳变。避免高频信号传输时由于线宽突然变小而造成反射，可使走线与元件焊盘之间的连接趋于平稳过渡化。

执行菜单命令【Tool】/【Teardrops】，弹出【Teardrops】对话框，如图 7-41 所示。在这个对话框中，可以设置泪滴的属性，有以下 4 个选项组。

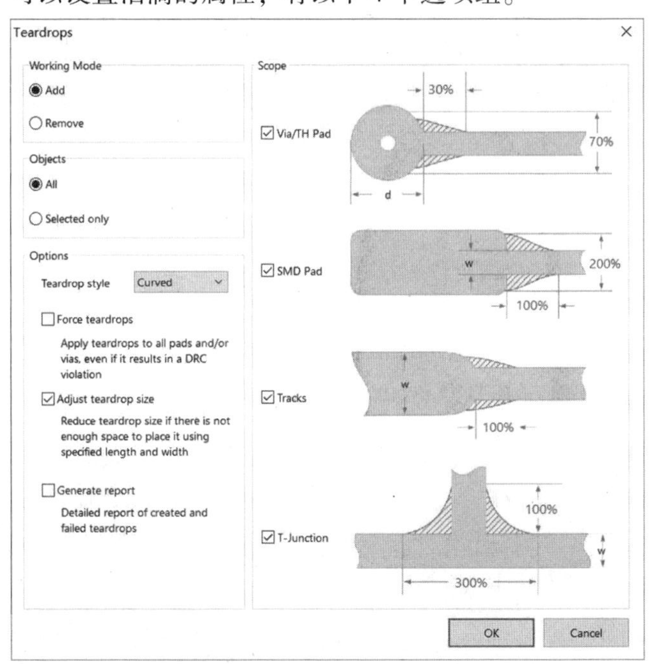

图 7-41 【Teardrops】对话框

1）【Working Mode】选项组

【Working Mode】选项组用于设置添加或删除泪滴。

2）【Objects】选项组

【Objects】选项组是选择匹配对象，一般都选择【All】选项。

（1）【All】：对所有的对象都进行补泪滴操作。

（2）【Selected Only】：仅对选定的对象进行补泪滴操作。

3）【Scopc】选项组

【Scope】选项组是补泪滴的范围，会适配相应的对象，包括【Vin/TH Pad】、【SMD

Pad】、【Tracks】及【T-Junction】。

4)【Options】选项组

【Options】选项组包含 1 个【Teardrop Style】下拉菜单和 3 个复选按钮。

【Teardrop Style】下拉菜单是用来设置所补泪滴的具体形状，有弯曲形和直线形 2 种。

3 个复选框分别是【Force teardrops】（强制补泪滴）、【Adjust teardrop size】（调节泪滴大小）、【Generate report】（生成报告）。

【Force teardrops】：对于添加泪滴的操作采取强制执行方式，即使存在 DRC 报错。一般来说为了保证泪滴的添加完整，对此项进行勾选，后期再修正即可。

【Adjust teardrop size】：当空间不足以添加泪滴时，变更泪滴的大小，可以更智能地完成泪滴的添加操作。

补泪滴的操作非常简单，设置好补泪滴属性后单击【OK】按钮，软件会自动进行补泪滴并显示补泪滴结果，补泪滴操作前后的效果如图 7-42 所示。

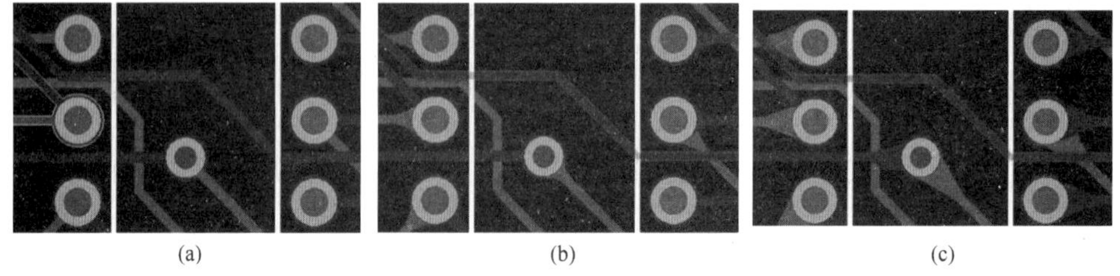

(a) (b) (c)

图 7-42 补泪滴操作前后的效果

（a）补泪滴前；（b）“圆弧”形泪滴；（c）“导线”形泪滴

7.2.5 3D 效果图

PCB 板完成以后，用户可以查看 PCB 的 3D 效果图，以检查布局是否合理。

执行菜单命令【View】/【3D Layout Mode】，或按<2>、<3>快捷键，PCB 将在 2D 显示和 3D 显示中切换，PCB 3D 显示效果如图 7-43 所示。

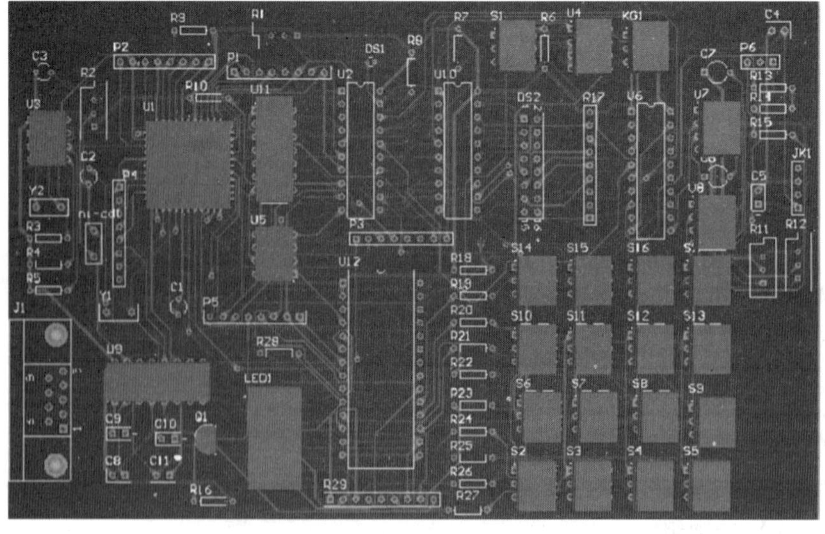

图 7-43 PCB 3D 显示效果

7.2.6 生成报表文件

在 PCB 设计中，可以生成各种报表文件。

1. Board Information Report

Board Information Report（电路板信息报表）为用户提供了一个 PCB 的完整信息，包括 PCB 尺寸、PCB 的焊点、导孔的数量，以及 PCB 的元件编号等。生成 Board Information Report 的过程如下。

（1）执行菜单命令【Reports】/【Board Information】，弹出【PCB Information】对话框，如图 7-44 所示。

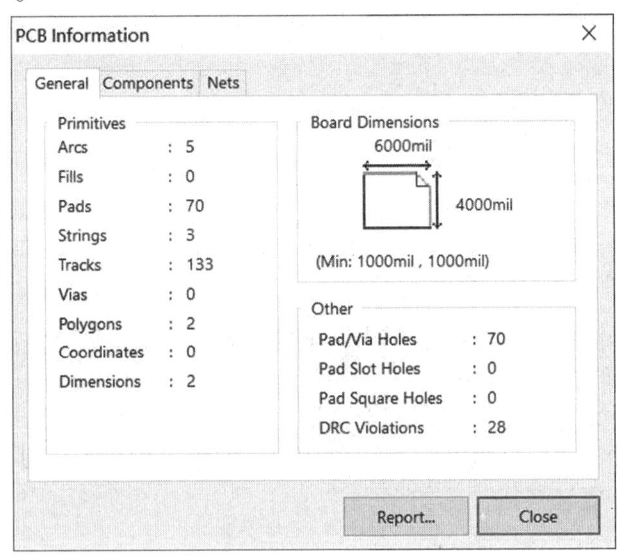

图 7-44 【PCB Information】对话框

该对话框有 3 个标签，【General】标签显示 PCB 的一般信息，如 PCB 的物理尺寸、各种组件数量和违反设计规则的数量等；【Components】标签显示当前 PCB 使用的元件数量及其编号等；【Nets】标签显示当前 PCB 中的网络信息。

（2）单击【Report...】按钮，弹出【Board Report】对话框，如图 7-45 所示。设计人员可以按【All On】按钮，选择全部选项；也可以按【All Off】按钮，取消全部选项；还可以在对话框中逐项选择产生报表的项目。如果选中【Selected objects only】复选按钮，则只产生所选项目的信息报表。

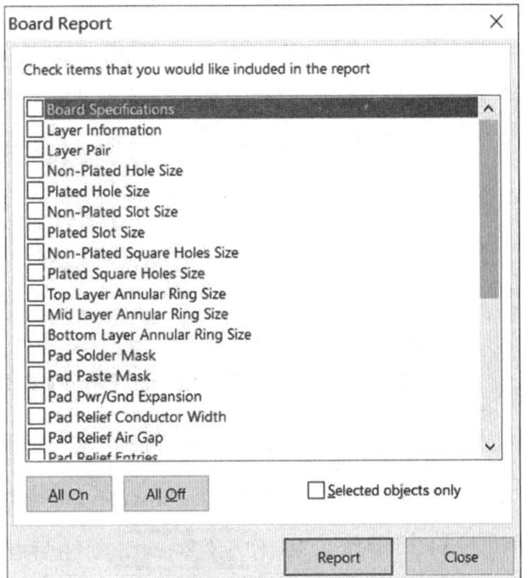

图 7-45 【Board Report】对话框

（3）单击【All Off】按钮，再单击【Report】按钮，生成【Board Information Report】报表，如

图 7-46 所示。

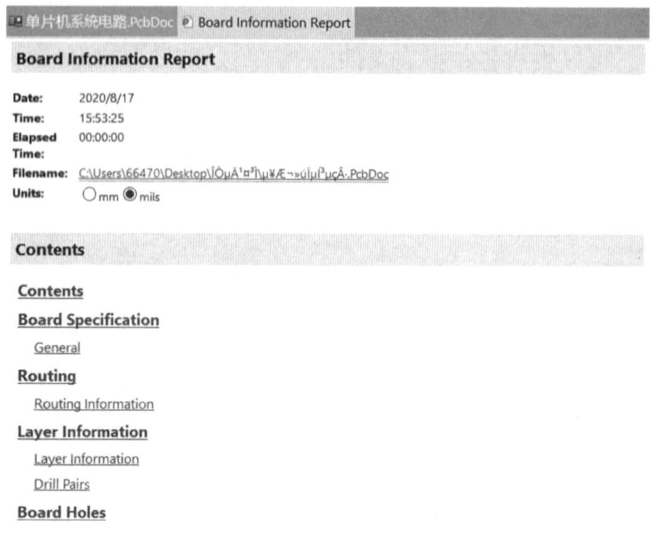

图 7-46 【Board Information Report】报表

2. 生成元件清单列表

与原理图编辑器一样，在 PCB 编辑器中也可以生成元件列表清单，具体步骤如下。

（1）执行菜单命令【Reports】/【Bill of Materials】，弹出【Bill of Materials For PCB Document [单片机系统电路 . PcbDoc]】对话框，如图 7-47 所示。在该对话框中可以设置输出的元件清单文件格式，以及执行相关的操作。本例中选择“ * . xls”文件格式，并选中【Open Exported】复选按钮。

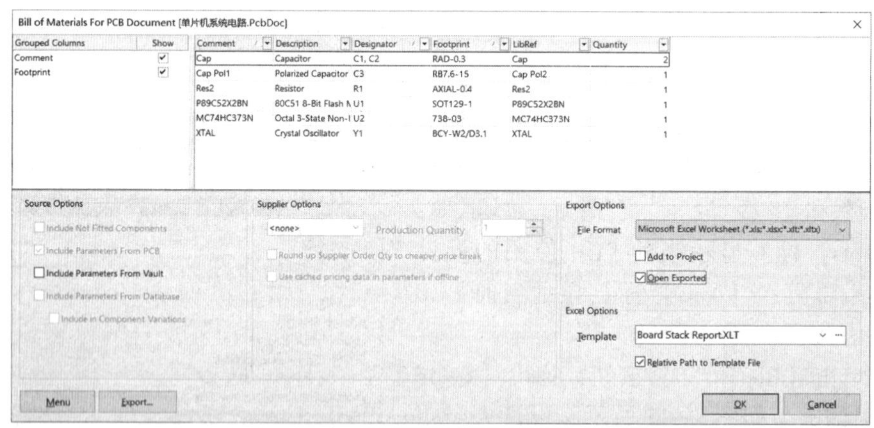

图 7-47 【Bill of Materials For PCB Document [单片机系统电路 . PcbDoc]】对话框

（2）单击图 7-47 所示对话框中的【Menu】按钮，在弹出的菜单中选择【Report】命令，进入【Report Preview】对话框，如图 7-48 所示。在该对话框中，单击 Print... 按钮进行打印操作，单击 Export... 按钮导出元件报表。

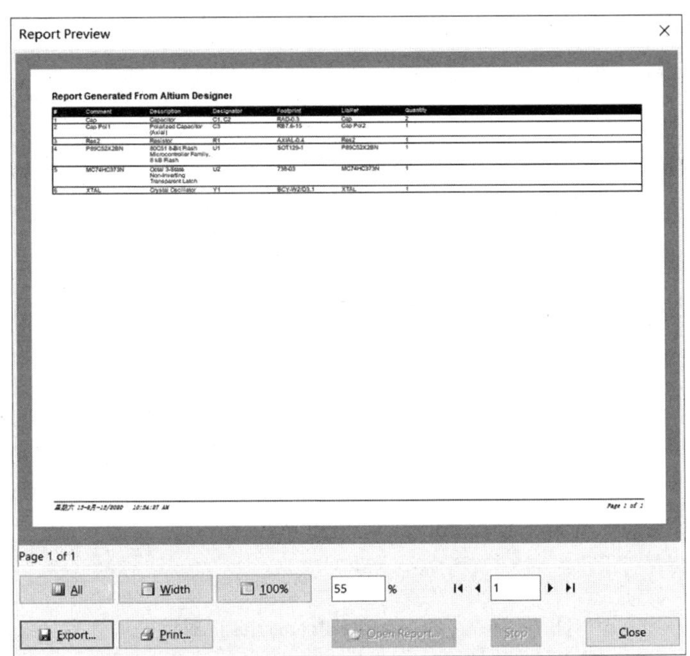

图 7-48 【Report Preview】对话框

（3）在图 7-47 所示对话框中单击【Export...】按钮，选择文件存储位置后，输入文件名称，单击【Save】按钮即可完成元件清单导出工作。软件生成后缀为“. xls”的元件清单文件，如图 7-49 所示。

Comment	Description	Designator	Footprint	LibRef	Quantity
Cap	Capacitor	C1, C2	RAD-0.3	Cap	2
Cap Pol1	Polarized Capacitor (	C3	RB7.6-15	Cap Pol2	1
Res2	Resistor	R1	AXIAL-0.4	Res2	1
P89C52X2BN	80C51 8-Bit Flash Mic	U1	SOT129-1	P89C52X2BN	1
MC74HC373N	Octal 3-State Non-In	U2	738-03	MC74HC373N	1
XTAL	Crystal Oscillator	Y1	BCY-W2/D3.1	XTAL	1

图 7-49 后缀为“. xls”的元件清单文件

3. 生成网络报表

执行菜单命令【Design】/【Netlist】/【Grate Netlist From Connected Copper...】即可在 PCB 编辑器中生成网络报表，网络报表的内容与从原理图中生成的网络报表一样，这里不再重复介绍。

4. 生成输出文档

PCB 设计进程的最后阶段是生成生产文件。用于制造和生产 PCB 的文件组合包括 Gerben（底片）文件、NCDrill Files（数控钻）文件、pick and place（插置）文件、材料表和测试点文件。通过执行菜单命令【File】/【Fabrication Outputs】来输出生产文件。生产文件作为项目文件的一部分保存。

7.2.7 打印 PCB 板图

在完成 PCB 设计后，有时需要打印 PCB 板图，具体步骤如下。

（1）页面设定。执行菜单命令【File】/【Page Setup】，弹出如图 7-50 所示的【Composite Properties】对话框，在该对话框内设置打印纸的尺寸和方向、打印的缩放比例和图在纸张上的位置等。

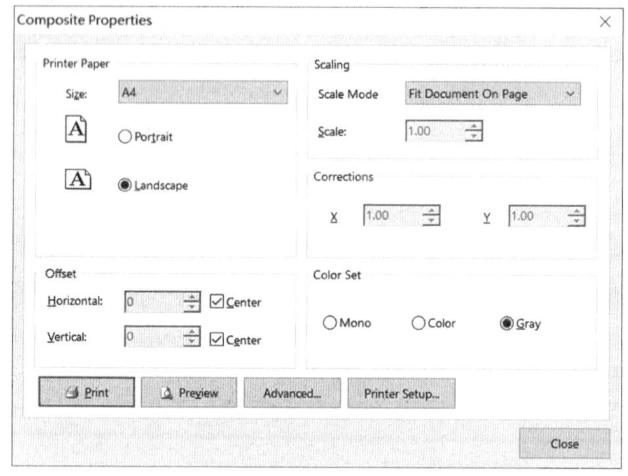

图 7-50 【Composite Properties】对话框

单击【Advanced...】按钮，弹出如图 7-51 所示的【PCB Printout Properties】对话框，设置要打印的 PCB 层面。

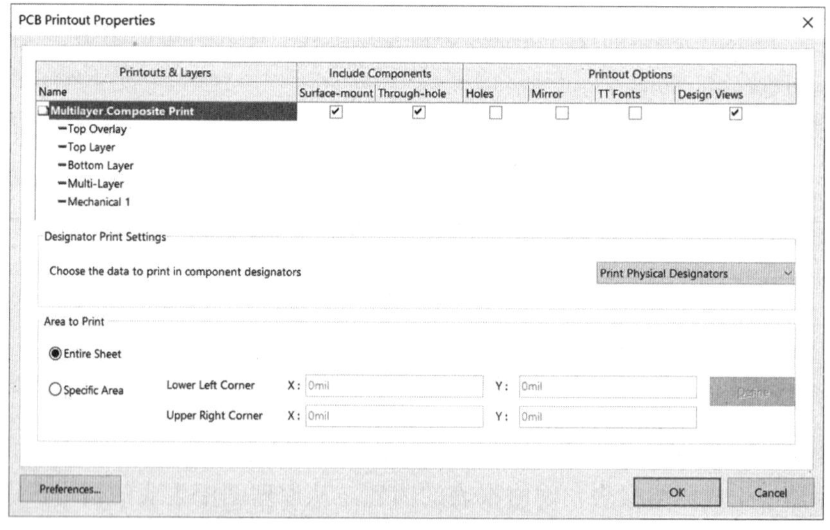

图 7-51 【PCB Printout Properties】对话框

以双面板为例，如果只需要打印底层布线，则在【PCB Printout Properties】对话框中右击【Top Layer】选项，从弹出的菜单中选择【Delete】命令并确认，可以看到【Top Layer】层被删除。重复操作删除其他多余的层，仅保留【Bottom Layer】。如果需要插入某层，也可以在【PCB Printout Properties】对话框中右击，从弹出的菜单中选择【Insert Layer】命令，进入【Layer Properties】对话框，选择相应要插入的工作层并确认，就可以将该层加入打印任务。

（2）打印预览。单击图 7-50 所示对话框中【Preview】按钮可以预览打印效果，如图 7-52 所示。该功能也可通过选择菜单命令【File】/【Print Preview】来实现。

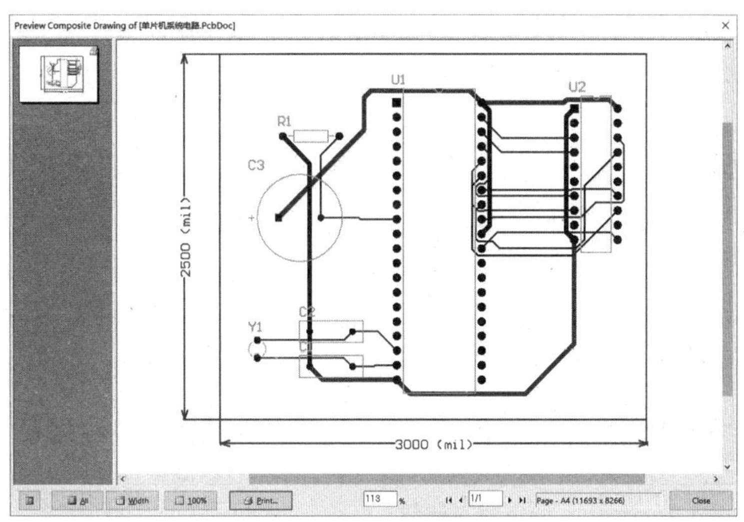

图 7-52　PCB 打印预览效果

(3) 打印机设置。单击如图 7-52 所示对话框中的【Print...】按钮或者直接执行菜单命令【File】/【Print】，弹出如图 7-53 所示的【Printer Configuration for [Documentation Outputs]】对话框，在此对话框内可以设置打印机的类型、性能，以及打印的页码、份数等。

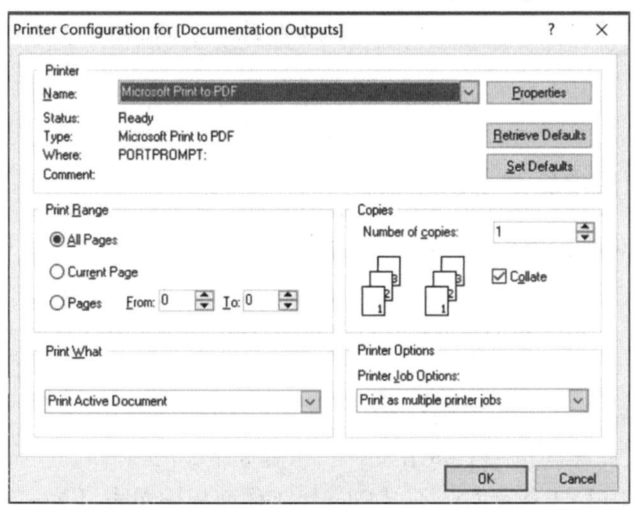

图 7-53　【Printer Configuration for [Documentation Outputs]】对话框

(4) 打印。设置完毕后，单击【OK】按钮即可打印 PCB 板图。

7.3　PCB 设计实例——双面板自动布线

本节将通过一个实例介绍由原理图生成 PCB 板的全部过程。设计方法请参考书中具体的步骤。

7.3.1　准备工作

在 E 盘的“Chapter7”文件夹下新建一个名为“单片机控制电路”的文件夹，新建原理图文件，重命名为“单片机控制电路 . SchDoc”，并保存在该文件夹下。完成单片机控制电路原理图绘制工作，如图 7-54 所示。

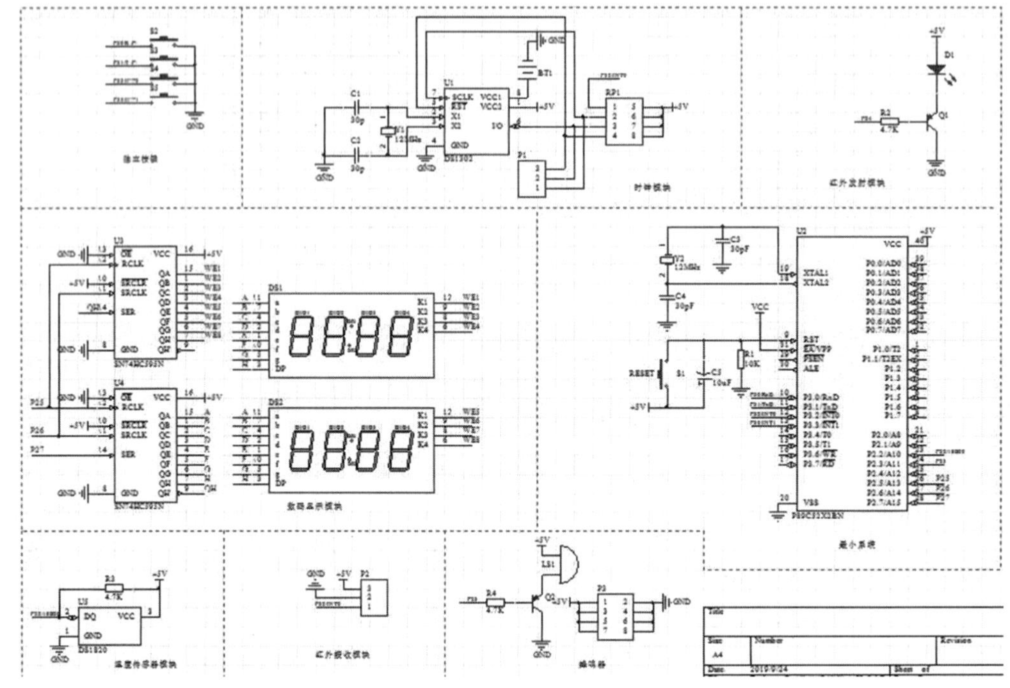

图 7-54　单片机控制电路原理图

7.3.2　在项目中新建 PCB 文件

本例中采用“PCB 生成向导”新建一个名为“单片机控制电路”的 PCB 文件，在“PCB 生成向导”中规划电路板的各个参数：PCB 的形状为矩形，电气边界设置为 6 000 mil×4 500 mil（高×宽）；该 PCB 为双面板；PCB 的大多数元件为通孔直插式元件，要求两个焊盘之间的导线数为一条；最小导线尺寸为 10 mil，最小过孔的内外径分别为 28 mil 和 50 mil，最小安全间距为 8 mil，其余采用默认设置。

利用 PCB 生成向导创建一个 PCB 文件，步骤如下。

（1）打开【Files】工作面板，在【Files】工作面板中单击【New from template】选项组中的【PCB Board Wizard】按钮，弹出 PCB 文件生成向导对话框，按照生成向导的步骤，根据用户要求依次设置该 PCB 的参数。

（2）将“PCB 生成向导”生成的 PCB 文件拖到“单片机控制电路”项目下，同时保存到路径“E：\ chaper7 \ 单片机控制电路”，并重命名为“单片机控制电路 . PcbDoc”。

7.3.3　将元件封装和网络导入 PCB

在原理图中确定好元件封装后，进行网络报表和元件封装导入工作。

（1）在 PCB 编辑环境中执行菜单命令【Design】/【Import Changes From...】，打开【Engineering Change Order】对话框，依次单击该对话框中的【Validate Changes】按钮和【Execute Changes】按钮，更新后的【Engineering Change Order】对话框如图 7-55 所示。

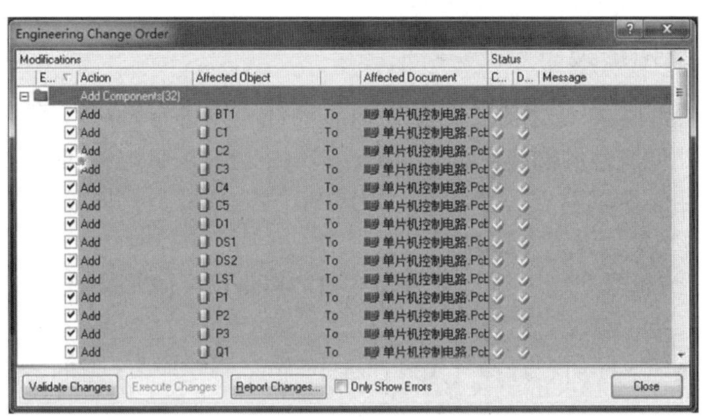

图 7-55　更新后的【Engineering Change Order】对话框

（2）单击【Engineering Change Order】对话框中的【Close】按钮，关闭该对话框。这时，可以看到原理图中的元件封装和网络已经导入 PCB 中了，如图 7-56 所示。

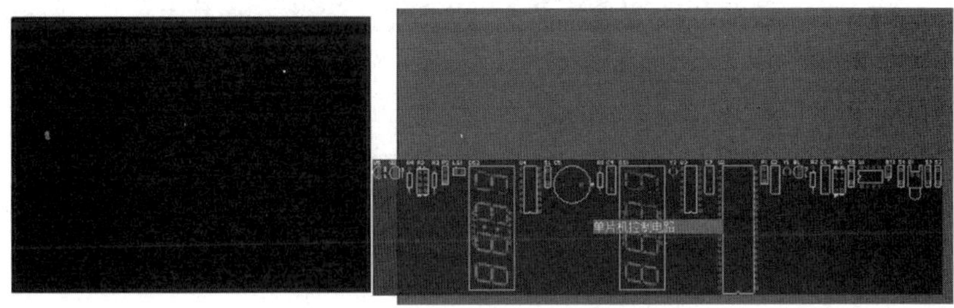

图 7-56　PCB 工作区内容

7.3.4　元件布局

先将 Room 框拖到 PCB 外形下面，然后删除 Room 框。单击 PCB 图中的元件，将各个元件移动到 PCB 中的禁止布线区域内，按照布局规则，对元件进行布局。本例中要求所有元件处于顶层，布局后的 PCB 如图 7-57 所示。

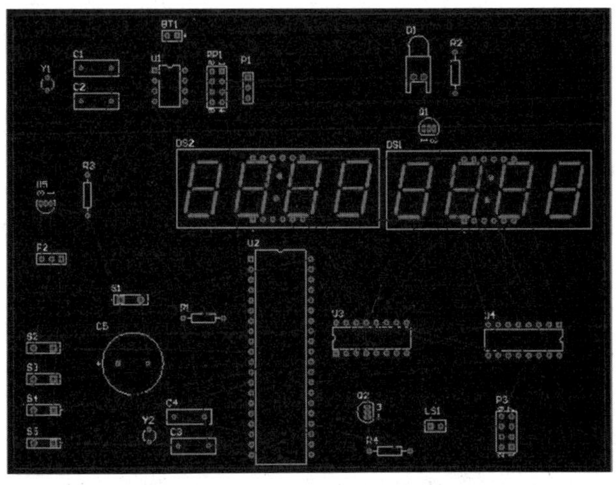

图 7-57　布局后的 PCB

7.3.5 设置网络类

在对 PCB 进行自动布线之前，需要对 PCB 布线规则进行设计。为了快速设置布线规则，应先将具有相似属性的网络设置为一类。本例中，要求将电源线和地线线宽设置得比一般信号线线宽粗，所以建立一个名为“POWER”的网络类，将所有的电源线和地线归入“POWER”网络类。设置方法如下。

(1) 在 PCB 编辑器环境下执行菜单命令【Design】/【Classes】，打开【Object Class Explorer】对话框。

(2) 右击【New Class】，选择【Add Class】命令，产生一个新的“网络类”，将其命名为“POWER”。

(3) 将【Non-Members】列表区中的网络“+5V”“VCC”和“GND”网络添加到【Members】列表区中，即可完成对新的“POWER”的成员的添加，如图 7-58 所示。

(4) 关闭【Object Class Explorer】对话框即可完成新建“网络类”的设置。

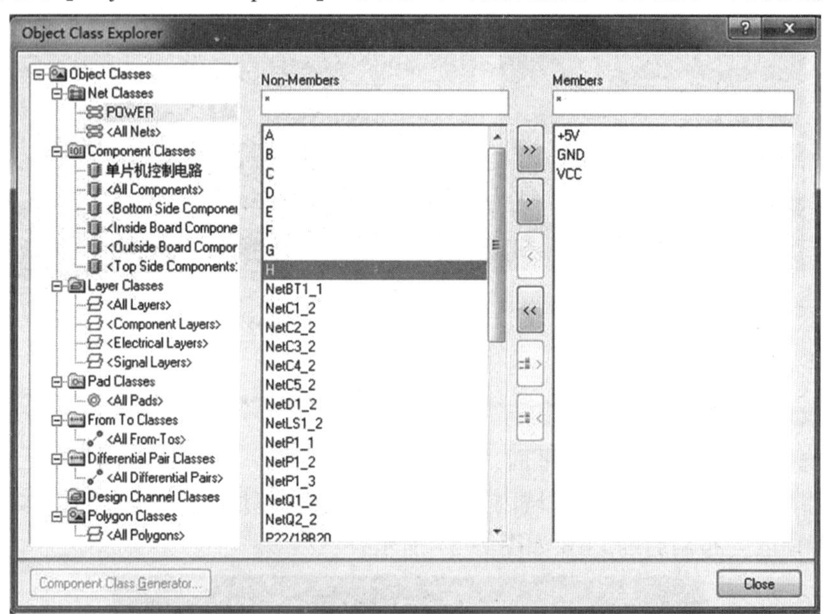

图 7-58 【Object Class Explorer】对话框

7.3.6 设置电路板布线规则

本例中只对 PCB 中的导线宽度规则进行设置，将 PCB 中的“POWER”网络类的导线宽度设置为 40 mil，信号线宽度设置为 8 mil，其他均采用默认设置。

(1) 执行菜单命令【Design】/【Rules】，打开【PCB Rules and Constraints Editor】对话框。

(2) 打开【Routing】(规则) 下的【Width】规则，新建一个【Width】规则并重命名为“Width_POWER”，将 PCB 中的“POWER”网络类的导线宽度设置为“40 mil”，在默认的【Width】规则中将信号线宽度设置为“8 mil”，并设置这两个【Width】规则的优先级，如图 7-59 所示。

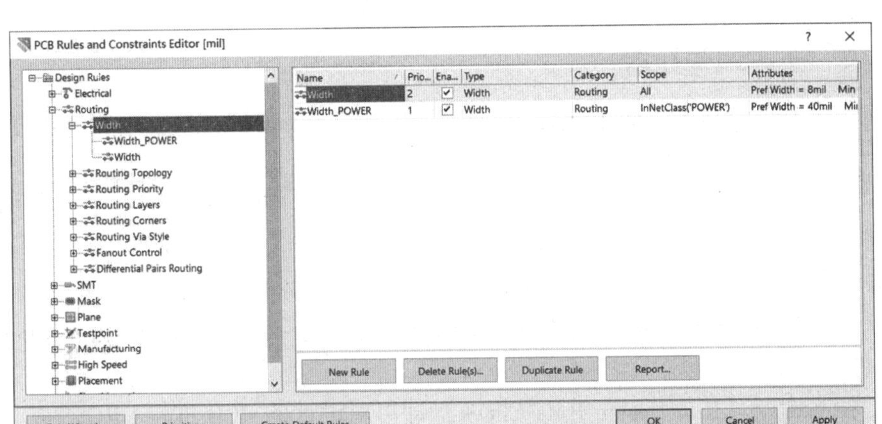

图 7-59　设置【Width】规则的优先级

7.3.7　自动布线

本例中采用自动布线，设置顶层布线为水平方向，底层布线为垂直方向。

（1）执行菜单命令【Auto Route】/【All】，弹出自动布线策略对话框。

（2）单击【Edit Layer Directions...】按钮，弹出【Layer Directions】对话框，在此可以选择自动布线时各层的布线方向。本例中 PCB 为双面板，只有顶层和底层，因此选择顶层为 Horizontal（水平布线），底层为 Vertical（垂直布线），如图 7-60 所示，单击【OK】按钮即可完成布线方向的设置。

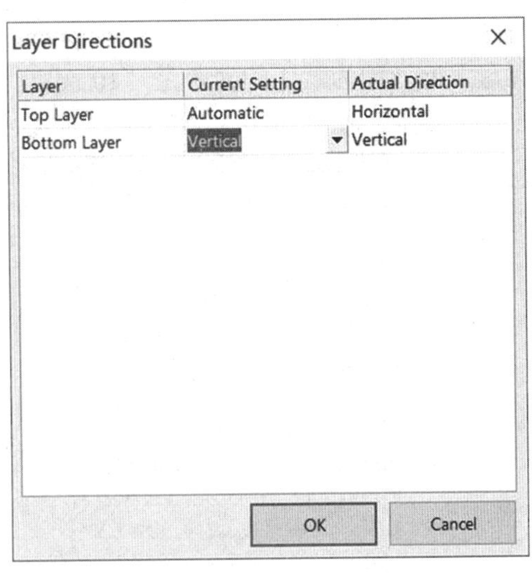

图 7-60　【Layer Directions】对话框

（3）单击自动布线策略对话框中的【Route All】按钮，开始对 PCB 进行自动布线。自动布线后的 PCB 图如图 7-61 所示。

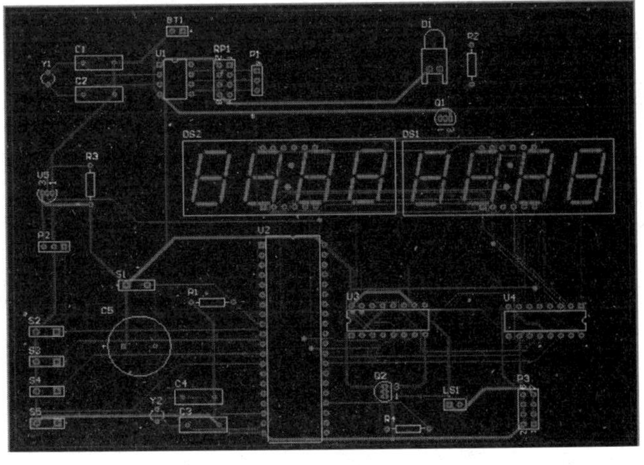

图 7-61　自动布线后的 PCB 图

7.3.8 手工调整布线

观测自动布线的结果，对于不合理的导线布置进行手动的调整，使得布线更加美观、合理。

7.3.9 DRC

DRC 操作如下。

（1）执行菜单命令【Tool】/【Design Rule Check】，弹出【Design Rule Checker】对话框。

（2）执行命令【Run Design Rule Check】即可对设计的 PCB 进行 DRC。

DRC 结束后，系统自动生成名为“单片机控制电路 . DRC”的 DRC 报告文件，同时打开网页版的报告文件，如图 7-62 所示。查看检查报告，系统设计中存在一些违反设计规则的问题，“Silkscreen Over Component Pads voilation”这个警告指丝印层上的线条距离焊盘太近，因为默认的间距是“10 mil”，这个对我们的板子没有影响，所以解决方法是修改这一规则，使得间距为“0 mil”。再次进行 DRC 后不存在违反设计规则的问题。

Rule Violations	Count
Width Constraint (Min=30mil) (Max=30mil) (Preferred=30mil) (InNetClass('POWER'))	0
Short-Circuit Constraint (Allowed=No) (All),(All)	0
Un-Routed Net Constraint ((All))	0
Height Constraint (Min=0mil) (Max=1000mil) (Prefered=500mil) (All)	0
Hole Size Constraint (Min=1mil) (Max=100mil) (All)	0
Hole To Hole Clearance (Gap=10mil) (All),(All)	0
Silkscreen Over Component Pads (Clearance=10mil) (All),(All)	28
Silk to Silk (Clearance=0mil) (All),(All)	0
Net Antennae (Tolerance=0mil) (All)	0
Width Constraint (Min=8mil) (Max=8mil) (Preferred=8mil) (All)	0
Clearance Constraint (Gap=8mil) (All),(All)	0
Power Plane Connect Rule(Relief Connect)(Expansion=20mil) (Conductor Width=10mil) (Air Gap=10mil) (Entries=4) (All)	0
Total	28

图 7-62 网页版报告文件

7.3.10 对地线覆铜

对 DRC 后没有问题的 PCB 的地线网络进行覆铜操作，步骤如下。

（1）单击配线工具栏中的 按钮，弹出【Polygon Pour】对话框。

（2）分别对 PCB 的顶层和底层覆铜。覆铜的属性设置：采用影线化填充模式，覆铜与“GND”网络连接，选择【Pour Over All Same Net Objects】（覆铜操作时覆盖相同网络名字的导线）选项，并确认选中【Remove Dead Copper】（清除死铜）复选按钮。

（3）本例中，覆铜区域与 PCB 的电气边界设为一致，在覆铜时沿着电气边界画一个封闭的多边形，将整个 PCB 包含进去。底层覆铜后的 PCB 如图 7-63 所示。

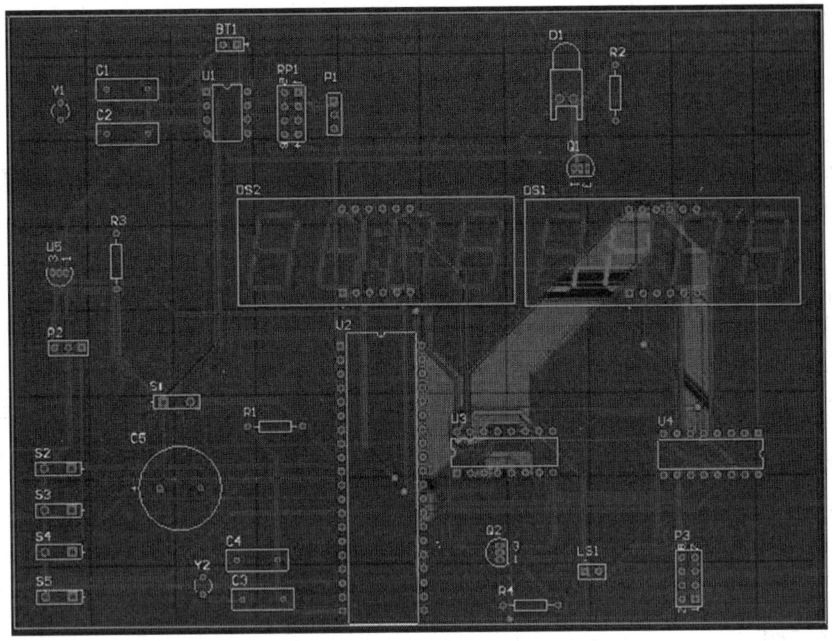

图 7-63　底层覆铜后的 PCB

7.3.11　保存文件

因为之前对项目中的各个文件均已保存到一定路径，所以完成 PCB 绘制后直接单击工具栏按钮，保存 PCB 文件、原理图文件和项目文件。

本章小结

本章介绍了 PCB 设计的高级操作，主要内容如下。

（1）PCB 设计规则的设置。常用的设计规则和对设计规则进行设置的方法。

（2）PCB 设计过程中的常用技巧。

①网络类的建立：建立新的网络和向网络中添加成员。

②设计规则检查：对 PCB 进行 DRC 检查及生成检查报告。

③放置覆铜：覆铜对话框的设置及覆铜的操作方法。

④补泪滴：对 PCB 补泪滴的目的及操作步骤。

⑤3D 效果图：查看 PCB 的 3D 效果图。

⑥报表文件生成：包括生成 PCB 信息报表、生成元件清单列表、生成网络报表和生成输出文档。

⑦打印 PCB 板图：打印属性设置及 PCB 图打印操作。

（3）PCB 设计实例。按照 PCB 设计的步骤和方法介绍双面板自动布线操作。

课后练习

一、判断题

1.【Width】规则的主要功能是用来设置 PCB 自动布线时的导线宽度。（　　）

2.【Clearance】规则用于限制 PCB 中的导线、焊盘、过孔等各种导电对象之间的安全距离，使导电对象之间不会因为过近而产生相互干扰。（　　）

3. 在自动布线时对属于相同“类”的所有对象一起操作，方便快捷。（　　）

4. Altium Designer 16 包括 6 大类，分别为网络类、元件类、层类、焊盘类、差分对类以及覆铜类。（　　）

5. 执行菜单命令【Auto Route】/【All】，软件弹出自动布线对话框。（　　）

6. 单击【Edit Layer Directions】按钮，可以选择自动布线时各层的布线方向。（　　）

7. 执行菜单命令【Tool】/【Un-Route】/【Net】，可以启动拆除网络上导线命令。（　　）

8. 在载入网络报表和元件封装之间，要保证原理图中所有的元件都添加了正确的封装。（　　）

二、操作题

1. 练习建立一个名为“MyProject_7A. PrjPcb”的 PCB 项目，在项目下添加一个名为“MySheet_7A. SchDoc”的原理图文件和一个名为“MyPcb_7A. PcbDoc”的 PCB 文件。按照图 7-64 给出的电路原理图，练习 PCB 手动布局、自动布线，要求在布线规则中设置电源线宽度和地线宽度均为“40 mil”，其他导线宽度设置为“10 mil”。绘制完成后将项目和文件全部保存到目录“E：\ chapter7 \ MyProject”中。

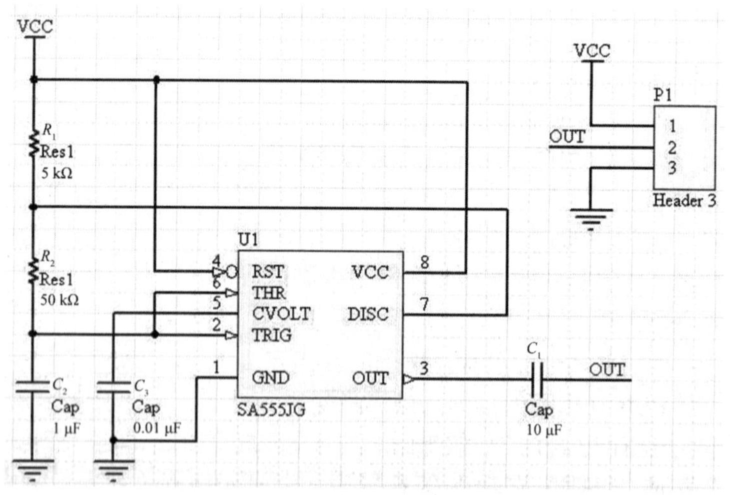

图 7-64　电路原理图

2. 练习建立一个名为“MyProject_7B. PrjPcb”的 PCB 项目，在项目下添加一个名为“MySheet_7B. SchDoc”的原理图文件和一个名为“MyPcb_7B. PcbDoc”的 PCB 文件。按照图 7-65 所示的电路原理图，练习 PCB 手动布局、自动布线和手动调整，要求在布线规则中 PCB 顶层水平布线，底层垂直布线。操作过程中要求建立一个名为“POWER”的网络类，网络类中包含电源线和地线，线宽设置为“30 mil”，其他导线宽度设置为“8 mil”。绘制完成后将项目和文件全部保存到目录“E：\ chapter7 \ MyProject”中。

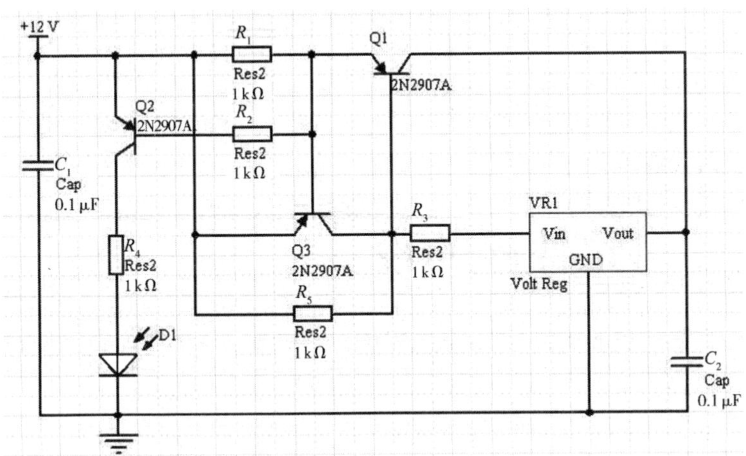

图 7-65　电路原理图

3. 练习建立一个名为“MyProject_7C. PrjPcb”的 PCB 项目，在项目下添加一个名为“MySheet_7C. SchDoc”的原理图文件和一个名为“MyPcb_7C. PcbDoc”的 PCB 文件。按照图 7-66 所示的电路原理图，练习 PCB 手动布局、自动布线，要求顶层垂直布线，底层水平布线，在布线规则中建立一个名为“POWER”的网络类，网络类中包含电源线和地线，线宽设置为“40 mil”，其他导线宽度设置为“10 mil”。绘制完成后对 PCB 进行 DRC 和覆铜操作，最后将项目和文件全部保存到目录“E：\ chapter7 \ MyProject”中。

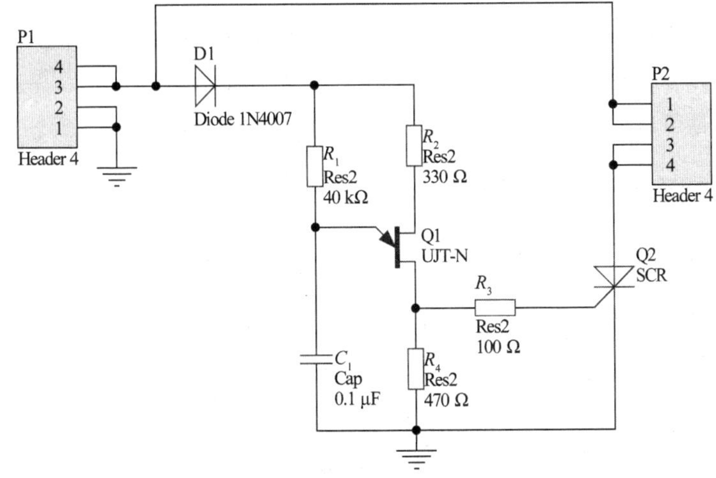

图 7-66　电路原理图

第 8 章

元件库的设计

虽然 Altium Designer 的元件库已经包含了很多的元件，但由于电子元件的不断更新，Altium Designer 16 的元件库中不可能完全包含用户所需要的元件，因此，用户可以根据自己的需要设计元件库，即绘制多个元件且将这些元件存放在创建的元件库中。本章主要介绍原理图元件库、PCB 元件库和集成元件库的设计方法。

8.1 原理图元件库

原理图元件库的文件扩展名为“.SchLib”，用来存放原理图元件。原理图元件是实际元件的电气图形符号，只适用于原理图编辑器。一个原理图元件库可以存放很多原理图元件，用户在使用时可以根据实际情况进行原理图元件库的设计。

8.1.1 原理图元件库的管理

1. 原理图元件库文件的创建

在绘制元件之前，需要先创建一个元件库，这样才有存放元件的位置。创建原理图元件库常用的方式有以下两种。

(1) 直接创建法。执行菜单命令【File】/【New】/【Library】/【Schematic Library】，如图 8-1 所示，创建一个默认名为“SchLib1. SchLib”的原理图元件库文件，如图 8-2 所示。

(2) 如图 8-3 所示，先创建一个 Project 工程文件，在该文件上右击，依次选择【Add New to Project】/【Schematic Library】命令，也可以创建一个如图 8-2 所示的默认名为“SchLib1. SchLib”的原理图元件库文件，并自动启动原理图元件库编辑器。

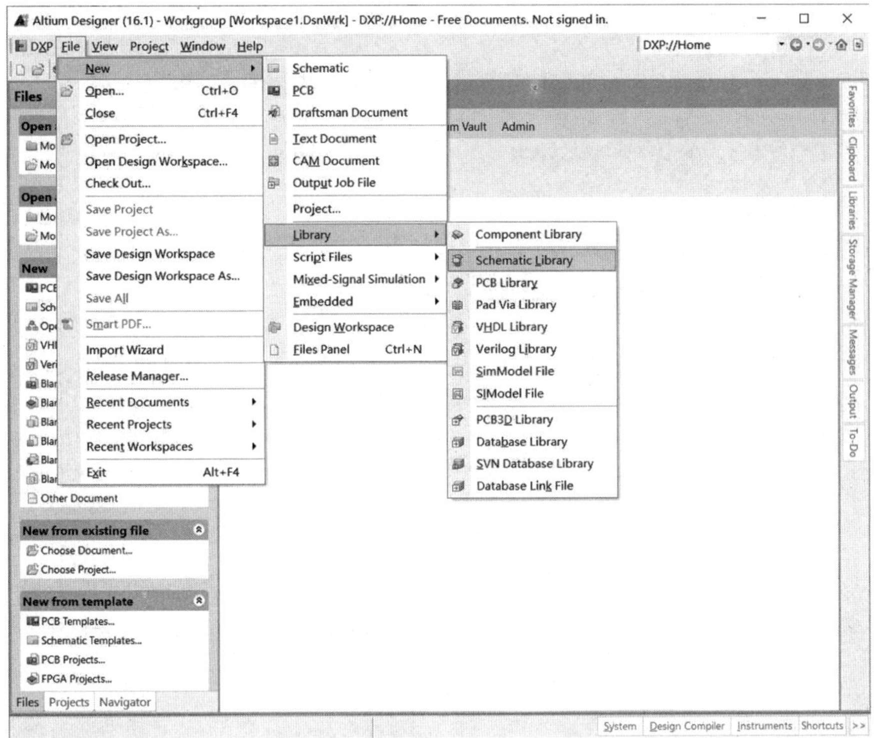

图 8-1　原理图元件库文件的创建

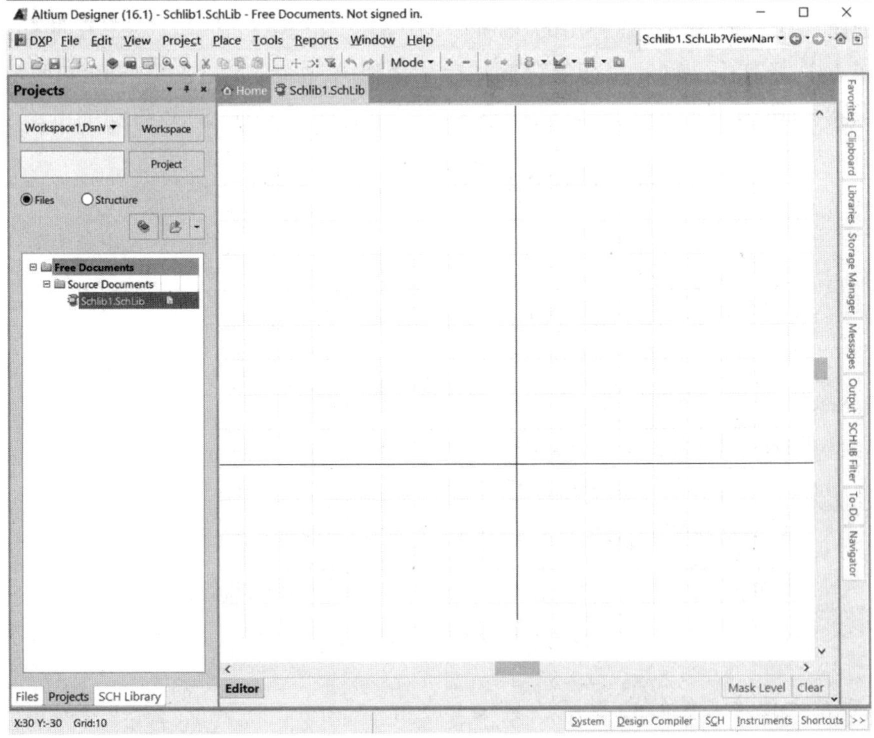

图 8-2　原理图元件库文件

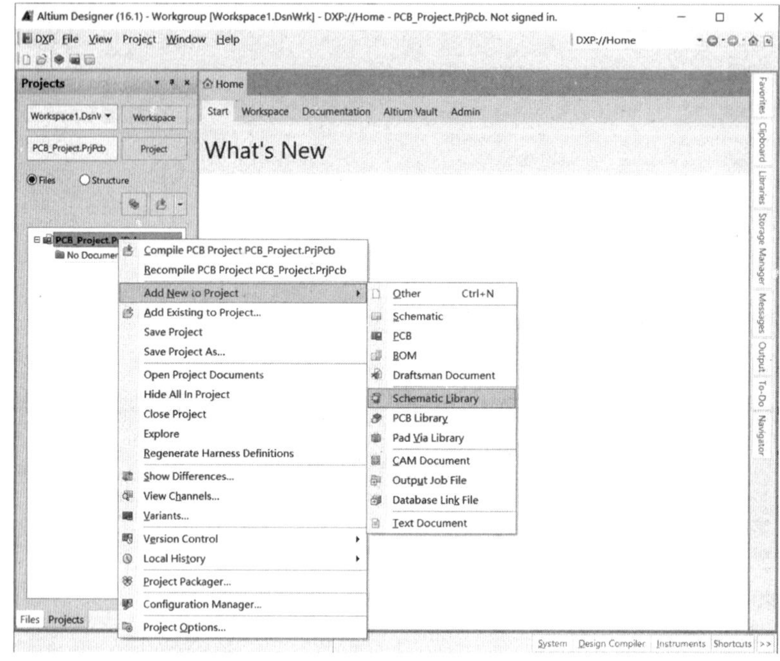

图 8-3 【Projects】下创建原理图元件库

2. 原理图元件库文件的保存

保存原理图元件库文件的方法有多种：①执行菜单命令【File】/【Save】；②单击工具栏 按钮；③右击文件，在弹出的快捷菜单中单击【Save】命令。用户在保存文件时根据自己的喜好选择其中一种。执行保存操作后，会弹出【Save［SchLib1. SchLib］As...】对话框，如图 8-4 所示。此时，选择正确的保存路径，单击【保存(S)】按钮即可。

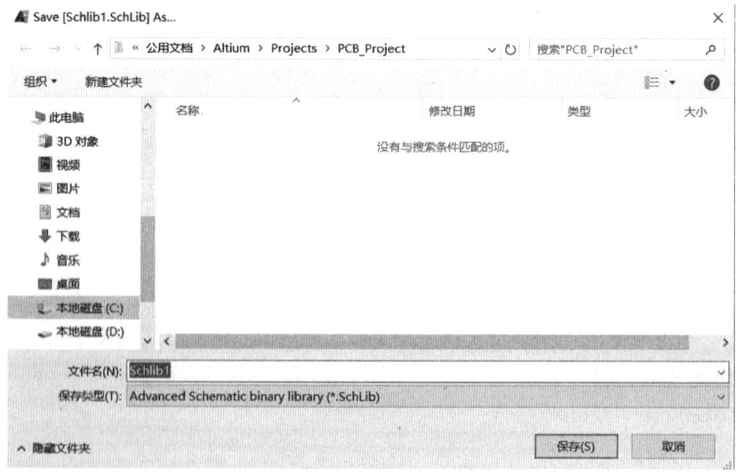

图 8-4 保存原理图元件库文件

3. 原理图元件库文件的更名

原理图元件库文件的扩展名为“. SchLib”，在更改其名称时，扩展名不能改动，只修改文件的名称。更名的过程与原理图元件库文件保存的过程一致，只是在文件名栏中修改名称即可，这里不再详细叙述。若要在图 8-4 保存的基础上将库文件“Schlib1”更名为“My Schlib”，由于该电脑设置的是隐藏文件扩展名，因此只需要在 文件名(N): Schlib1 中将“Schlib1”更名为“My Schlib”即可。

4. 原理图元件库文件的关闭

关闭原理图元件库文件的方式也比较多，常用的有以下两种。

（1）直接单击编辑器窗口右上角的【关闭】按钮，若是内容修改之后没有保存会弹出【Confirm】对话框，如图 8-5 所示，若需要保存且关闭，则单击【Yes】按钮；若不需要保存就关闭，则单击【No】按钮；若关闭之前已经保存过，则直接关闭即可；若不关闭，则单击【Cancel】按钮。

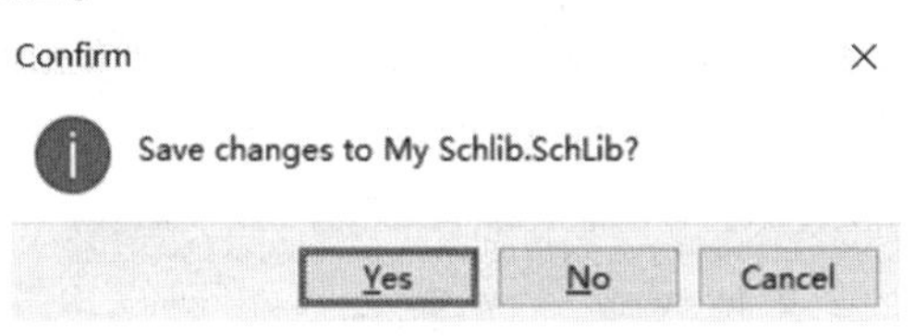

图 8-5　【Confirm】对话框

（2）右击需要关闭的文件，在弹出的快捷菜单中选择【Close】命令，若是内容修改未保存也会弹出【Confirm】对话框，后续操作和第一种方式的一样。

8.1.2　原理图元件库编辑器

1. 原理图元件库编辑环境

在原理图元件库文件被创建的同时，原理图元件库文件编辑器启动，其界面与原理图编辑器界面基本相同，但是也有区别，如元件库编辑器界面有一些特定工具栏可以用于绘制元件等。原理图元件库编辑界面包含菜单栏、工具栏、工作面板、编辑区、面板控制区等部分，如图 8-6 所示。在原理图元件库编辑器中，比较常用的工作面板是【SCH Library】面板，有的工作面板以标签的形式隐藏了具体内容。

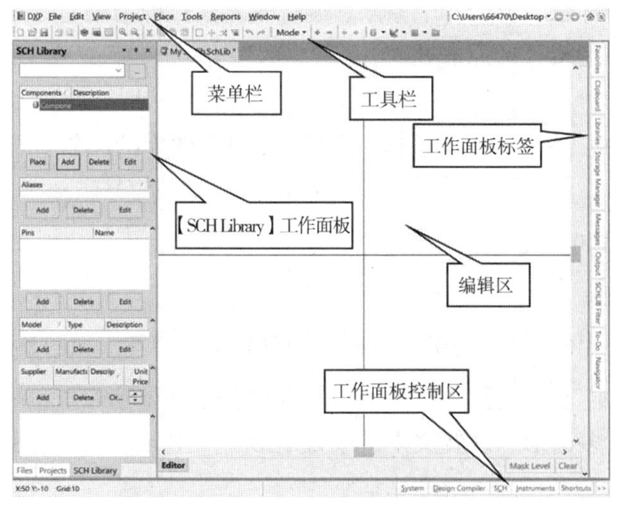

图 8-6　原理图元件库编辑界面

1）菜单栏

通过对比可以看出，原理图元件库文件编辑中的菜单栏与原理图编辑环境中的菜单栏基本相同，只是少了【Design】菜单，如图 8-7 所示。

DXP File Edit View Project Place Tools Reports Window Help

图 8-7　菜单栏

2）工具栏

原理图元件库编辑器的工具栏有标准工具栏、模式工具栏、实用工具栏 3 种类型，不同的类型有不同的用处。

（1）标准工具栏。它与原理图编辑环境中的标准工具栏很相似，也可以完成对文件的保存、打开、放大、缩小等操作，如图 8-8 所示。

图 8-8　标准工具栏

（2）模式工具栏。用于控制当前元件的显示模式，如图 8-9 所示。

（3）实用工具栏。该工具栏是提供了 SCH Library 中放置不同对象的操作工具栏，其中有两个重要的工具，即标准绘图工具和 IEEE 符号工具，可用于原理图符号的绘制，如图 8-10 所示。

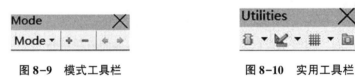

图 8-9　模式工具栏　　**图 8-10　实用工具栏**

3）编辑区

编辑区被十字坐标轴划分为 4 个象限，坐标轴的交点即为编辑区的原点。一般制作元件时，将元件放置在编辑区的原点处。

4）工作面板

在各工作面板中，【SCH Library】面板用于对原理图库的编辑进行管理，是最常用的工作面板。

2. 实用工具栏应用介绍

1）标准绘图工具

单击实用工具栏中的按钮，会弹出相应的绘图工具，如图 8-11 所示，其各个按钮功能与图 8-12 所示【Place】下拉菜单中的各项命令有对应关系。绘图工具包括放置直线、放置曲线、放置多边形、放置文本、放置矩形、产生元件、放置引脚等，各个工具的具体功能说明如表 8-1 所示。

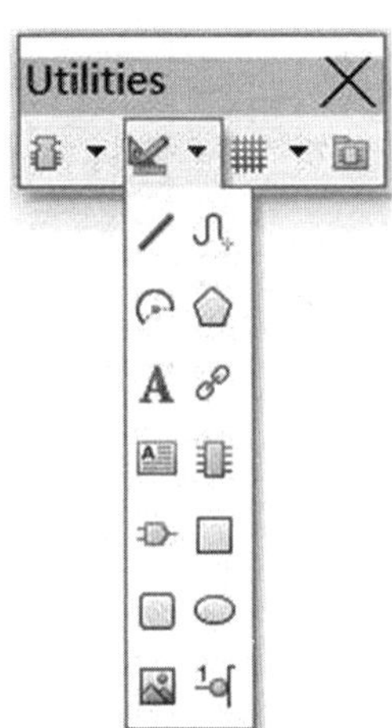

图 8-11　绘图工具栏

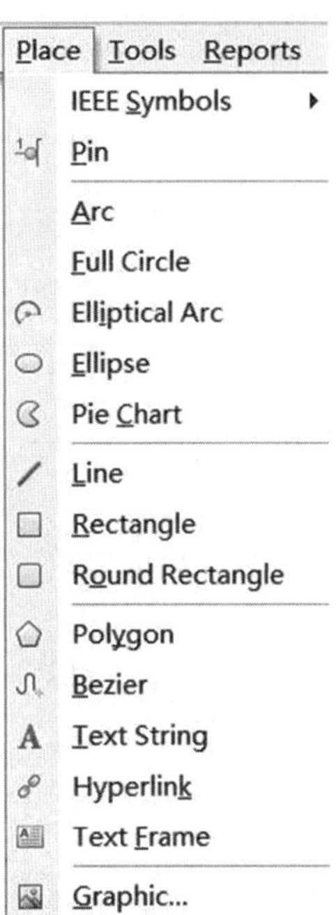

图 8-12　【Place】下拉菜单

表 8-1　绘图工具栏功能说明

按钮	对应菜单命令	功能	按钮	对应菜单命令	功能
	【Place】/【Line】	绘制直线		【Tools】/【New Component】	添加新元件
	【Place】/【Bezier】	绘制贝塞尔曲线		【Tools】/【New Part】	给元件添加新部件
	【Place】/【Elliptical Arc】	绘制椭圆弧线		【Place】/【Rectangle】	绘制直角矩形
	【Place】/【Polygon】	绘制多边形		【Place】/【Round Rectangle】	绘制圆角矩形
A	【Place】/【Text String】	放置文本		【Place】/【Ellipse】	绘制椭圆或圆
	【Place】/【Text Frame】	放置文本框		【Place】/【Graphic】	插入图片
	【Place】/【Pin】	放置引脚			

2）IEEE 符号工具

单击实用工具栏中的按钮，会弹出相应的 IEEE 符号工具栏，如图 8-13 所示，这里包括符合 IEEE 标准的一些图形符号，各个按钮功能与执行菜单命令【Place】/【IEEE Symbols】弹出的如图 8-14 所示子菜单中的各项命令有对应的关系。IEEE 符号工具主要用于放置信号方向符号、阻抗状态符号和数字电路基本符号等。

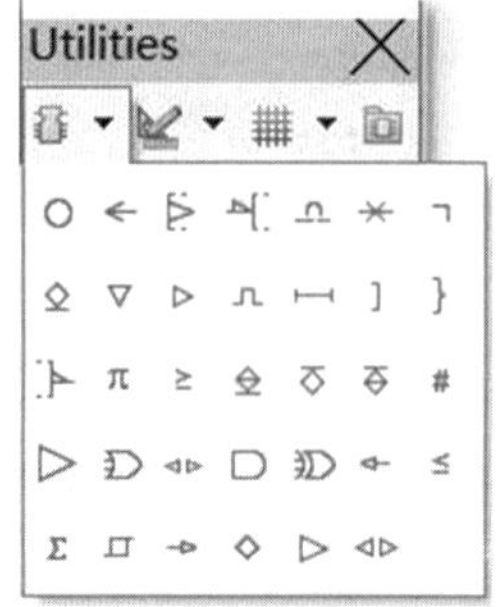

图 8-13　IEEE 符号工具栏

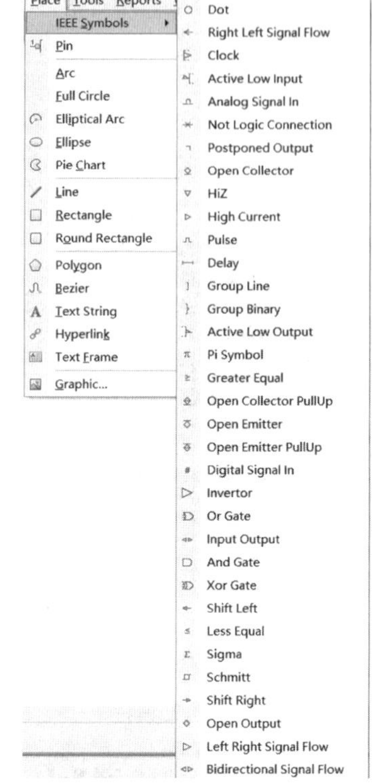

图 8-14　【IEEE Symbols】下拉菜单

3. 【SCH Library】工作面板的应用

【SCH Library】工作面板可对原理图元件库中的元件进行管理。调用【SCH Library】工作面板有两种方式：①单击图 8-2 工作面板下方的工作标签选项中【SCH Library】选项，并打开；②在元件库编辑界面中的面板控制区单击【SCH】/【SCH Library】。

【SCH Library】工作面板包含元件列表、别名列表、引脚列表、模型列表和供应商信息（一般不用）等区域，如图 8-15 所示。

（1）元件列表区域。该区域列出了当前打开的原理图元件库中的所有元件，包括元件列表和 4 个功能按钮，各自功能如下。

【Place】按钮：用来将元件列表中选中的元件放置在打开的原理图图纸上。

【Add】按钮：用来在当前的原理图元件库文件中添加新的元件。

【Delete】按钮：用来将该元件列表中已选中的元件从该元件库中删除。

【Edit】按钮：用来对元件列表中选择的元件进行属性编辑。

单击 Edit 按钮或双击元件列表中选中的元件，弹出【Library Component Properties】对话框，如图 8-16 所示。在对话框中可以对选中元件进行属性的修改及添加，包括元件的名称、注释、显示、描述、引脚锁定及其他属性的编辑，等等。

（2）别名列表区域。在该区域中可以为来自同一元件库中的原理图符号设定其他的名称。有些元件的功能、引脚形式、封装等完全相同，只是由于厂家不同，其元件的型号并不完全一致。对于这样的元件，不需要再创建新的原理图符号，只需要为已创建好的原理图符号添加一个别名即可。

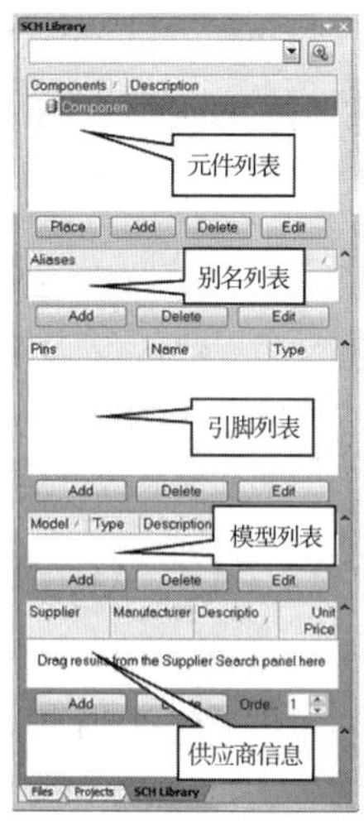

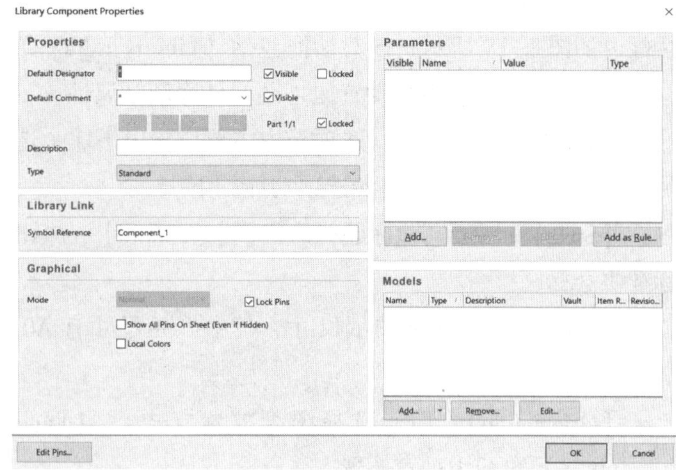

图 8-15 【SCH Library】面板　　**图 8-16 【Library Component Properties】对话框**

（3）引脚列表区域。在该区域列出了所选中元件的所有引脚及属性。可以通过【Add】、【Delete】、【Edit】3 个功能按钮，完成对引脚的相应操作。

（4）模型列表区域。该区域列出了元件库中元件的其他模型，如 PCB 封装模型、信号完整性分析模型和 VHDL 模型等。

8.1.3 原理图元件库的图纸属性设置

在原理图元件库编辑器中，对原理图元件库图纸属性进行设置的具体操作步骤如下。

（1）在原理图元件库编辑环境下右击编辑区任意位置，在弹出的快捷菜单中选择【Options】/【Document Options...】命令，如图 8-17 所示。此功能也可以通过选择菜单栏命令【Tools】/【Document Options...】来实现。

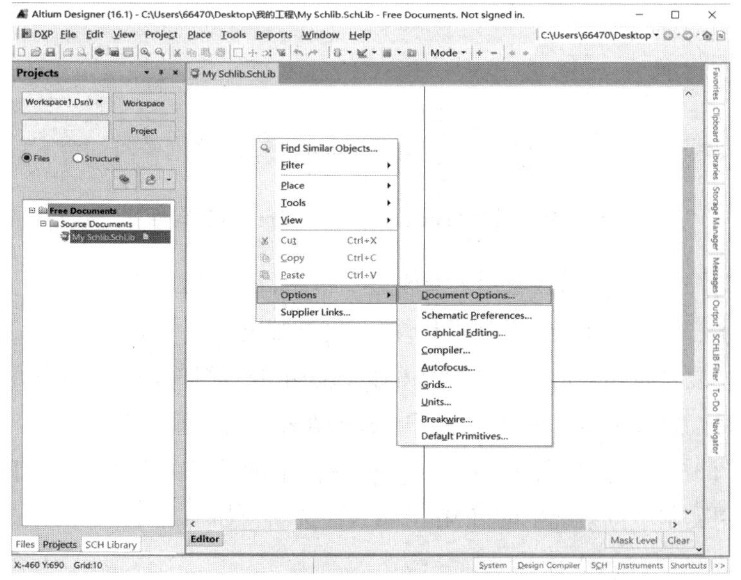

图 8-17 在原理图库编辑器下打开图纸属性对话框

（2）选择【Document Options...】命令后，软件将弹出【Schemetic Library Options】对话框，如图 8-18 所示。该对话框包括【Library Editor Options】（库编辑器）和【Units】（单位）两个选项卡，用来设置原理图元件库图纸属性。

【Library Editor Options】选项卡中主要设置以下 3 个选项组。

①【Options】选项组，各选项功能如下。

a.【Style】：用于选择标题栏风格，【Standard】为标准型标题栏，【ANSI】为美国国家标准协会标题栏。

b.【Size】：用于选择图纸尺寸。其中，SI 尺寸有 A0、A1、A2、A3、A4；英制尺寸有 A、B、C、D、E 等。

c.【Orientation】：用于选择图纸放置方式，【Landscape】表示图纸为水平放置；【Portrait】表示图纸为垂直放置。

d.【Show Border】：用于设置图纸的边框是否显示。

e.【Show Hidden Pins】：用于设置是否显示自定义元件所有隐藏的引脚。

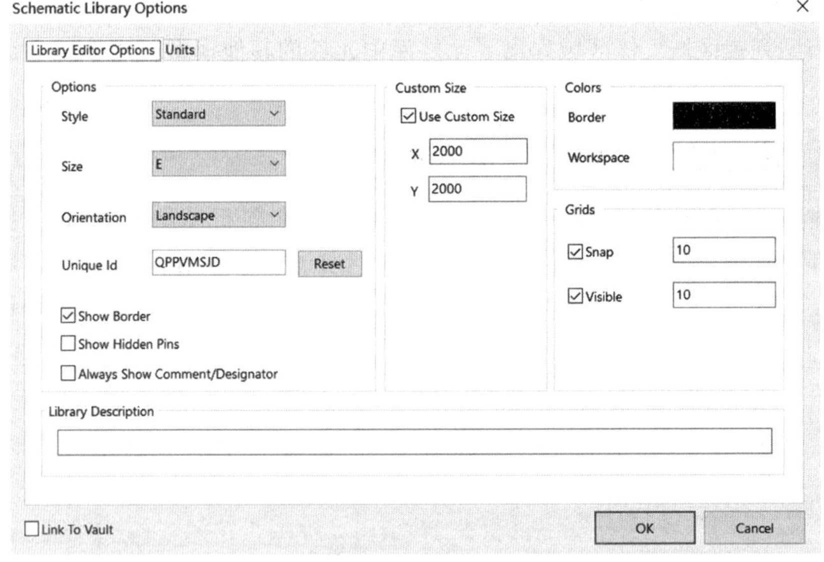

图 8-18 【Schemetic Library Options】对话框

②【Colors】选项组。该区域用来修改边界颜色和工作区颜色。

③【Grids】选项组。该选项组有以下两个复选按钮。

a.【Snap】复选按钮：右边文本框中的数值表示放置组件每次移动的距离。

b.【Visible】复选按钮：右边文本框中的数值表示网格显示精度。

（3）单击【Schemetic Library Options】对话框中的【Units】标签，打开【Units】选项卡，选择使用英制单位系统中的【Millineters】选项，如图 8-19 所示。

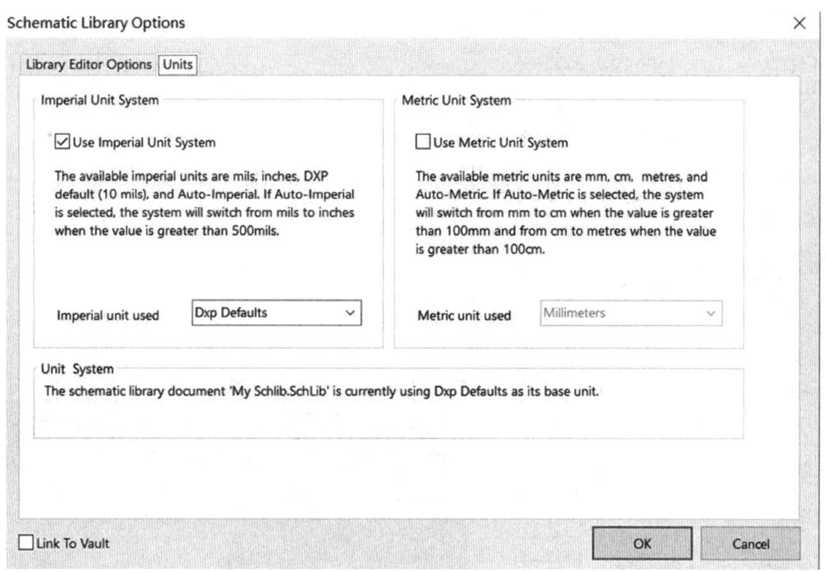

图 8-19　【Urits】选项卡

注意：在自定义元件的时候一般会使用英制单位的两个选项【Mils】和【Dxp Defaults】，但【Dxp Defaults】选项是无单位的，它在数值上等于 10 mil。因此，必须注意【Dxp Defaults】选项和【Mils】选项的换算关系，否则会出现绘制元件过大的现象。

8.2　原理图元件库的绘制

原理图元件库包括原理图元件的外形和元件引脚两部分。外形部分不具有任何电气特性，仅仅起到提示元件功能的作用，没有实质的意义。由于元件外形的形状、大小不会影响原理图的正确性，因此对其形状、大小没有严格规定，且和实际元件的形状、大小没有对应关系。但是，元件外形对原理图的可读性具有重要作用，应尽量绘制直观表达元件功能的元件外形图。元件引脚是元件的核心部分，具有电气特性，其电气特性需要考虑实际元件引脚特性进行定义。每一个引脚都包含有编号及名称，引脚编号用来区分各个引脚，引脚名称用来提示引脚的功能。引脚编号必须有，而且不同的引脚要有不同的编号；引脚名称根据需要可以是空的。原理图元件的引脚编号和实际元件对应的引脚编号必须一致，但是在绘制原理图元件时，其引脚排列的位置可以与实际元件引脚的排列位置有所区别。

绘制元件的方法一般有两种：新建元件法和复制修改法。下面就用制作元件实例来介绍这两种方法。

8.2.1　新建元件法制作原理图元件

制作一个新的元件的具体步骤一般包括：打开原理图元件库编辑器，创建一个新元件，绘制元件外形，放置引脚，设置引脚属性，设置元件属性，追加元件的封装模型等。

本节以制作 AT89S52 为例，介绍制作原理图元件的方法和步骤。由于 AT89S52 在软件自带的元件库中不存在，因此在使用时需要用户自己绘制。图 8-20 和图 8-21 所示为 AT89S52 元件的原理图和实物图。

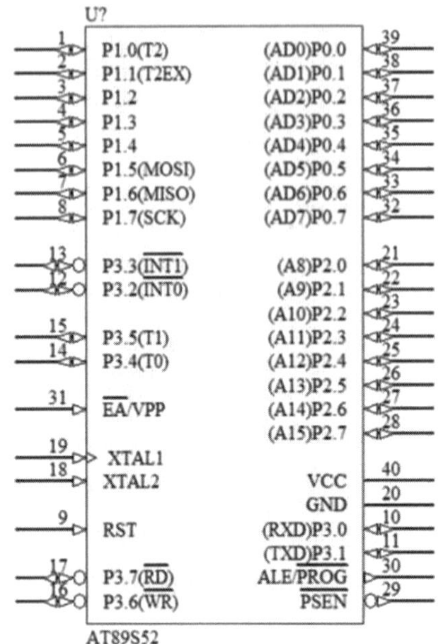

图 8-20　AT89S52 元件的原理图

图 8-21　AT89S52 元件的实物图

具体的设计步骤如下。

（1）在制作原理图元件之前，首先需要创建一个新的原理图元件库文件，用以存放新制作的元件。执行菜单命令【File】/【New】/【Library】/【Schematic Library】，打开原理图元件库文件编辑环境，并且将创建的默认名称为“SchLib1. SchLib”的原理图元件库文件更名为“My SchLib. SchLib”，保存到正确的路径，如图 8-22 所示。

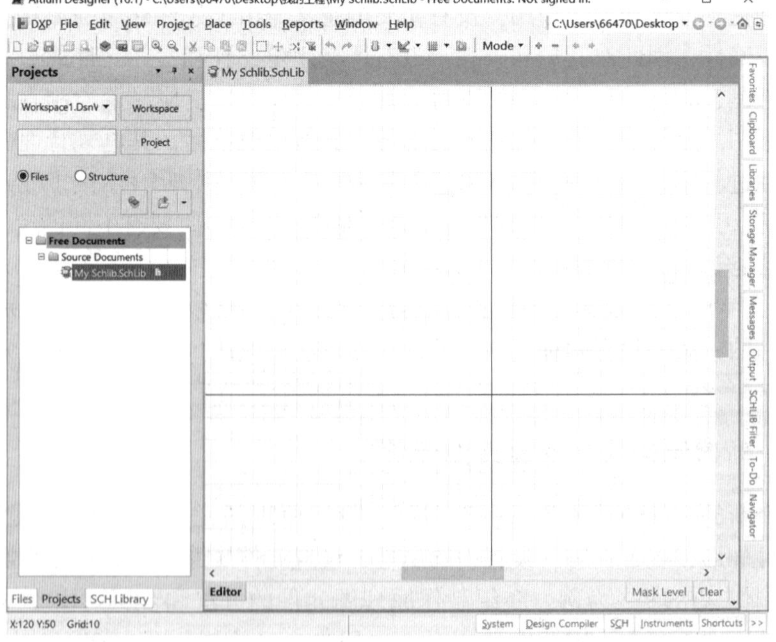

图 8-22　原理图库文件编辑器

（2）在【Projects】工作面板中单击【SCH Library】标签，打开【SCH Library】工作面板，则在该面板的元件列表区出现一个默认名为“Component_1”的元件符号，说明目前的原理图元件库中只有一个元件，并且元件符号“Component_1”呈高亮蓝色状态，则表示现在是在对该元件进行设计，如图 8-23 所示。

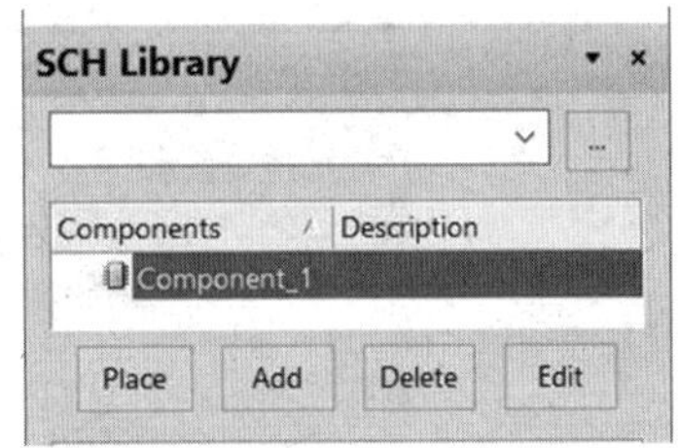

图 8-23 【SCH Library】工作面板

（3）按下<Ctrl+Home>组合键，使光标跳到图纸的坐标原点。一般在坐标原点附近开始元件的绘制。

（4）绘制元件外形。执行命令【Place】/【Rectangle】或者单击绘图工具栏按钮中的按钮，此时光标变为“十”字形状，并在旁边附有一个矩形框，调整光标位置，将矩形的左上角与原点对齐，单击确定左上角位置，移动光标到合适位置再次单击，即可绘制外形，如图 8-24 所示。可以根据设计需要，适当调整矩形的尺寸。

（5）放置元件引脚。在绘制好外形后，需要放置该元件的引脚。元件的引脚就是元件与导线或其他元件之间相连接的地方，具有电气特性。执行菜单命令【Place】/【Pin】或者单击绘图工具栏中的按钮，此时光标变成“十”字形状，并在光标上出现一个引脚，且随着光标移动。在实际操作中也经常使用<P+P>快捷键来启动引脚放置命令。

注意：与光标相连的一端是与其他元件或导线相连接的电气特性端，与外形相连的是非电气特性端，因此放置引脚时电气特性端必须放置在元件轮廓的外面，即带有“×”号的一端朝外，如图 8-25 所示。

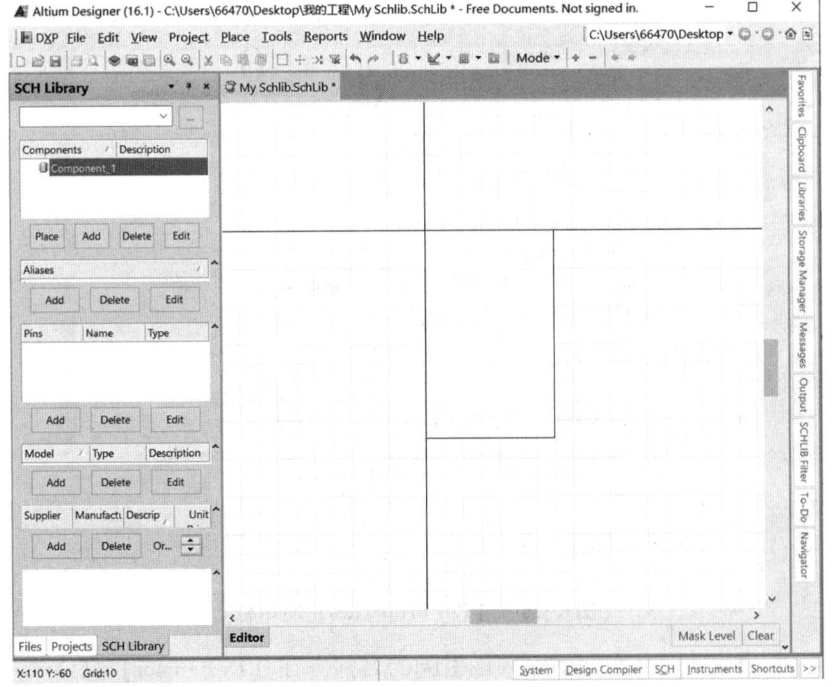

图 8-24 绘制元件外形

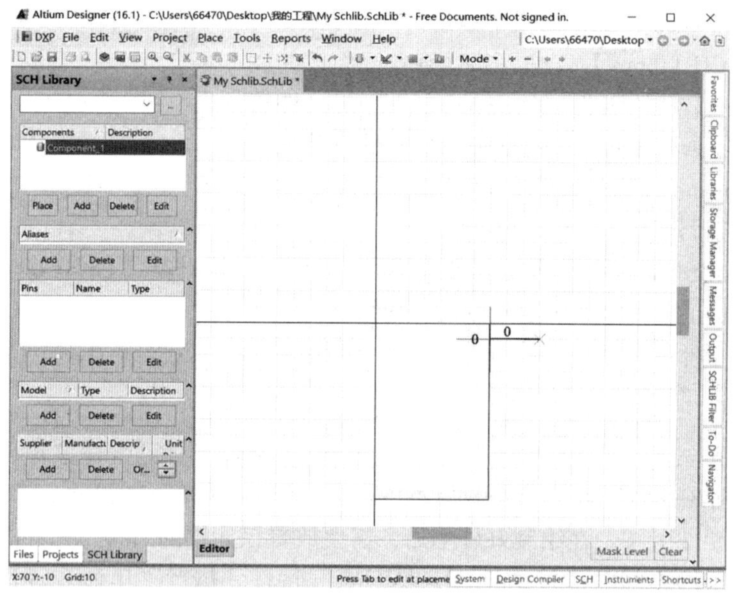

图 8-25　放置引脚

（6）设置引脚属性。在引脚处于浮动状态时按<Tab>键或将引脚放置后双击，弹出【Pin Properties】对话框，在该对话框中设置引脚属性，如图 8-26 所示。

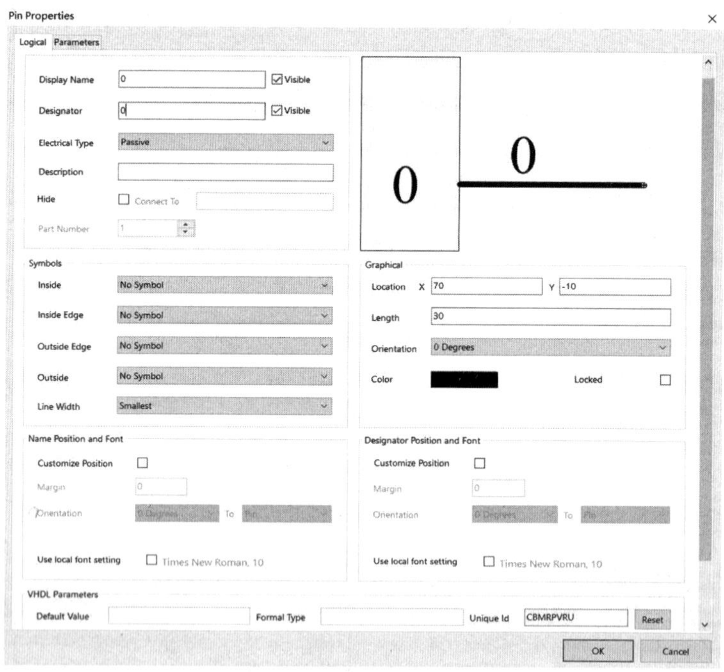

图 8-26　【Pin Properties】对话框

在【Display Name】文本框中输入该引脚的名称，在【Designator】文本框中输入唯一确定的编号。如果希望在原理图中放置元件时引脚名称或编号可见，则勾选相应文本框后面的【Visible】复选按钮。在【Electrical Type】下拉列表中选择引脚的电气类型。本小节中对引脚属性采用最基本的设置，即只设置引脚的名称、编号和电气类型，引脚属性的详细设置请参考后面章节。设置好基本属性的引脚如图 8-27 所示。

依次将所有的引脚按照要求进行放置及属性修改，确认引脚的名称、编号正确无误。

注意： 在实际设计过程中，每个引脚的位置也可以根据需要自行调整。

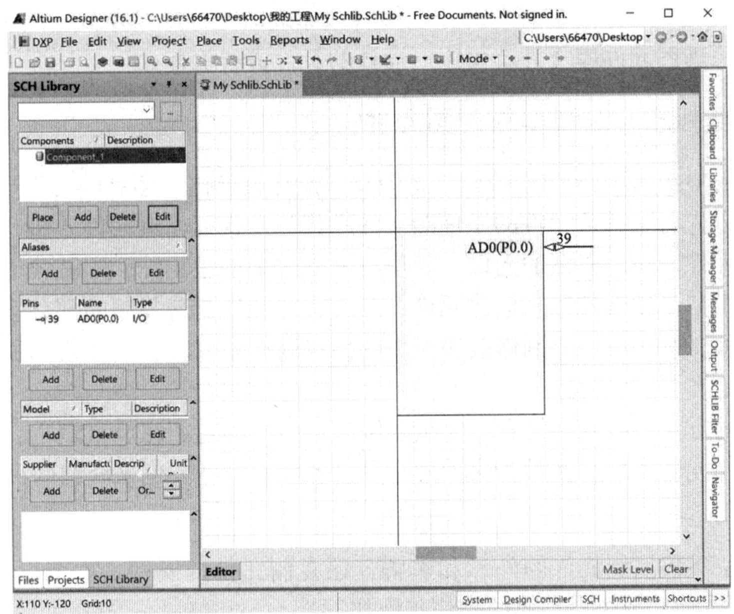

图 8-27　设置好基本属性的引脚

（7）设置元件的属性。在绘制好元件的外形和引脚后，需要对元件的属性进行设置。在【SCH Library】工作面板中选中元件“Component_1”，单击元件列表下面的【Edit】按钮，打开【Library Component Properties】对话框，如图 8-28 所示。

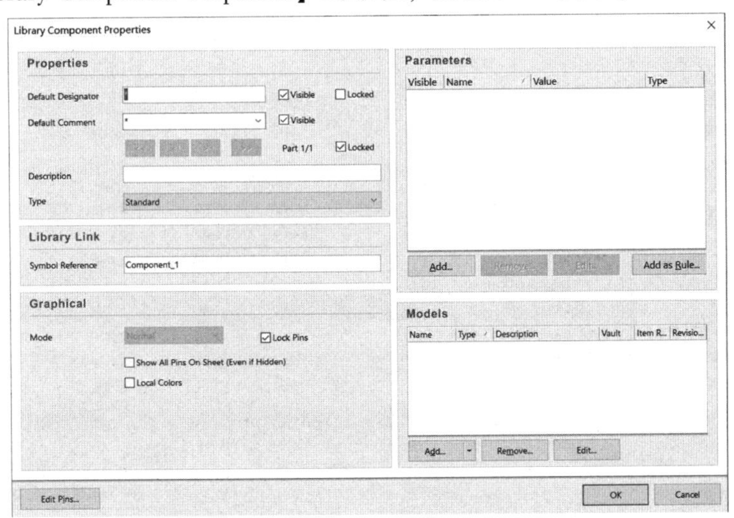

图 8-28　【Library Component Properties】对话框

在【Properties】选项组的【Default Designator】文本框中设置元件序号，此处设置为“U”。在【Default Comment】文本框中输入元件的型号，此处设置为“AT89S52”。若希望在原理图中放置元件时元件库号或型号可见，则勾选相应文本框后面的【Visible】复选按钮。在【Library Link】选项组的【Symbol Reference】文本框中对已创建好的元件重新命名，此处设置为“AT89S52”。本小节对元件属性仍采用最基本的设置，详细设置过程请参考后面章节。

（8）对设计的元件进行保存。由于已经将该原理图元件库保存，且该元件在库中，因此只需要保存原理图元件库文件就可以对设计的元件进行保存。

8.2.2 复制修改法制作原理图元件

如果 Altium Designer 16 的自带元件库中有与设计人员需要绘制的元件形状相近的原理图元件，则可以先将含有该元件的原理图元件库打开，找到相近元件，进行复制，用复制的方法来创建元件。对于复杂的元件，若使用复制法来创建元件，则需要进行大量的修改工作，以至于不如使用新建法来创建元件；对于某些元件，若复制的部分多，修改的比较少，工作量不大，则可以用复制修改法。因此，在制作元件时，具体使用哪种方法应根据实际情况来确定。

复制元件的方法有两种，一种是完全复制法，另一种是不完全复制法，即只复制外形和引脚，不复制元件属性。两种方法大同小异，下面以具体实例来介绍两种复制方法。

1. 完全复制法

完全复制法不仅复制元件的外形和引脚，还复制元件的属性。本节以 NPN 型三极管 2N3904 来介绍完全复制法，具体的操作步骤如下。

（1）执行菜单命令【File】/【Open】或者单击按钮，弹出【Choose Document to Open】对话框，选择 Altium Designer 16 安装的正确路径，进入“Library”文件夹，打开正确的 Altium Designer 16 自带元件库保存路径，如图 8-29 所示。

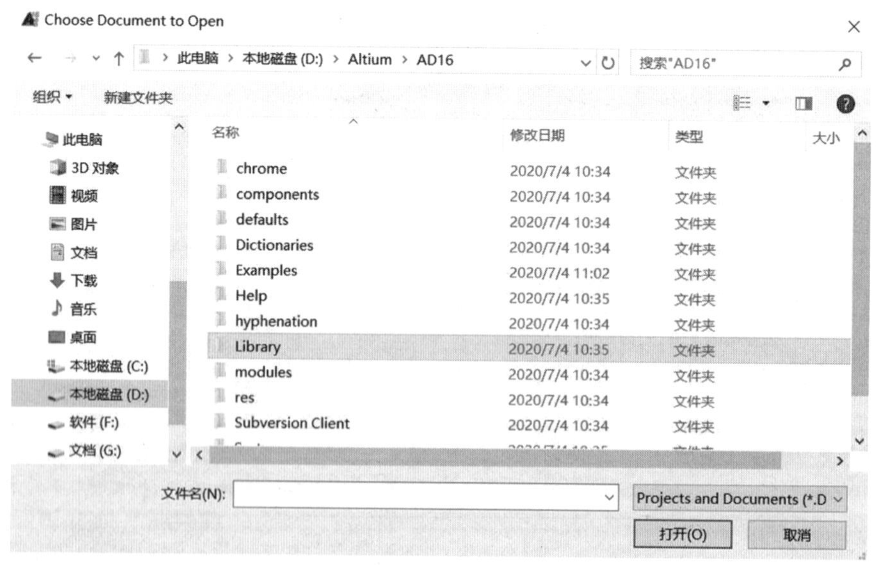

图 8-29 【Choose Document to Open】对话框

（2）在正确的元件库路径下选择集成库文件“Miscellaneous Devices”，并单击【打开(O)】按钮，如图 8-30 所示。如果是首次打开该集成库项目文件，则会弹出一个【Extract Sources or Install】对话框，如图 8-31 所示。

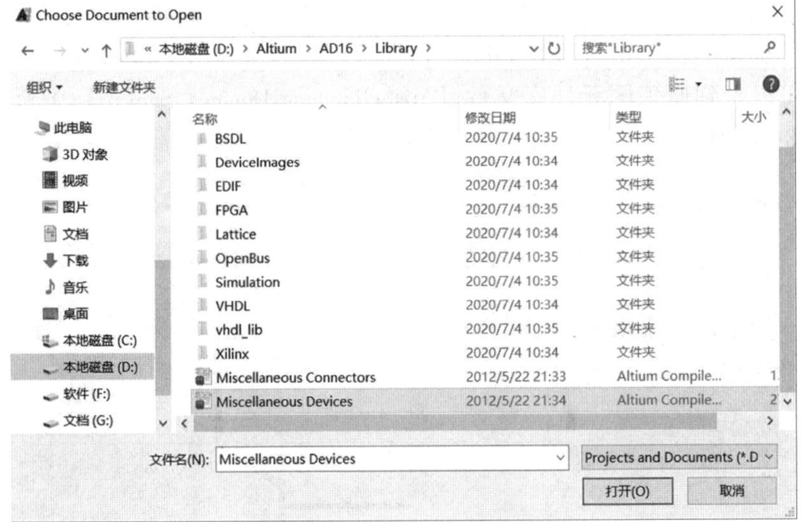

图 8-30　打开集成库文件

（3）在弹出的【Extract Sources or Install】对话框中单击【Extract Sources】按钮，此时在【Projects】工作面板上会有一个名为“Miscellaneous Devices. LibPkg”的集成元件库项目文件被打开，并且该集成元件库项目文件下有PCB元件库“Miscellaneous Devices. PcbLib”和原理图元件库“Miscellaneous Devices. SchLib”，如图8-32所示。

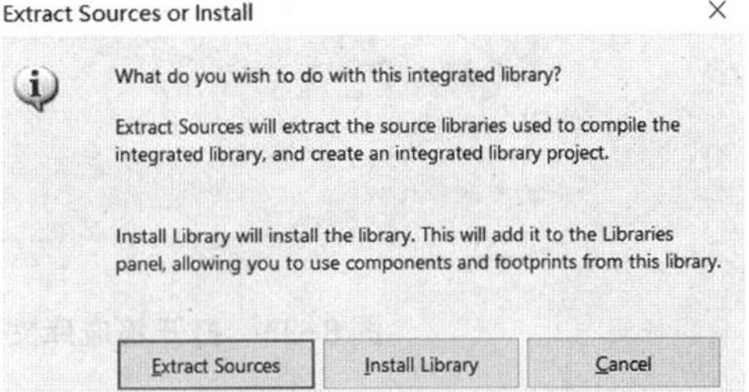

图 8-31　【Extract Sources or Install】对话框

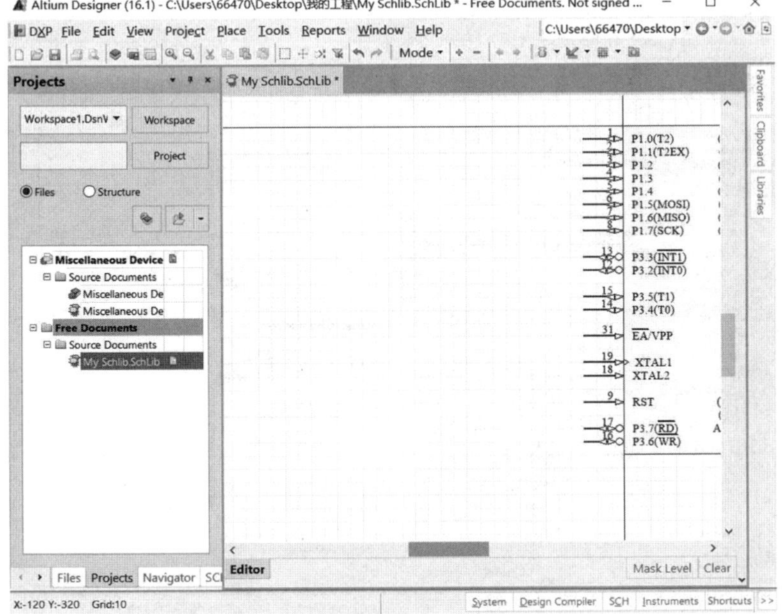

图 8-32　打开集成库后的编辑界面

（4）双击【Projects】工作面板上的原理图元件库【Miscellaneous Devices. SchLib】，打开该库文件编辑器，单击【SCH Library】标签，打开【SCH Library】工作面板，在元件列表区域可以看到原理图元件库文件【Miscellaneous Devices. SchLib】中所有的原理图元件，如图 8-33 所示。

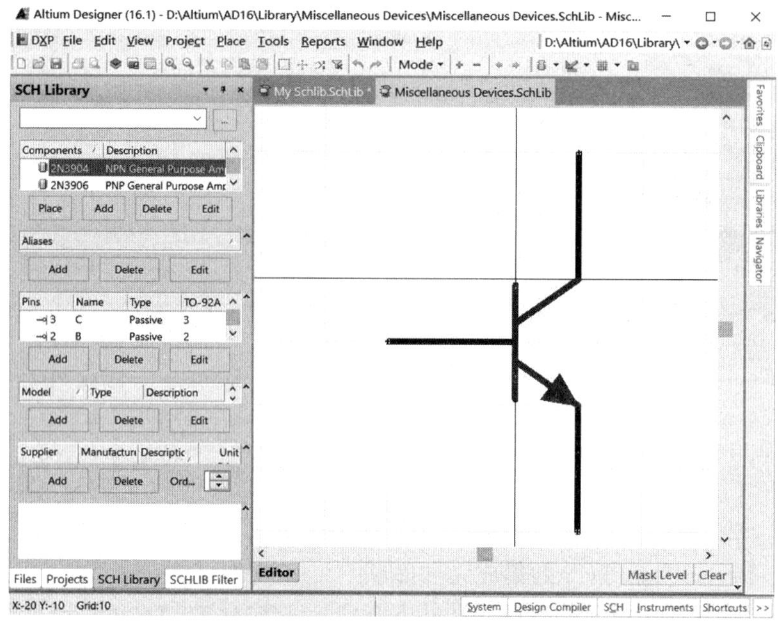

图 8-33 打开集成库文件的【SCH Library】工作面板

（5）在元件列表区中选中要复制的元件，即单击 2N3904，然后右击，在弹出的快捷菜单中选择【Copy】命令，如图 8-34 所示。

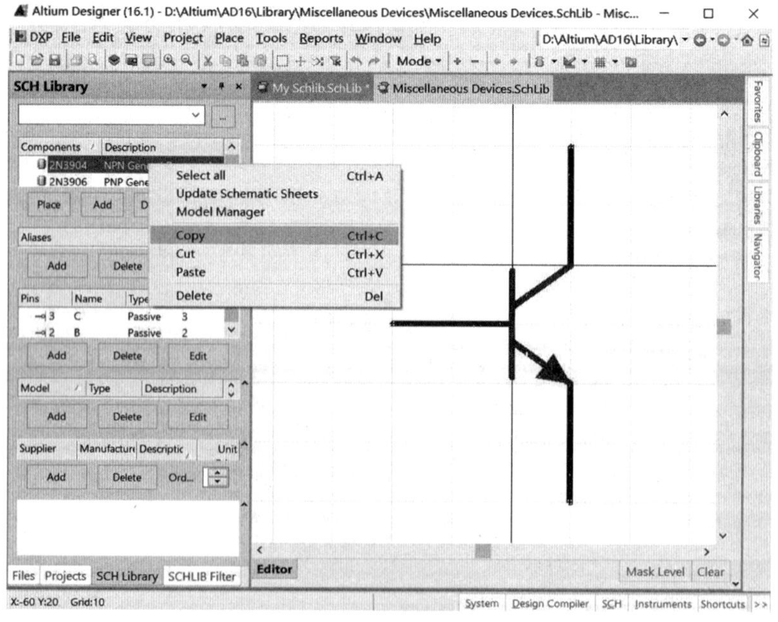

图 8-34 复制操作

（6）单击【Projects】工作面板，打开自建的原理图元件库【My SchLib. SchLib】，单击【SCH Library】标签，在【SCH Library】工作面板的元件列表区域的空白处右击，从弹出的右键菜单中选择【Paste】命令，则将2N3904复制到自建的原理图元件库【My SchLib. SchLib】中。在元件列表区域中会打开复制的2N3904元件的编辑器，如图8-35所示。

（7）根据实际需要，修改元件的外形和引脚。比如，单击实用工具栏中的按钮，绘制需要的椭圆弧线，将复制过来的元件修改成需要的元件，如图8-36所示。

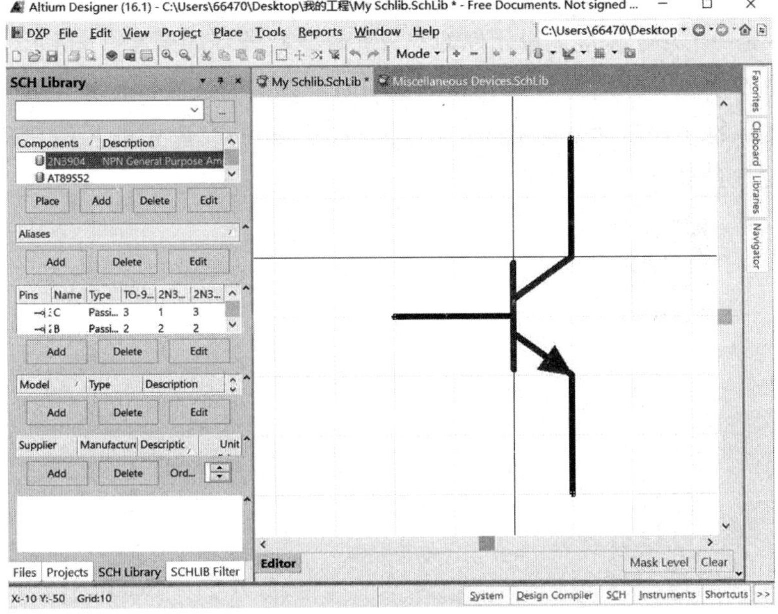

图8-35　复制元件后的自建库编辑界面

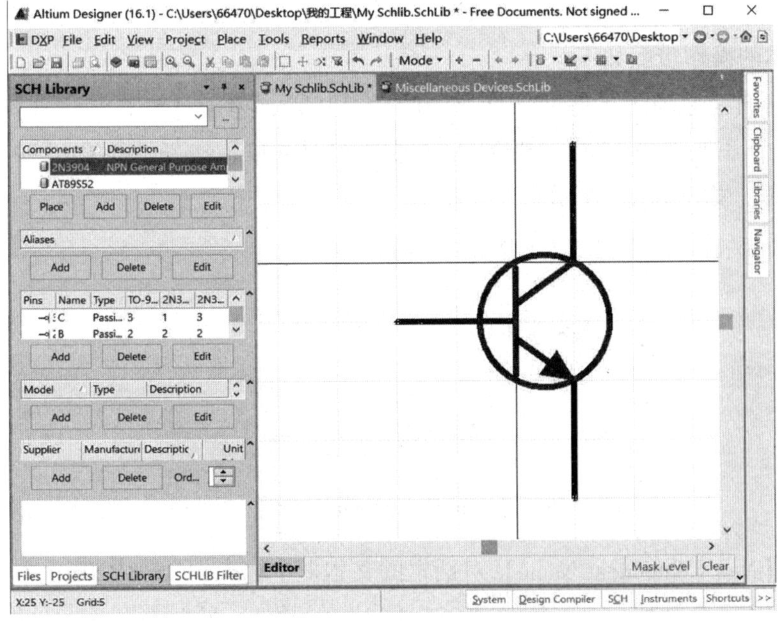

图8-36　修改后的元件

（8）根据设计需要，对自建原理图元件库【My SchLib. SchLib】中元件的属性进行修改，然后保存该原理图元件库文件。

注意：复制元件时已经将其属性复制过来，若属性不需要修改，则可以直接保存。

2. 不完全复制法

不完全复制法的操作与完全复制法的操作步骤基本一致，但也有所区别，下面以一个简单元件 DS18B20 的制作为例，来介绍不完全复制法。

DS18B20 是一个用于温度测量元件的集成元件，其外观如图 8-37 所示。它采用 TO-92 封装，有 3 个引脚，分别为 GND（接地）、DQ（数据 I/O 端口）和 VDD（电源）。经观察，DS18B20 的外观与“Miscellaneous Connectors. IntLib”库中的元件“Header 3”相似，“Header 3”的外观如图 8-38 所示。

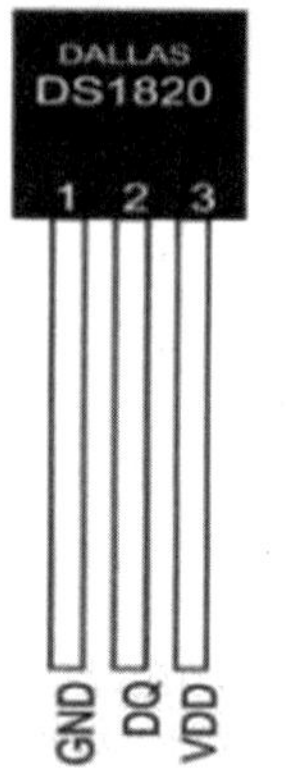

图 8-37　DS18B20 的外观

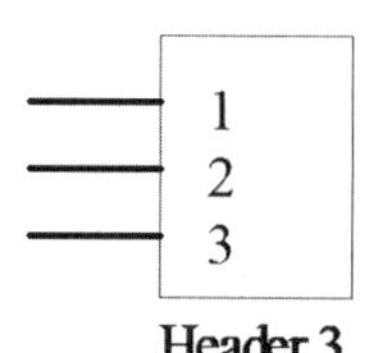

图 8-38　元件“Header 3”的外观

因此，制作 DS18B20 元件可以用复制“Header 3”的外形和引脚，然后修改属性的方法进行。具体的操作步骤如下。

（1）打开自建原理图元件库【My SchLib. SchLib】，单击【SCH Library】标签，打开【SCH Library】工作面板，在元件列表区域单击【Add】按钮，弹出【New Component Name】对话框，如图 8-39 所示。

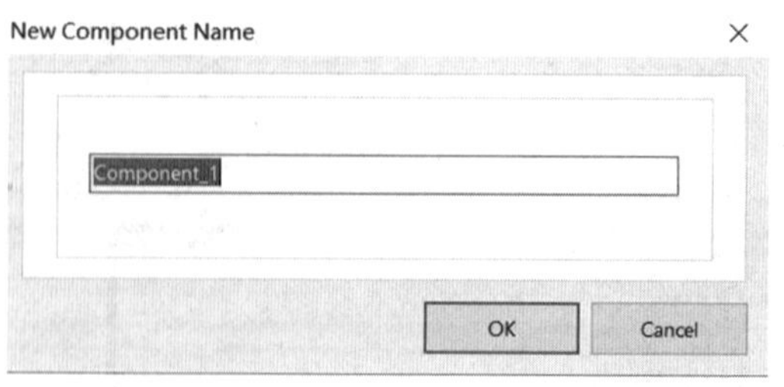

图 8-39　【New Component Name】对话框

（2）在【New Component Name】对话框的文本框中输入“DS18B20”，单击【OK】按钮，则元件列表区会添加一个名称为“DS18B20”的元件，同时打开该元件编辑器，如图 8-40 所示。

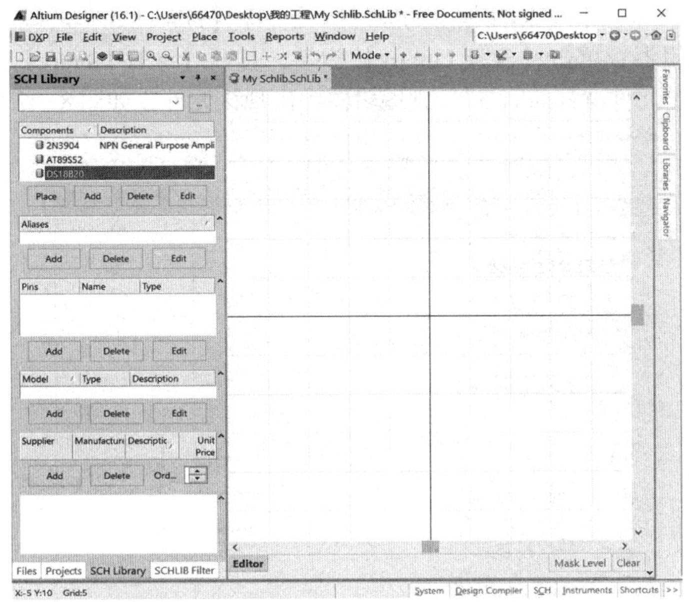

图 8-40　原理图元件库添加新元件编辑界面

（3）执行菜单命令【File】/【Open】或者单击 按钮，在正确的库路径下选择集成库文件“Miscellaneous Connectors”，并单击【打开（O）】按钮，由于是首次打开该集成库项目文件，因此会弹出一个【Extract Sources or Install】对话框。

（4）在弹出的“Extract Sources or Install”对话框中单击【Extract Sources】按钮，此时在【Projects】工作面板上会有一个名为“Miscellaneous Connectors. LIBPKG”的集成元件库项目文件被打开，并且该集成元件库项目文件下有 PCB 元件库“Miscellaneous Connectors. PcbLib”和原理图元件库“Miscellaneous Connectors. SchLib”，如图 8-41 所示。

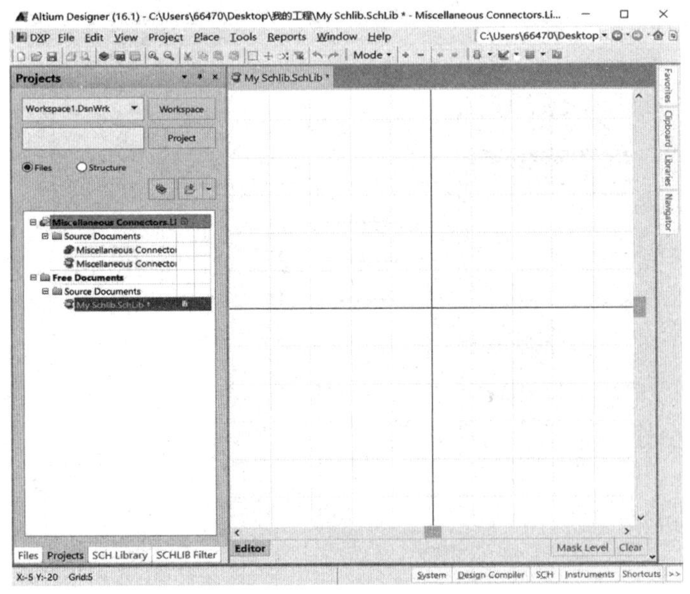

图 8-41　打开集成库后的编辑界面

（5）双击【Projects】工作面板上的原理图元件库【Miscellaneous Connectors. SchLib】，打开该库文件编辑器，单击【SCH Library】标签，打开【SCH Library】工作面板，在元件列表区域中单击元件“Header 3”，则编辑器中出现该元件，如图 8-42 所示。

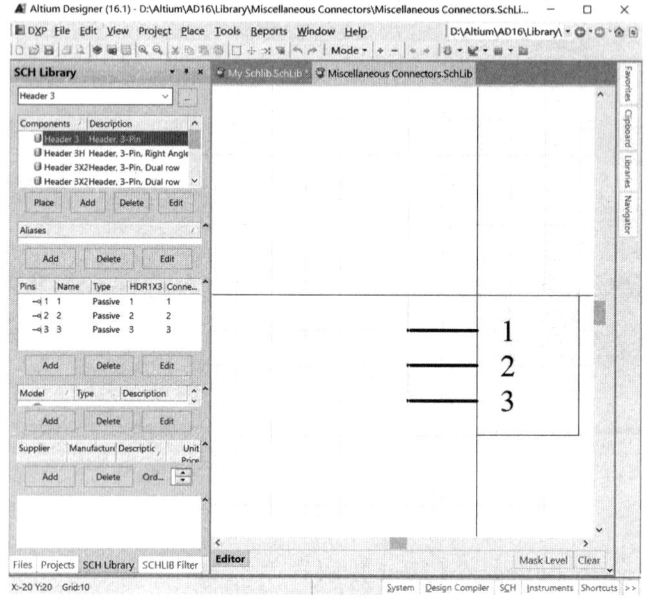

图 8-42　需要复制元件的编辑界面

（6）在编辑器对该元件的所有组件执行全选<Ctrl+A>（全选）、<Ctrl+C>（复制）操作，再打开自建的原理图元件库【My SchLib. SchLib】，单击【SCH Library】标签，在【SCH Library】工作面板的元件列表区域选择【DS18B20】，在编辑器的原点位置执行<Ctrl+V>（粘贴）操作，即可将元件的所有组件粘贴到指定的位置下，如图 8-43 所示。

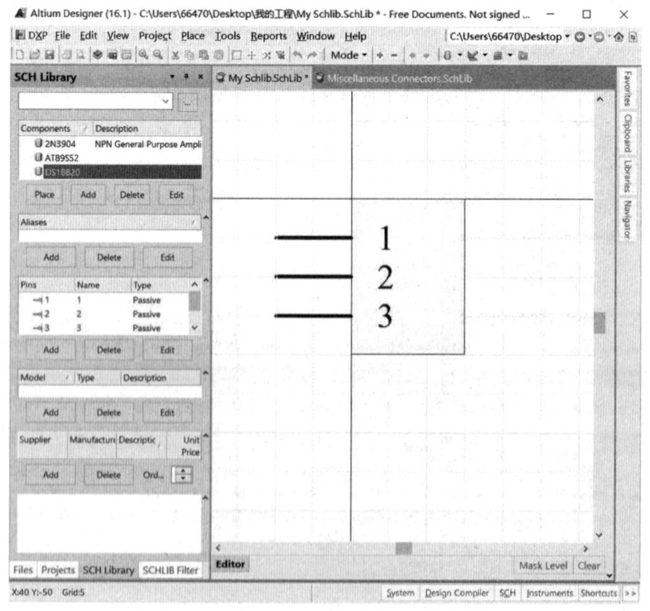

图 8-43　复制后自建的原理图元件库编辑界面

（7）单击元件的外形矩形框，根据要求调整尺寸。双击引脚1，在弹出的【Pin Properties】对话框中修改引脚属性，【Display Name】设置为“GND”，【Electrical Type】设置为“Power”，其余的属性不变，如图8-44所示。

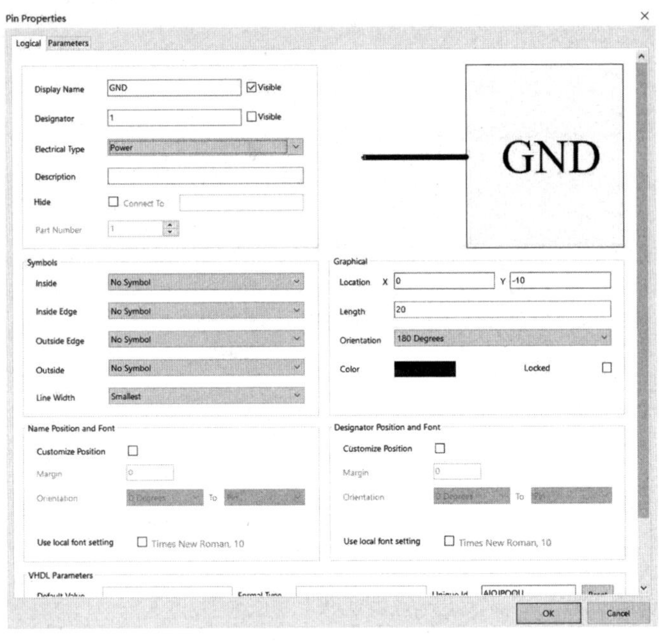

图8-44 引脚属性对话框

设置完成后，单击【OK】按钮。用同样的方式将引脚2、引脚3的属性按照要求进行修改，完成所有编辑后的效果如图8-45所示。

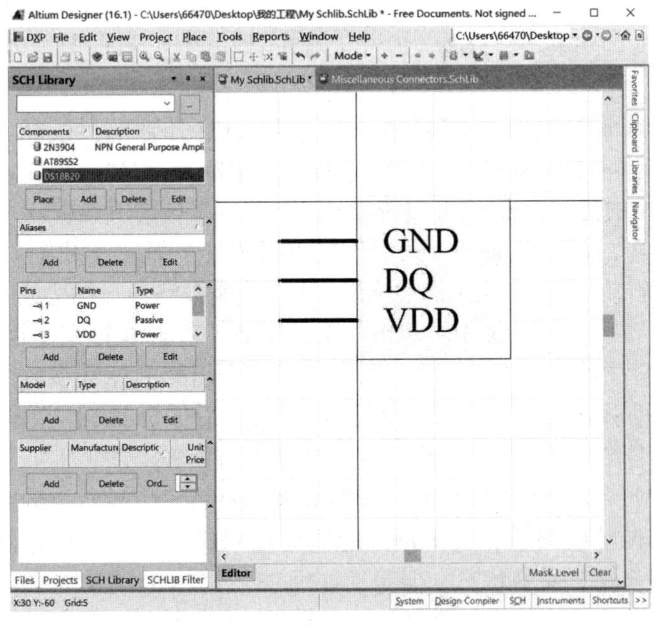

图8-45 完成所有编辑后的效果

（8）根据实际需要对元件DS18B20属性进行编辑并保存。

8.2.3 原理图元件引脚属性

【Pin Properties】对话框如图 8-46 所示，具体原理图元件引脚属性的设置如下。

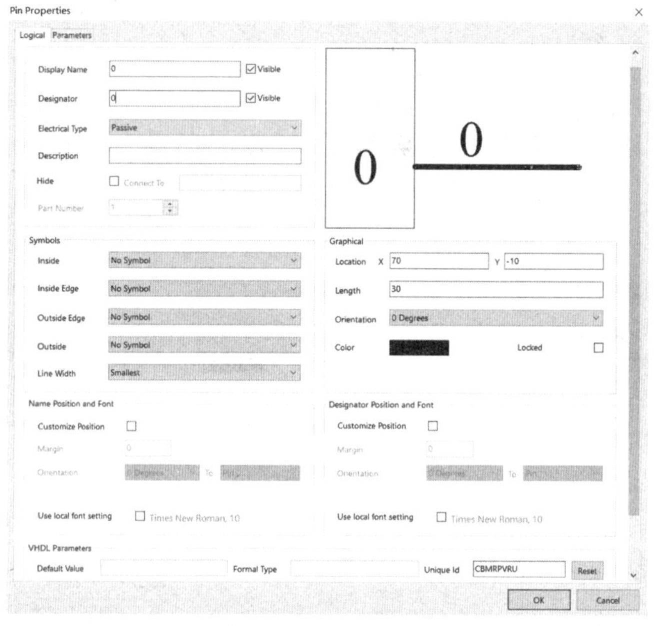

图 8-46 【Pin Properties】对话框

（1）在前一小节已经指出，【Display Name】文本框用来输入引脚的名称。此外，在绘制 AT89S52 实例中，类似 29、31 等引脚的名称上有表示低电平有效的标志“PSEN”“EA”，想输入具有这样特性的引脚名称，需要在引脚名称的每一个字母后都加右斜杠“\”。例如，31 引脚名称为“EA/VPP”，则在【Display Name】文本框中输入“E\A\/VPP”。

（2）【Designator】文本框用来输入唯一确定的引脚编号。在 DXP 优先选项的【Schematic】选项卡的【general】选项中，【Auto increasement During Placement】区域中的【Primary】文本框中的值默认为“1”，【Secordary】文本框中的值也默认为“1”。【Primary】与引脚的编号相对应，【Secondary】与引脚的名称相对应。如果采用默认设置，则每次放置引脚时引脚标号会自动加 1，如果引脚名称最后一位也是数字，则再次放置引脚时，下一个引脚名称的最后一位也会自动加 1。以此类推，如果【Primary】文本框中的值是“-1”，【Secondary】文本框中的值也是“-1”，则每次下一个引脚的标号和名称的最后一位数字会自动减 1；如果引脚名称的最后一位是字母，则在【Secondary】文本框输入字母“a”或“-a”，引脚的名称也同样会处于默认递增或递减的状态。

注意：如果引脚名称类似“P1.0”，即引脚名称最后一位虽然为数字，但是前面有一个小数点，那么即使【次增量】文本框中的值还是“1”，在每次放置引脚时，引脚名称的最后一位数字仍会处于递增状态。但是，如“P3.2（INT0）”“P3.3（INT1）”等复合端口的名称不能直接递增，只能直接写出或修改端口名称。

（3）【Electrical Type】下拉列表用来选择设置引脚电气连接的电气类型。当编译项目进行 DRC 时以及分析一个原理图文件电气配线是否存在错误时会用到这个引脚电气类型。

例如，【Input】为输入端口，【Output】为输出端口，【I/O】为输入/输出端口，【Passive】为无源端口，【HIZ】为高阻，【Power】为电源接口。在绘制 AT89S52 实例中，9、19 等引脚类型为【Input】类型；29、30 等引脚类型为【Output】类型；1、2 等引脚类型为【I/O】类型。作为初学者，建议将所有的引脚电气类型设置为【Passive】类型，以避免原理图编译时产生警告。

（4）【Description】文本框用来对引脚做简单描述。

（5）如果希望隐藏元件中的某个引脚，如“电源”引脚和“地”引脚，可勾选【Pin Properties】对话框中的【Hide】复选按钮。如果希望这些隐藏的引脚连接到电路原理图中的某个网络，则在复选按钮后的文本框中输入网络的名称，输入完成后单击【OK】按钮，这些隐藏引脚会自动地连接到原理图中的网络。例如，在【Hide】复选按钮后面的文本框中输入“VCC”时，隐藏的引脚会自动连接到电路原理图中的“VCC”网络。

注意：如果电路原理图中电源网络名称为其他的名字，如“AVCC”，则该隐藏引脚就不能自动识别。

（6）【Symbol】选项组包含 5 个选项，分别是【Inside】、【Inside Edge】、【Outside】、【Outside Edge】、【Line Width】。每个选项的下拉列表中有不同的选项，需要根据实际情况进行选择。在绘制 AT89S52 实例中，引脚 12、13 是选择【Outside Edge】选项下拉列表的“Dot”，表示引脚输入信号取反；引脚 19 是选择【Inside Edge】选项下拉列表的“Clock”，表示该引脚输入信号为时钟信号。用户应根据引脚的实际功能来进行具体的设置。

（7）在【Graphical】选项组的【Length】文本框中设置引脚的长度。在绘制 AT89S52 实例中，设置元件中所有的引脚长度均为 30 mil。

（8）当引脚出现在光标上时，按下<Space>键可以以 90°为增量旋转调整引脚方向。

注意：引脚上只有一端是电气连接点，必须将这一端放置在元件实体外侧，非电气端有一个引脚名称靠着它。

8.2.4 原理图元件属性

每一个元件都有相对应的属性，如默认的标识符、PCB 封装和其他的模型以及参数。【Library Component Properties】对话框如图 8-28 所示，设置元件属性详细步骤如下。

（1）从【SCH library】工作面板的原件列表中选择需要设置属性的元件，然后单击【Edit】按钮，弹出【Library Component Properties】对话框。

（2）【Default Designator】文本框用来设置元件符号，如芯片标号通常设置为“U?”，电阻标号通常设置为“R?”，电容标号通常设置为“C?”，电感标号通常设置为“L?”，晶体管标号通常设置为“Q?”，等等。这里的问号将使得自定义的元件在原理图中放置时，可以使用原理图中的自动注释功能，即元件标识符的数字会以自动增量改变，如 U1，U2，U3 等。由于 AT89S52 芯片属于 MCU 芯片，因此此处设置为“U?”。若【Visible】复选按钮被选中，那么元件序号将在原理图中显示；如果不被选中，那么元件序号将不在原理图中显示出来。【Locked】复选按钮也可以根据元件标号是否被锁定来进行设置。

（3）【Default Comment】文本框用来输入一个简化的元件名称，这里设置为“AT89S52”。同时，在它的右边也有一个“可视”的复选框，如果选中该复选框，那么元件注释将在原理图中显示出来。

（4）【Description】文本框中用来对元件进行简单描述，以便元件的使用者知道芯片的类型和功能，这里根据 AT89S52 芯片的性质将【Description】文本框中内容设置为“8-Bit Microcontroller with 8K ISP Flash ROM”。设置【Description】文本框内容的目的是增加元件属性的可读性。

（5）【Symbol Reference】文本框中是自定义的元件的全名，此处设置为“AT89S52”。

（6）在【Parameters】选项组中输入该元件的一些基本设计信息，如元件的设计时间、设计公司等。单击该选项组的【Add...】按钮，弹出如图 8-47 所示的【Parameter Properties】对话框。本例中添加该芯片的设计日期，在【Name】文本框中输入“Published”，在【Value】文本框中输入“21-May-2019”，单击【OK】按钮返回【Library Component Properties】对话框。

该选项组还有【Remove...】、【Edit...】、【Add as Rule...】3 个按钮，分别用于对元件基本设计信息的移除、编辑和添加规则。

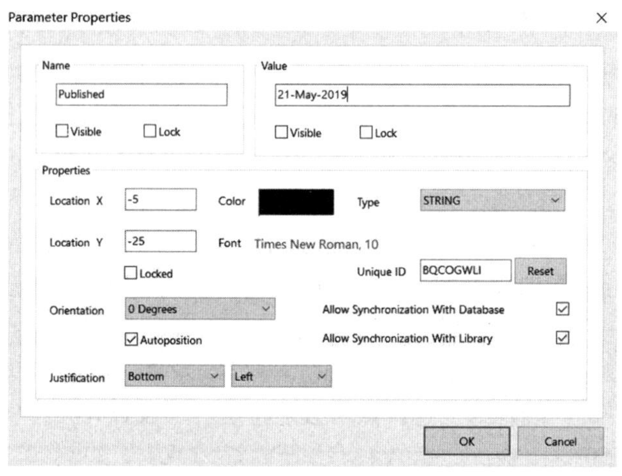

图 8-47　【Parameter Properties】对话框

（7）在【Models】选项组中可以添加自定义元件的各种模型，包括封装模型、信号分析模型和仿真模型等。在元件模型列表的底部有 3 个按钮，它们分别用来对元件的模型信息进行添加、移除和编辑。本例中，只对元件封装进行设置。单击【Models】选项组中的【Add...】按钮，弹出【Add New Model】对话框，如图 8-48 所示。

（8）单击【Mode Type】下拉列表，从弹出的选项中选择【Footprint】选项，如图 8-49 所示。

（9）单击【OK】按钮，弹出【PCB Model】对话框，如图 8-50 所示。

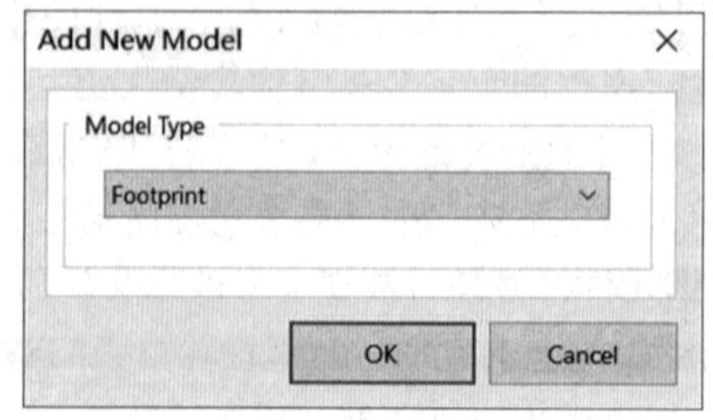

图 8-48　【Add New Model】对话框

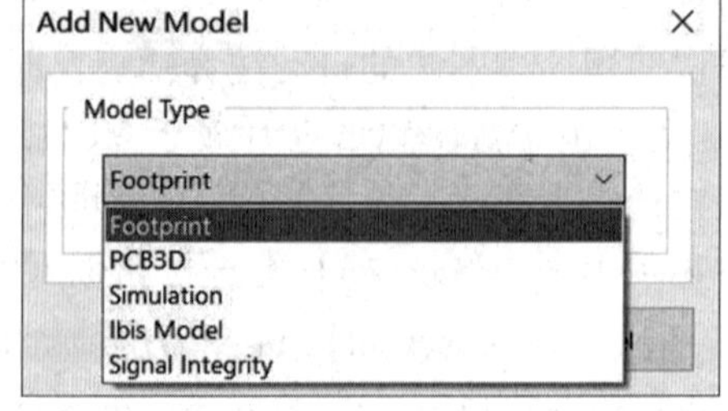

图 8-49　选择“Footprint”选项

（10）在【PCB Model】对话框中，可以进行元件封装的设置。单击【Browse...】按钮，弹出【Browse Libraries】对话框，如图 8-51 所示。

图 8-50 【PCB Model】对话框

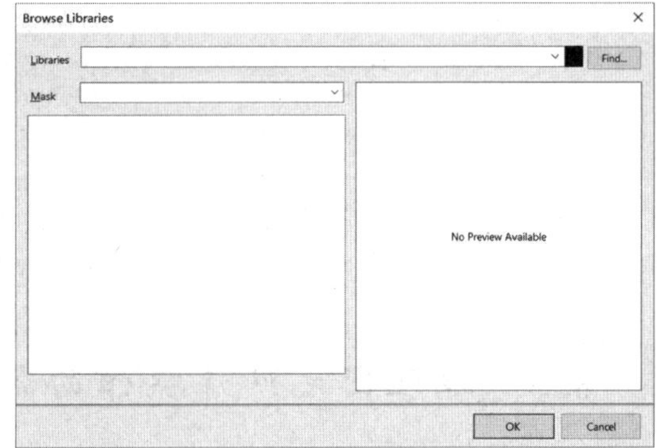

图 8-51 【Browse Libraries】对话框

（11）将 AT89S52 芯片封装为“DIP40”。在【Browse Libraries】对话框中单击【Find...】按钮，弹出【Libraries Search】对话框，如图 8-52 所示。在【Libraries Search】对话框的文本框内输入“DIP40”，单击 Search 按钮，软件会自动搜索名称中包含“DIP40”的封装。

注意：查找封装时，一定要注意路径是否设置正确。在【Libraries Search】对话框中的路径范围有两个，一个是【Available Libraries】，另一个是【Libraries on path】。要求选择【Libraries on path】，即应该是 DXP 软件安装库所在的路径。

（12）如图 8-53 所示，在【Browse Libraries】对话框中查询封装“DIP40”，选择该封装。

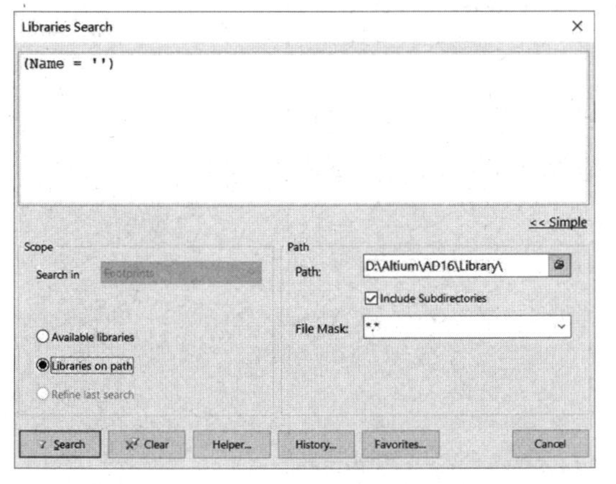

图 8-52 【Libraries Search】对话框

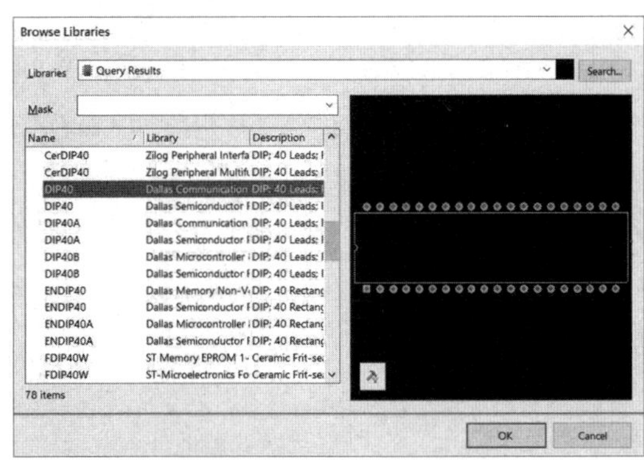

图 8-53 查询到封装的【Browse Libraries】对话框

（13）单击【Browse Libraries】对话框中的【OK】按钮，回到【PCB Model】对话框，确认并关闭该对话框即完成了原理图元件属性的设置。设置好的【Library Component Properties】对话框如图 8-54 所示。

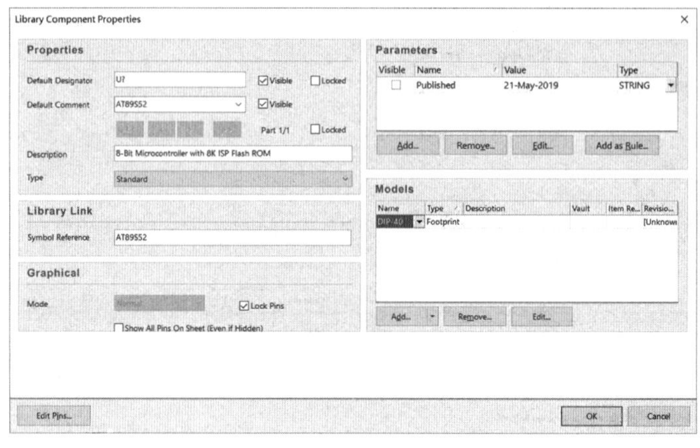

图 8-54　设置好的【Library Component Properties】对话框

8.3　原理图元件库操作的高级技巧

8.3.1　利用模式管理器添加元件封装

给原理图库元件添加相应的封装主要有两种方法，第一种是利用【SCH Library】工作面板中的【Library Component Properties】对话框来添加元件封装；第二种是利用模式管理器来添加元件封装。这两种方法都经常使用，但第二种方法应用较为便捷。

假设原理图元件库中已绘制好了元件，现在利用模式管理器为该元件添加封装，具体的操作步骤如下。

（1）在元件原理图库编辑环境下，单击【Utilities】工具栏中的 按钮，弹出【Model Manager】对话框，如图 8-55 所示。

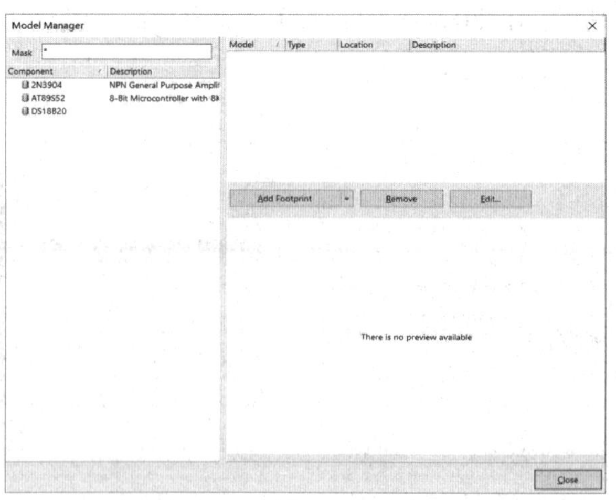

图 8-55　【Model Manager】对话框

(2) 单击对话框左侧【Component】列表中的元件 DS18B20，然后再单击对话框右侧的【Add Footprint】按钮，即可弹出【PCB Model】对话框，如图 8-56 所示。

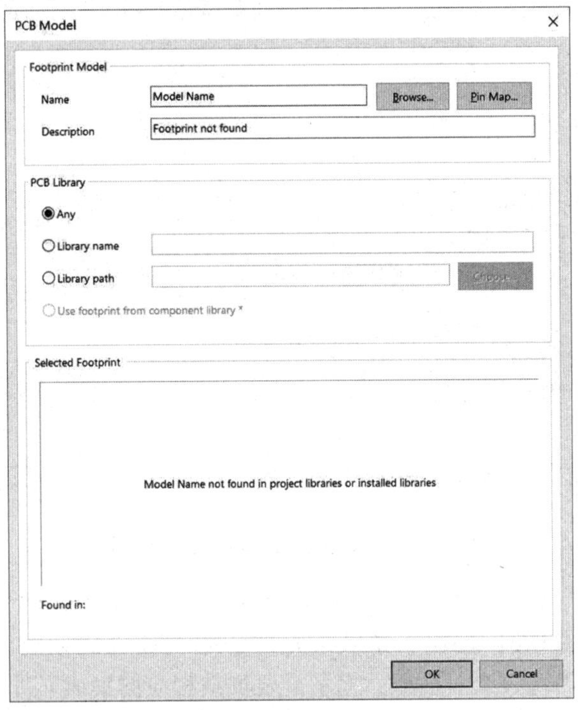

图 8-56 【PCB Model】对话框

(3) 在【PCB Model】对话框的【Footprint Model】选项组中单击【Browse...】按钮，弹出【Browse Libraries】对话框，如图 8-57 所示。

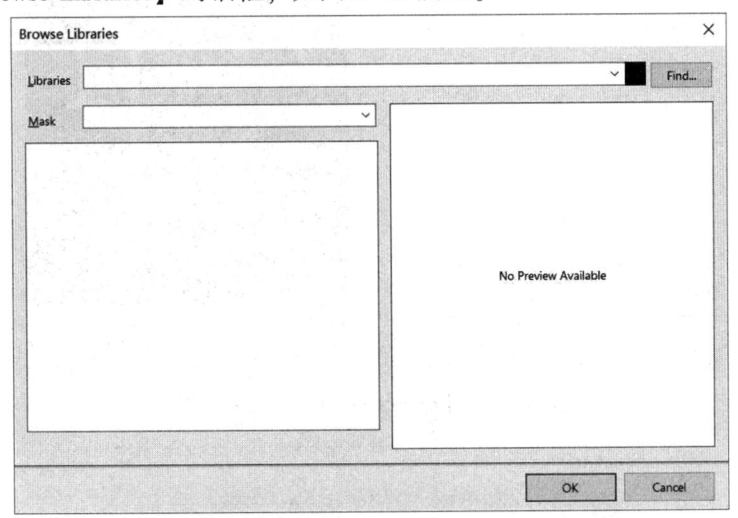

图 8-57 【Browse Libraries】对话框

(4) 单击【Browse Libraries】对话框中的【Find...】按钮，在弹出的【Libraries Search】对话框中输入封装名称。元件封装要求设置为“T092”，按照前面章节介绍的内容，在【Libraries Search】对话框的文本框中输入“T092”，如图 8-58 所示，单击 Search 按钮，软件就会寻找所需的封装。

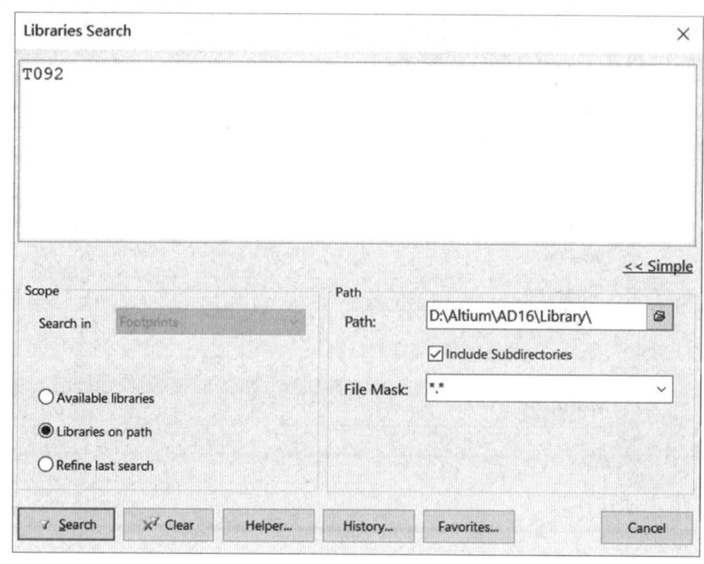

图 8-58 【Libraries Search】对话框

（5）找到封装后，返回【Browse Libraries】对话框，如图 8-59 所示。在该对话框中选中该封装，再单击【OK】按钮。如果该元件的库在软件启动时没有加载，则在单击【OK】按钮后软件会出现一个对话框，提示需要加载相应的集成元件库，如图 8-60 所示。

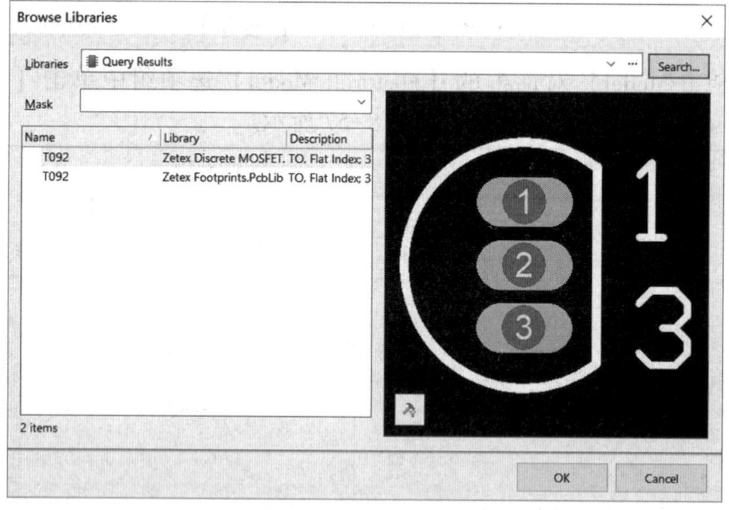

图 8-59 【Browse Libraries】对话框

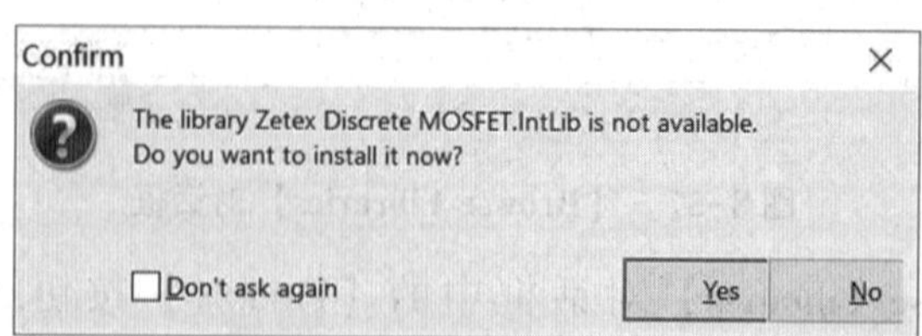

图 8-60 【Confirm】对话框

(6) 单击【Confirm】对话框中的【Yes】按钮，返回【PCB Model】对话框，再单击对话框中的【OK】按钮，则元件封装“T092”就与DS18B20连接到一起，如图8-61所示。

(7) 单击【OK】按钮，返回【Model Manager】对话框，此时，在右侧将显示已经添加了T092的封装，如图8-62所示。

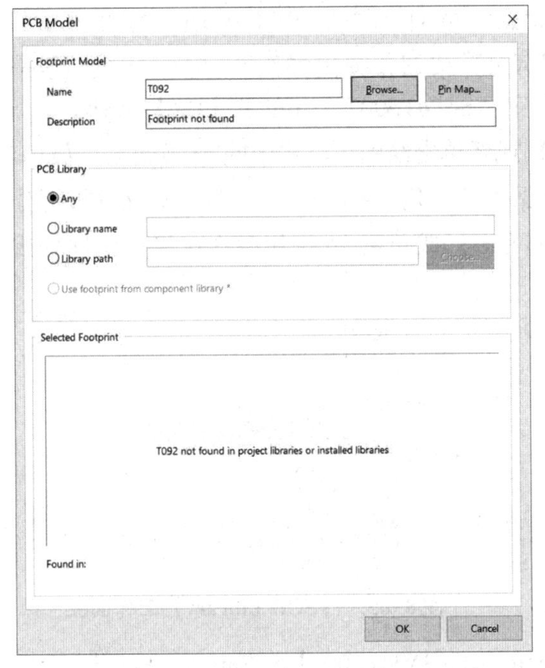

图8-61 【PCB Model】对话框

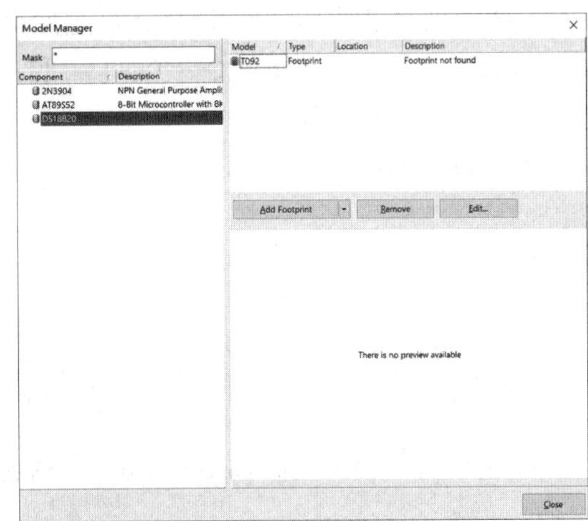

图8-62 【Model Manager】对话框

注意： 不管是第一种利用【SCH Library】工作面板中的【Library Component Properties】对话框来添加元件封装的方法，还是第二种利用模式管理器来添加元件封装的方法，都不能真正地将元件的封装添加上。制作PCB时，如果自带库里有制作元件的封装，则可以先将制作好的元件放置到原理图中，在原理图中双击该元件，在元件属性中添加元件的封装。当然，如果需要自己绘制元件的封装，则可以将原理图元件和元件封装联系起来，制作成集成元件库直接使用，具体的方法请参看后面集成元件库设计的章节。

8.3.2 制作复合元件

复合元件内部具有多个功能相同的功能模块，这些功能模块共享同一个封装，但是在绘制电路原理图时，可以放置在不同的位置，每一个功能模块都有一个独立的符号表示，各模块之间通过一定的方式建立相应的关联，形成一个整体。因此，复合元件又称带有子元件的元件，每一个模块称为该元件的子元件。

本节以元件SN74LS00为例，介绍复合元件的制作。该元件就分成4部分，即包括4个子元件，如图8-63所示，其中引脚7是GND、引脚14是VCC，均为隐藏引脚。绘制时对该元件的每一个子元件分别绘制独立的元件原理图即可。具体设计步骤如下。

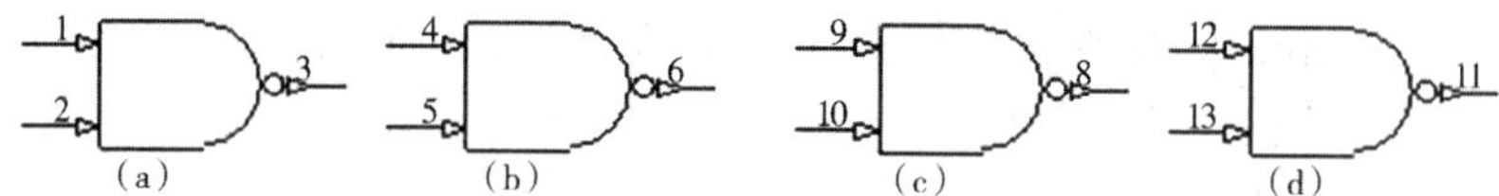

图 8-63 SN74LS00 子元件

(a) Part A；(b) Part B；(c) Part C；(d) Part D

(1) 在前面创建好的“My SchLib. SchLib”原理图元件库文件中，打开【SCH Library】工作面板，单击元件列表区下的【Add】按钮，弹出如图 8-64 所示的【New Component Name】对话框，输入新建元件的名字“SN74LS00”，并单击【OK】按钮。

(2) 执行菜单命令【Tool】/【New Part】或者单击绘图工具栏中的按钮后，【SCH Library】工作面板上的元件 SN74LS00 前面出现“+”号，单击该“+”号可见元件被拆分成两个部分，再执行菜单命令【Tool】/【New Part】或单击按钮两次，将该元件分成 4 部分，如图 8-65 所示。

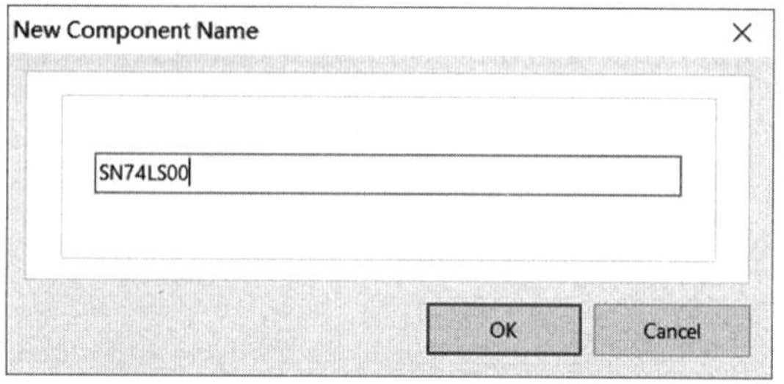

图 8-64 【New Component Name】对话框

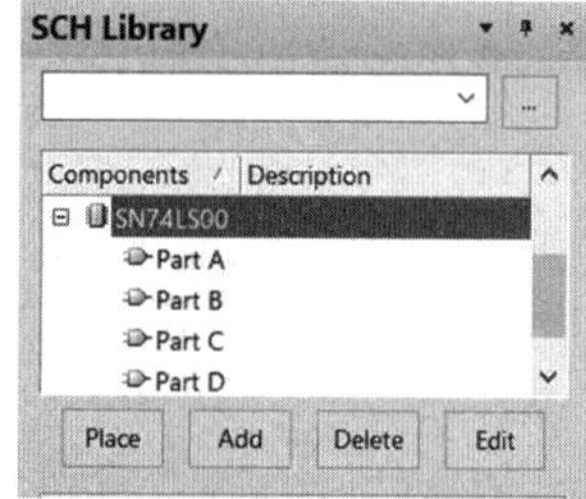

图 8-65 【SCH Library】工作面板

(3) 分别选中【SCH Library】工作面板上的元件 SN74LS00 中的 Part A、Part B、Part C、Part D，对每一部分进行设计。首先对 Part A 进行设计，单击 SN74LS00 下面的 Part A，进入 Part A 的编辑界面，先用绘图工具绘制元件外形，然后放置引脚、设置引脚属性，如图 8-66 所示。

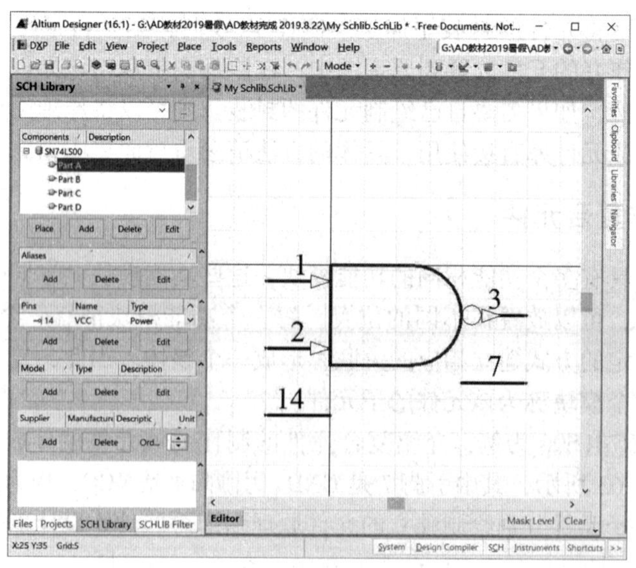

图 8-66 绘制 Part A

（4）单击 Part B，进入 Part B 编辑器界面，由于该部分的外形和引脚与 Part A 基本一致，仅引脚编号不同，所以只需将 Part A 的组件复制过来，然后双击 1、2、3 引脚将编号修改成 4、5、6，如图 8-67 所示。

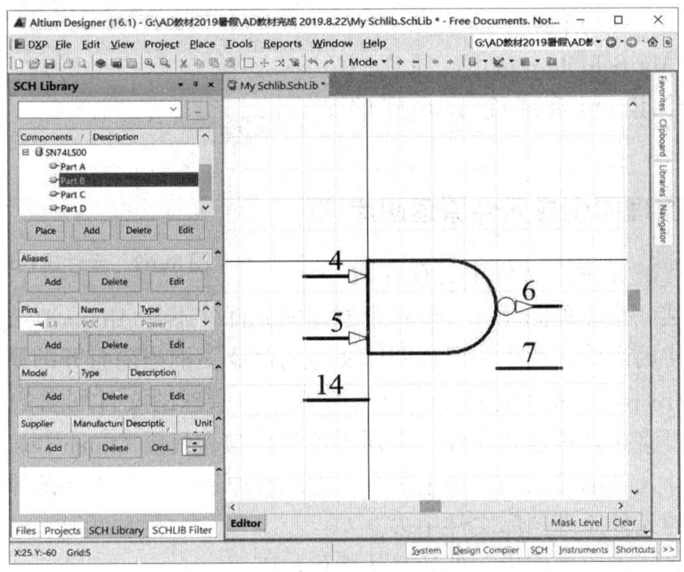

图 8-67　绘制 Part B

（5）用同样的方式完成 Part C、Part D。

（6）切换到 Part A，双击 7 引脚，弹出【Pin Properties】对话框，在【Display Name】文本框输入“GND”，【Electrical Type】选中“Power”，勾选【Hide】复选按钮，在【Connect To】文本框输入“GND”，如图 8-68 所示。用同样的方式隐藏引脚 14，以及其他 3 个子元件中的引脚 7 和引脚 14。

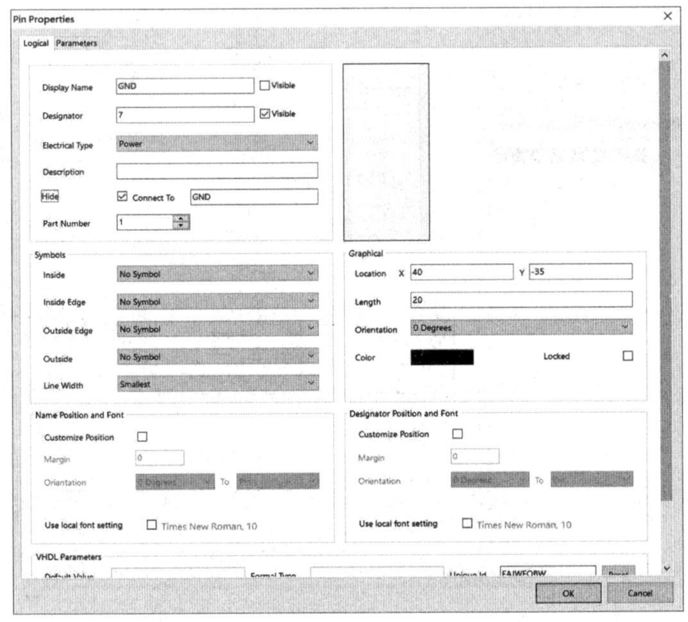

图 8-68　【Pin Properties】对话框

（7）单击【SCH Library】工作面板元件列表区下面的【Edit...】按钮，在弹出的【Library Component Properties】对话框中设置元件属性，如图 8-69 所示。

（8）保存“My SchLib. SchLib”原理图元件库文件，至此，包含 4 个子元件的 SN74LS00 绘制完成。

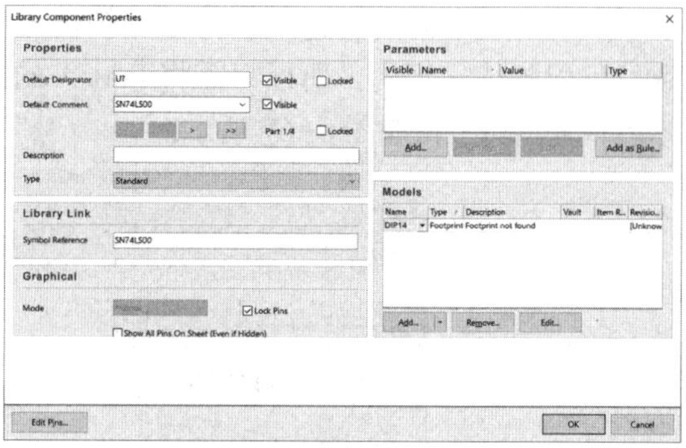

图 8-69　元件属性对话框

8.3.3　由原理图生成元件原理图库

如果一个已有的原理图文件中，存在设计人员所需要的某一个原理图元件，但这个原理图元件并不是 Altium Designer 16 自带库中的元件，则可以使用由原理图生成原理图库文件的命令，把当前打开的原理图文件中用到的所有原理图元件抽取出来，生成一个与当前打开的原理图文件同名的一个原理图库文件，从而使用户可直接调用这些元件，无须再单独绘制。只要 Altium Designer 16 能打开的原理图文件，设计人员都可以利用这个命令，把现有原理图中所需要的原理图元件抽取出来，添加到自己的元件原理图库文件中去。

由原理图生成元件原理图库文件的具体操作如下。

（1）新建一个 PCB 项目，保存为“PCB_Project1. PrjPcb”。

（2）执行菜单命令【File】/【Open】，在项目下加载所需要的原理图文件，本例中加载的原理图文件为“单片机显示电路 . SCHDOC”，准备生成原理图库，如图 8-70 所示。

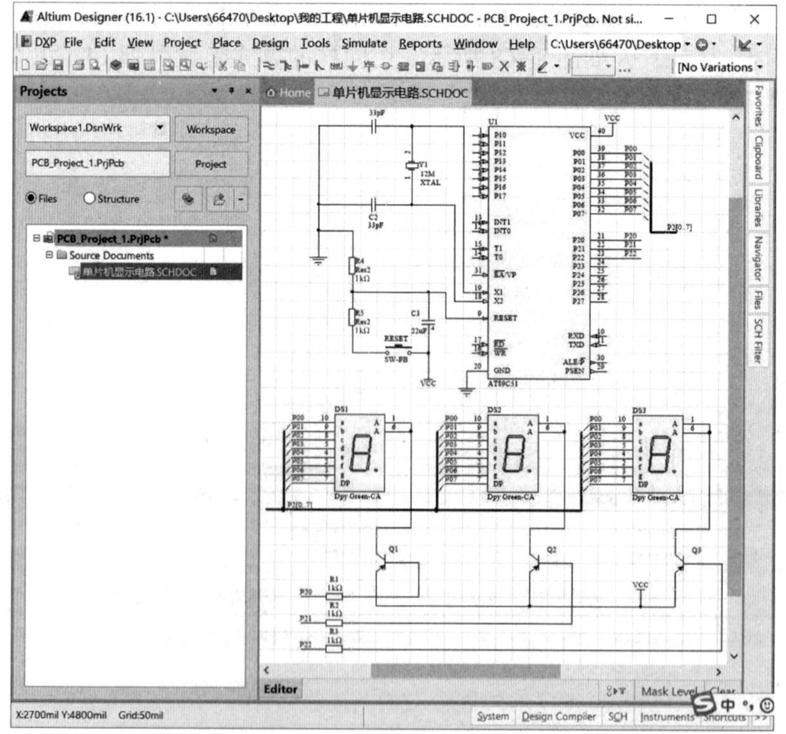

图 8-70　打开原理图文件编辑界面

（3）在原理图编辑环境下执行菜单命令【Design】/【Make Schematic Library】，如图 8-71 所示，软件自动切换到元件原理图库编辑状态下，同时弹出【SCH Library】工作面板以及一个如图 8-72 所示的提示对话框。由该对话框提示可知，软件创建了一个新的名为“PCB_Project1. SCHLIB”的原理图元件库，该元件库中包含 8 个元件。单击【OK】按钮，在【SCH Library】工作面板上可以直接看到该原理图库中所包含的所有元件。

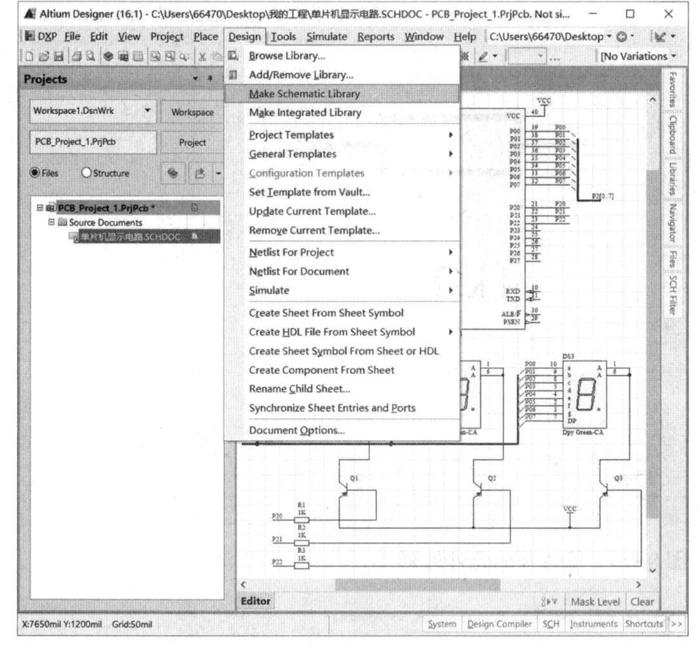

图 8-71　生成原理图元件库的操作

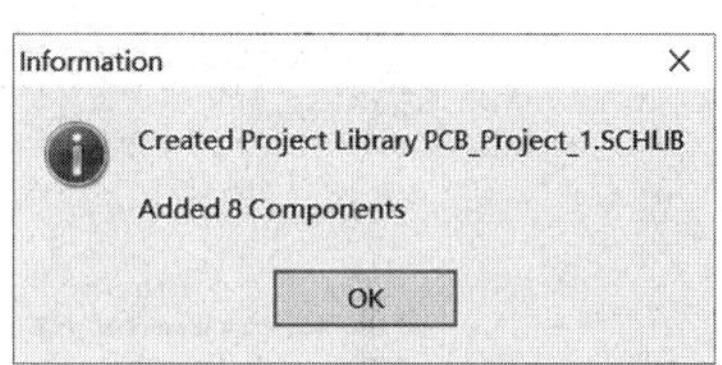

图 8-72　提示对话框

（4）切换到原理图编辑器，从【Projects】工作面板上可知新生成的原理图库与原理图所在项目同名。

（5）右击【Projects】工作面板上的“PCB_Project1. SCHLIB”文件，选择【Save】命令，将新生成的原理图库文件保存，即完成了由原理图生成原理图库操作。

8.3.4　由原理图元件库更新原理图中元件

在绘制原理图时，设计人员可能使用多个自定义的原理图元件，如果发现自定义的原理图元件不符合设计需求，就需要更改自定义的原理图元件。Altium Designer 16 提供了各编辑器之间便捷地交互操作方式，设计人员可以直接由原理图库更新原理图文件。具体操作步骤如下。

（1）利用上一小节中的 PCB 项目、原理图文件“单片机显示电路 . SCHDOC”以及由原理图生成的原理图元件库“PCB_Project1. SCHLIB”。

（2）将原理图元件库中的电阻元件由 修改成 ，打开“PCB_ Project1. SCHLIB”原理图元件库文件，单击【SCH Library】标签，在【SCH Library】工作面板的元件列表区选择电阻元件 Res2，如图 8-73 所示。在该元件编辑器中，只修改元件外形，引脚及其位置不用动，修改后的元件外形如图 8-74 所示。

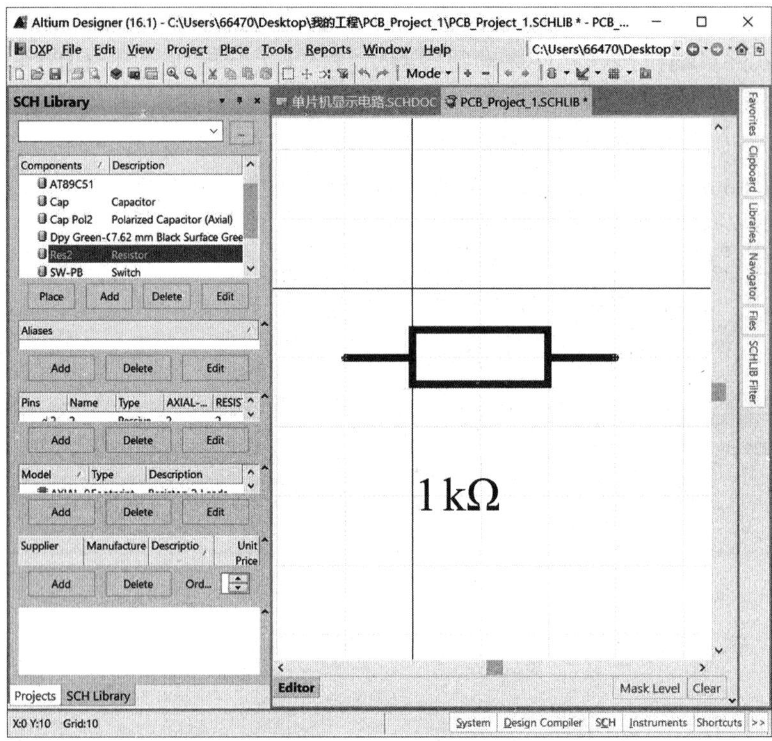

图 8-73　修改前的元件外形

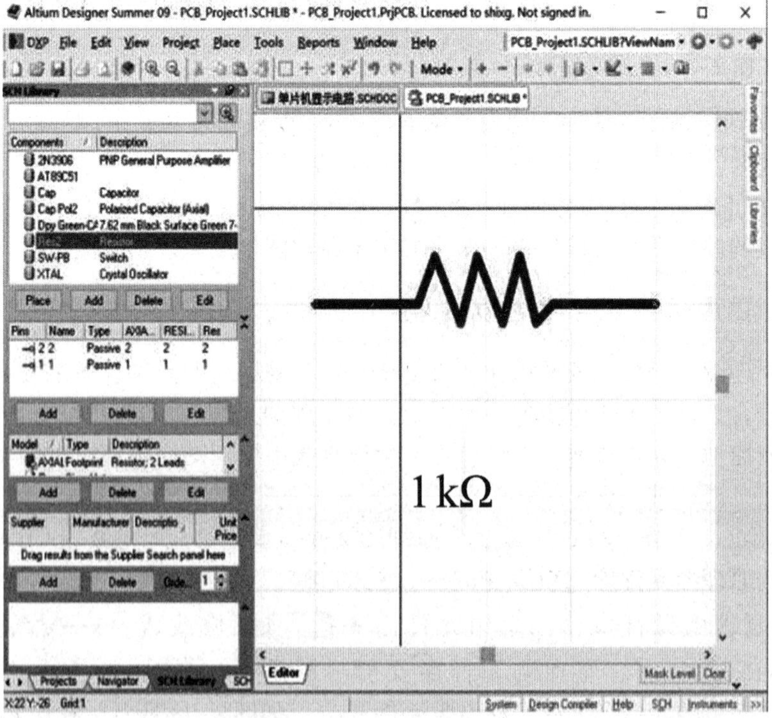

图 8-74　修改后的元件外形

（3）右击【SCH Library】工作面板中该元件，如图 8-75 所示，在弹出的菜单中执行【Update Schematic Sheets】命令，弹出提示对话框提示需要更改的元件个数，如图 8-76 所示，单击【OK】按钮即可更新原理图中需要更新的元件。

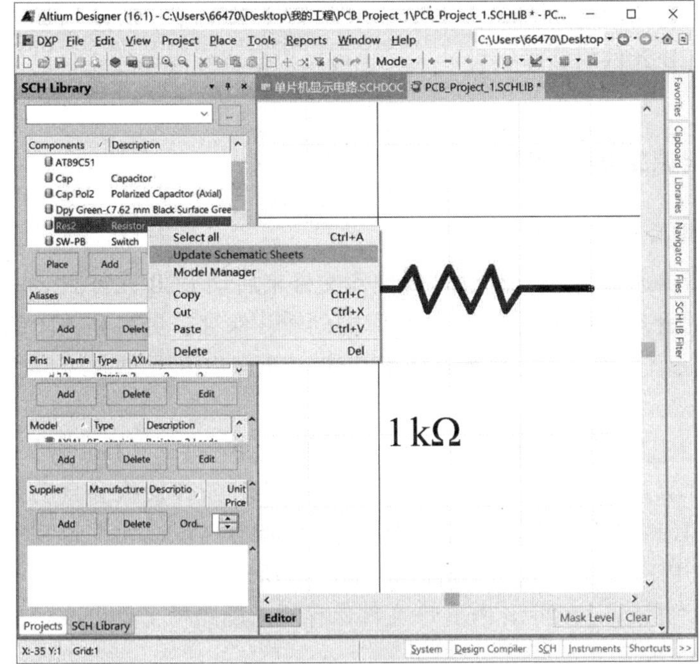

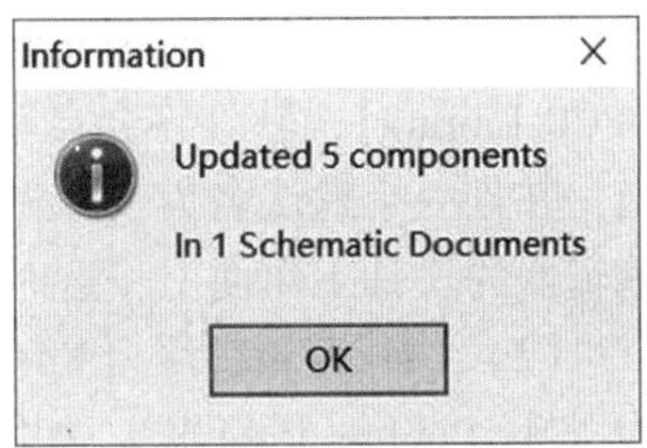

图 8-75　更新原理图操作

图 8-76　提示对话框

（4）切换到原理图编辑界面，此时原理图上的电阻元件都被更新为修改后的设置状态，如图 8-77 所示。

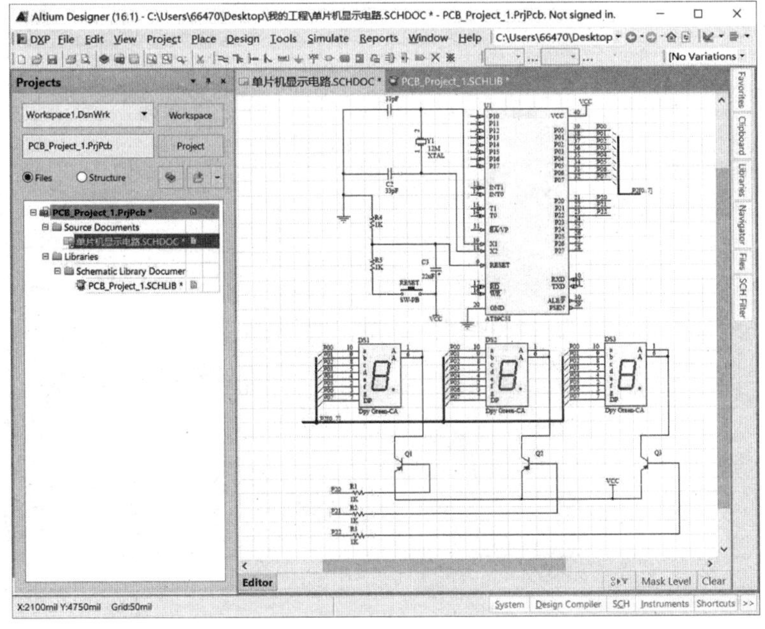

图 8-77　更新元件后的原理图

8.4 PCB 元件封装库

PCB 元件封装库的文件扩展名为“. PcbLib”，是用于定义元件引脚分布信息的重要库，Altium Designer 16 自带有 PCB 元件封装库，设计人员也可以根据实际需要建立自己的 PCB 元件封装库。

8.4.1 PCB 元件封装库编辑器

1. *启动 PCB 元件封装库编辑器*

在 Altium Designer 16 中，需要通过新建 PCB 元件封装库文件来启动 PCB 元件封装库编辑器。对于 PCB 元件封装库的管理，即 PCB 元件封装库的创建、保存、更名和关闭的方式和原理图元件库的各项管理操作一样，这里不再详细叙述。启动 PCB 元件封装库编辑器的具体操作步骤如下。

（1）在 Altium Designer 16 的主界面上执行菜单命令【File】/【New】/【Library】/【PCB Library】，软件将会自动启动 PCB 元件封装库编辑器，【Project】工作面板会自动弹出，并且一个默认名为“PcbLib1. PcbLib”的空白元件封装库文件将会出现在元件封装库编辑器的设计工作面上，这时的 PCB 元件封装库编辑器如图 8-78 所示。

（2）执行菜单命令【File】/【Save】，将该 PCB 库文件保存至正确路径，且更改名称为“My PcbLib. PcbLib”，如图 8-79 所示。

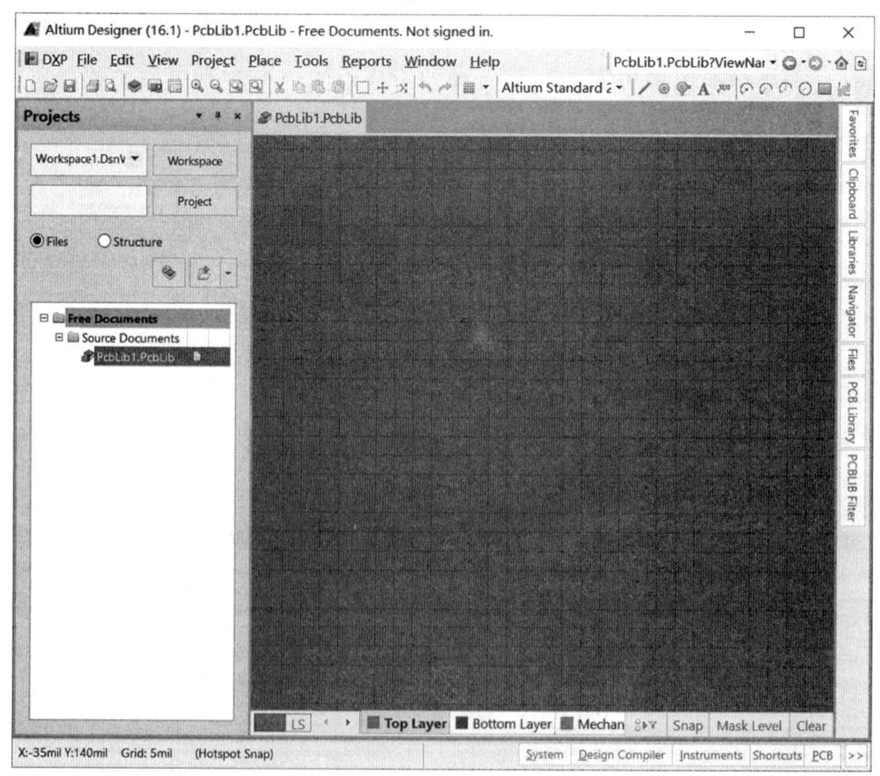

图 8-78 PCB 元件封装库编辑器

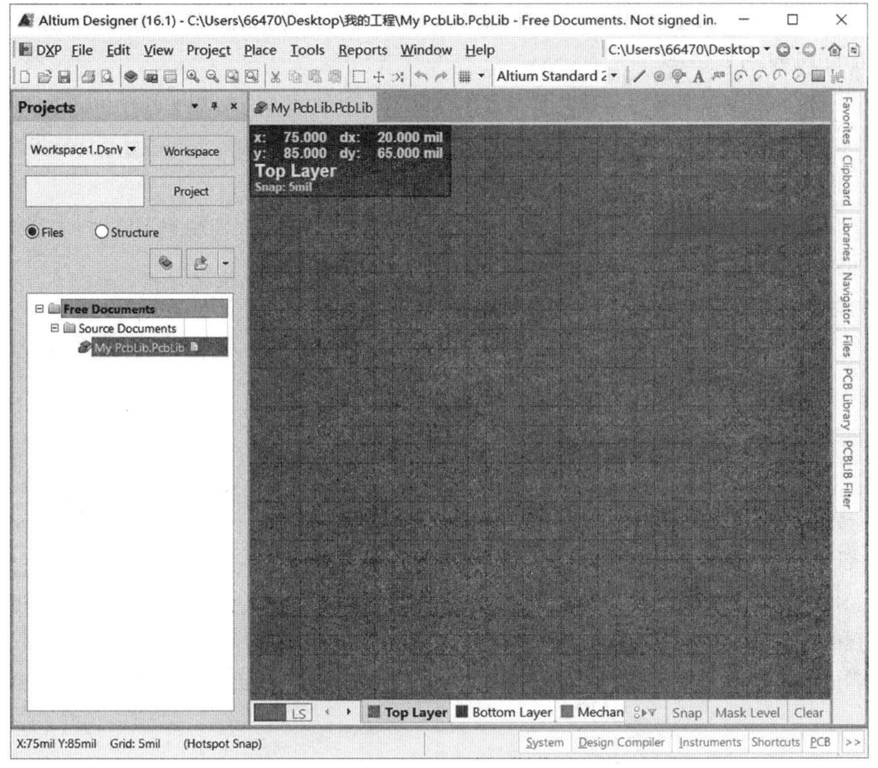

图 8-79 更改 PCB 元件库名称

2. 【PCB Library】工作面板

执行菜单命令【View】/【Work Space Panels】/【PCB】/【PCB Library】或者单击【PCB Library】标签，打开【PCB Library】工作面板，如图 8-80 所示。【PCB Library】工作面板包括以下 5 个区域。

1）【Mask】(屏蔽) 查询区域

在【Mask】文本框中输入特定的查询字符后，在元件封装列表区域中将显示封装名称中包含设计人员输入的特定字符的所有封装。如果在该框中输入“＊”号，则代表任意字符。

2）显示方式设置区域

显示方式设置区域用于设置处于选取状态的元件封装的显示方式，可以通过以下 4 个设置项来设置。

(1)【Normal/Mask/Dim】：3 种情况根据实际情况进行选择。

(2)【Select】：使被选中的元件封装组件处于选取状态。

(3)【Zoom】：将被选中的元件封装组件放大到窗口中央位置。

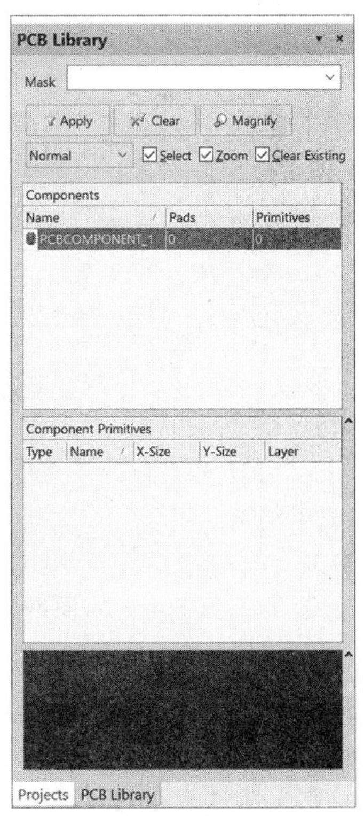

图 8-80 【PCB Library】工作面板

（4）【Clear Existing】：清除现有的组件。

3）元件封装列表区域

元件封装列表区域显示了当前 PCB 元件封装库内所有符合查询条件的元件封装名称、焊盘数和图元数。

4）元件图元区域

元件图元区域列出了选中元件的所有组件的属性，双击任意组件即可打开该组件的属性设置对话框来设置属性。

5）封装缩影图区域

封装缩影图区域显示选中封装的缩影图形，设计人员可以利用本区域查看元件封装的细节。

8.4.2 PCB 元件封装库的图纸属性

PCB 元件封装库的图纸属性设置的方式与原理图元件库图纸属性设置的方式一致，先打开库编辑器，在灰色的 PCB 元件封装库编辑界面的空白处右击，在弹出的快捷菜单中选择命令【Library Options】或者执行菜单命令【Options】/【Library Options】，弹出【Board Options [mil]】对话框，如图 8-81 所示。PCB 元件封装库图纸属性的具体设置与前面所讲的 PCB 编辑器中的图纸参数设置是完全一样的，这里不再重复介绍。

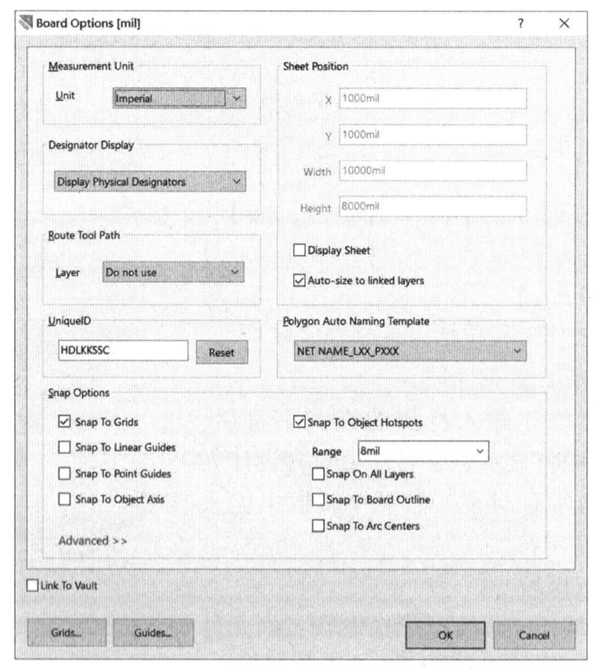

图 8-81 【Board Options [mil]】对话框

8.5 绘制元件封装

绘制元件封装有自动绘制和手动绘制两种方法，在某些时候也可以复制 Altium Designer 16 自带库中的元件封装。标准的元件封装适合使用自动绘制的方法，非标准的异形元件封装适合使用手动绘制的方法。绘制元件封装必须做到准确掌握元件的外形尺寸、焊盘尺寸、焊盘间距和元件与焊盘之间的间距等一系列问题。

8.5.1 利用封装向导自动绘制元件封装

利用封装向导制作典型元件的封装是非常便捷的，一步步地输入元件封装的各个参数即可。Altium Designer 16 提供了以下 12 种标准的元件封装类型。

（1）“Ball Grid Arrays（BGA）”：球状栅格阵列式类型。

（2）“Capacitors”：电容器式类型。

（3）“Diodes”：二极管式类型。

（4）“Dual in-line Package（DIP）”：双列直插式类型。

（5）“Edge Connectors”：边缘连接式类型。

（6）“Leadless Chip Carrier（LCC）”：无引线芯片装载式类型。

（7）“Pin Grid Arrays（PGA）”：引脚栅格阵列式类型。

（8）“Quad Packs（QUAD）”：方型封装式类型。

（9）“Resistors”：电阻式类型。

（10）“Small Outline Package（SOP）”：小型封装式类型。

（11）“Staggered Grid Arrays（SBGA）”：贴片球状栅格阵列式类型。

（12）“Staggered Pin Grid Arrays（SPGA）”：贴片引脚栅格阵列式类型。

本节以创建 14 引脚的 DIP 元件封装为例，介绍利用封装向导制作元件封装的过程，具体操作步骤如下。

（1）执行菜单命令【File】/【New】/【Library】/【PCB Library】，创建一个新的 PCB 库，更改名称为“My PcbLib. PcbLib”，保存该 PCB 库。

（2）执行菜单命令【Tools】/【Component Wizard】，弹出 PCB 库的【Component Wizard】对话框，如图 8-82 所示。

（3）单击【Component Wizard】对话框中的【Next >】按钮，进入【Component patterns】界面，选择一个元件所需的封装类型，这里选择“Dual In-line Package（DIP）”单位选择“Imperial（mil）”，如图 8-83 所示。

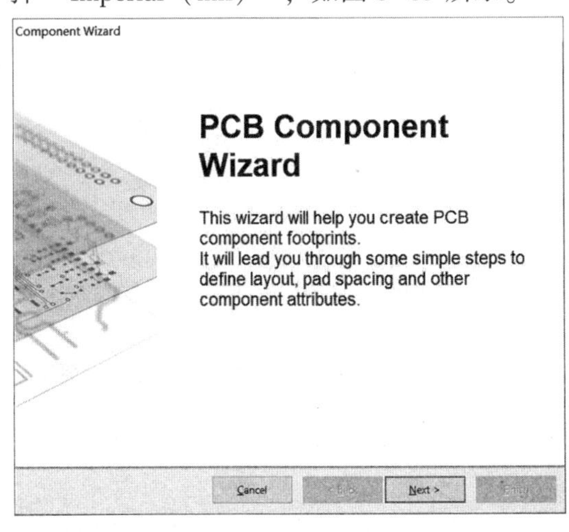

图 8-82 【PCB Component Wizard】对话框

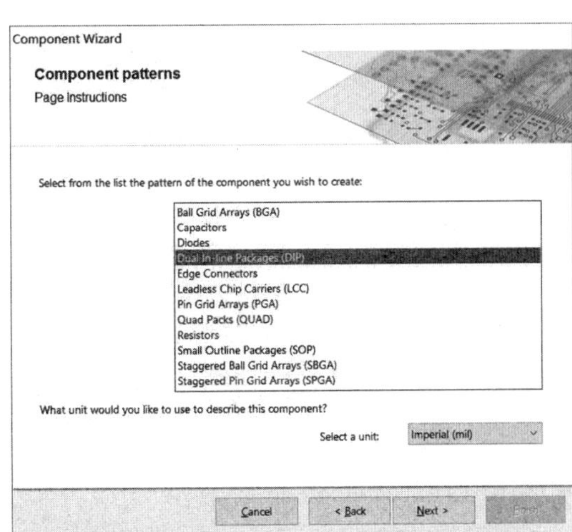

图 8-83 【Component patterns】界面

（4）单击图 8-83 界面中的【Next >】按钮，进入【Define the pads dimensions】界面设置焊盘尺寸，如图 8-84 所示。在本例中，设置焊盘外径全部为“60 mil”，内径为“30 mil”。

（5）单击【Next >】按钮进入【Define the pads layout】界面设置焊盘间距，如图 8-85 所示。在本例中，设置水平间距为“400 mil”，垂直间距为“100 mil”。

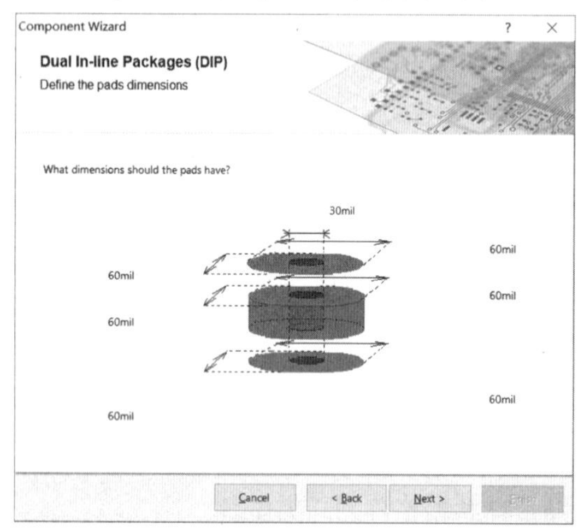

图 8-84 【Define the pads dimensions】界面

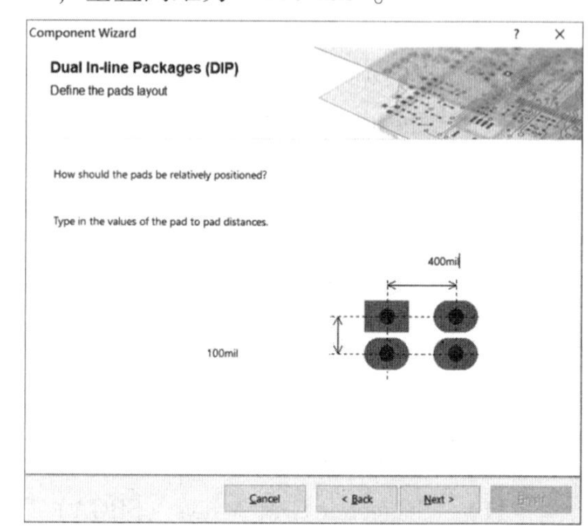

图 8-85 【Define the pads layout】界面

（6）单击【Next >】按钮进入【Define the outline width】界面选择封装的轮廓线宽度，如图 8-86 所示，这里采用默认设置“10 mil”。

（7）设置完轮廓线宽度后，单击【Next >】按钮进入【Set number of the pads】界面选择焊盘数，设置为“14”，如图 8-87 所示。

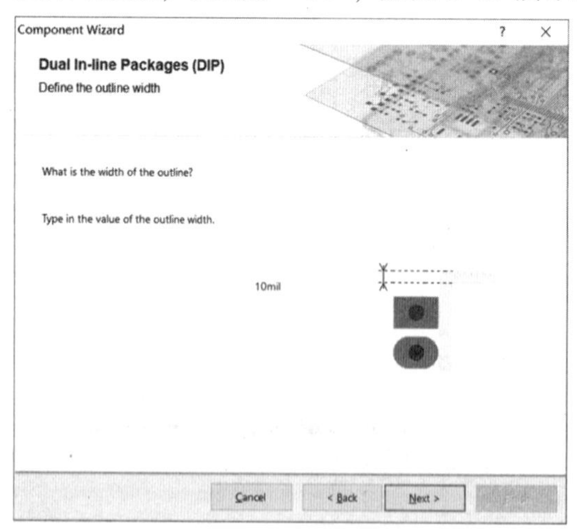

图 8-86 【Define the outline width】界面

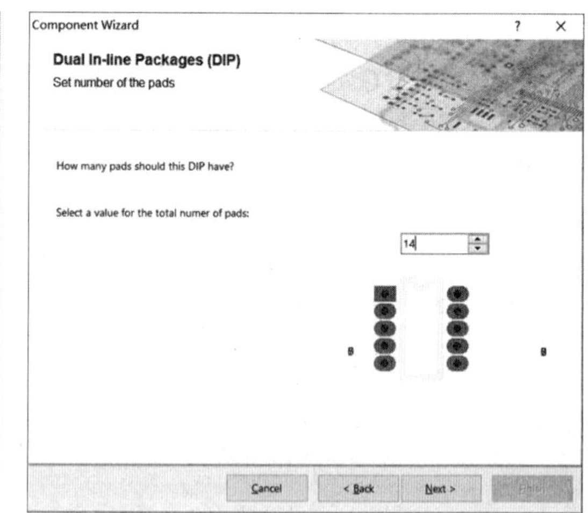

图 8-87 【Set number of the pads】界面

（8）单击【Next >】按钮进入【Set the component name】界面，设置元件封装的名称为“DIP14”，如图 8-88 所示。

（9）单击【Next >】按钮进入【Finish】界面，如果不需要修改，可单击【Finish】按钮，完成封装向导的设计过程；如果需要修改，可单击【< Back】按钮，逐级返回修改

即可，如图 8-89 所示。

（10）单击【Finish】按钮返回 PCB 库编辑界面，可以看到利用封装向导设计的元件封装，如图 8-90 所示。

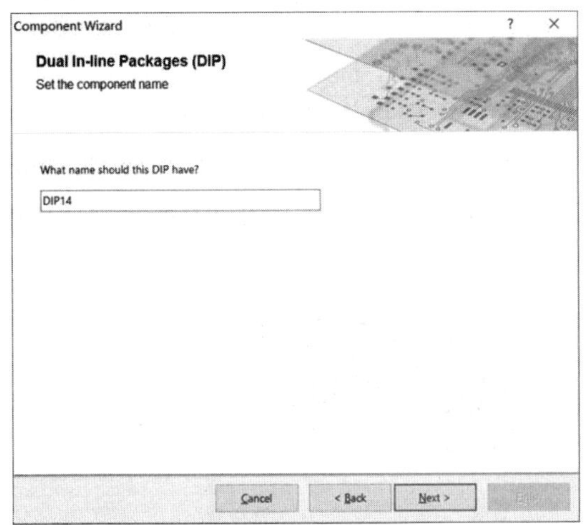

图 8-88　【Set the component name】界面

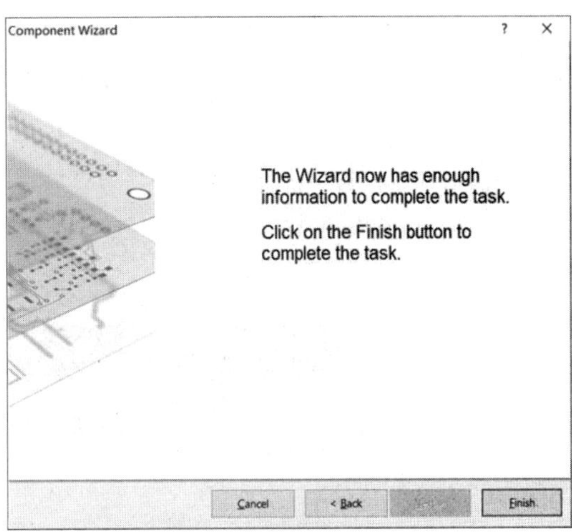

图 8-89　【Finish】界面

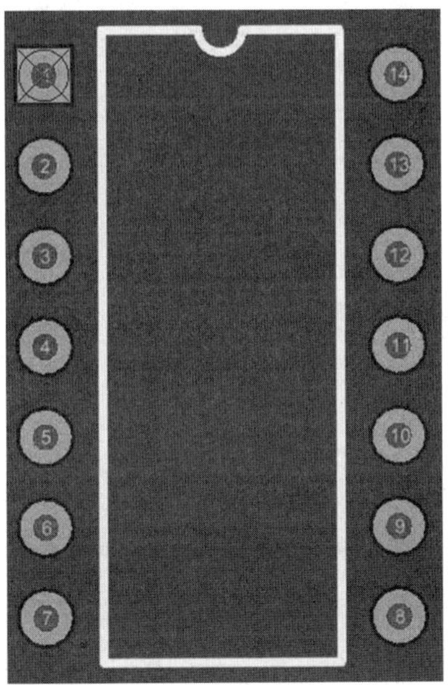

图 8-90　通过封装向导制作的 DIP14

8.5.2　手动绘制元件的封装

利用向导生成形状规则的、常见的元件封装是比较方便的，但一些异形元件则需要手动绘制。手动绘制元件封装的总体思想与方法与利用向导自动绘制是基本相同的，在 Altium Designer 16 中，手动绘制一个按键的封装过程如下。

（1）打开自建的 PCB 元件封装库文件“My PcbLib. PcbLib”，单击【PCB Library】标签，打开【PCB Library】工作面板。

(2) 在【PCB Library】工作面板的元件封装列表区，有一个名为“PCB COMPONENT_1”的元件，焊盘和图元都为 0，说明当前 PCB 元件库中“PCB COMPONENT_1”的元件封装需要进行创建。

(3) 将光标移至 PCB 元件封装库编辑器窗口，按住<Ctrl>键，同时向上滚动鼠标滚轮将背景不断放大，直至出现网格线为止，开始对元件封装进行手动绘制。

(4) 放置焊盘。选择【PCB Library】工作面板上的元件封装“PCB COMPONENT_1”，然后设置当前工作层面为“Multi-Layer”，单击放置工具栏中的◎按钮，这时光标将变成“十”字形并且粘贴着一个焊盘的虚线框，然后按下<Tab>键弹出如图 8-91 所示的【Pad [mil]】对话框。

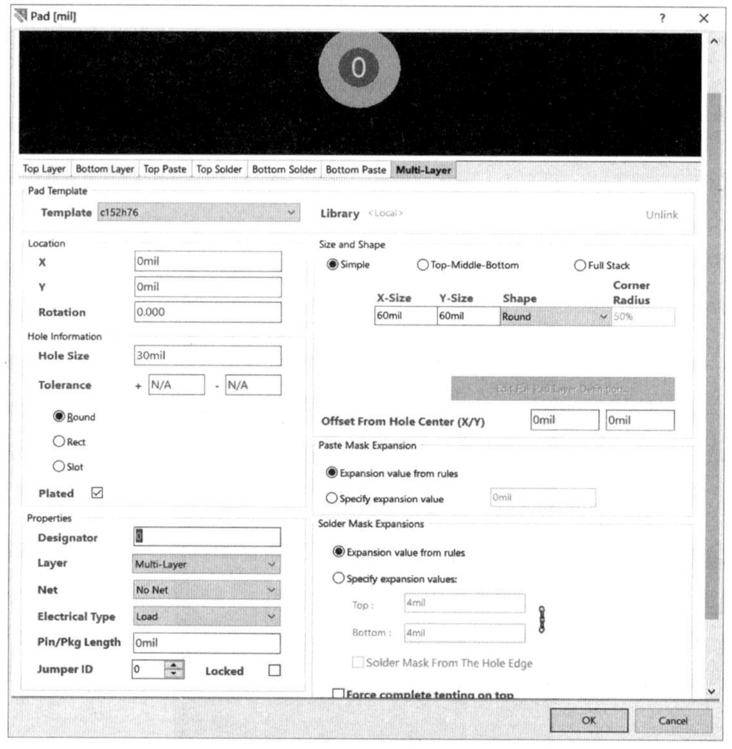

图 8-91 【Pad [mil]】对话框

(5) 在【Pad [mil]】对话框中，进行焊盘属性的设置，有关焊盘属性的设置在 PCB 设计章节中已有过详细的介绍，此处不再介绍。本例设置【Shape】为“Round”，【X-Size】、【Y-Size】都保持默认设置“60 mil”，【Hole Size】设置为“30 mil”。在【Properties】选项组中，将【Designator】设置为 1，表示目前放置的焊盘为第一个焊盘，再将【Layer】设置为“Multi-Layer”，其他设置保持不变，单击【OK】按钮完成该焊盘的属性设置。移动光标到工作区合适位置单击，即完成该焊盘的设置。

(6) 根据元件的实际尺寸调整焊盘间的水平距离与垂直距离。在本例中，按键焊盘的水平间距设置为“225 mil”，垂直间距设置为“225 mil”，重复上面相同的操作步骤即可完成 4 个按键焊盘的放置工作。

(7) 绘制封装轮廓线。选择当前工作层面为【Top Overlay】层，将设计层面切换到顶层丝印层。单击放置工具栏中的【Place Line】按钮，这时光标将变成大“十”字形，然后按下<Tab>键弹出如图 8-92 所示的【Track［mil］】对话框，设置【Width】为“10 mil”。

（8）移动光标到设计工作平面的合适位置，绘制成一个矩形。按键元件封装轮廓如图 8-93 所示。

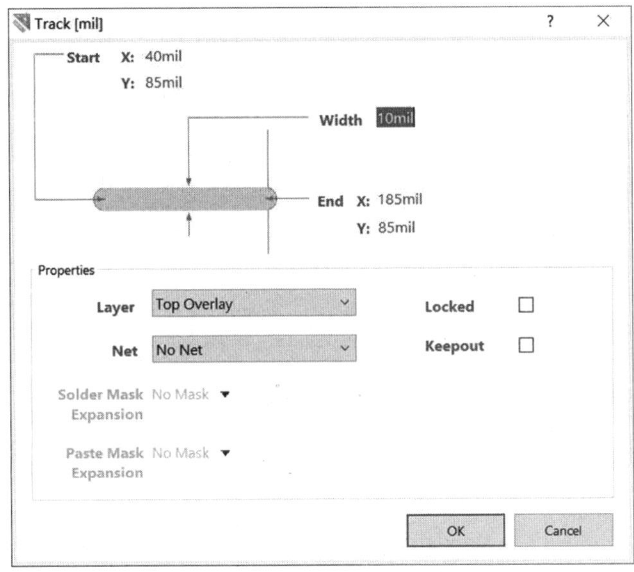

图 8-92　【Track［mil］】对话框

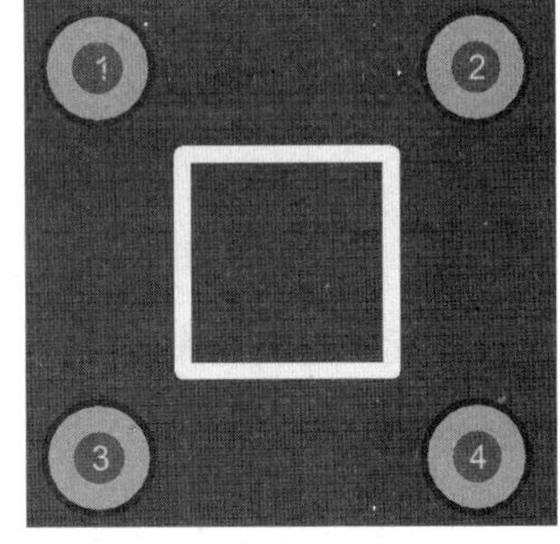

图 8-93　按键元件封装轮廓

（9）执行菜单命令【Edit】/【Set Reference】/【Location】，光标将变成大“十”字形，移至焊盘 1 中心单击，即可将焊盘 1 中心设为坐标原点，如图 8-94 所示。

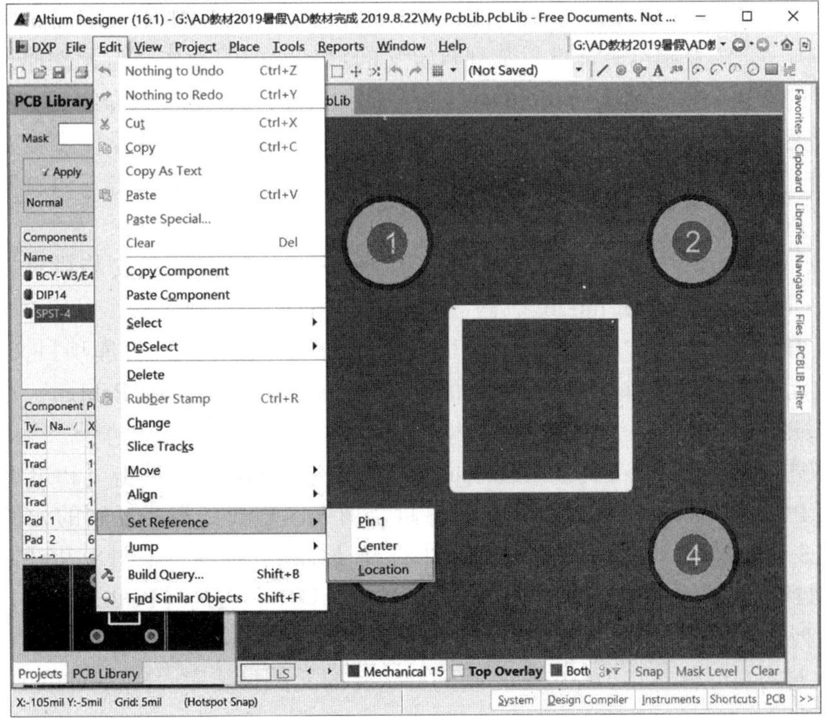

图 8-94　设置焊盘 1 中心为坐标原点

（10）在元件封装列表区双击“PCB COMPONENT_1”，打开【PCB Library Component［mil］】对话框，输入元件封装的名称及其他属性。本例中设置元件名称为“SPST-4”，其余为默认，如图 8-95 所示。

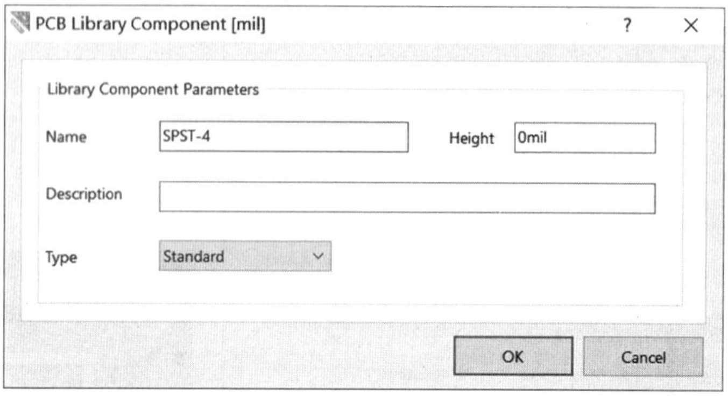

PCB Library Component [mil]
Library Component Parameters
Name SPST-4 Height 0mil
Description
Type Standard
OK Cancel

图 8-95 【PCB Library Component［mil］】对话框

（11）元件封装制作完成后，执行菜单命令【File】/【Save】，就可将新建的元件封装保存到当前打开的“My PcbLib. PcbLib”元件封装文件库中。

注意： 如果需要在该库中添加另一个手工绘制元件，可以执行菜单命令【Tools】/【New Black Component】或者右击元件封装列表区域空白处，在弹出的快捷菜单中选择【New Black Component】命令，添加一个空白元件。

8.5.3 复制已有元件封装

本小节以复制集成元件库“Miscellaneous Devices. IntLib”中的元件 2N3904 的封装 TO-92A 为例，介绍复制已有元件封装到自定义的封装库中的操作。与元件原理图库中复制已有元件的方法一样，复制已有元件封装的方法也有两种，本节只介绍其中一种，并假设是对集成元件库“Miscellaneous Devices. IntLib”的首次操作。具体操作步骤如下。

（1）打开自建的 PCB 元件封装库文件“My PcbLib. PcbLib”，单击【PCB Library】标签，打开【PCB Library】工作面板。

（2）执行菜单命令【File】/【Open】，从 Altium Designer 16 的安装目录打开集成元件库“Miscellaneous Devices. IntLib”，进行【Extract Sources】操作后，可以在【Projects】工作面板上看到一个名为“Miscellaneous Devices. LibPkg”的集成元件库项目文件被打开，并且该集成元件库项目文件下有 PCB 元件库“Miscellaneous Devices. PcbLib”和原理图元件库“Miscellaneous Devices. SchLib”。

（3）双击 PCB 元件库文件“Miscellaneous Devices. PcbLib”，单击【PCB Library】标签，打开【PCB Library】工作面板，在元件封装列表区域找到需要复制的元件封装 TO-92A，右击该元件封装，在弹出的快捷菜单中选择【Copy】命令，如图 8-96 所示。

（4）回到自建的元件封装库“My PcbLib. PcbLib”中，右击【PCB Library】工作面板的元件封装列表区域的空白处，从弹出的快捷菜单中选择【Paste 1 Components】命令，如图 8-97 所示，即可将元件封装 TO-92A 复制到自定义的元件封装库“My Pcblib. PcbLib”中，如图 8-98 所示。

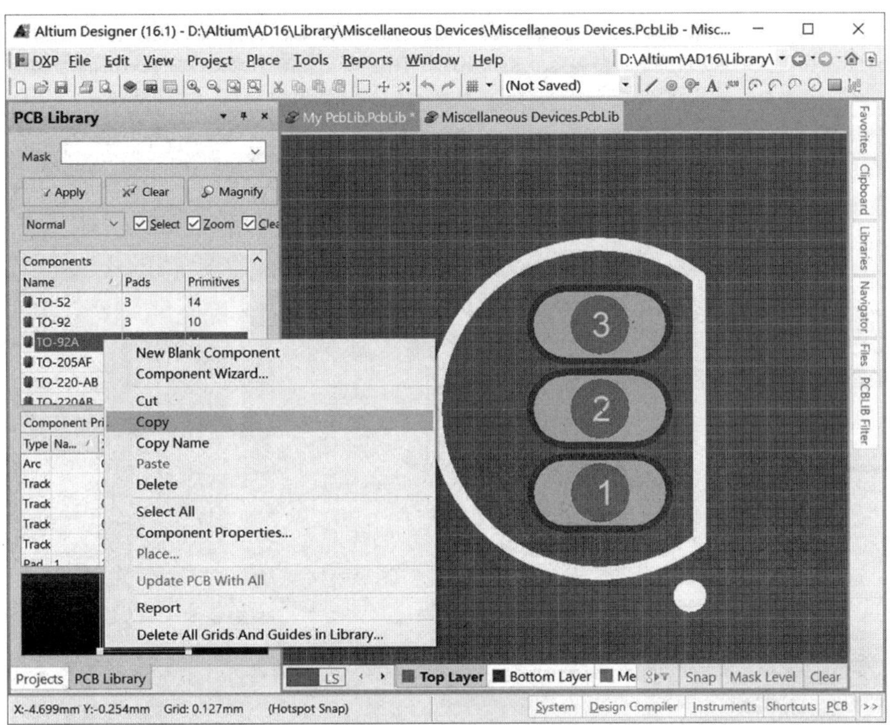

图 8-96　元件封装的复制

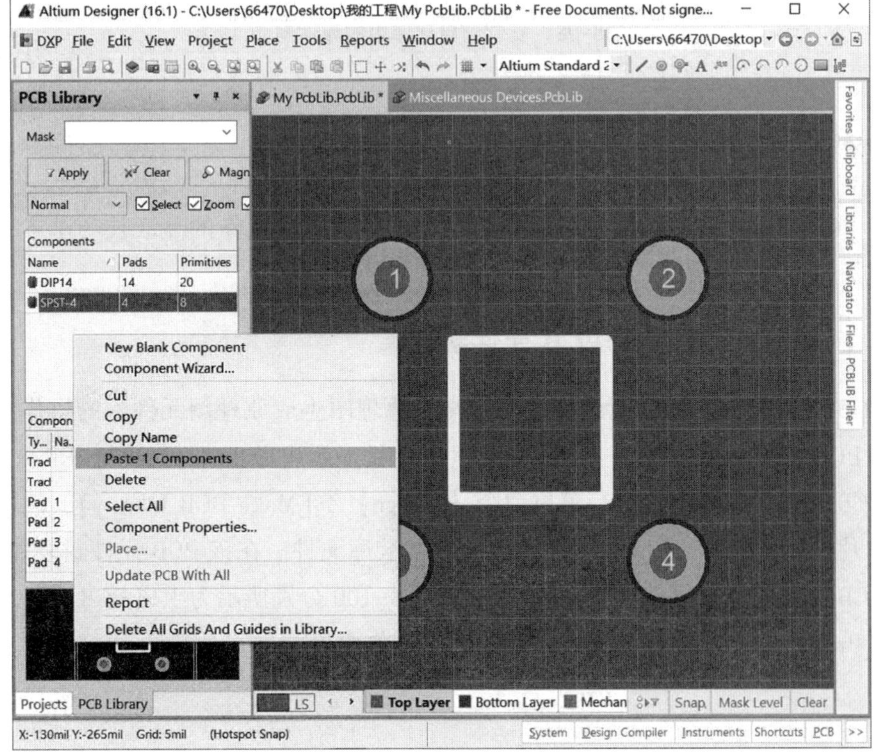

图 8-97　粘贴元件封装

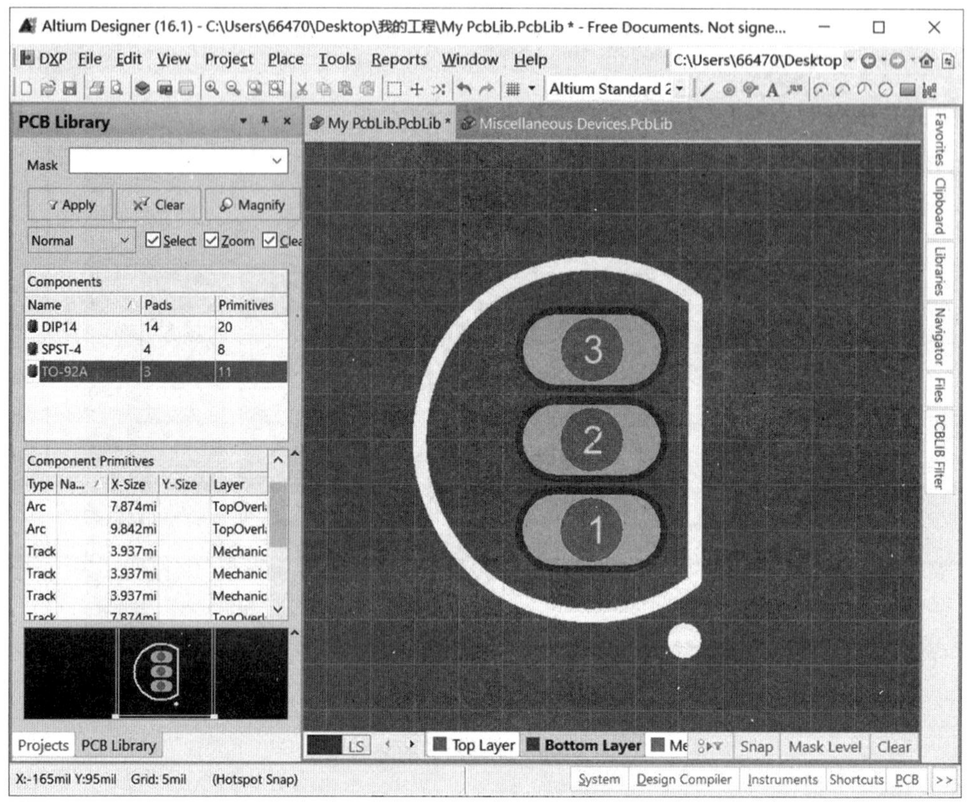

图 8-98　复制到自建库中的元件封装

8.6　PCB 元件封装库操作的高级技巧

由于 PCB 元件封装库操作的高级技巧与元件原理图库操作的高级技巧基本一致，因此本节仅简要地加以介绍。

8.6.1　由 PCB 图生成 PCB 元件封装库

由 PCB 图生成 PCB 元件封装库的操作与由原理图生成原理图元件库的操作一致，本节仍以“PCB_Project1. PrjPcb”项目中的“单片机显示电路 . PCBDOC”PCB 文件为例，在打开 PCB 文件的前提下，执行菜单命令【Design】/【Make PCB Library】，软件将自动生成“单片机显示电路 . PcbLib”的 PCB 元件封装库文件。在该 PCB 元件封装库文件中，包含了 PCB 文件的所有元件封装，图 8-99 和图 8-100 分别所示为生成 PCB 元件封装库文件后的【Projects】工作面板和【PCB Library】工作面板。

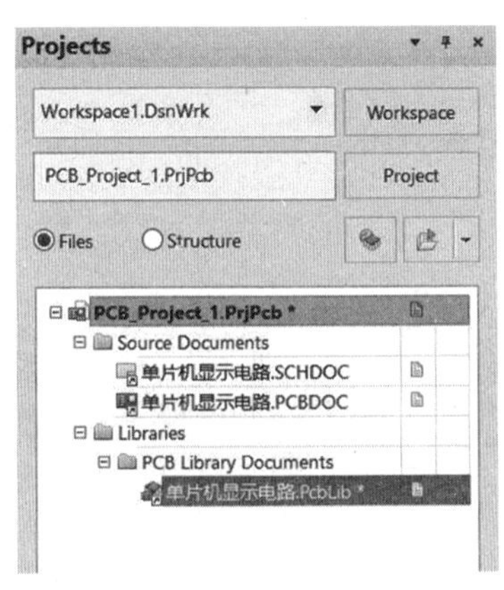

图 8-99　生成 PCB 元件封装后的【Projects】工作面板

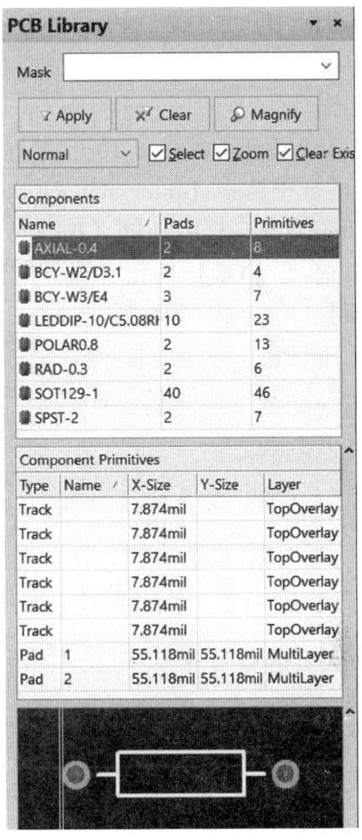

图 8-100　生成 PCB 元件封装库文件后的【PCB Library】工作面板

8.6.2　由 PCB 元件封装库更新 PCB 中元件封装

PCB 设计完成后，如果发现某个或某几个元件的封装不符合要求，可以修改元件封装库中相应的元件封装，然后更新 PCB 文件。当然，这个操作方法最好是针对自定义库，对 DXP 自带库尽可能不要去做修改。

在元件封装库编辑器下修改元件封装后，可以选择两个菜单命令更新 PCB 文件中的元件封装，即【Tools】/【Update PCB with Current FootPrint】和【Tools】/【Update PCB with All FootPrint】，前者是只用元件封装库编辑器中当前修改的封装更新 PCB 文件，后者是更新 PCB 文件中所有的元件封装。

8.7　创建集成元件库

集成元件库的文件扩展名为“.IntLib”，集成元件库就是把元件的原理图符号、PCB 封装、SPICE 仿真和信号完整性分析等模型集成在一个库文件中。这样做的好处是，设计人员在调用元件时能够同时加载元件的原理图符号和 PCB 封装符号等信息，使用起来非常方便。设计人员可以建立属于自己的一个集成元件库，将常用元件的各种模型放在这个库中以方便调用。

根据前面几节的内容，可以创建一个包含几个原理图元件的原理图元件库和一个包含相应几个 PCB 元件封装的 PCB 元件封装库，将它们编译到一个集成元件库中。具体的设计步骤如下。

（1）在 Altium Designer 16 的主界面执行菜单命令【File】/【New】/【Project】，在弹出的对话框中选中【Integrated Library】，更改【Name】为“My Intergrated_Library”，单击【Location】文本框后面的【Browse Location...】按钮，选择正确的文件路径，如图 8-101 所示。单击【OK】按钮，即可创建一个名称为“My Intergrated_Library. LibPkg”集成元件库项目。

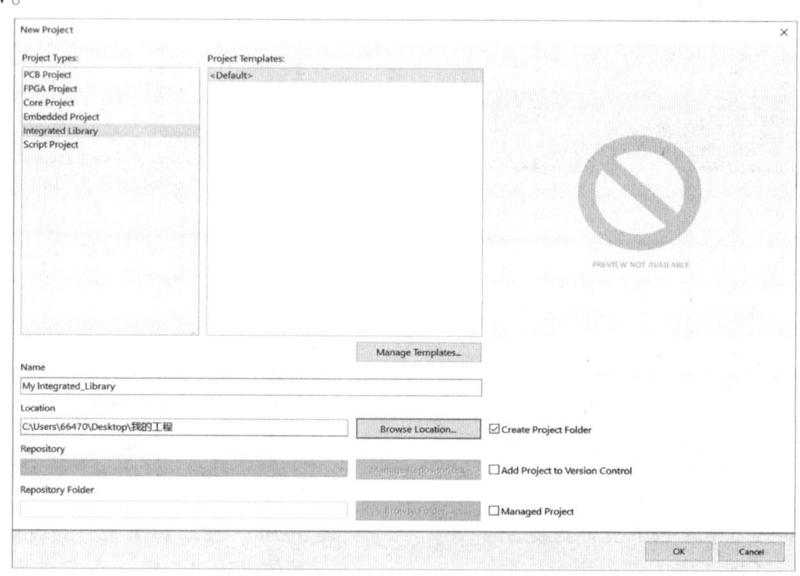

图 8-101　创建集成元件库

（2）如图 8-102 所示，集成元件库项目已经建立。此时，右击【Projects】工作面板中新建的集成元件库项目，在弹出的快捷菜单中选择命令【Add Existing to Projects】，将已有的元件原理图库文件和 PCB 元件封装库文件加载到该集成库项目下，添加后的【Projects】工作面板如图 8-103 所示。

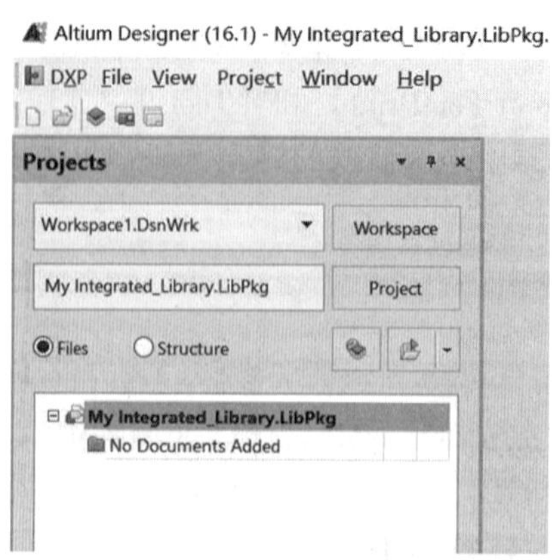

图 8-102　集成元件库创建完成的【Projects】工作面板

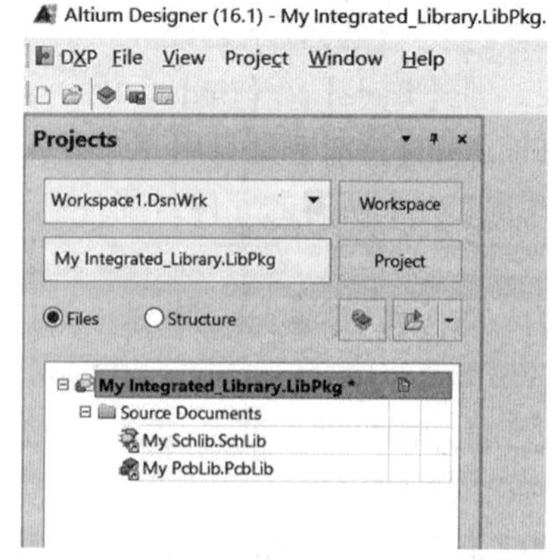

图 8-103　添加库文件后的【Projects】工作面板

（3）如果不选择添加已有的文件，需要在该集成元件库项目下添加一个新的原理图库文件和 PCB 库文件，操作的方法和上面类似。右击【Projects】工作面板中的集成元件库项目，在弹出的快捷菜单中选择命令【Add New to Project】，添加元件原理图库文件和 PCB 元件封装库文件即可，然后保存新建的原理图库文件和 PCB 库文件。

（4）在原理图元件库中绘制元件电路图形符号，在 PCB 元件封装库中绘制相对应的元件封装，然后利用模式管理器将相应的原理图元件与元件封装建立联系，再次进行保存。

（5）对该集成元件库项目文件进行编译，生产集成元件库。右击【Projects】工作面板中的集成元件库项目，在弹出的快捷菜单中选择命令【Compile Integrated Library My Integrated_Library. LibPkg】，对集成元件项目进行编译。如果编译没有任何错误，那么在该集成元件库项目所在目录下会新建一个文件夹，该文件夹的名称为“Project Outputs for Integrated_Library”，如图 8-104 所示。里面存放文件名为“Integrated_Library1. IntLib”的集成元件库文件，如图 8-105 所示。

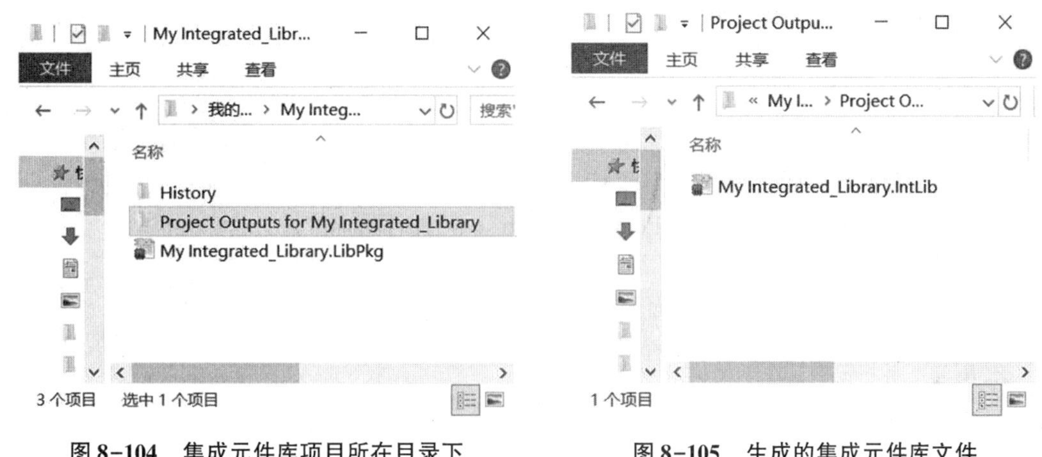

图 8-104　集成元件库项目所在目录下新建的文件夹　　**图 8-105　生成的集成元件库文件**

至此，便创建了一个集成元件库，设计人员可以按照上述的步骤向原理图库和 PCB 库分别添加更多元件的原理图符号模型和 PCB 封装模型，然后再生成集成元件库。这样，日积月累就可以创建一个属于自己的丰富的元件库了。

8.8　集成元件库实例

本节中的实例是创建一个自定义的集成元件库，在以后的学习工作过程中，设计人员可以根据工作需要，逐渐丰富、完善属于自己的集成元件库。

本节将融合本章前面几节所介绍的一些方法，在讲解实例的过程中，主要侧重于一个自定义的集成元件库的完整建立过程，至于其中每个步骤的详细解释，请参考本章前几节的内容。

本节创建的自定义的集成元件库中包含 3 个比较常见的元件，即熔丝 Fuse、电解电容 Cap Pol 和数码管 Dpy。学习制作这些元件时可以参考系统自带库“Miscellaneous Devices. InLib”中的熔丝 Fuse thermal、电解电容 Cap Pol 3 和数码管 Dpy Yellow-CA。在整个制作过程中，本节实例将根据 3 个元件的不同特点，分别采用不同的制作方法。对熔丝的设计采用复制已有原理图元件和手动绘制元件封装（直插式封装）的方法；对电解电容的设计采用手动绘制原理图元件和复制已有元件封装（表贴式封装）的方法；对数码管的设计采用手动绘制和复制已有元件组件这两种方法结合来制作原理图元件，利用元件封装向导和复制已有元件封装的组件这两种方法相结合来绘制元件封装（直插式封装）。

8.8.1 建立元件库

在桌面上创建一个名为“MyFirst_IntLib”的文件夹，然后在 Altium Designer 16 的主界面执行菜单命令【File】/【New】/【Project】，在弹出的对话框中单击【Integrated Library】，更改【Name】为“MyFirst_IntLib”。选择正确的文件保存路径，创建一个名称为“MyFirst_IntLib. LibPkg”的新的集成元件库项目。右击【Projects】工作面板中的该集成元件库项目，在弹出的快捷菜单中选择命令【Add New to Project】，在该集成库项目下添加一个新的元件原理图库文件和一个新的 PCB 元件封装库文件。添加两个文件之后，将该集成元件库项目以及两个文件分别更名为“MyFirst_IntLib. LibPkg”“MyFirst_SchLib. SchLib”“MyFirst_PchLib. PchLib”，并保存到指定目录下。

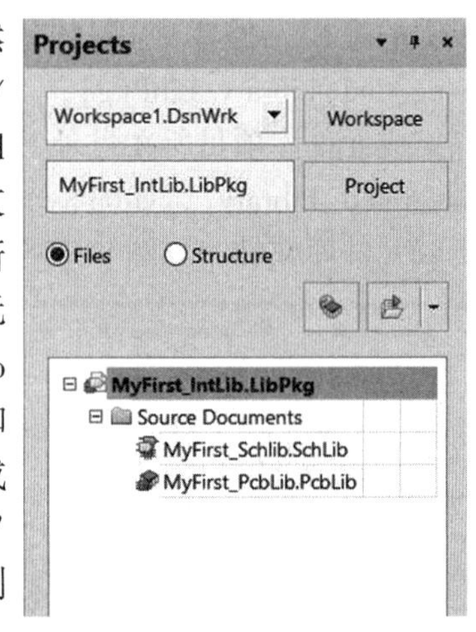

图 8-106 【Projects】工作面板

保存好后的【Projects】工作面板如图 8-106 所示。

8.8.2 制作原理图元件

本节实例中需要制作熔丝 Fuse、电解电容 Cap Pol 和数码管 Dpy 3 个元件的原理图，3 个元件的原理图如图 8-107 所示。

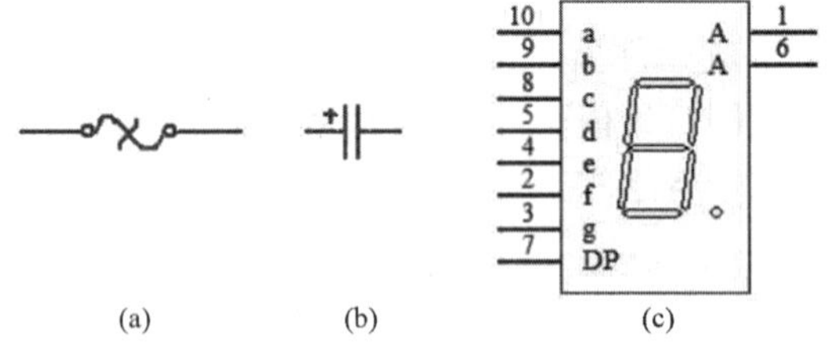

图 8-107 3 个元件的原理图

（a）熔丝 Fuse；（b）电解电容 Cap Pol；（c）数码管 Dpy

1. 绘制熔丝 Fuse

熔丝这一类元件原理图的特点包含不规则的图形，这会给绘制带来一些麻烦。当然，设计人员可以利用画图工具直接进行绘制，不过绘制出来的图形有可能没有系统自带库中的图形美观，而且还浪费制作时间。所以，对待类似的一些具有不规则图形的元件来说，较好的方法是直接将系统自带库中已有元件的图形复制下来，这样绘制出来的元件不仅美观、大方，还节省工作时间。

因为熔丝 Fuse 是自定义元件原理图库中添加的第一个元件，所以整个介绍的过程略显复杂。具体步骤如下。

（1）打开“MyFirst_SchLib. SchLib”原理图元件库文件，单击【SCH Library】工作标签，打开【SCH Library】工作面板。若没有该标签，可以单击原理图元件编辑器界面右下角工作面板区的【SCH】标签，选择其中的【SCH Library】选项，则会自动弹出【SCH Library】工作面板。在绘制原理图元件的整个过程中，为了方便制作，最好锁定【SCH Library】工作面板。

（2）在【SCH Library】工作面板可以看到一个默认名为“COMPONENT_1”的元件符号，这说明目前的“MyFirst_SchLib. SchLib”元件原理图元件库中只有一个默认名为“COMPONENT_1”的元件，且元件符号“COMPONENT_1”呈高亮蓝色状态，说明目前的操作是针对该元件进行的。

（3）由于本例中所需制作的原理图元件可以参考“Miscellaneous Devices. IntLib”库中的元件，因此需要配合打开软件自带的“Miscellaneous Devices. IntLib”库。具体方法：执行菜单命令【File】/【Open】或单击按钮，从 Altium Designer 16 的安装目录打开集成库“Miscellaneous Devices. IntLib”，如图 8-108 所示。

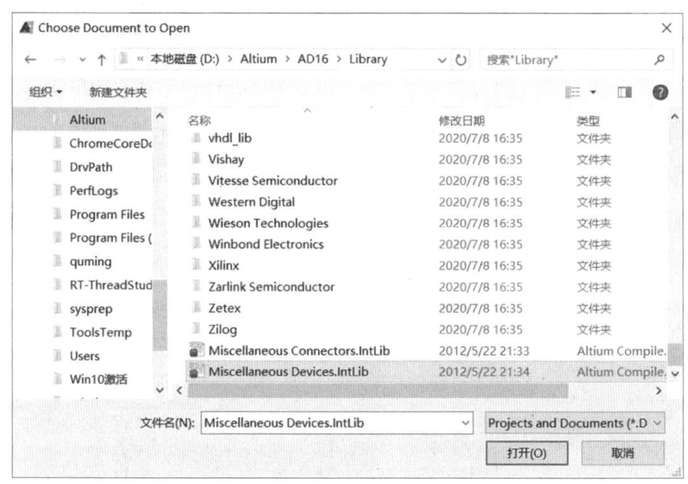

图 8-108　打开软件自带集成库

（4）如果是首次打开该集成项目库文件，则会弹出一个【Extract Sources or Install】对话框，如图 8-109 所示。

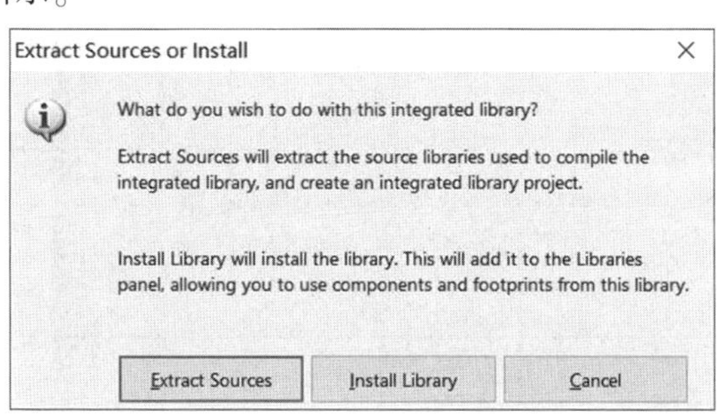

图 8-109　【Extract Sources or Install】对话框

（5）单击【Extract Sources or Install】对话框中的【Extract Sources】按钮，可以在【Projects】工作面板看到一个名为“Miscellaneous Devices. LIBPKG”的集成元件库项目文件被打开，并且该集成元件库项目文件下默认加载有原理图元件库“Miscellaneous Devices. SchLib”。

（6）双击【Projects】工作面板上的“Miscellaneous Devices. SchLib”元件原理图库，软件自动切换到该原理图库的编辑界面，打开【SCH Library】工作面板，此时【SCH Library】工作面板的元件列表区中将显示“Miscellaneous Devices. SchLib”原理图元件库中所有的原理图元件。

（7）找到需要复制的元件 Fuse Thermal，对该元件的所有组件执行全选、复制操作。

（8）切换到自建的原理图元件库“MyFirst_SchLib. SchLib”编辑界面下，在【SCH Library】工作面板选中元件“COMPONENT_1”。按<Ctrl + Home>组合键，使光标跳到图纸的坐标原点，在编辑界面的中心位置上执行粘贴命令，这样就可以将系统自带库“Miscellaneous Devices. SchLib”中元件 Fuse Thermal 的所有组件粘贴到指定的位置。

（9）接下来根据设计需要，对自建的原理图元件库“MyFirst_SchLib. SchLib”中第一个元件的属性进行编辑。在【SCH Library】工作面板选中元件符号“COMPONENT_1”，然后单击【Edit】按钮，打开【Library Component Properties】对话框。【Library Component Properties】对话框的【Default Designator】文本框用来设置元件标号，此处设置为“F?”；【Comment】文本框设置为“Fuse”；【Description】文本框用来输入对元件的描述，这里设置为“Themal Fuse”；【Symbol Reference】文本框也设置为“Fuse”，其他属性暂不设置。设置好的【Library Component Properties】对话框如图 8-110 所示。

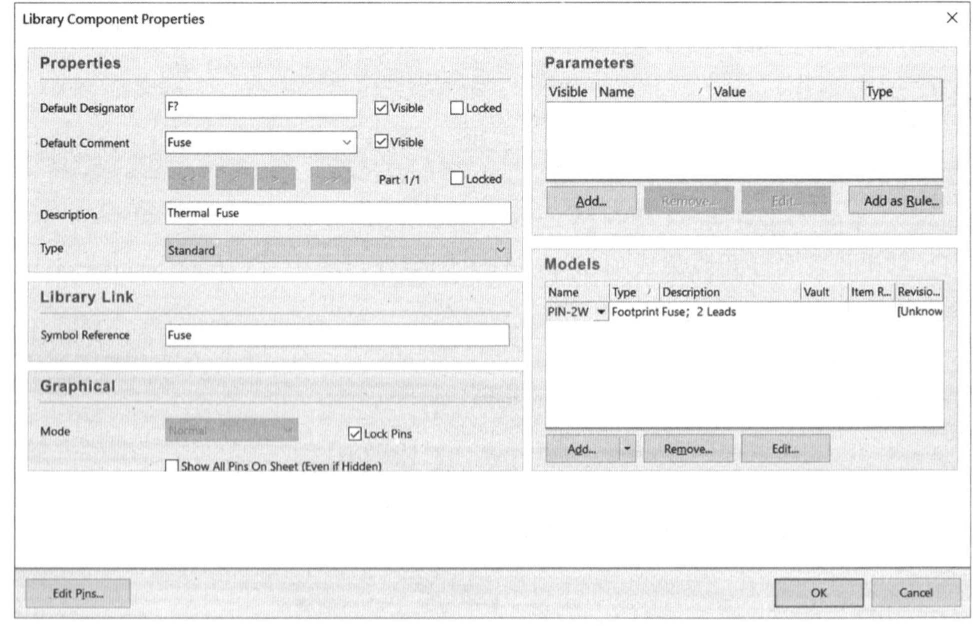

图 8-110　设置好的【Library Component Properties】对话框

2. 设计电解电容 Cap Pol

电解电容这一类元件的原理图的特点是图形非常规则，对待这样一类元件，设计人员可以直接利用画图工具进行手动绘制。

（1）单击【SCH Library】工作面板元件列表区域下的【Add】按钮，为自建原理图元件库添加一个新的元件。此时，弹出【New Component Name】对话框，如图 8-111 所示，在文本框中输入元件名称“Cap Pol”，单击【OK】按钮即可添加成功。在【SCH Library】工作面板的元件列表区可以看到两个元件，新添加的元件“Cap Pol”当前处于高亮待编辑状态，如图 8-112 所示。

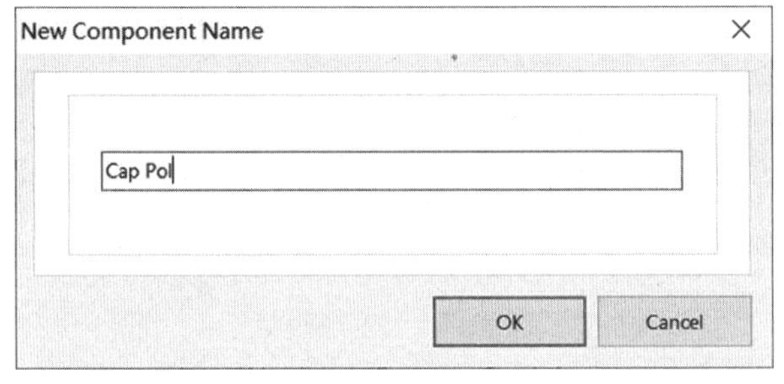

图 8-111　【New Component Name】对话框

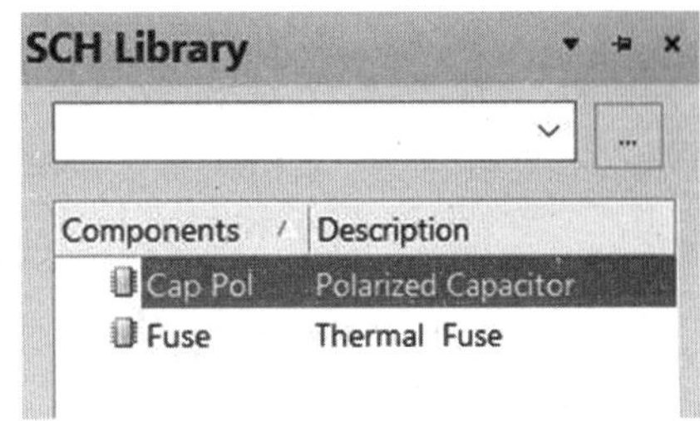

图 8-112　【SCH Library】工作面板

（2）按<Ctrl + Home>快捷键，使光标跳到图纸的坐标原点。在坐标原点处开始元件电解电容 Cap Pol 的设计。

（3）绘制元件的外形。执行菜单命令【Place】/【Line】或单击绘图工具栏中的/按钮，在图纸的坐标原点处开始绘制元件外形，绘制完成的元件外形如图 8-113 所示。

（4）在完成元件外形的绘制后，使用<P+P>快捷键来放置元件的两个引脚。放置过程中需要注意的是，元件引脚的电气连接端必须放置在元件轮廓图的外面。放置引脚完成后的元件如图 8-114 所示。

图 8-113　绘制完成的元件外形

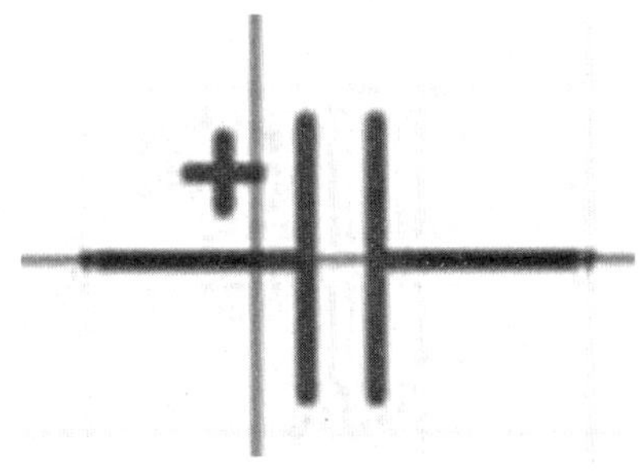

图 8-114　放置引脚完成后的元件

（5）设置引脚属性。以第一个引脚为例，双击放置好的引脚，弹出【Pin Properties】对话框。在【Display Name】文本框中输入该引脚的名称“1”，在【Designator】文本框中输入引脚编号“1”。由于在原理图图纸上放置电容元件时没有必要显示其引脚名称和编号，因此不勾选两个文本框后面的【Viable】复选按钮。在【Length】文本框中输入该引脚的设置长度“10”，其他属性保持默认即可。设置好的【Pin Properties】对话框如图 8-115 所示。

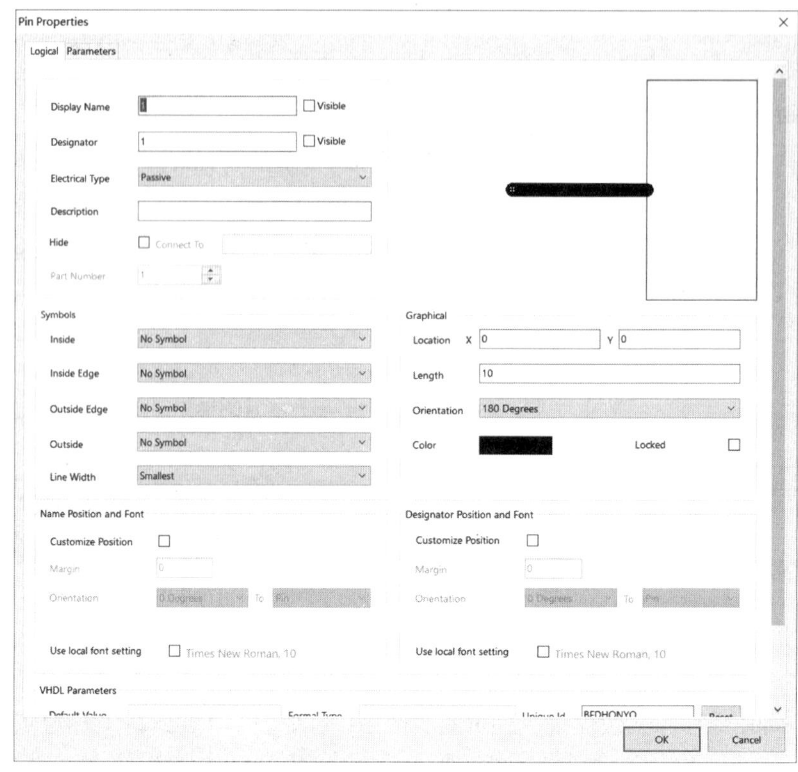

图 8-115　设置好的【Pin Properties】对话框

（6）设置元件的属性。在【SCH Library】工作面板选中元件符号“Cap Pol”，然后单击【Edit】按钮，打开【Library Component Properties】对话框，在【Default Designator】文本框中输入“C?”，在【Default Comment】文本框中输入“Cap Pol”，在【Description】文本框中输入“Polarized Capacitor”，【Symbol Reference】文本框在前面已经设置过，其他属性暂不设置，如图 8-116 所示。

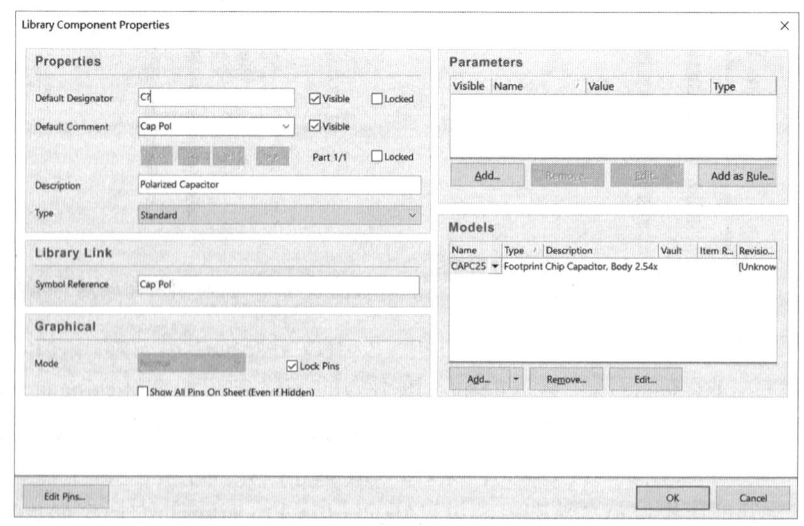

图 8-116　【Library Component Properties】对话框

3. 绘制数码管 Dpy

数码管一类元件的原理图的特点是同时包括规则图形和不规则图形。对于具有这样特点的元件，其原理图规则的部分可以采用手动绘制，不规则部分可以复制系统自带库中的相似元件。本例中对数码管的设计方法采用手动绘制外形，数码管中间的不规则图形“8”采用复制已有原理图元件组件的方法。

（1）单击【SCH Library】工作面板元件列表区下方的【Add】按钮，添加一个新的元件“Dpy”。添加好后，可以在【SCH Library】工作面板的元件列表区看到 3 个元件，且新添加的元件“Dpy”处于高亮的待编辑状态，如图 8-117 所示。

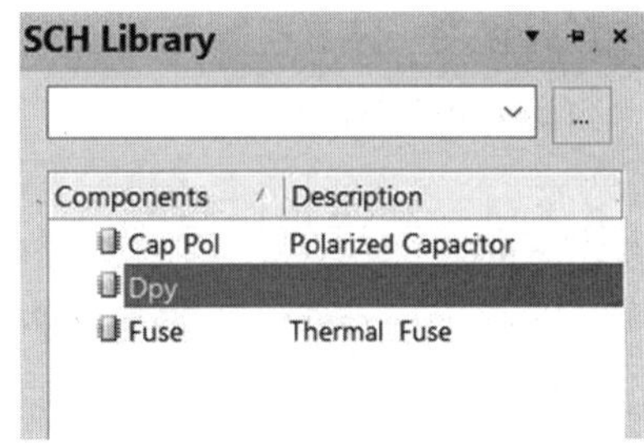

图 8-117 【SCH Library】工作面板

（2）按<Ctrl + Home>组合键，在坐标原点处开始元件数码管 Dpy 的设计。

（3）手动绘制元件的外形。单击绘图工具栏中的□按钮，在图纸的坐标原点处绘制元件外形，设置高×宽为“90×60”，如图 8-118（a）所示。

（4）对元件中间的不规则图形采用复制已有原理图元件组件的方法进行绘制。打开“Miscellaneous Devices. SchLib”原理图元件库的【SCH Library】工作面板，在元件列表区找到参考原理图元件“Dpy Yellow-CA”。

（5）按住<Shift>键，同时用逐一单击需要复制的组件，在全部选择完成后，再对所有需要的组件执行复制操作。

（6）切换到自建的原理图元件库“MyFirst_SchLib. SchLib”编辑界面，从【SCH Library】工作面板的元件列表区选择正在制作的元件“Dpy”，在编辑界面的适当位置上执行粘贴命令，这样就可以将元件“Dpy Yellow-CC”中的所需组件粘贴到指定的位置。放置后的结果如图 8-118（b）所示。

（7）在元件的外形绘制完成后，使用快捷键<P+P>来放置该元件的 10 个引脚。按照要求修改每个引脚的名称和编号，各引脚的【Electrical Type】都选择“Passive”，并且修改每个引脚的长度为“20”。注意每个元件引脚的电气连接端必须放置在元件轮廓图的外面，其他属性保持默认即可。放置好引脚的结果图如图 8-118（c）所示。

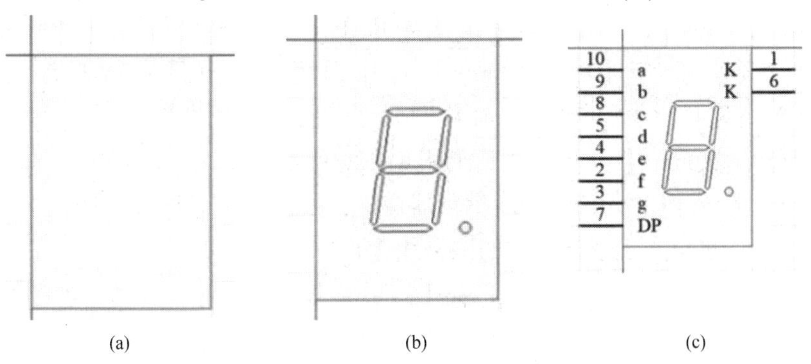

(a) (b) (c)

图 8-118 数码管 Dpy 外形的绘制过程

（a）绘制元件的外形；（b）粘贴组件；（c）放置引脚

（8）设置元件的属性。在【SCH Libraiy】工作面板选中元件符号“Dpy”，然后单击【Edit】按钮，打开【Library Component Properties】对话框，在【Default Designator】文本框中输入“DS?”，在【Comment】文本框中输入“Dpy”，将【Description】设置为“Micro Bright Yellow 8-Segment Display”，【Symbol Reference】前面已经设置过，其他属性暂不设置。

通过以上方法即可完成原理图元件库的制作，在整个介绍过程中，省去了很多步骤的详细解释说明，读者可根据需要再参考 8.2 节的相关内容。

将 3 个元件都制作完成后，将自建的“MyFirst_SchLib. SchLib”原理图元件库再次保存。

8.8.3 制作元件封装

本节将根据元件封装的不同特点，对 3 个元件的封装采用不同的方法来逐一进行制作。对熔丝 Fuse 封装（直插式封装）的设计采用手动绘制的方法，对电解电容 Cap Pol 封装（表贴式封装）的设计采用复制已有元件封装的方法，对数码管 Dpy 封装（直插式封装）的设计利用封装向导和复制已有元件封装图元这两种方法相结合来制作。3 个元件的封装参考图形如图 8-119 所示。

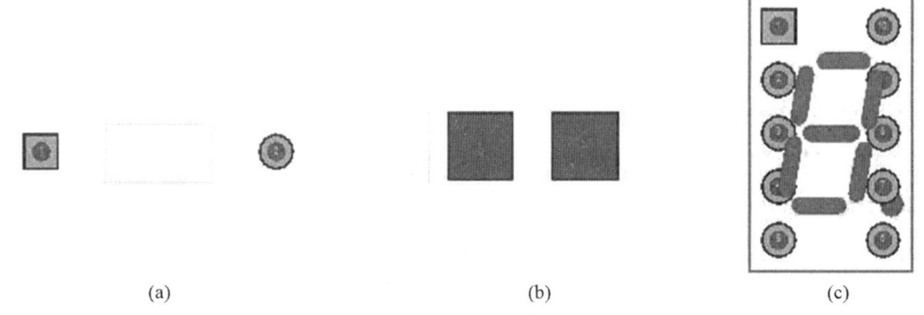

(a) (b) (c)

图 8-119 3 个元件的封装参考图形

（a）熔丝 Fuse 封装；（b）电解电容 Cap Pol 封装；（c）数码管 Dpy 封装

1. 设计熔丝 Fuse 的封装

熔丝这一类元件的封装的特点是图形非常简单、规则，很适合设计人员利用工具进行手动绘制。本例中对熔丝的封装采用手动绘制，且制作为直插式封装，具体操作步骤如下。

（1）单击【Projects】工作面板中的“MyFirst_PcbLib. PcbLib”，切换到 PCB 元件封装库编辑器界面。打开【PCB Library】工作面板，其中只有待制作的默认名为“PCBCOMPONENT_1”的元件封装。在绘制元件封装的整个过程中，为了操作方便，最好一直锁定【PCB Library】工作面板，如图 8-120 所示。

（2）将光标移至 PCB 元件封装库编辑器窗口，按住<Ctrl>键，同时向上滚动鼠标滚轮将背景不断放大，直至出现适当大小的网格线为止。

（3）制作元件封装。选择【PCB Library】工作面板上的元件封装“PCBCOMPONENT_1”，然后设置当前工作层面为“Multi-Layer”，再单击放置工具栏中的 ◎ 按钮，这时光标将放大成“十”字形，并粘贴着一个焊盘。

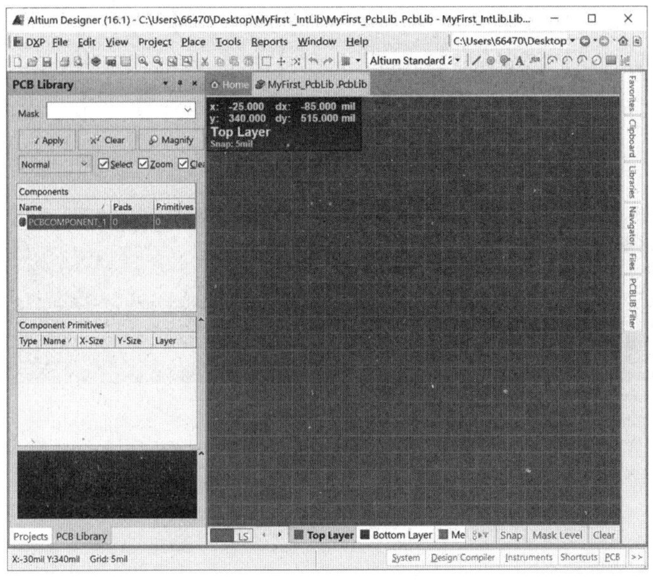

图 8-120　锁定【PCB Library】工作面板的编辑界面

（4）按下<Tab>键，弹出【Pad［mil］】对话框，在该对话框中进行焊盘属性的设置。【Shape】设置为“Rectangle”（方形），【X-Size】、【Y-Size】都设置为“60 mil”，【Hole Size】设置为“35 mil”。在【Properties】选项组中，【Designator】文本框输入“1”，表示为目前放置的焊盘为第一个焊盘；【Layer】下拉列表框设置为“Multi-Layer”，其他设置保持不变，如图 8-121 所示。

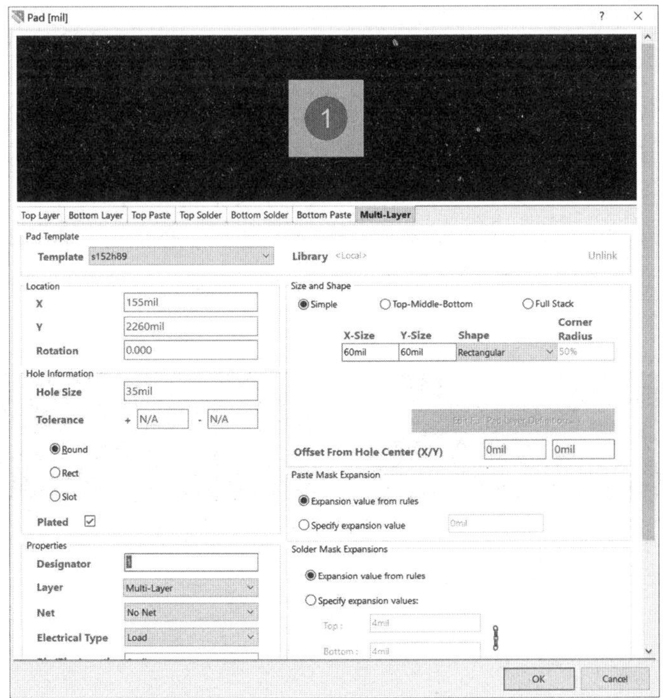

图 8-121　焊盘 1 的属性设置

（5）焊盘 2【Shape】设置为“Round”（圆形），【X】、【Y】设置为“320 mil”“1 125 mil”，【Hole Size】设置为“35 mil”。在【Properties】选项组中，【Designator】文本框输入“2”，表示为目前放置的焊盘为第二个焊盘；【Layer】下拉列表框设置为“Multi-Layer”，其他设置保持不变，如图 8-122 所示。

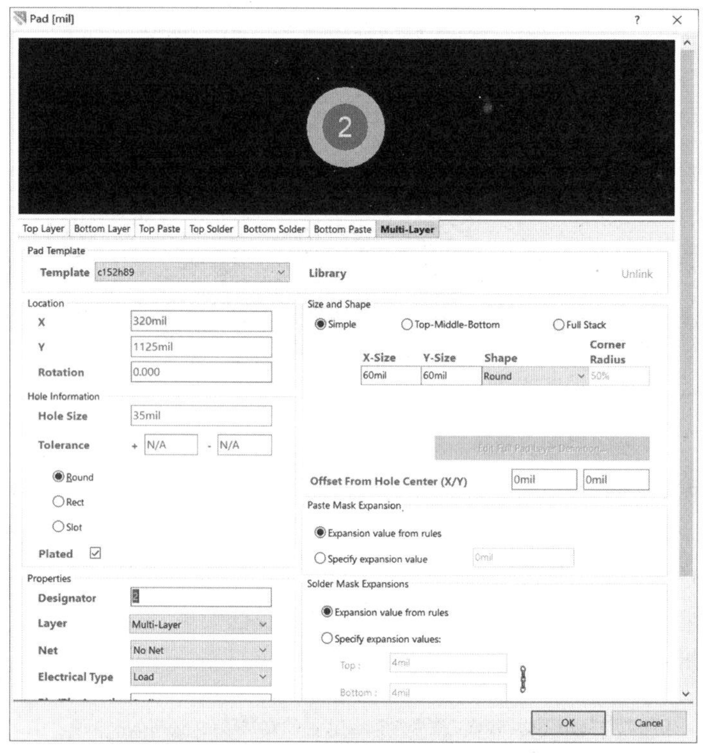

图 8-122　焊盘 2 的属性设置

（6）再根据元件的实际尺寸调整焊盘间的水平距离与垂直距离。在本例中，两个焊盘的水平间距为 450 mil，垂直间距设置为 0 mil。执行菜单命令【Edit】/【Set Reference】/【Location】，此时光标将变成大“十”字形，移至焊盘 1 中心单击，将焊盘 1 中心设为坐标原点，设置焊盘 2 的坐标为“450，0”即可实现间距调整。两焊盘的坐标设置如图 8-123 所示。

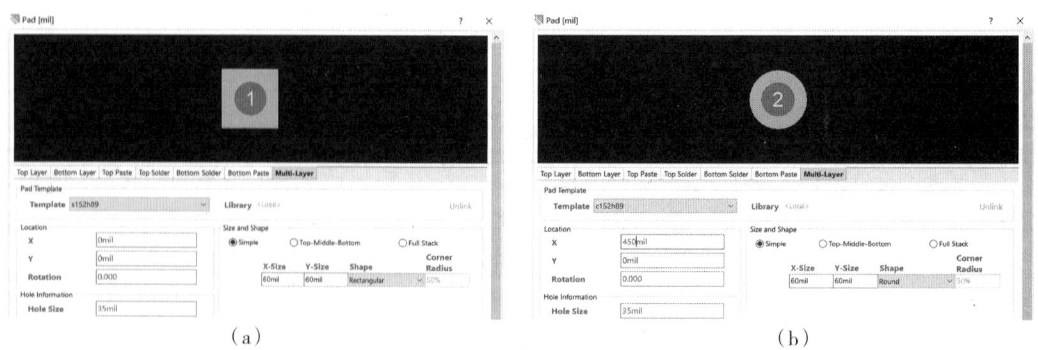

（a）　　　　（b）

图 8-123　两焊盘的坐标设置

（a）焊盘 1；（b）焊盘 2

（7）封装轮廓线的绘制。选择当前工作层面为“Top Overlay”层，单击放置工具栏中的 按钮，这时光标将变成大“十”字形，轮廓线的宽度用默认线宽 10 mil。移动光标到两个焊盘中间的合适位置，绘制成一个矩形，如图 8-124 所示。至此，元件封装绘制结束。

（8）设置元件封装的属性。双击【PCB Library】工作面板上的元件封装“PCBCOMPONENT_1”，弹出【PCB Library Component [mil]】对话框，【Name】设置为“PIN-2W”，【Description】设置为“Fuse；2 Leads”，如图 8-125 所示。单击【OK】按钮，完成元件封装的属性设置。

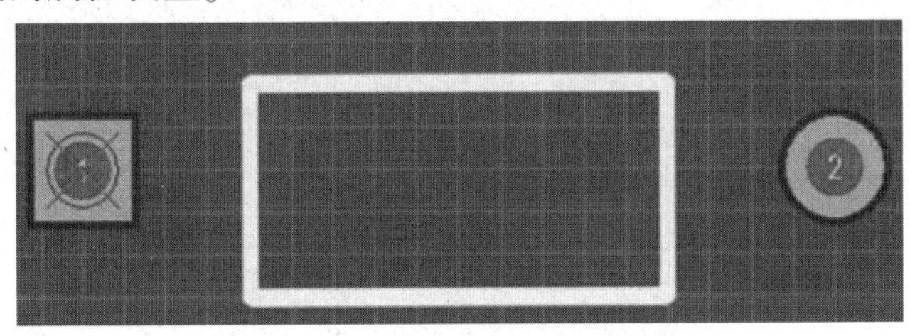

图 8-124　手动绘制的元件封装

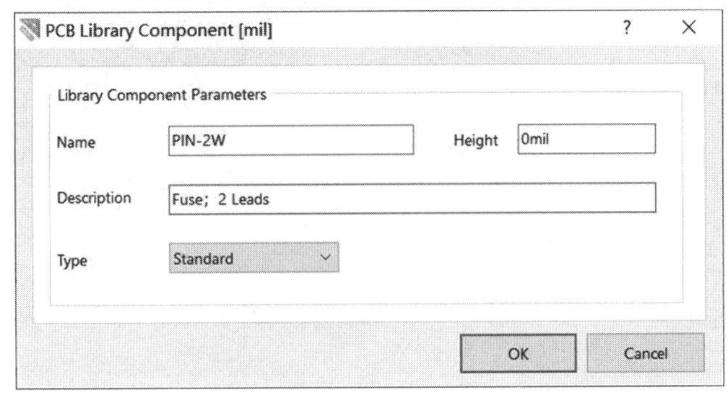

图 8-125　【PCB Library Component [mil]】对话框

2. 设计电解电容 Cappol 的封装

本例中的电解电容封装将制作为表贴式封装，设计方法为复制系统自带库中已有的元件封装。实际上，本例中电解电容的封装图形非常规则，也可以直接采用手动制作。

（1）右击 PCB 工作面板中元件封装列表区域的空白处，在弹出的快捷菜单中选择命令【New Blank Component】，新建一个元件封装。

（2）打开集成元件库文件“Miscellaneous Devices. IntLib”，在进行【Extract Sources】操作的基础上，双击“Miscellaneous Devices. LibPkg”的集成元件库项目文件下默认加载的 PCB 元件封装库“Miscellaneous Devices. PcbLib”，打开【PCB Library】工作面板，右击元件封装列表区域中需要复制的元件封装“CAPC2512L”，在弹出的快捷菜单中选择命令【Copy】。

（3）回到自建的元件封装库“MyFirst_PcbLib. PcbLib”，右击该元件封装库【PCB Library】工作面板的元件封装列表区域空白处，从弹出的快捷菜单中选择命令【Paste 1 Components】，即可将元件封装“CAPC2512L”复制到自建的元件封装库“MyFirst_PcbLib. PcbLib”中，如图 8-126 所示。

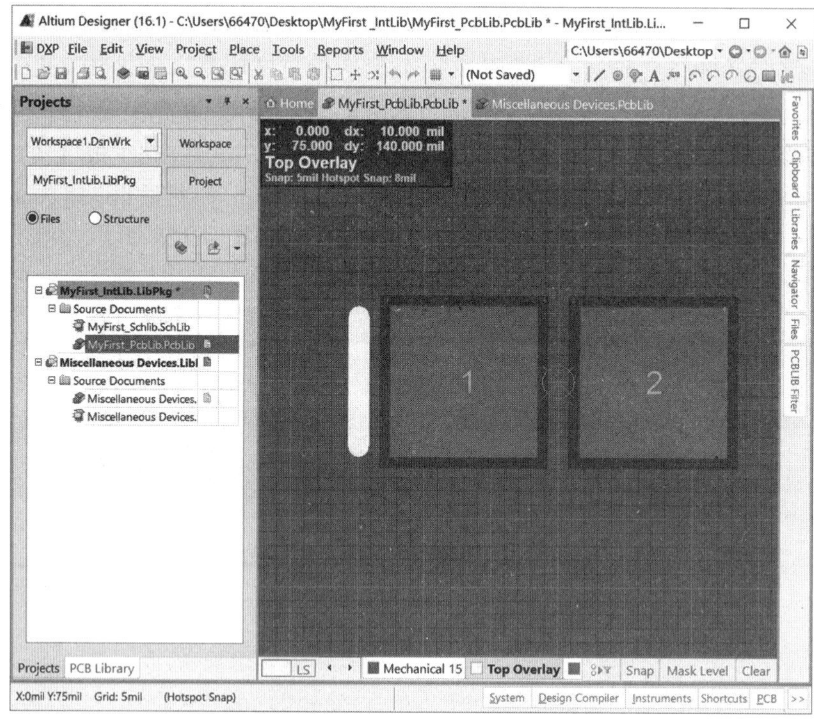

图 8-126 复制到自建库中的元件封装

3. 设计数码管 Dyp 的封装

本例中数码管的封装采用的是直插式封装，设计方法是利用封装向导和复制已有元件封装两种方法相结合。

(1) 执行菜单命令【Tools】/【Component Wizard】，弹出【Component Wizard】对话框。根据对话框提示一步一步地进行设置，选择 DIP 封装（Dual in-line Package），单位选择 mil，焊盘外径设置为 60 mil，内径为 35 mil。焊盘水平间距为 200 mil，垂直间距为 100 mil。封装轮廓线宽度为 10 mil。焊盘个数设置为 10，封装名称为“LEDDIP-10”。设置完成的结果如图 8-127（a）所示。

(2) 由图 8-127（a）可见，封装的轮廓线不符合设计要求，因此需要手动调整轮廓线的相对位置，并设置轮廓线高×宽为 520 mil×320 mil，调整后如图 8-127（b）所示。

(3) 添加元件封装中间的图形“8”。采用的方法为复制系统自带库中已有元件的组件。

(4) 选择【Projects】工作面板上的元件封装库“Miscellaneous Devices. PcbLib”，单击该元件封装库中【PCB Library】工作面板的元件封装“LEDDIP-10/ C5.08RHD”，此时 PCB 封装库编辑器的界面上会显示该封装，选择该封装中所需要的元件组件并复制。

(5) 回到自建的元件封装库“MyFirst_PcbLib. PcbLib”，在【PCB Library】工作面板的元件列表区域中选择正在制作的元件封装“LEDDIP-10”，执行粘贴命令，将所有复制的组件粘贴到绘制图形中间位置即可，如图 8-127（c）所示。

至此，3 个元件的封装制作完成，最后再次保存自建的元件封装库“MyFirst_PcbLib. PcbLib”。

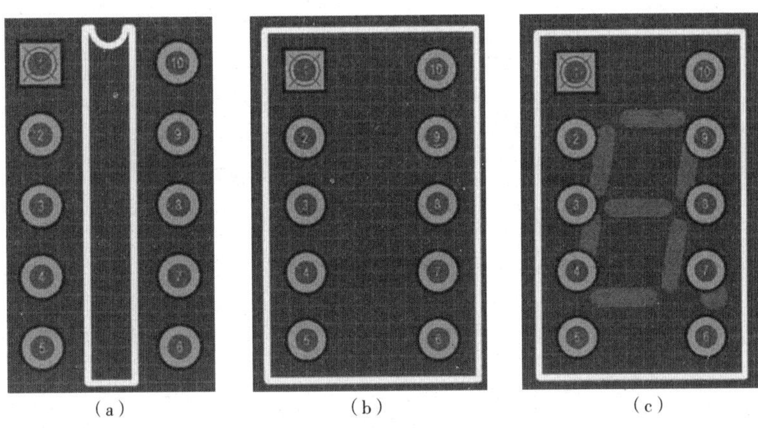

(a)　　　　(b)　　　　(c)

图 8-127　通过封装向导完成的元件封装 LEDDIP-10

(a) 焊盘设置结果；(b) 调整轮廓线结果；(c) 粘贴组件结果

8.8.4　联系原理图元件和元件封装

本例中 3 个元件全部利用模式管理器来添加元件封装。由于利用模式管理器来添加元件封装的方法已在 8.3.1 节中详细介绍过，因此本节仅作简要说明。

(1) 在元件原理图库编辑环境下，单击【Utilities】工具栏中的 按钮，弹出【Model Manager】对话框，如图 8-128 所示。

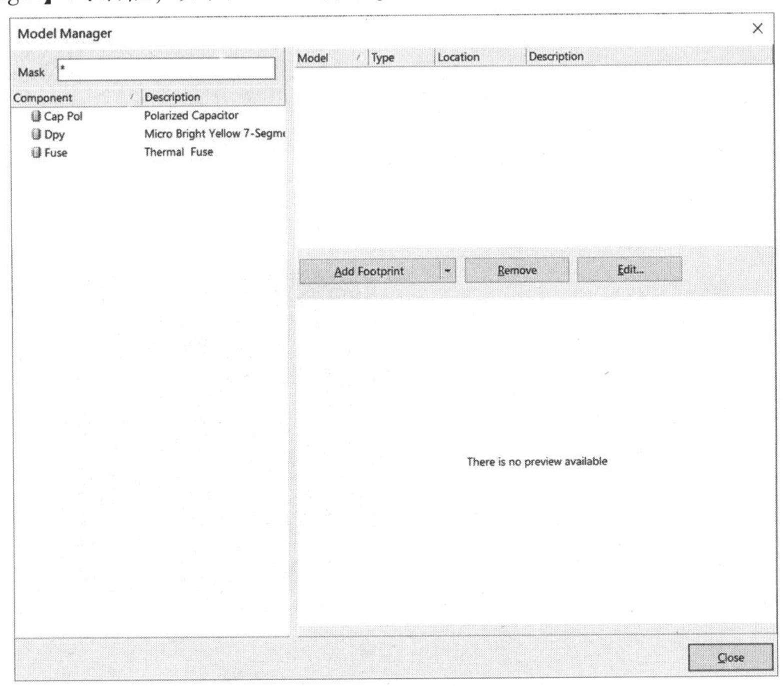

图 8-128　【Model Manager】对话框

(2) 选中对话框左侧【Component】区域中的元件“Cap Pol”，然后再单击对话框右侧区域中的【Add Footprint】按钮，弹出【PCB Model】对话框，如图 8-129 所示。

(3) 单击【PCB Model】对话框【Footprint Model】选项组中的【Browse...】按钮，

弹出如图 8-130 所示的【Browse Libraries】对话框。

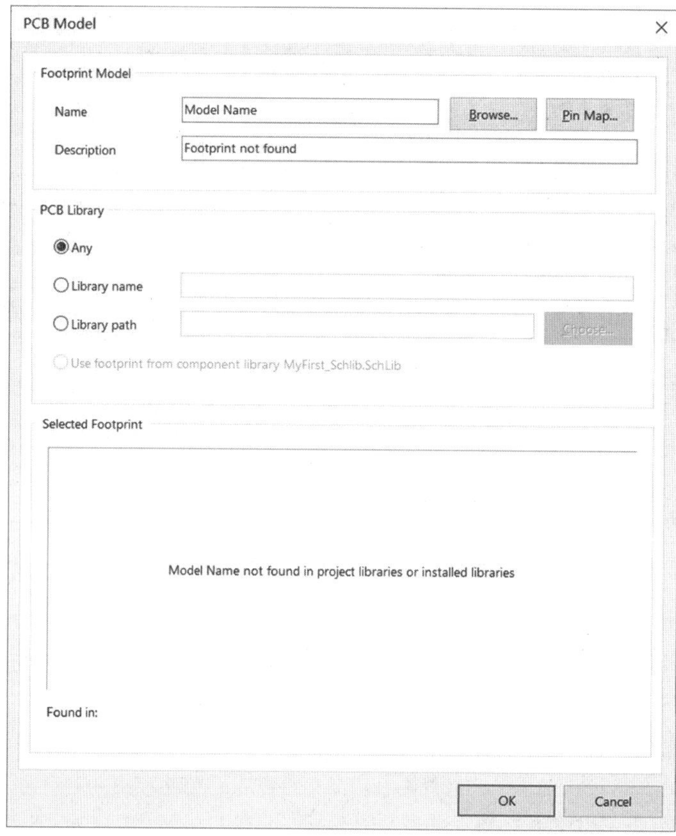

图 8-129 【PCB Model】对话框

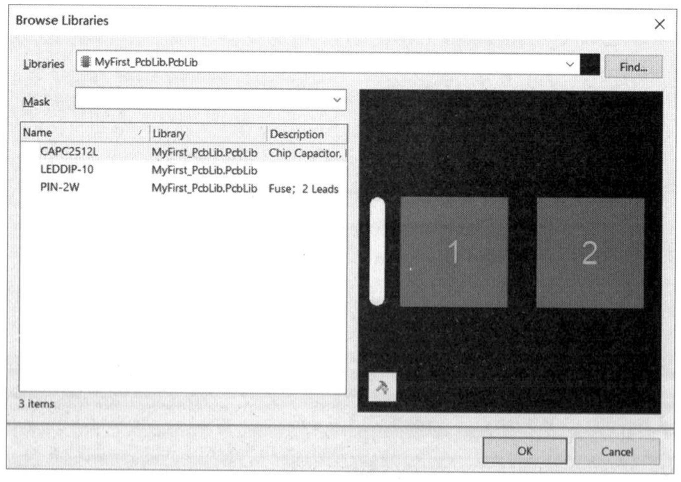

图 8-130 【Browse Libraries】对话框

(4) 选中【Browse Libraries】对话框元件封装列表区中的元件封装 “CAPC2512L”，单击【OK】按钮，返回至【PCB Model】对话框，此时的【PCB Model】对话框的【Selected Footprint】选项组将显示元件封装，如图 8-131 所示。

（5）单击【PCB Model】对话框中的【OK】按钮，则返回至【Model Manager】对话框，此时【Model Manager】对话框右侧已经显示添加元件封装成功，如图8-132所示。

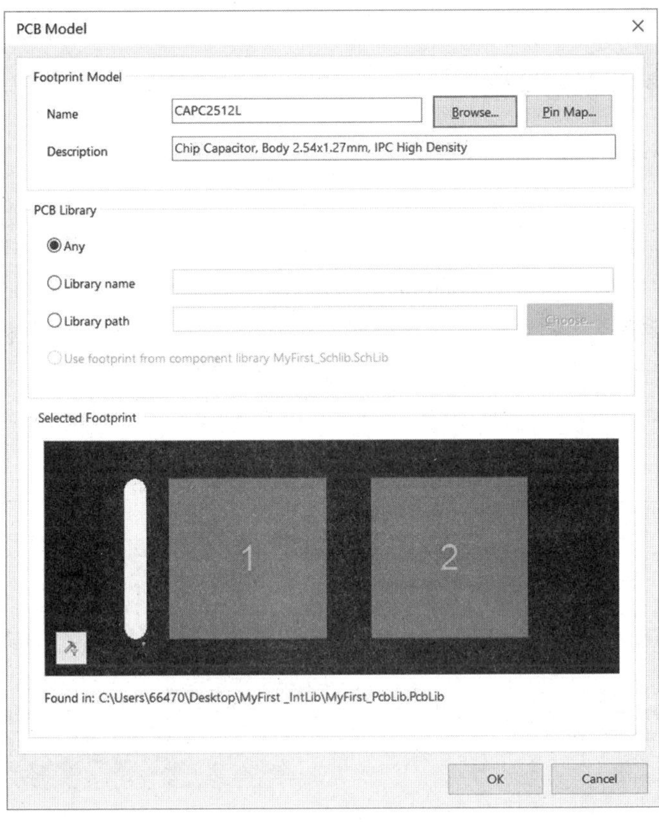

图8-131　【PCB Model】对话框

图8-132　【Model Manager】对话框

（6）采用同样的方法为其他两个元件逐一添加相应的元件封装。完成后，单击【Model Manager】对话框中的【Close】按钮，最后再次保存原理图元件库文件“MyFirst_SchLib. SchLib”。

8.8.5 生成集成元件库

在完成上述步骤并保存所有文件之后，便可以对该集成元件库项目文件进行编译，生成集成元件库。

右击【Projects】工作面板中的自建集成元件库项目文件“MyFirst_IntLib. LibPkg”，在弹出的快捷菜单中选择命令【Compile Integrated Library MyFirst_IntLib. LibPkg】，对集成元件项目文件进行编译。如果编译没有错误，则在【Libraries】工作面板中加载添加过元件封装的原理图元件库“MyFirst_Schlib. SchLib”，如图 8-133 所示。在该集成元件库项目文件所在的目录下，即在桌面所建的“MyFiret_lntLib”文件夹中会自动生成一个名为“Project Outputs for MyFirst. IntLib”的子文件夹，用来存放生成的集成元件库文件“MyFirst_IntLib. IntLib”，如图 8-134 所示。

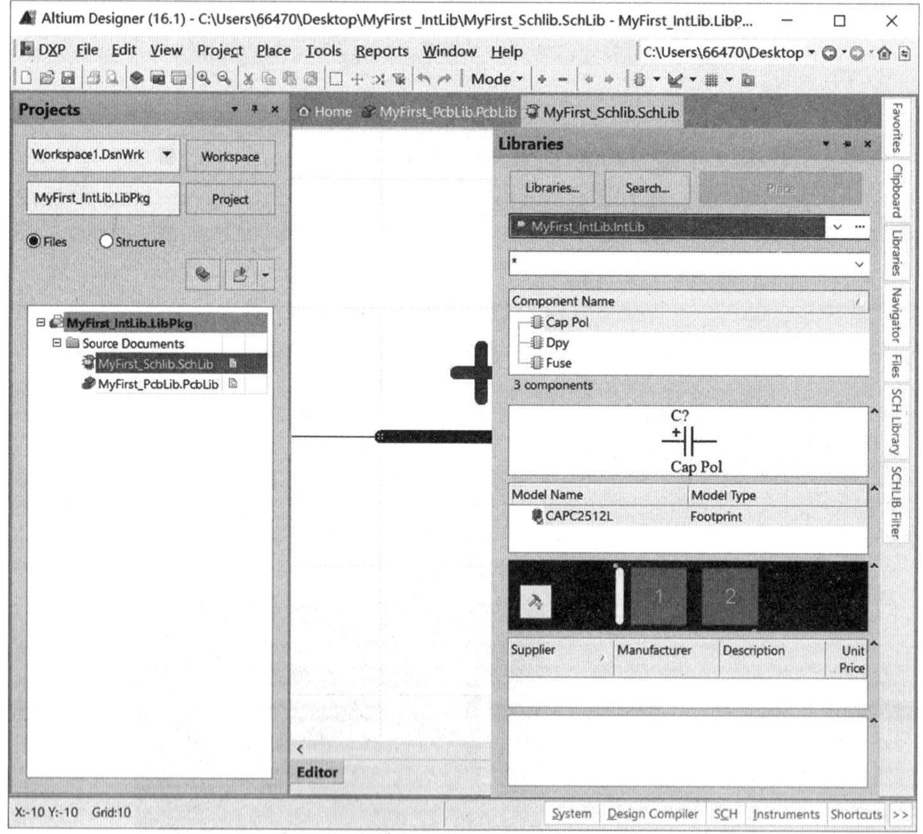

图 8-133　加载库文件后的【Libraries】工作面板

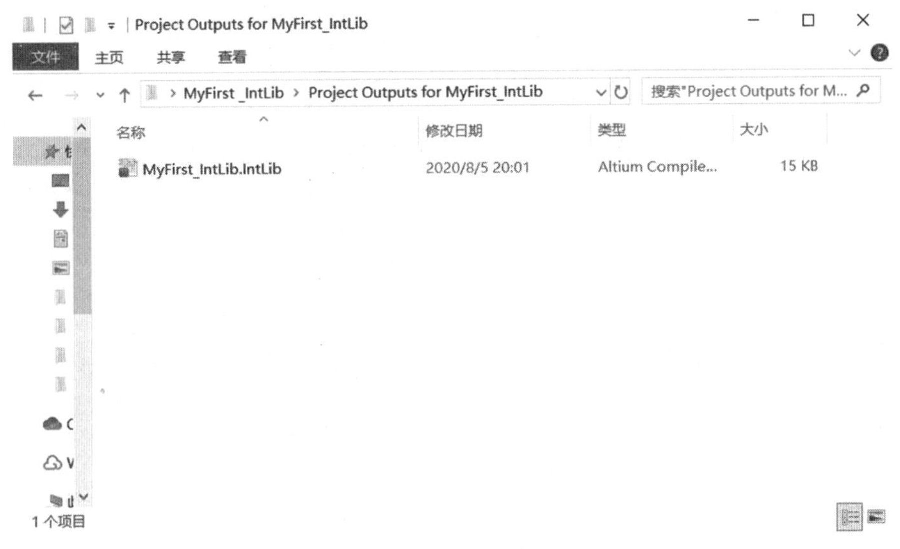

图 8-134　生成的集成元件库文件

本章小结

自定义元件库对于设计者来说是必不可少的，因为设计中经常会遇到一些软件自带元件库中没有的元件，或者设计者习惯将常用的元件集中到一起。本章主要介绍了原理图元件库、PCB 元件库、集成元件库的创建和设计，详细叙述了原理图元件库的编辑器、绘制元件的多种方法及原理图元件库操作的一些高级技巧，PCB 元件库的编辑器、绘制元件封装的多种方法及 PCB 元件库操作的高级技巧，并通过实例详细介绍了集成元件库的设计方法。

通过对本章内容的学习，读者应熟练进行原理图元件库、PCB 元件库、集成元件库的设计，并掌握在设计过程中的一些高级技巧。

课后练习

1. 建立一个名为“My SchLib. SchLib”的原理图元件库，按照图 8-135 所示的原理图元件符号对元件原理图库中自带的空白元件进行绘制。在【SCH Library】工作面板中设置元件的属性，设置元件的引脚长度为“150 mil”，该元件名为“New Battery”，元件标号设置为“BT?”，元件的注释和描述都设置为“Battery”。

图 8-135　原理图元件符号

2. 以题 1 为基础，练习打开系统自带的元件原理图库“Miscellaneous Devices. SchLib”，并从该元件原理图库中采用两种不同的方法复制 1 个“2N3906”元件和 1 个“Brige2”元件到题 1 的元件原理图库“My SchLib. SchLib”。

3. 以题 1 为基础，向元件原理库中再添加一个带有两个子元件的 14 脚 D 触发器（其中 14 引脚中 7 引脚 GND 和 14 引脚 VCC 设置为隐藏）。该元件名为“D 触发器”，元件标识设置为“U?”，元件注释和名称为“74S74”，矩形尺寸为“60 mil×60 mil”，引脚长为“20 mil”。绘制的实例如图 8-136 所示。

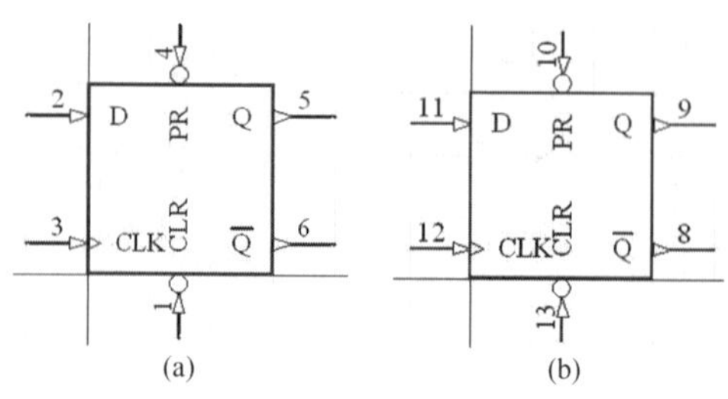

图 8-136　原理图元件子元件符号

（a）Part A；（b）Part B

4. 建立一个名为“My PcbLib. PcbLib”的 PCB 元件封装库，按照图 8-137 所示的元件封装对 PCB 元件封装库中自带的空白元件封装进行手动绘制。设置通孔直插式元件封装的外形尺寸为 100 mil×200 mil（高×宽），两个焊盘内径尺寸和外径尺寸分别为 35 mil 和 60 mil，焊盘间距为 100 mil，在【PCB Library】工作面板中设置元件封装名称为“BAT”。

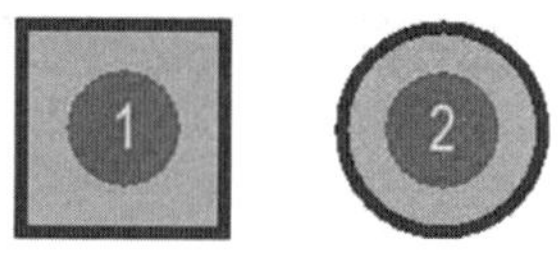

图 8-137　通孔直插式元件封装

5. 以题 4 为基础，练习打开系统自带的元件原理图库“Miscellaneous Devices. PcbLib”，并从该元件原理图库中采用两种不同的方法分别复制 1 个“BCY-W3/E4”的元件封装和 1 个“E-BIP-P4/X2. 1”的元件封装到题 4 的 PCB 元件封装库“My PcbLib. PcbLib”。

6. 以题 4 为基础，利用向导绘制元件的方式添加一个新元件封装，该元件封装为小型贴片式封装，选择 SOP 元件封装形式，焊盘长 150 mil，宽 50 mil，焊盘水平间距为 450 mil，垂直间距为 100 mil，轮廓线宽 10 mil，焊盘个数为 14，名称为“M14A”，具体如图 8-138 所示。

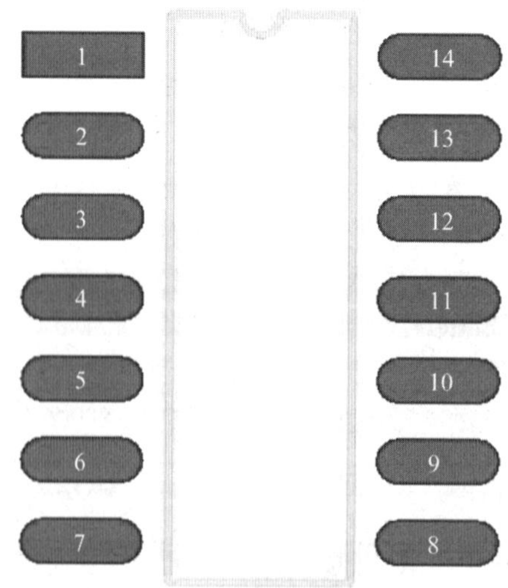

图 8-138　表面粘贴式元件封装

7. 创建一个名为“My IntLib. LibPkg”的集成元件库项目，加载题1中的原理图元件库文件“My SchLib. SchLib”和题4中的PCB元件封装库文件“My PcbLib. PcbLib”到该集成库项目下，并将项目和文件全部保存到目录“C: \ Desktop \ IntLib”（即桌面的IntLib文件夹），将元件与元件封装联系起来，元件与元件封装一一对应（Battery对应BAT，2N3906对应BCY-W3/E4，Brige2对应E-BIP-P4/X2. 1，74S74对应M14A），再对集成元件库项目进行编译生成集成元件库文件。

8. 在PCB项目“My Project. PrjPcb”下添加原理图文件“My Sheet. SchDoc”和PCB文件“My PCB. PcbDoc”，按照图8-139所示的电路原理图和图8-140所示的PCB图绘制电路，其中原理图中的元件X及其DIP封装Y均为自定义。要求对PCB手动布局、自动布线、手动调整，其中PCB为双面板，电气尺寸为1 900 mil×1 900 mil（高×宽），顶层水平布线，底层垂直布线，电源线和地线宽度均设置为30 mil，信号线宽度设置为12 mil。电路绘制完成后进行DRC。上述步骤完成后要求将项目和文件全部保存到正确的路径中。

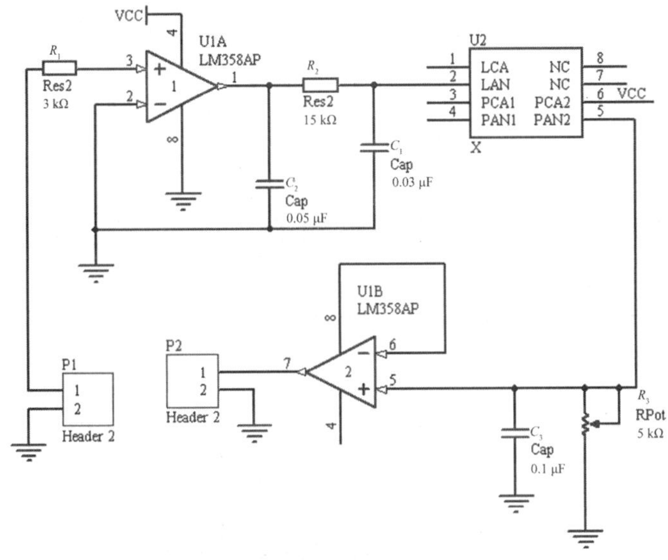

图8-139 电路原理图

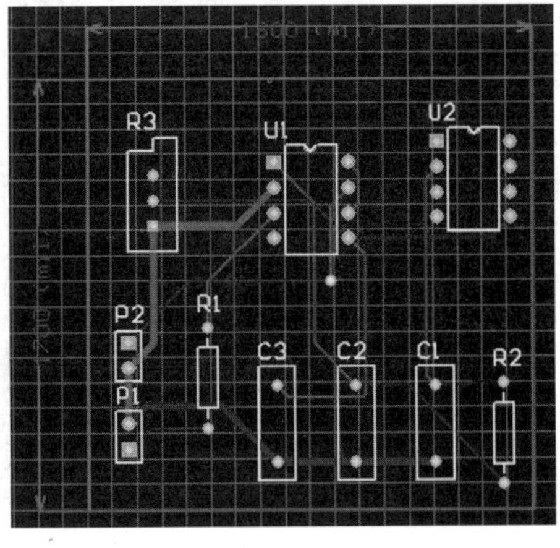

图8-140 PCB图

第 9 章 PCB 设计综合实例

前面各个章节分别介绍了原理图和 PCB 的设计过程、建立集成元件库和制作原理图元件及元件封装的方法。本章通过一个综合实例将前面各个章节的内容串联起来，从而使读者全面掌握 Altium Designer 16 的使用方法。本章的设计过程着重于 PCB 设计的整体过程，而对于设计过程中的操作步骤，因为前面章节已经做了非常详细地介绍，因此不再重复介绍。

9.1 单片机基础综合实验板简介

单片机基础综合实验板以 STC12C5A60S2 单片机为核心，集成了学习单片机常用的各种硬件资源，具体包括串行外扩数据存储器 ST24C02B1、时钟芯片 DS1302、按键扫描、8 位数码管、8 位流水灯、D/A 转换器、温度传感器 DS18B20、串行通信接口（232 接口）、USB 接口、并行接口等外部接口或部件，同时加强了接口功能的扩展，同时采用 USB 电源和稳压电源双电源设计。单片机基础综合实验板如图 9-1 所示。

图 9-1　单片机基础综合实验板

9.2　设计过程

本节将介绍单片机基础综合实验板的全部设计过程，主要包括新建工程，建立集成元件库、制作原理图元件及元件封装，电路原理图设计，进行 ERC，生成原理图报表，规划电路板，导入网络报表和元件封装，手工布局，设置网络类，设置布线规则，自动布线、手动调整，进行 DRC 等。设计的具体过程覆盖了本书的第 2、3、6、7、8、9 章的内容。

9.2.1　新建工程

在“E：\ chapter9”目录下创建一个名为“单片机基础综合实验板”的文件夹，然后启动 Altium Designer 16 进入主界面，执行菜单命令【File】/【New】/【Project】，弹出如图 9-2 所示的对话框，选择【Project Types】为“PCB Projects”，将【Name】设置为“单片机基础综合实验板”，并保存至“E：\ chapter9 \ 单片机基础综合实验板”中。

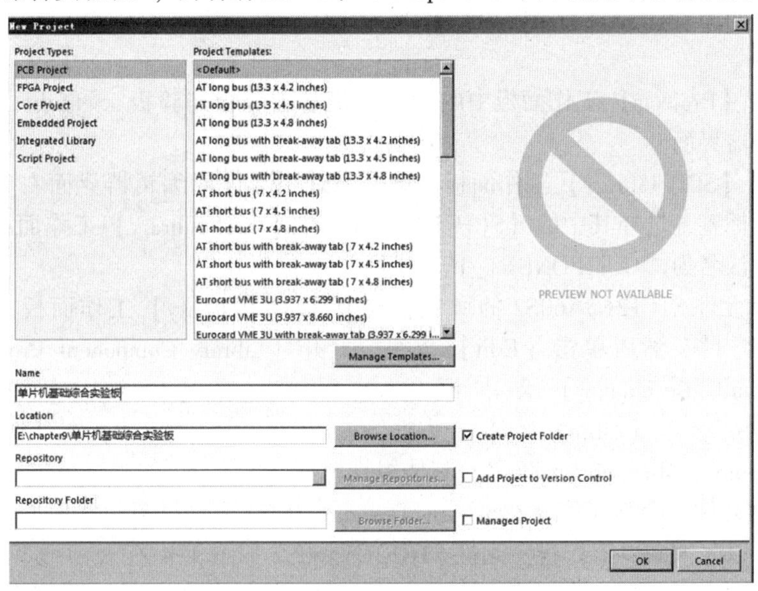

图 9-2　【New Project】对话框

9.2.2　建立集成元件库、制作原理图元件及元件封装

本电路需要对 6 个元件进行编辑，它们分别是 STC12C5A60S2、HD7292、LG5641AH、PL2303、DS18B20 和 USB 接口。下面简要介绍各个元件的编辑过程。

1）建立集成元件库

在 Altium Designer 16 主界面执行菜单命令【File】/【New】/【Project】，选择图 9-2 中【Project Types】为“Integrated Library”，创建一个新的集成元件库项目，并将【Name】设置为“单片机基础综合实验板”。在该集成库项目下添加一个新的元件原理图库文件和一个新的 PCB 元件封装库文件，分别为“单片机基础综合实验板 . SchLib”和“单片机基础综合实验板 . PcbLib”。最后统一保存至制定目录“E：\ chapter9 \ 单片机基础综合实验板”中。保存好后，【Projects】工作面板如图 9-3 所示。

图 9-3 【Projects】工作面板

2）制作原理图元件

需要制作的原理图元件有 STC12C5A60S2、HD7292、LG5641AH、PL2303、DS18B20 和 USB 接口。

（1）单击【Projects】工作面板中的“单片机基础综合实验板 . SchLib”，切换到元件原理图库编辑器界面。

（2）打开【SCH Library】工作面板。单击原理图元件库编辑器界面右下角工作面板区的【SCH】标签，选择其中的【SCH Library】，在【SCH Library】工作面板可看到当前只存在一个默认名为“COMPONENT_1”的元件。

（3）编辑元件 STC12C5A60S2 的属性。选中【SCH Library】工作面板中的元件符号“COMPONENT_1”，然后单击【Edit】按钮，打开【Library Component Properties】对话框。在【Default Designator】文本框输入“U?”，在【Comment】文本框输入“STC12C5A60S2”，在【Library Ref】文本框输入“STC12C5A60S2”，在【Description】文本框输入“44pins; Micro-controller”，其他属性暂不设置。

（4）绘制元件。绘制元件时在 Altium Designer 16 自带原理图元件库的基础上进行编辑和修改，可以大大减少工作量。元件 STC12C5A60S2 如图 9-4 所示。

（5）单击【SCH Library】工作面板上的【Add】按钮，为自定义原理图元件库添加一个新的元件。

（6）重复上述步骤，依次编辑其他 5 个元件。元件 HD7292 如图 9-5 所示，设置元件属性【Default Designator】为“U?”，【Comment】为“HD7292”，【Library Ref】为“HD7292”，【Description】为“Keyboard; display interface management chip”；元件 LG5641AH 如图 9-6 所示，设置元件属性【Default Designator】为“LED?”，【Comment】为“LG5641AH”，【Library Ref】为“LG5641AH”，【Description】为“7-Segment Display”；元件 DS18B20 如图 9-7 所示，设置元件属性【Default Designator】为“Q?”，【Comment】为“DS18B20”，【Library Ref】为“DS18B20”，【Description】为“digital temperature sensor”；元件 PL2303 如图 9-8 所示，设置元件属性【Default Designator】为“U?”，【Comment】为“PL2303”，【Library Ref】为“PL2303”，【Description】为“USB to Serial RS232 Bridge Controller”；USB 接口如图 9-9 所示，设置元件属性【Default Designator】为“USB?”，【Comment】为“USB”，【Library Ref】为“USB”，【Description】为“USB interface”。

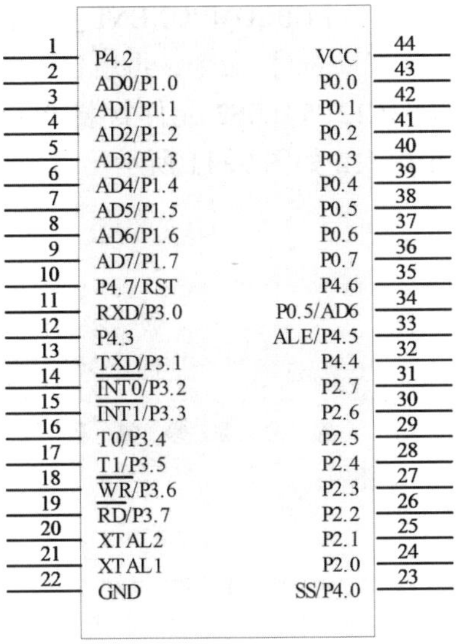

P4.2
AD0/P1.0
AD1/P1.1
AD2/P1.2
AD3/P1.3
AD4/P1.4
AD5/P1.5
AD6/P1.6
AD7/P1.7
P4.7/RST
RXD/P3.0
P4.3
TXD/P3.1
INT0/P3.2
INT1/P3.3
T0/P3.4
T1/P3.5
WR/P3.6
RD/P3.7
XTAL2
XTAL1
GND
VCC
P0.0
P0.1
P0.2
P0.3
P0.4
P0.5
P0.6
P0.7
P4.6
P0.5/AD6
ALE/P4.5
P4.4
P2.7
P2.6
P2.5
P2.4
P2.3
P2.2
P2.1
P2.0
SS/P4.0

图 9-4 元件 STC12C5A60S2

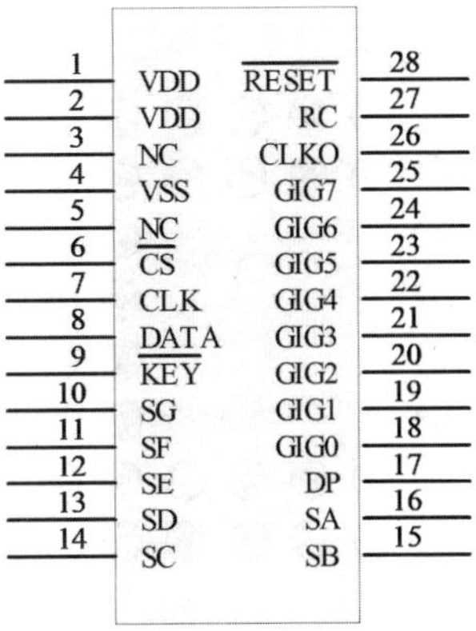

VDD
VDD
NC
VSS
NC
CS
CLK
DATA
KEY
SG
SF
SE
SD
SC
RESET
RC
CLKO
GIG7
GIG6
GIG5
GIG4
GIG3
GIG2
GIG1
GIG0
DP
SA
SB

图 9-5 元件 HD7292

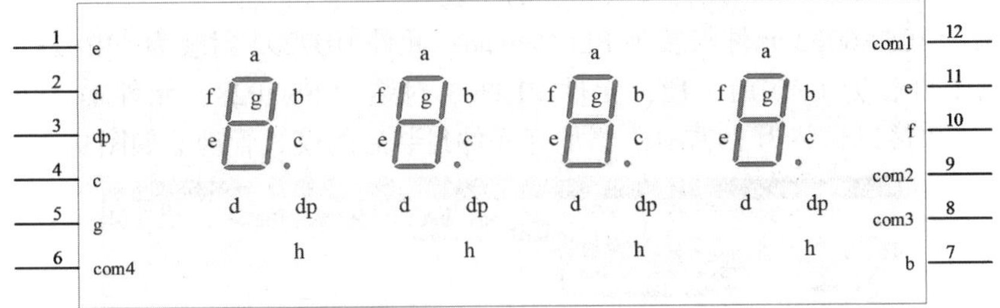

e
d
dp
c
g
com4
com1
e
f
com2
com3
b

图 9-6 元件 LG5641AH

GND
I/0
VCC

图 9-7 元件 DS18B20

TXD
DTR_N
RST_N
VDD_232
RXD
RL_N
GND
VDD
DSR_N
DCD_N
CTS_N
SHTD_N
EE_CLK
EE_DATA
OCS2
OCS1
PLL_TEST
GND_PLL
VDD_PLL
LD_MODE
TRI_STATE
GND
VDD
RESET
GND_3V3
VDD_3V3
DM
DP

图 9-8 元件 PL2303

+
D2
D3
GND

图 9-9 USB 接口

3）制作元件封装

6 个自定义的元件中只有 STC12C5A60S2、LG5641AH 需要绘制相应的元件封装。

（1）单击【Projects】工作面板中的“单片机基础综合实验板 . PcbLib”，切换到 PCB 元件封装库编辑器界面。

（2）执行菜单命令【View】/【Work Space Panels】/【PCB】/【PCB Library】可以

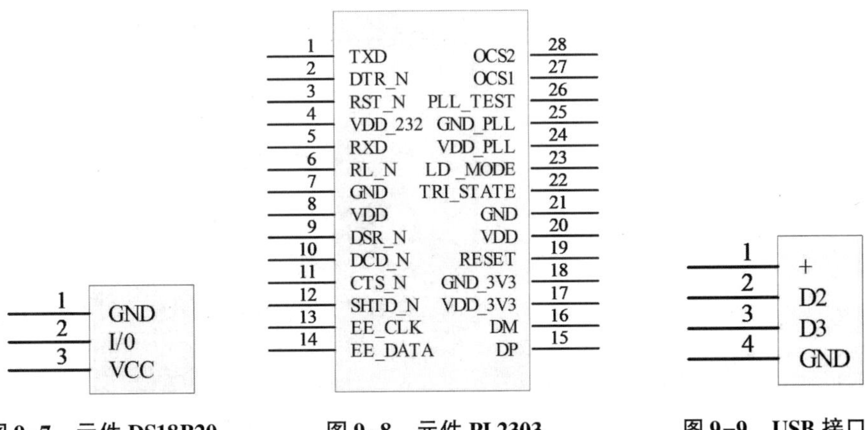

看到【PCB Library】工作面板中只有一个默认名为“PCBCOMPONENT_1”的元件封装。右击该工作面板的空白区域，选择【New Blank Component】命令，再新建一个元件封装。

（3）对两个元件封装进行编辑，完成后的 STC12C5A60S2 元件封装 PLCC44zuo 如图 9-10 所示，完成后的 LG5641AH 元件封装 LEDDIP-12 如图 9-11 所示。

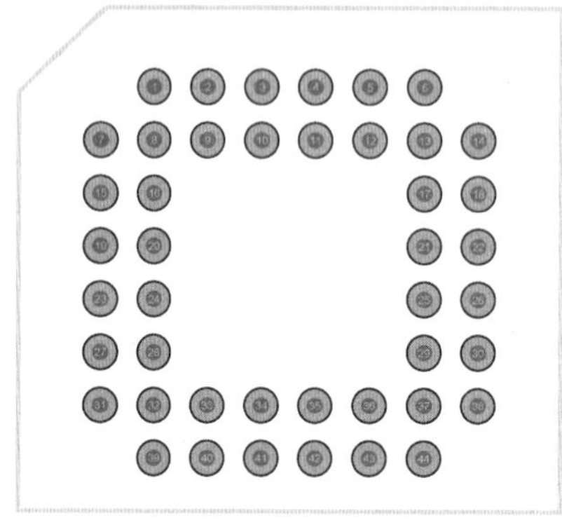

图 9-10　元件封装 PLCC44zuo

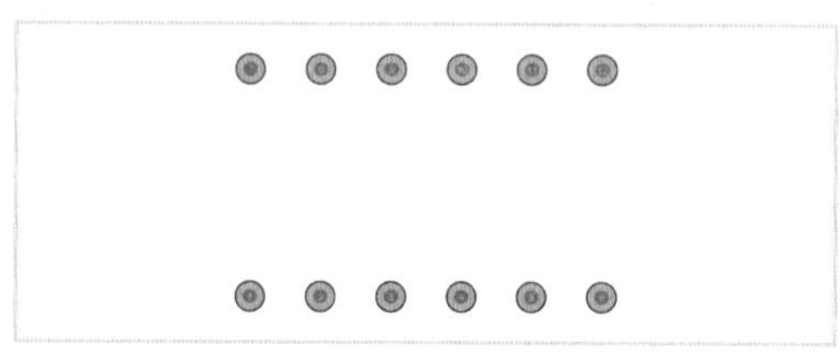

图 9-11　元件封装 LEDDIP-12

4）利用模式管理器联系元件及其相应的封装

元件 STC12C5A60S2 元件封装为 PLCC44zuo；元件 HD7292 封装为 DIP-28/D38.1；元件 LG5641AH 封装为 LEDDIP-12；元件 PL2303 封装为 SSOP28；元件 DS18B20 封装为 BCY-W3；USB 接口封装为 787761。添加好元件封装后的模式管理器如图 9-12 所示。

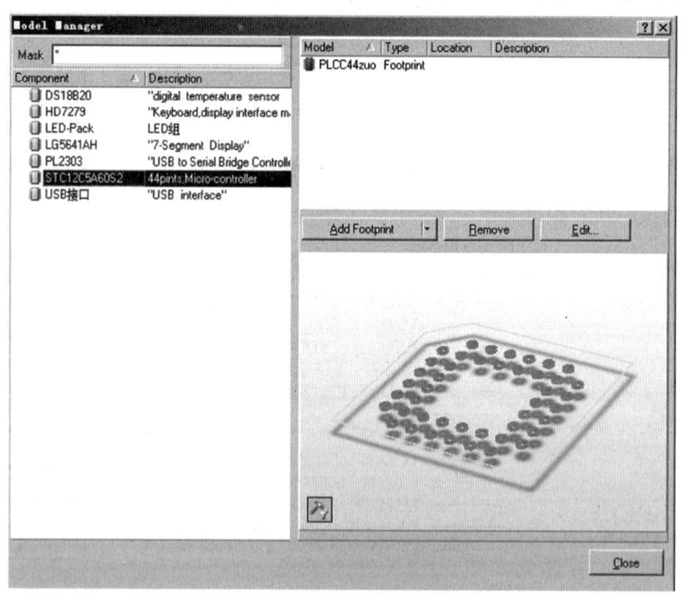

图 9-12　添加好元件封装后的模式管理器

在上述所有步骤完成之后，对该集成元件库项目进行编译，生成集成元件库“单片机基础综合实验板.IntLib”。生成的集成元件库保存在“E：\chapter9\单片机基础综合实验板\Project Outputs for 单片机基础综合实验板”目录下。

9.2.3 电路原理图设计

为了使该实验板的电路原理图清晰简洁，本例对电路原理图采用模块化设计方法，即按照电路的功能将整个电路分成 10 个小电路，再分别放置在 10 张不同原理图上。

在【Projects】工作面板的 PCB 项目“单片机基础综合实验板 . PrjPcb”中添加 10 个新的原理图文件，分别命名为“MCU 电路 . SchDoc”“时钟电路 . SchDoc”“电源接口和复位电路 . SchDoc”“外扩 RAM 电路 . SchDoc”“DAC 电路 . SchDoc”“RS232 电路 . SchDoc”“温度传感器电路 . SchDoc”“流水灯电路 . SchDoc”“键盘数码管显示电路 . SchDoc”“USB 接口电路 . SchDoc”并保存。这 10 个原理图的电路元件属性列表如表 9-1 所示。

表 9-1 电路元件属性列表

序号	Designator	Value	Footprint	LibRef
1	C_1，C_2	3×10^{-5}	BCY-W2/D3. 1	Cap
2	C_3	1×10^{-7}	BCY-W2/D3. 1	Cap
3	C_4	1×10^{-7}	CAPR2. 54-5. 1×3. 2	Cap
4	C_5	1×10^{-5}	BAT-2	Cap Pol1
5	C_6，C_7	1×10^{-7}	CAPR5-4×5	Cap
6	C_8，C_9，C_{10}，C_{11}	1×10^{-6}	BAT-2	Cap
7	C_{12}	1.5×10^{-8}	CAPR5-4×5	Cap
8	C_{13}，C_{15}	2×10^{-8}	RAD-0. 3	Cap
9	C_{14}，C_{16}，C_{17}，C_{18}	1×10^{-7}	RAD-0. 3	Cap
10	C_{19}	1×10^{-5}	RB7. 6-15	Cap Pol1
11	DS1	—	CAPPR1. 27-1. 7×2. 8	LED0
12	DS2	—	HDR2×8	LED-Pack
13	DS3	—	LED-0	LED0
14	J1	—	DSUB1. 385-2H9	D Connector 9
15	JK1	—	HDR1×4	Header 4
16	KG1	—	DIP-6	Header 6
17	LED1	—	LEDDIP-12	LG5641AH
18	ni-cd1	—	CAPR5. 08-7. 8×3. 2	Battery
19	P1，P2，P3，P4，P5	—	HDR1×8	Header 8
20	P6	—	HDR1×3	Header 3
21	Q1	—	BCY-W3	DS18B20
22	R_1，R_2	3×10^{4}	VR5	Res Tap
23	R_{11}，R_{12}	—	VR5	Res Tap

续表

序号	Designator	Value	Footprint	LibRef
24	R_3，R_4，R_5，R_{19}，R_{20}	1×10^4	AXIAL-0. 3	Res2
25	R_6，R_7，R_9，R_{10}，R_{16}	5.1×10^3	AXIAL-0. 3	Res2
26	R_{13}，R_{14}	1.5×10^4	AXIAL-0. 3	Res2
27	R_{15}	7.5×10^3	AXIAL-0. 3	Res2
28	R_8	2×10^3	AXIAL-0. 3	Res2
29	R_{18}	1.5×10^3	AXIAL-0. 3	Res2
30	R_{21}，R_{22}，R_{23}，R_{24}，R_{25}，R_{26}，R_{27}，R_{28}	2×10^2	AXIAL-0. 3	Res2
31	R_{17}	2×10^3	HDR1×9	Res Pack3
32	R_{29}	2×10^2	HDR1×9	Res Pack3
33	R_{30}，R_{31}，R_{32}，R_{33}	1×10^4	AXIAL-0. 4	Res2
34	R_{34}，R_{35}	18	AXIAL-0. 4	Res2
35	R_{36}	1.5×10^3	AXIAL-0. 4	Res2
36	R_{37}	1×10^3	AXIAL-0. 4	Res2
37	S1，S2，S3，S4，S5，S6，S7，S8，S9，S10，S11，S12，S13，S14，S15，S16，S17	—	DIP-6	SW-PB
38	U1	—	PLCC44zuo	STC12C5A60S2
39	U2	—	N20A	DM74LS245N
40	U3	—	DIP-8	DS1302
41	U4	—	DIP-8	DS1232
42	U5	—	DIP-8	ST24C02B1
43	U6	—	N20A	DAC0832LCN
44	U7，U8	—	DIP-8	ADOP07DN
45	U9	—	DIP-16	MAX232ACPE
46	U10	—	N20A	DM74LS573N
47	U11	—	DIP-14	MC74HC02AD
48	U12	—	DIP-28/D38. 1	HD7279
49	U13	—	SSOP28	PL2303
50	USB1	—	787761	USB 接口
51	Y1	1.1×10^7	CAPR5. 08-7. 8×3. 2	XTAL
52	Y2	3.2×10^7	CAPR5. 08-7. 8×3. 3	XTAL
53	Y3	1.2×10^7	BCY-W2/D3. 1	XTAL

(1) 完成后的 MCU 电路原理图如图 9-13 所示。

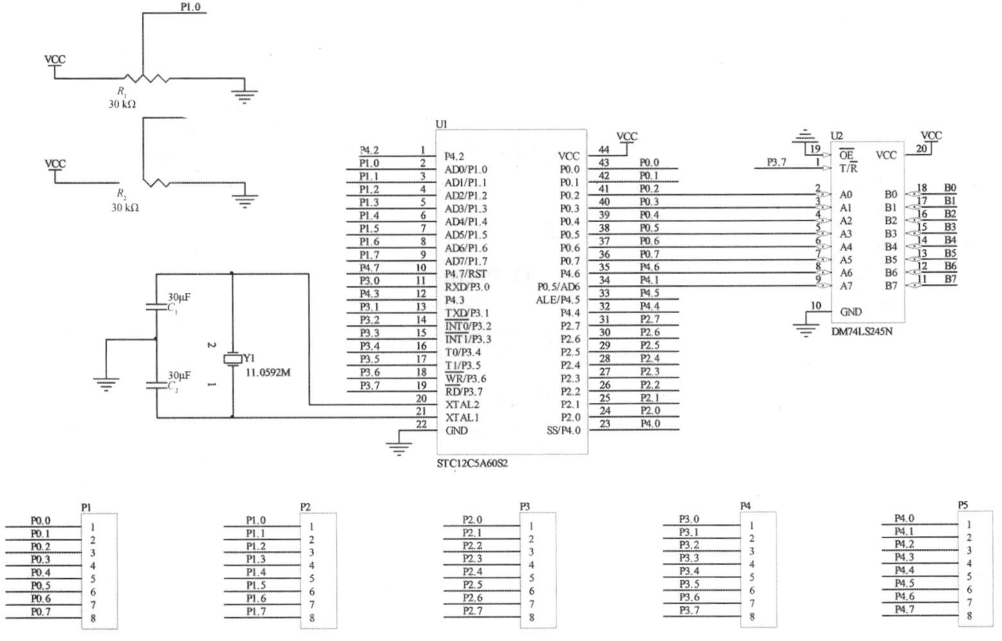

图 9-13 MCU 电路原理图

(2) 完成后的时钟电路原理图如图 9-14 所示。

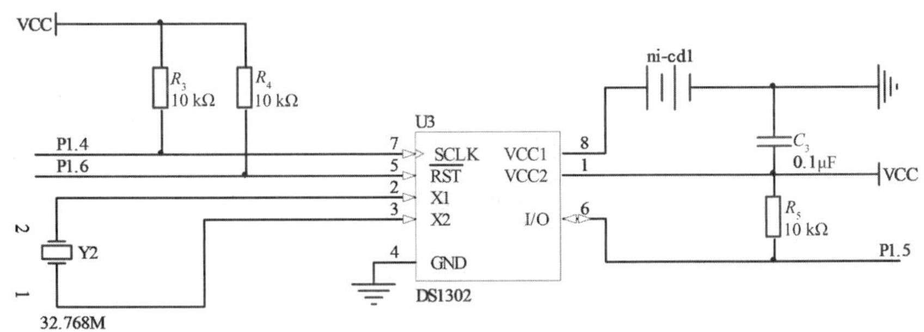

图 9-14 时钟电路原理图

(3) 完成后的电源接口和复位电路原理图如图 9-15 所示。

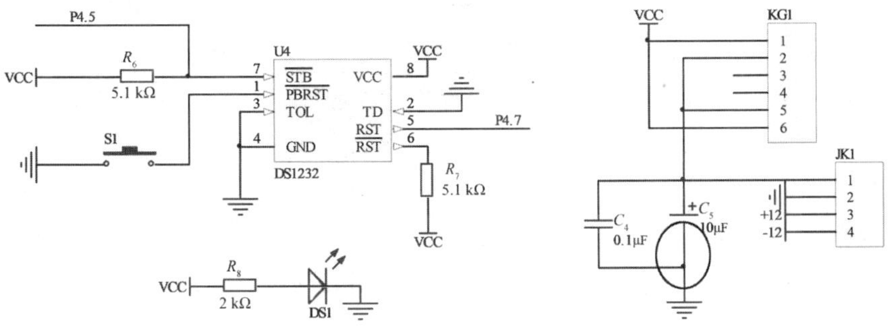

图 9-15 电源接口和复位电路原理图

（4）完成后的外扩 RAM 电路原理图如图 9-16 所示。

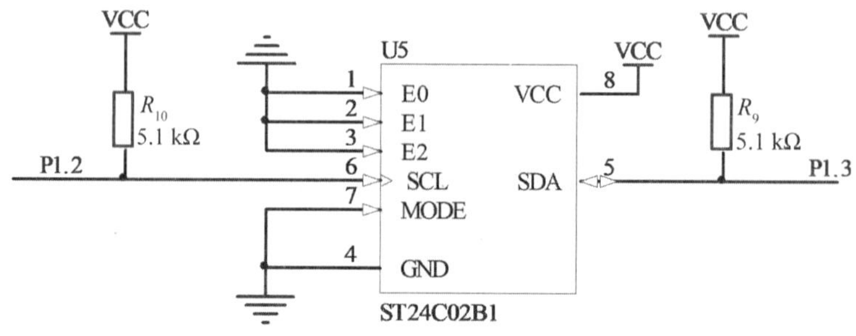

图 9-16　外扩 RAM 电路原理图

（5）完成后的 DAC 电路原理图如图 9-17 所示。

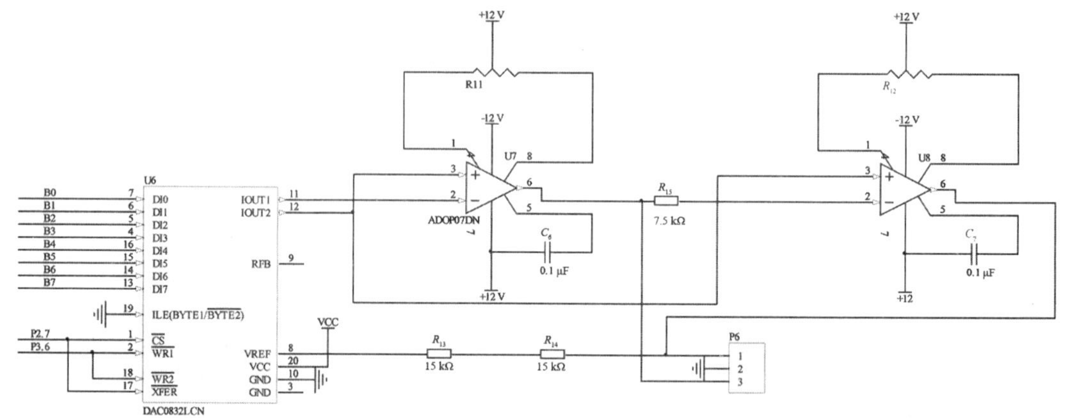

图 9-17　DAC 电路原理图

（6）完成后的 RS232 电路原理图如图 9-18 所示。

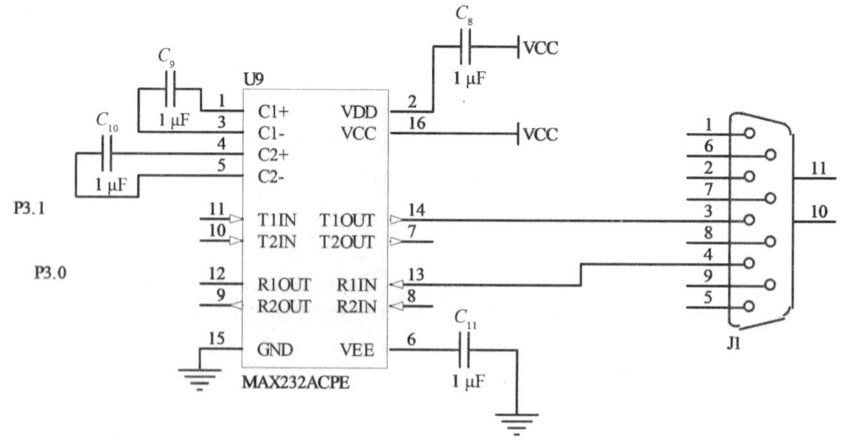

图 9-18　RS232 电路原理图

（7）完成后的温度传感器电路原理图如图 9-19 所示。

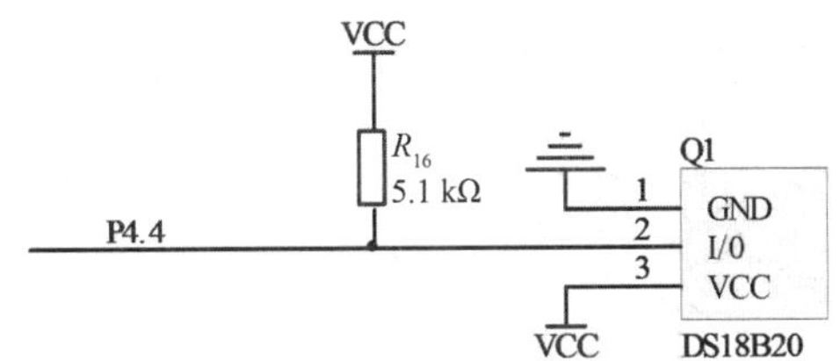

图 9-19　温度传感器电路原理图

（8）完成后的流水灯电路原理图如图 9-20 所示。

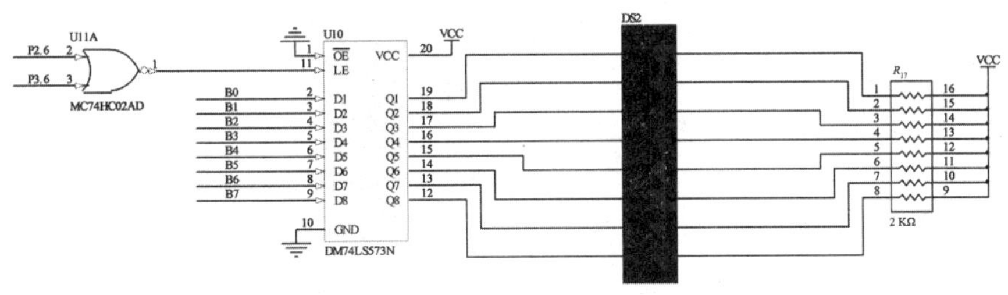

图 9-20　流水灯电路原理图

（9）完成后的键盘数码管显示电路原理图如图 9-21 所示。

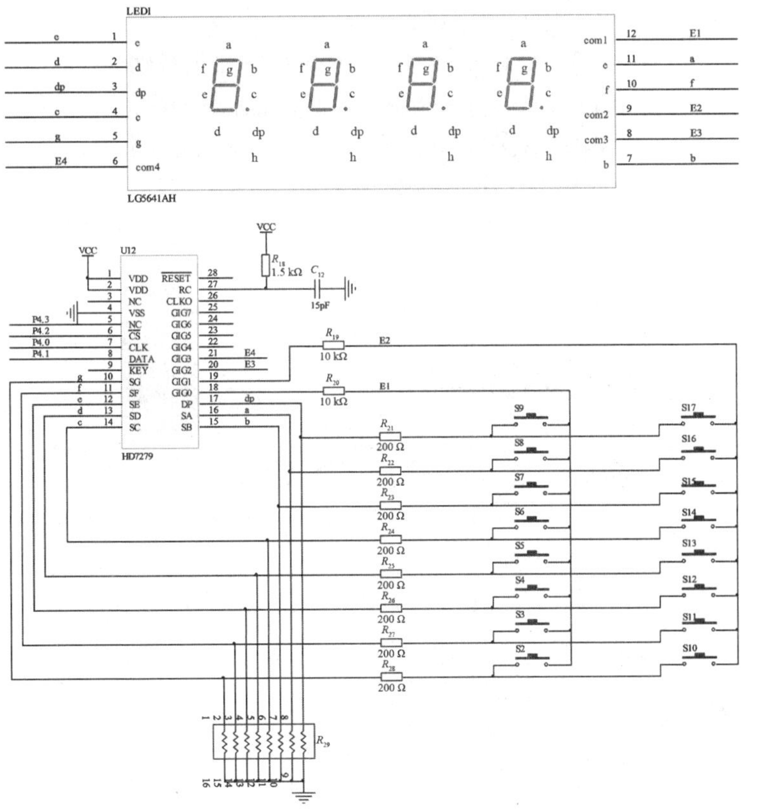

图 9-21　键盘数码管显示电路原理图

（10）完成后的 USB 电路原理图如图 9-22 所示。

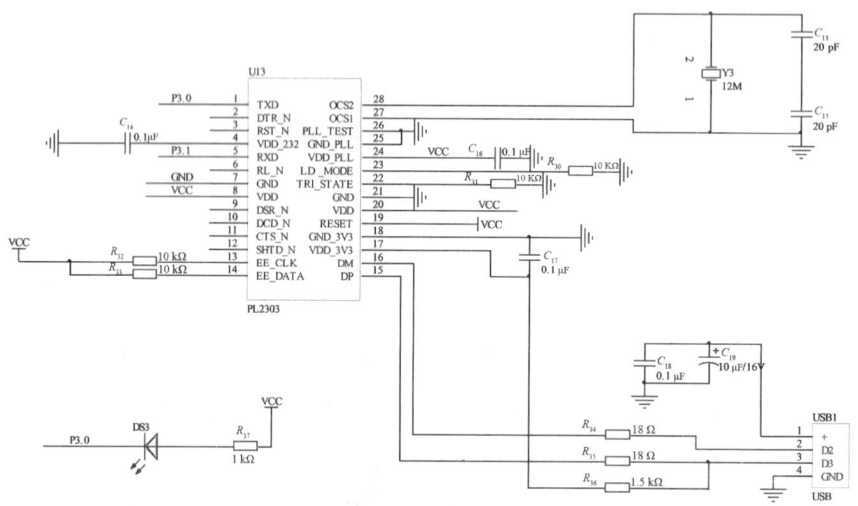

图 9-22　USB 电路原理图

9.2.4　进行 ERC

项目中所有原理图全部绘制完成后，需要对该项目进行 ERC，以便发现设计中的错误并修改。

执行菜单命令【Project】/【Compile PCB Project 单片机基础综合实验板 . PrjPcb】进行 ERC，编译后，一般会弹出一个【Messages】对话框，显示系统检测结果，如图 9-23 所示。如果没有错误，【Messages】对话框不会自动弹出，此时可单击原理图编辑器右下角工作面板区的【System】标签，选中其中的【Messages】选项，弹出【Messages】对话框。如果有错误，应根据【Messages】对话框的提示信息修改错误和警告，直到符合设计要求为止。

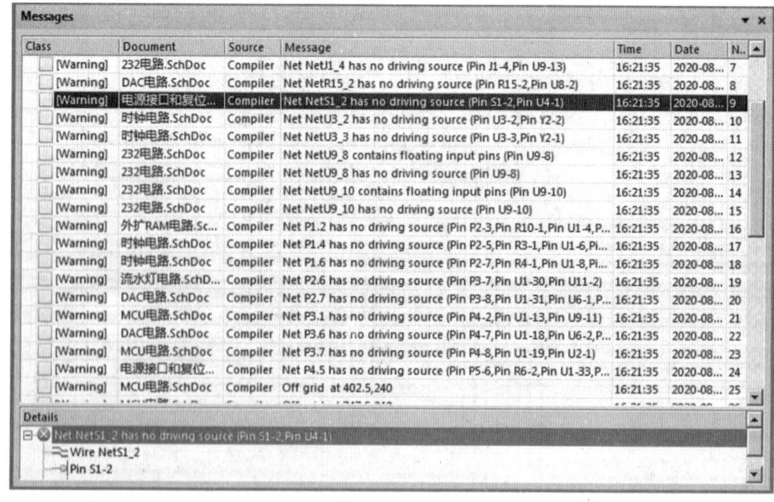

图 9-23　【Messages】对话框

9.2.5　生成原理图报表

完成原理图的设计后，还可以根据设计的需要输出元件报表以及网络报表等文件。

执行菜单命令【Reports】/【Bill of Materials】，生成元件报表，如图9-24所示。单击【Export...】按钮保存该元件报表。

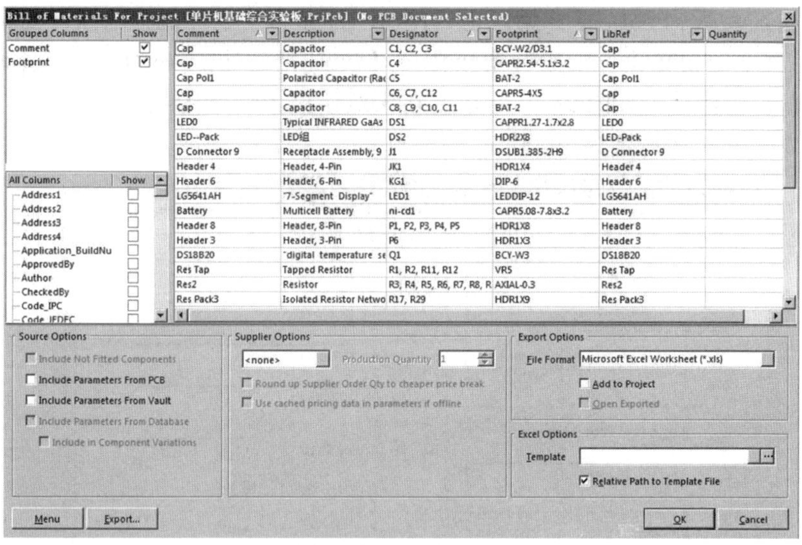

图9-24　生成元件报表

选择“单片机基础综合实验板.PrjPcb”项目中任何一个原理图文件，如“MCU电路.SchDoc”，然后执行菜单命令【Design】/【Netlist For Project】/【Protel】，将在该工程项目下生成一个与该原理图文件同名的项目网络报表文件“MCU电路.NET”，如图9-25所示。

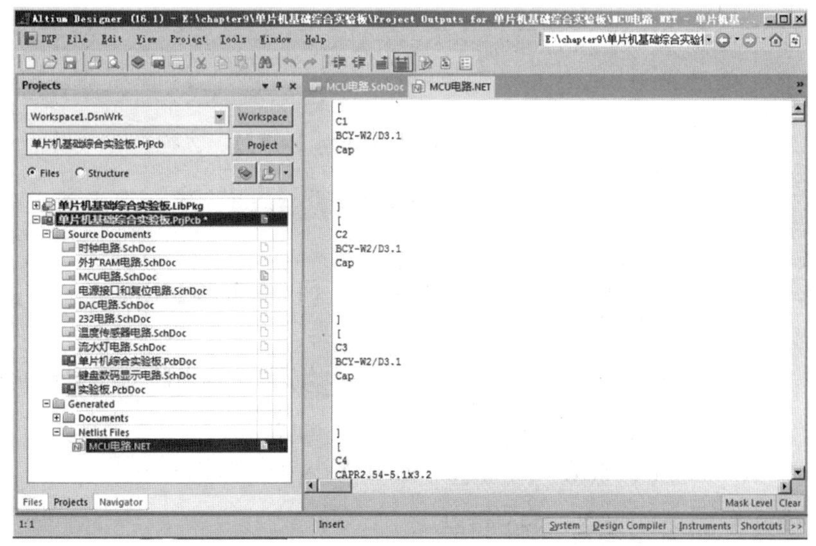

图9-25　生成网络报表文件

9.2.6　规划电路板

设计 PCB 之前，首先需要规划电路板，即确定电路板的物理边界以及电气边界。具体步骤如下。

（1）在“单片机基础综合实验板 . PrjPcb”项目下，添加一个 PCB 文件，命名为“单片机基础综合实验板 . PcbDoc”，保存至“E：\ chapter9 \ 单片机基础综合实验板”中。

（2）在 PCB 编辑环境下，执行菜单命令【Design】/【Board Options】，弹出【Board Options [mil]】对话框，如图 9-26 所示。在该对话框中设置图纸属性，并重新定义电路板的形状，将电路板边设置为 1 000 mil×1 000 mil（高×宽）。

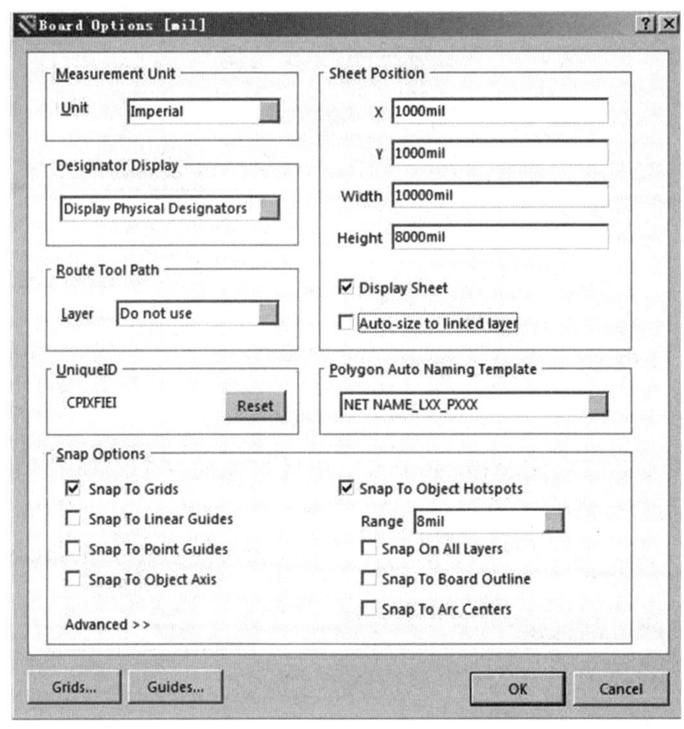

图 9-26　【Board Options [mil]】

（3）单击 PCB 编辑器窗口下面的 Mechanical 1 标签，将当前工作层切换至 Mechanical 1 层面。

（4）进入 Mechanical 1 层面后，执行菜单命令【Place】/【Keepout】/【Track】，在该工作层中绘制电路的矩形边框，即 PCB 的物理边界。

（5）单击 PCB 编辑器窗口下面的 Keep-Out Layer 标签，将当前工作层切换到禁 Keep-Out Layer 层，同样执行菜单命令【Place】/【Keepout】/【Track】，在该工作层中绘制 PCB 的电气边界。本例中设置的 PCB 的电气边界大小与物理边界相同。

9.2.7　导入网络报表和元件封装

规划好电路板后，接下来就是导入网络报表和元件封装。按照前面章节所介绍的方法，利用 PCB 编辑器中的【Design】命令来载入网络报表和元件封装。

注意：本例中的 USB 电路只在原理图中进行设计，并未加载到 PCB 中。

（1）执行菜单命令【Design】/【Import Changes From 单片机基础综合实验板.PrjPcb】，弹出如图 9-27 所示的【Engineering Change Order】对话框。

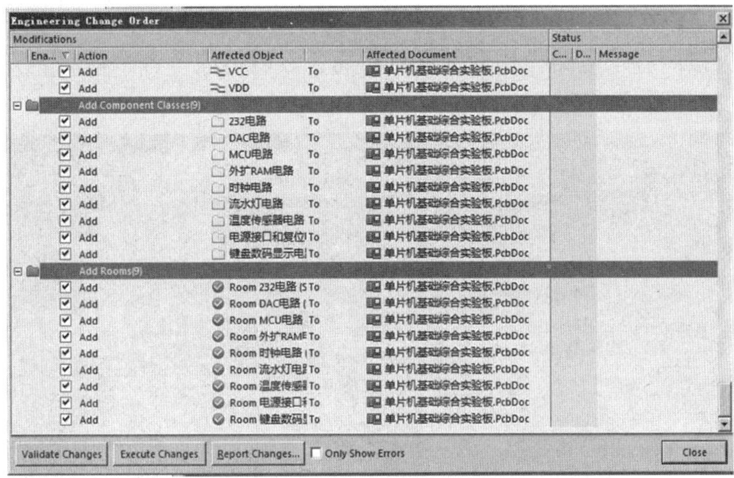

图 9-27　【Engineering Change Order】对话框

（2）在该对话框中单击【Validate Changes】按钮，检查即将加载到 PCB 编辑器中的文件“单片机基础综合实验板.PcbDoc”中的网络和元件封装是否正确。

（3）如果检查没有错误，那么单击【Execute Changes】按钮，将网络和元件封装加载到 PCB 文件中，从而实现从原理图向 PCB 的更新。

（4）单击【Close】按钮关闭【Engineering Change Order】对话框，这时可以看到网络报表和元件封装已经载入到当前的“单片机基础综合实验板.PcbDoc”文件中了，如图 9-28 所示。

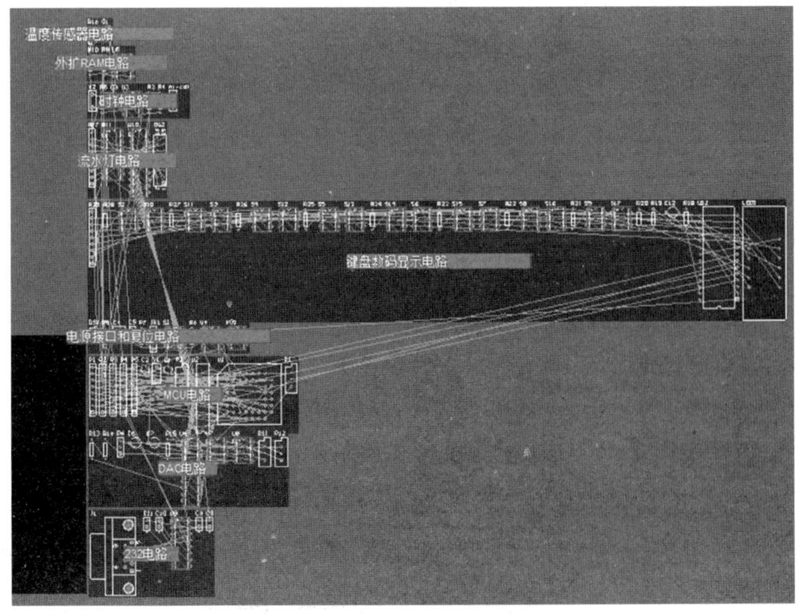

图 9-28　导入网络报表和元件封装

9.2.8 手工布局

下面进行元件的手工布局。因为原理图电路中采用模块化设计的方法，所以元件和网络报表载入 PCB 之后，不同原理图电路中的元器件应处于各自的 room 中。在进行元件布局的过程中，先按照各个电路模块分别进行布局，然后再综合各个模块。元件手工布局后的结果如图 9-29 所示。

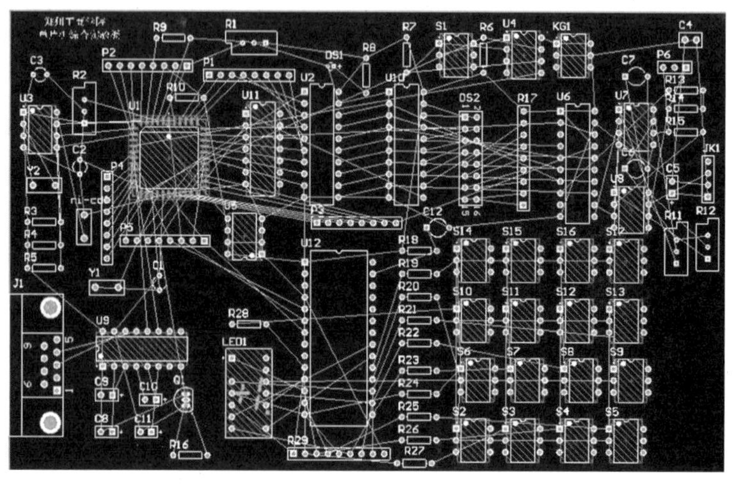

图 9-29 元件手工布局后的结果

9.2.9 设置网络类

为了在自动布线的时候能够针对同一个网络类中的所有对象一起操作，在布线之前需要对 PCB 的所有网络进行分类。本例中将属于电源的网络合并在一起，建立一个网络类。设置后的“POWER”网络类如图 9-30 所示。

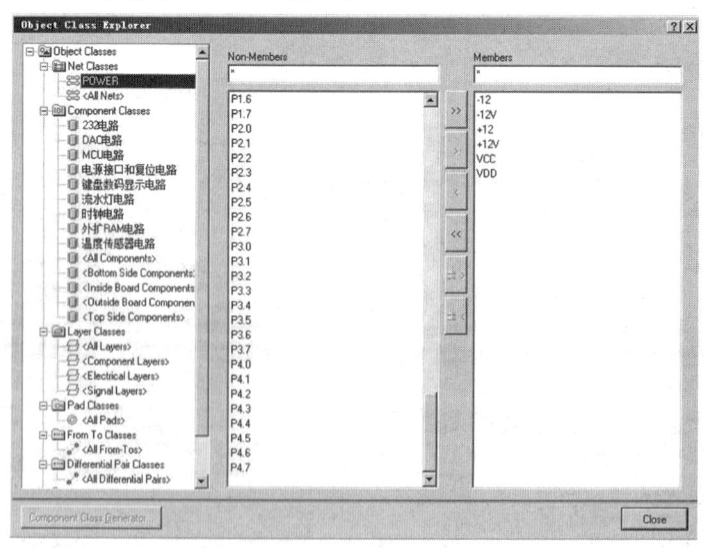

图 9-30 设置后的“POWER”网络类

9.2.10　设置布线规则

完成元件布局后，开始对 PCB 的布线规则进行设置，软件自动布线将按照事先设置好的布线规则进行。

在 PCB 编辑器环境下，执行菜单命令【Design】/【Rules】，在弹出的对话框中对当前 PCB 编辑器中的电路板进行布线规则的设置。

1）【Electrical】规则类的设置

选择【Electrical】规则类下的【Clearance】规则，将【Constraints】选项组中的【Minimum Clearance】设置为“10 mil”，如图 9-31 所示。

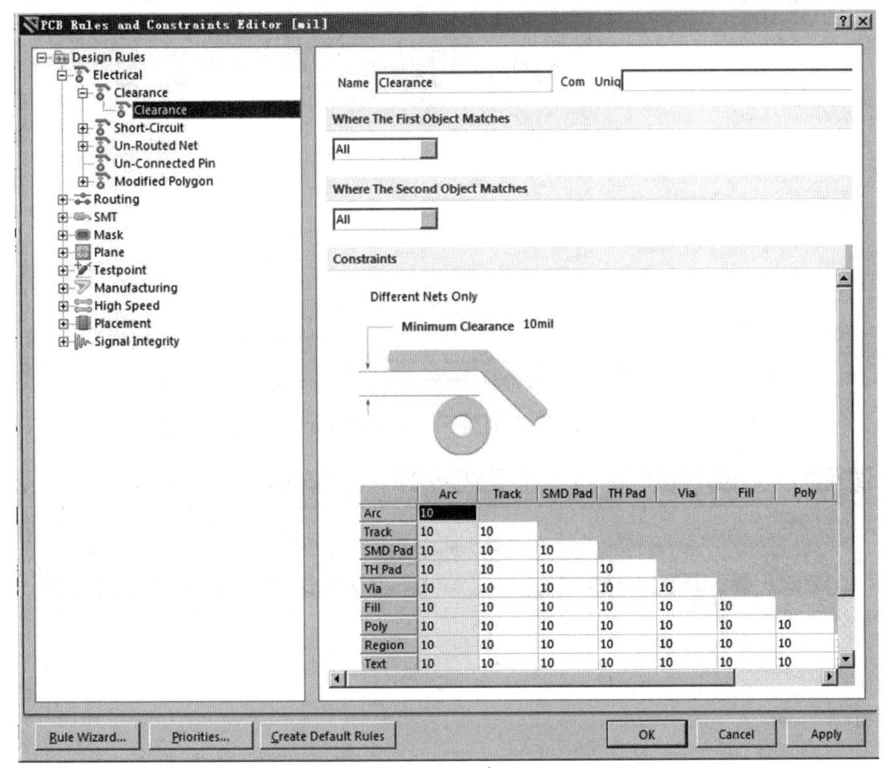

图 9-31　【Electrical】规则类下【Clearance】规则的设置

2）【Routing】规则类的设置

添加一个新的【Width】规则，并更改规则名称为“Width_Power”，如图 9-32 所示；同样设置“All Net”类【Prefemed Width】为“12 mil”，【Min Width】为“8 mil”，【Max Width】为“15 mil”。

修改后，还需要设置【Width_Power】规则的优先等级为 1，【Width】规则的优先等级为 2，如图 9-33 所示。采用这样的设置后，软件在自动布线时，POWER 网络类的导线宽度将被设置为“30 mil”，其他网络导线宽度将被设置为“12 mil”。

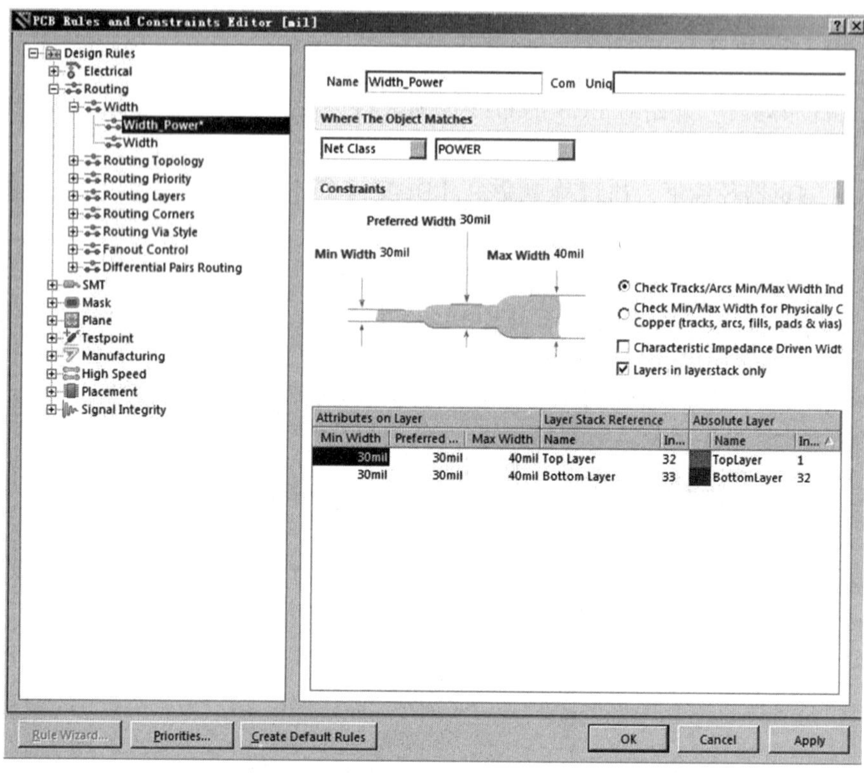

图 9-32 【Routing】规则类下【Width_Power】规则的设置

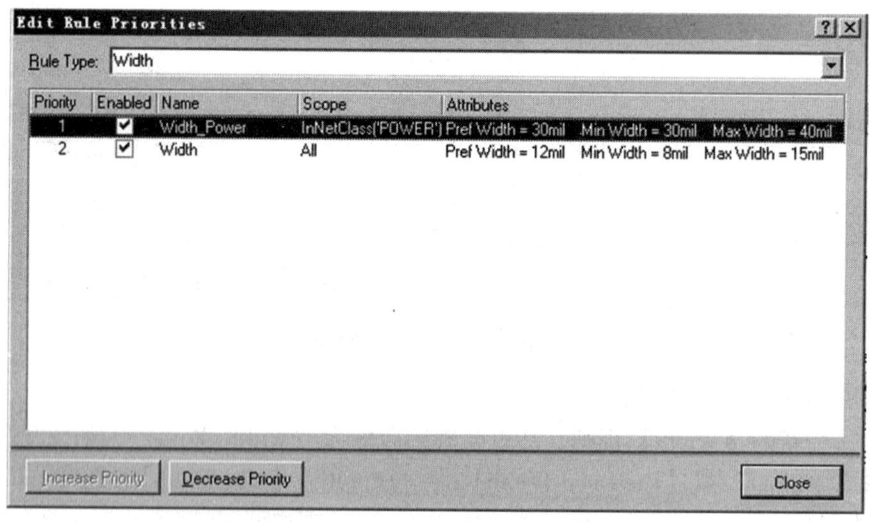

图 9-33 【Width】规则中优先级的设置

3）【Manufacturing】规则类的设置

由于 RS232 电路元件中 D Connector 9 中的封装 DSUB1. 385-2H9 中的焊盘尺寸超过系统默认的数值，因此有必要对【Manufacturing】规则类下的【Hole Size】规则进行设置，否则进行 DRC 时会提示错误。【Manufacturing】规则类下的【Hole Size】规则用来规定所允许的孔径的最大和最小范围。本例中的【Hole Size】规则设置如图 9-34 所示。

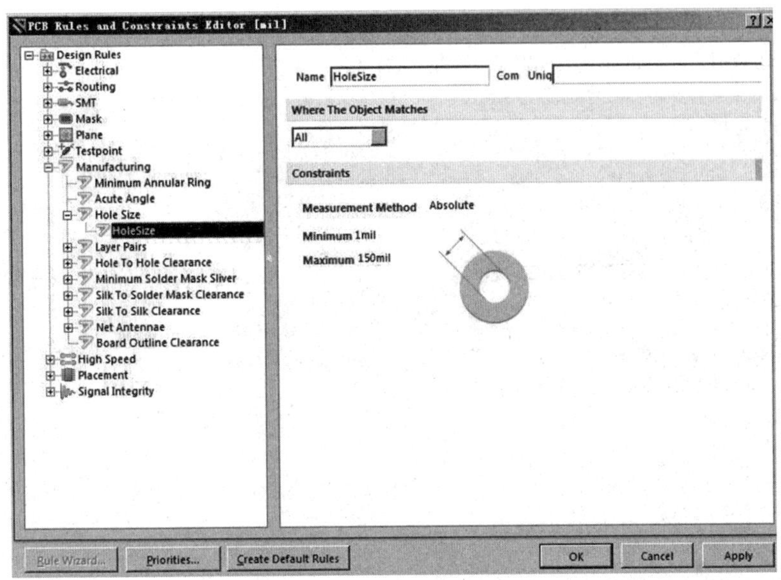

图 9-34　【Manufacturing】规则类下【Hole Size】规则设置

9.2.11　自动布线、手动调整

执行菜单命令【All Route】/【All】，弹出【Situs Bouting Strategies】对话框，如图9-35所示。在该对话框中查看是否有与布线规则冲突的情况。如果有，则需要修改。修改完布线规则后，单击【Edit Layer Directions...】按钮，弹出【Layer Direction】对话框，如图9-36所示，在此对话框中设置【Top Layer】为“Vertical”（垂直布线），【Bottom Layer】为“Horizontal”（水平布线）。设置完成后单击【OK】按钮回到【Situs Bouting Strategies】对话框。

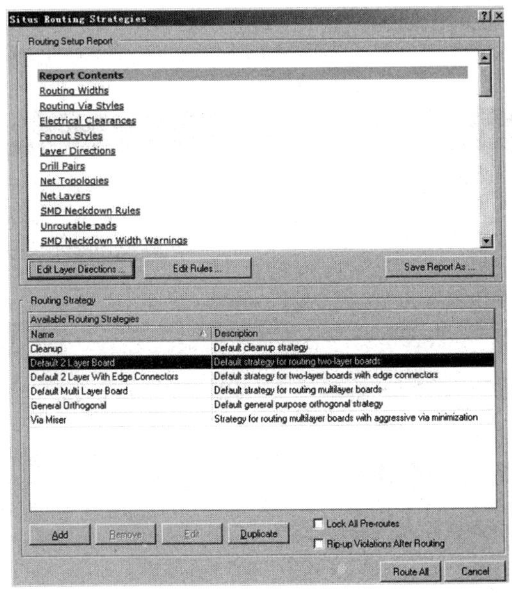

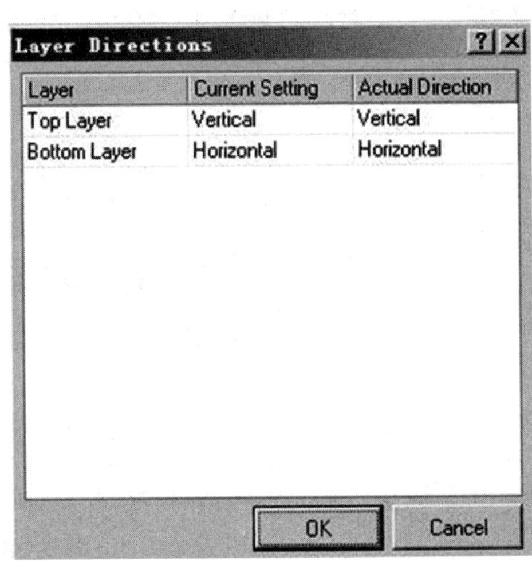

图 9-35　【Situs Bouting Strategies】对话框

图 9-36　【Layer Directions】对话框

单击【Route All】按钮，开始自动布线。完成 PCB 的自动布线后，接下来还需要对自动布线的结果进行手动调整，调整后的 PCB 布线如图 9-37 所示。

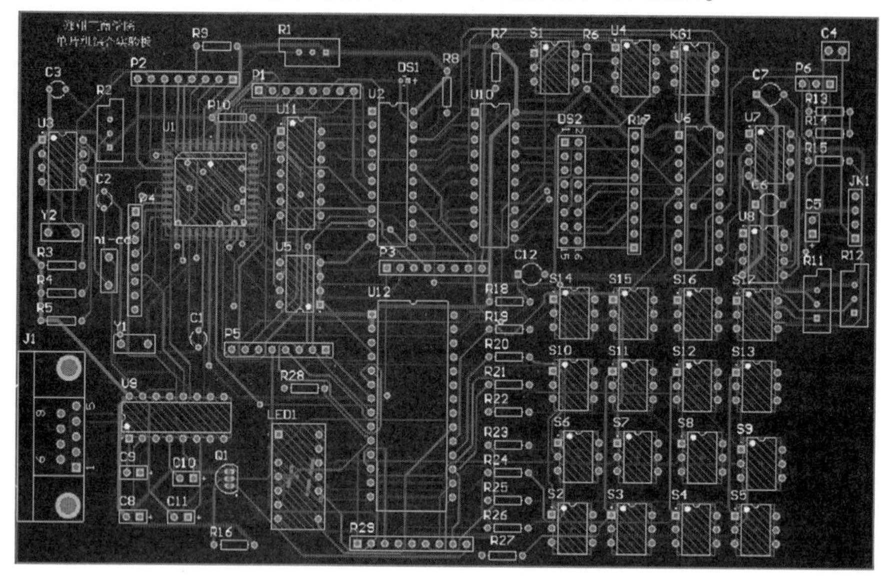

图 9-37　调整后的 PCB 布线

9.2.12　进行 DRC

完成 PCB 的布线操作后，通常需要对 PCB 进行 DRC。

执行菜单命令【Tools】/【Design Rule Check】，在弹出的【Design Rule Checker】对话框中设置报表检测项，完成相关的设置后进行 DRC，软件将产生 DRC 报告文件，如图 9-38 所示。

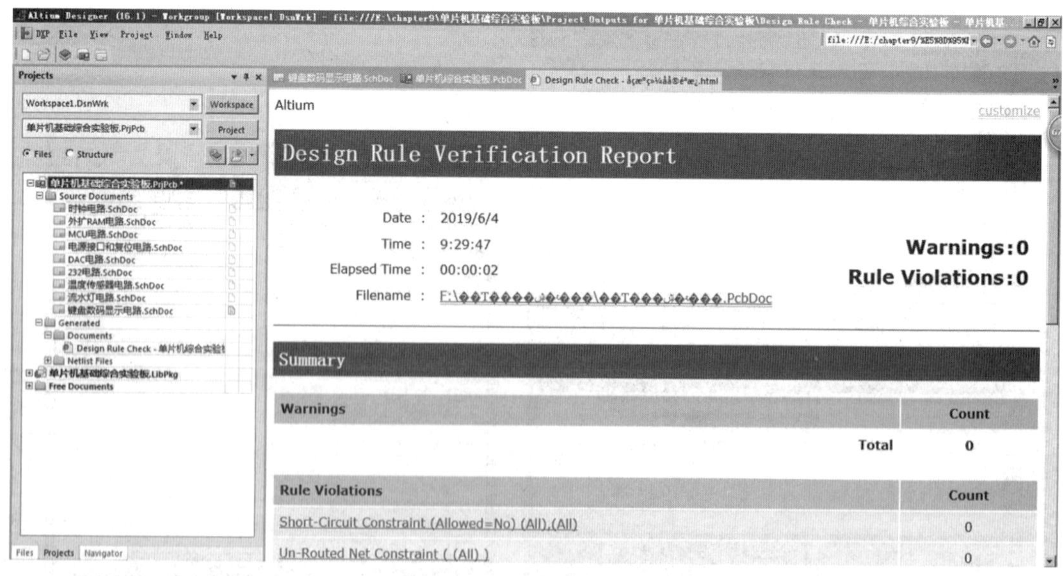

图 9-38　DRC 报告

9.2.13 查看 3D 效果图

在 PCB 编辑器中，执行菜单命令【View】/【3D Layout Mode】，查看该 PCB 的 3D 效果图，如图 9-39 所示。

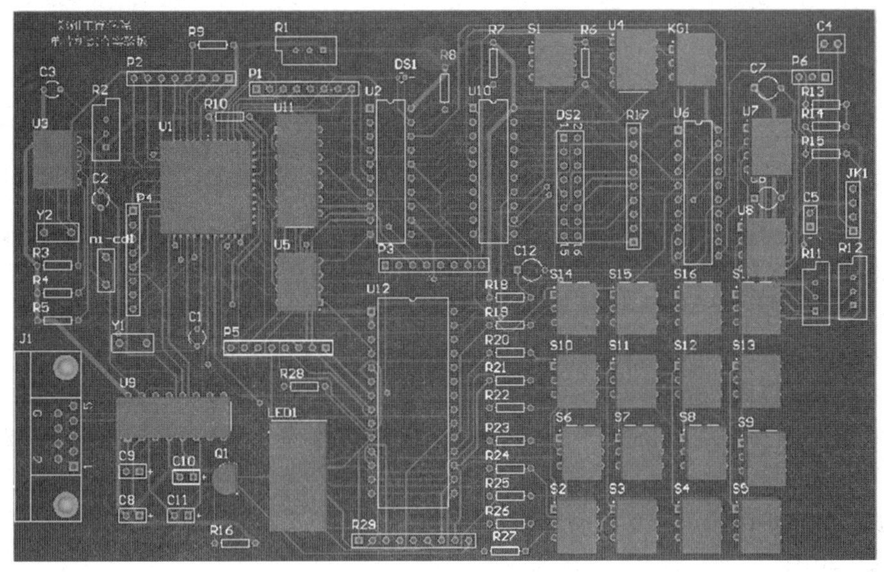

图 9-39 PCB 的 3D 效果图

本章小结

本章以单片机综合实验板为例，讲述了 PCB 设计的整体过程，从而使读者全面掌握使用 Altium Designer 16 进行 PCB 设计的方法和步骤。PCB 设计的具体过程为新建工程、建立集成元件库、设计电路原理图、进行 ERC、生成原理图报表、规划电路板、导入网络报表和元件封装、手工布局、设置网络类、设置布线规则、自动布线和手动调整、进行 DRC、查看 3D 效果图等。

课后练习

1. 将本章的综合实例，由新建工程开始，上机操作一遍。
2. 尝试采用不同的布局方式设计本章案例电路板。

参考文献

[1] 薛楠. Protel DXP2004 原理图与 PCB 设计实用教程 [M]. 北京：电子工业出版社，2012.

[2] 边立健，李敏涛，胡允达. Altium Designer 原理图与 PCB 设计精讲教程 [M]. 北京：清华大学出版社，2017.

[3] 闫聪聪，杨玉龙. Altium Designer 16 基础实例教程 [M]. 北京：人民邮电出版社，2017.

[4] 徐敏. Altium Designer 16 印制电路板设计（项目化教程）[M]. 北京：化学工业出版社，2019.

[5] 胡仁喜，闫聪聪. Altium Designer 16 中文版标准实例教程 [M]. 北京：机械工业出版社，2016.

[6] 史久贵. 基于 Altium Designer 原理图的原理图与 PCB 设计 [M]. 北京：机械工业出版社，2016.